DIGITAL PHOTOGRAPHY

COMPLETE COURSE

EVERYTHING YOU NEED TO KNOW IN 20 WEEKS

DK数码摄影完全自学课程

[英] 大卫·泰勒 编著
王彬 孙宇龙 朱婷婷 译

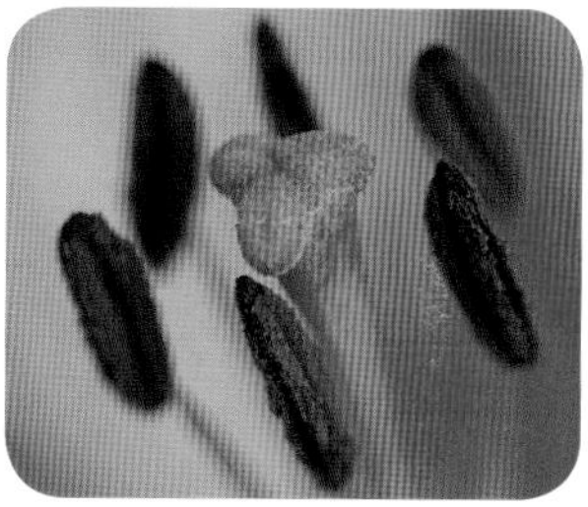

電子工業出版社
Publishing House of Electronics Industry
北京·BEIJING

版权贸易合同登记号　图字：01-2023-3143

图书在版编目（CIP）数据

DK数码摄影完全自学课程 / (英) 大卫·泰勒(David Taylor) 编著；王彬, 孙宇龙, 朱婷婷译. —北京：电子工业出版社, 2024.4

书名原文: Digital Photography Complete Course:Everything You Need to Know in 20 Weeks

ISBN 978-7-121-46010-4

Ⅰ. ①D… Ⅱ. ①大… ②王… ③孙… ④朱… Ⅲ. ①数字照相机—摄影技术 Ⅳ. ①TB86②J41

中国国家版本馆CIP数据核字(2023)第135092号

责任编辑：高　鹏　特约编辑：马　鑫
印　　刷：惠州市金宣发智能包装科技有限公司
装　　订：惠州市金宣发智能包装科技有限公司
出版发行：电子工业出版社
　　　　　北京市海淀区万寿路173信箱　　邮编：100036
开　　本：787×1092　1/16　印张：22　字数：704 千字
版　　次：2024 年 4 月第 1 版
印　　次：2024 年 4 月第 1 次印刷
定　　价：148.00元

凡所购买电子工业出版社图书有缺损问题，请向购买书店调换。若书店售缺，请与本社发行部联系，联系及邮购电话：（010）88254888，88258888。
质量投诉请发邮件至 zlts@phei.com.cn，盗版侵权举报请发邮件至dbqq@phei.com.cn。
本书咨询联系方式：（010）88254161～88254167转1897。

FSC 混合产品 纸张｜支持负责任林业 FSC® C018179 www.fsc.org

www.dk.com

目录

入门指南

如何使用本书 8
相机类型 10
成像原理 12
数码单反相机的结构 14
使用相机 16
常用附件 18
户外拍摄 20
文件管理 22
后期处理 24
计算机 26

WEEK 01 第一周 拍摄你的第一张照片

怎样拍出一张好照片 28
相机设置与被摄主体 30
导入照片 32
不同的摄影题材 34
评估拍摄的照片 38
后期修饰照片 40
你学到了什么？ 42

WEEK 02 第二周 对焦

如何选择对焦位置？ 44
手动对焦与自动对焦 46
选择自动对焦点 48
特殊对焦效果 50
评估拍摄的照片 54
锐化照片 56
你学到了什么？ 58

WEEK 03 第三周 拍摄模式

应该选择哪种拍摄模式？ 60
相机的基本拍摄模式 62
场景模式 64
曝光补偿 66
探索相机拍摄模式 68
评估拍摄的照片 70
调整亮度 72
你学到了什么？ 74

WEEK 04 第四周 获得合适的曝光

掌握曝光 76
控制曝光 78
测光表 80
精确调整曝光 82
探索曝光 84
评估拍摄的照片 86
减少噪点 88
你学到了什么？ 90

WEEK 05 第五周 获得合适的反差

什么是合适的反差？ 92
反差效果 94
动态范围 96
拍摄高动态范围照片 98
反差练习 100
评估拍摄的照片 102
调整反差 104
你学到了什么？ 106

WEEK 06 第六周 景深
什么是景深？ 108
景深的形成原因 110
浅景深的应用 112
深景深的应用 114
探索景深 116
评估拍摄的照片 118
调整景深 120
你学到了什么？ 122

WEEK 07 第七周 镜头
该使用哪支镜头？ 124
定焦镜头与变焦镜头 126
镜头变形 128
改变透视 130
测试镜头 132
评估拍摄的照片 134
校正镜头的问题 136
你学到了什么？ 138

WEEK 08 第八周 广角镜头
浏览用广角镜头拍摄的照片 140
广角透视 142
拍摄风景 144
使用广角镜头 146
评估拍摄的照片 150
修正透视 152
你学到了什么？ 154

WEEK 09 第九周 长焦镜头
评估长焦镜头拍摄的照片 156
长焦镜头的透视效果 158
拍摄野生动物 160
使用长焦镜头 162
评估拍摄的照片 166
合成全景照片 168
你学到了什么？ 170

WEEK 10 第十周 微距摄影
多近才是微距？ 172
近摄与微距 174
近摄 176
探索微距摄影 178
评估拍摄的照片 182
调整画笔工具 184
你学到了什么？ 186

WEEK 11 第十一周 运动摄影
观察运动照片 188
凝固瞬间和模糊 190
追拍 192
拍摄运动中的主体 194
凝固动作和追拍 196
评估拍摄的照片 198
增加模糊效果 200
你学到了什么？ 202

WEEK 12 第十二周 如何构图
思考构图 204
构图规则 206
直线、曲线与对角线 208
黄金分割构图法的运用 210
摄影构图 212
评估拍摄的照片 214
裁剪照片 216
你学到了什么？ 218

WEEK 13 第十三周 专业构图
评估构图 220
对比与构图 222
拍摄倒影 224
掌握构图 226
评估拍摄的照片 230
目标调整 232
你学到了什么？ 234

WEEK 14 第十四周 色彩运用
色彩的重要性 236
色彩关系 238
优化色彩 240
玩转色彩 242
评估拍摄的照片 246
色彩调整 248
你学到了什么？ 250

WEEK 15 第十五周 光线的颜色
光的品质 252
颜色与白平衡 254
设置白平衡 256
白平衡的运用 258
评估拍摄的照片 262
色彩平衡工具 264
你学到了什么？ 266

WEEK 16 第十六周 使用自然光
你了解光线吗？ 268
光与影 270
光影运用 272
玩转光线 274
评估拍摄的照片 278
提升影像品质——色阶 280
你学到了什么？ 282

WEEK 17 第十七周 使用闪光灯
闪光灯有什么作用？ 284
闪光灯的使用方法 286
离机闪光 288
使用闪光灯补光 290
评估拍摄的照片 294
去除红眼 296
你学到了什么？ 298

WEEK 18 第十八周 弱光摄影

什么时候进行弱光摄影？ **300**
环境光线 **302**
使用大光圈 **304**
使用连续光源 **306**
弱光环境拍摄训练 **308**
评估拍摄的照片 **310**
提亮照片中的关键区域 **312**
你学到了什么？ **314**

WEEK 19 第十九周 黑白照片

黑白照片效果好吗？ **316**
将彩色照片转换为黑白照片 **318**
用黑白模式拍摄照片 **320**
去除色彩 **322**
评估拍摄的照片 **326**
彩色转黑白 **328**
你学会了什么？ **330**

WEEK 20 第二十周 完成摄影项目

哪个项目适合你？ **332**
完美的图片故事 **334**
编辑照片 **336**
完成一个摄影项目 **338**
审视摄影项目 **342**
添加关键词 **344**
你学到了什么？ **346**

下一步该做什么？

打印照片 **348**
分享照片 **350**

如何使用本书

摄影比以往任何时候都更受欢迎，在全世界范围内，人们每年都拍摄和分享数十亿张照片。如果说摄影从未如此流行过，那很大程度上是因为它从未如此简单。先进的相机使拍摄和上传照片变得很容易，而照片编辑软件可以调整出夸张的效果。技术进步造成的缺点反而是这项令人兴奋的技术会让人们很容易忽略摄影的基本原理。

本书是一本全面的摄影原理指南。全书的学时为20周，每周的内容都遵循循序渐进的讲述原则。在学完本书后，你会完全掌握拍好一张照片的方法，成为一个自信、全面掌握摄影技能与知识的摄影师。

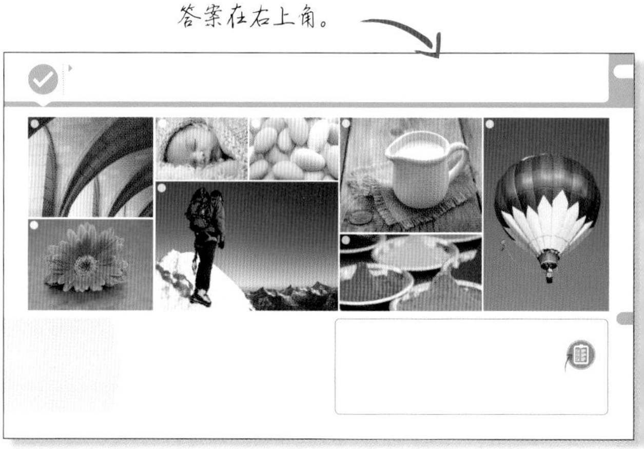

答案在右上角。

1 知识测试

入门测验，测试你对这方面知识了解多少。

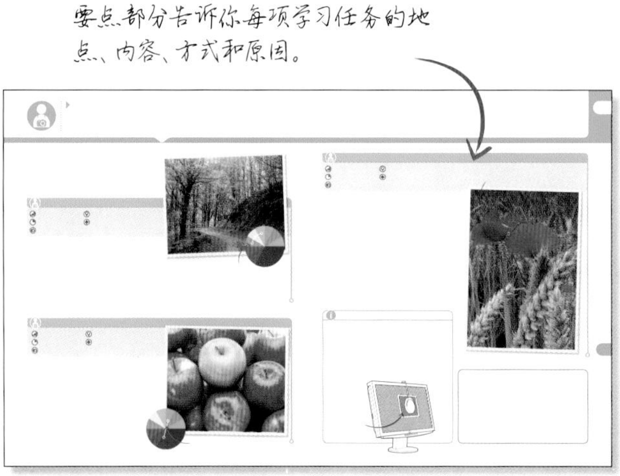

要点部分告诉你每项学习任务的地点、内容、方式和原因。

4 练习与实践

主题创意练习，帮助你更好地掌握学到的摄影技能。

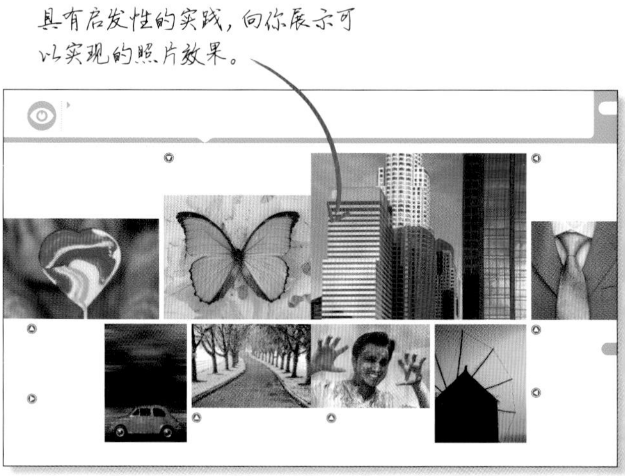

具有启发性的实践，向你展示可以实现的照片效果。

5 检查学习成果

交互式照片集让你客观地理解和解决常见问题，并向你展示如何避免可能发生的错误。

摄影仍是一种新媒介，必须敢于尝试。

比尔·布兰特

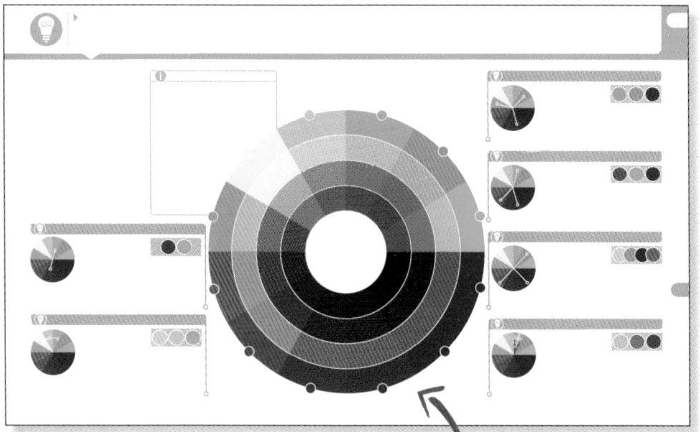

插图帮助解释关键概念。

② 理论知识

通过图表阐释每个主题的内容。

利用插图展示相机设置和使用方法。

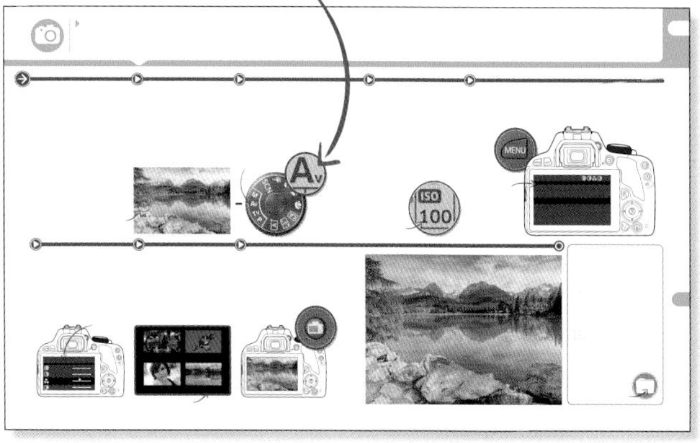

③ 技能学习

逐步展示，引导你掌握拍摄的关键技术。

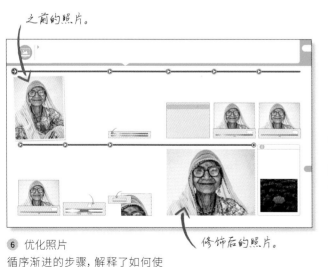

之前的照片。

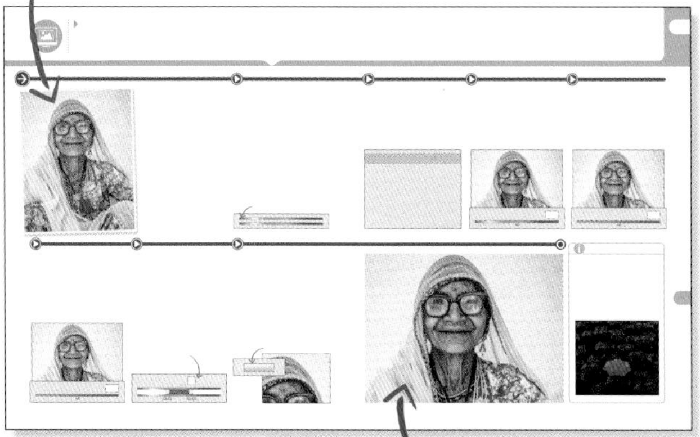

修饰后的照片。

⑥ 优化照片

循序渐进的步骤，解释了如何使用后期制作技术修饰照片。

展示的照片有助于巩固你的记忆。

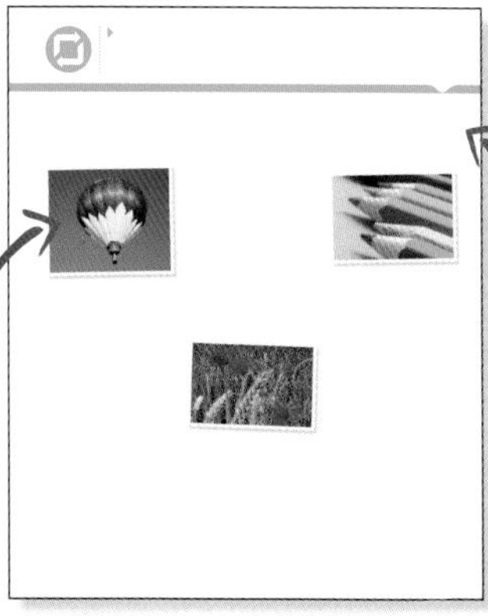

多道选择题。

⑦ 学习测试

每个单元学习结束后测试你所学到的内容，并检验你是否准备好进入下一单元的学习。

相机类型

提高摄影能力意味着你可以完全控制你的相机。许多智能手机和袖珍相机会让你丧失这种机会，或者限制你对某种拍照功能的控制力，如曝光设置。为了更好地理解本书的内容，强烈推荐你使用轻便自动相机（也称为混合式相机或消费级相机），或者可换镜头相机（也称为单镜头反光相机或单镜头无反相机）。

更建议你选择可换镜头相机。顾名思义，这种相机可以根据不同的拍摄任务更换镜头。可换镜头相机还可以通过添加其他配件（如闪光灯）来扩展相机的功能。可换镜头相机可以精细地分为两类，即数码单反相机（DSLR）和数码无反相机。

相机比较

	类型	优点	不足
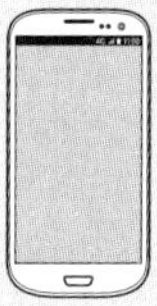	智能手机的相机	• 易携带 • 适宜用手机应用程序修图	• 固定焦距（或2~3种固定焦距） • 分辨率和影像质量不高
	便携式相机	• 便于携带 • 便宜 • 镜头变焦范围广	• 机身限制了相机的操控手感 • 相机的拍摄模式不多 • 弱光拍摄能力差 • 基本不能拍摄RAW格式照片
	混合式相机或消费级相机	• 比智能手机的相机或便携式相机更方便控制曝光 • 相对便宜	• 照片质量低于可换镜头相机 • 变焦镜头是固定的，很多功能弱于可换镜头相机
	可换镜头相机	• 影像质量好 • 扩展能力强 • 多功能	• 笨重 • 成本高

可换镜头相机有哪几种？

数码单反相机

光线从反光镜片反射到
五棱镜和取景器中。

光学取景器：镜头的影像通过镜面和五棱镜投射到取景器中。

优势

- 基于传统的胶片相机系统，所以大多数镜头和配件可以通用
- 对焦通常比无反相机快
- 续航能力强

不足

- 相机的机身和镜头往往比数码无反相机大
- 需要切换到实时预览模式，才能在屏幕上预览拍摄的照片效果

数码无反相机

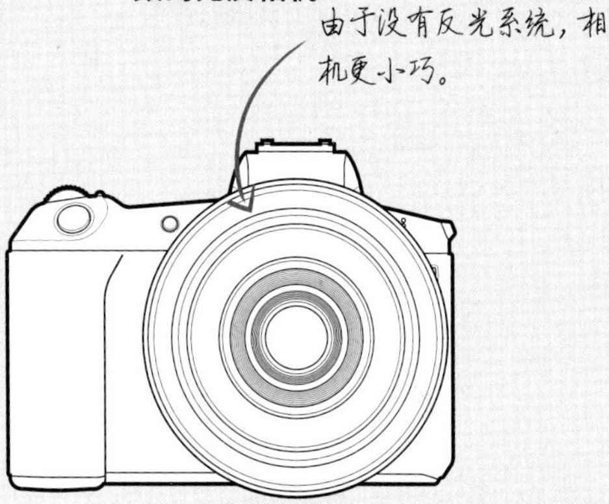

由于没有反光系统，相
机更小巧。

影像从感光元件直接发送到显示屏或取景器中。

优势

- 纯数字系统，因此，镜头已对拍摄的数字照片进行了相应的优化
- 相对较小的机身和镜头尺寸，且重量轻
- 帧率（相机每秒可以拍摄照片的张数）通常比单反相机高

不足

- 续航能力比数码单反相机差
- 不是每台数码无反相机都有取景器

你需要什么样的配件

为你的相机购买配件是一件很有趣的事情，以下是你可能需要购买的配件（具体介绍详见相应章节）。

- 套机镜头
- 广角变焦镜头
- 远摄变焦镜头
- 三脚架
- 快门线
- 滤镜
- Photoshop或类似软件
- 存储卡与读卡器
- 闪光灯

成像原理

每台数码相机内部的感光元件都有一个光敏表面，当你按下快门拍摄照片时，感光元件会收集并记录落在其上的光线，然后这些信息在相机内被转换为数码照片所需的数据。

当打开快门时，相机的感光元件就会暴露在光线下。

接收光线

光线要么直接从光源到达相机，这被称为“入射光”；要么在到达相机之前经过了场景中的物体反射，这被称为“反射光”。

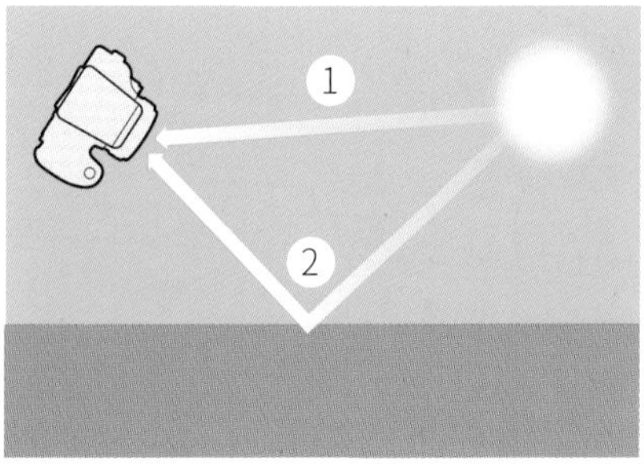

影像的曝光

感光元件被数百万个被称为“感光单元”的感光点覆盖，当感光元件暴露在光线下时，光的粒子（光子）到达感光层。曝光结束后，相机会仔细计算每个感光点的光子数，并利用这些信息来构建一张照片。照片中最暗的区域是感光元件记录的光子数量最少的地方，更亮的区域是感光元件记录的光子数量最多的地方。

转化光线

为了拍出清晰的照片，光线必须精确地聚焦在感光元件上。这是通过使用玻璃（或塑料）制成的光学系统透镜实现的。到达感光元件的光子数量是由两个机械结构控制的。第一个是镜头中的光孔，也被称为“光圈”；第二个是叫作“快门”的机械帘，它位于感光元件的正前方。这两种控制方式就像一个水龙头，可以让你通过打开和关闭控制到达感光元件的光子数量。

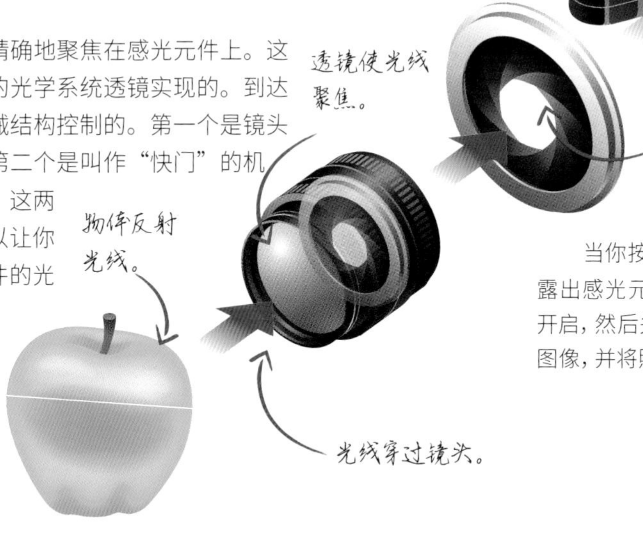

当你按下快门按钮时，快门打开露出感光元件，快门保持一段时间的开启，然后关闭。相机分析光线，生成图像，并将照片数据写入存储卡。

专业提示：
如果相机的感光点记录光子的反应过弱，那么在最终的照片中，这些区域会被记录为黑色，也就是常说的曝光不足。

专业提示：
如果相机的感光点记录光子的反应过强，那么在最终的照片中，这些区域会被记录为白色，也就是常说的曝光过度。

颜色

感光点本身只能记录亮度，但为了记录颜色，在每个感光点前放置红、绿或蓝色的滤光片。这种滤光片可以阻挡与滤光片不同颜色的光。一个红色、两个绿色和一个蓝色的感光点形成一簇感光点，被相机感光元件组合在一起，就构成了最终照片中的一个像素。

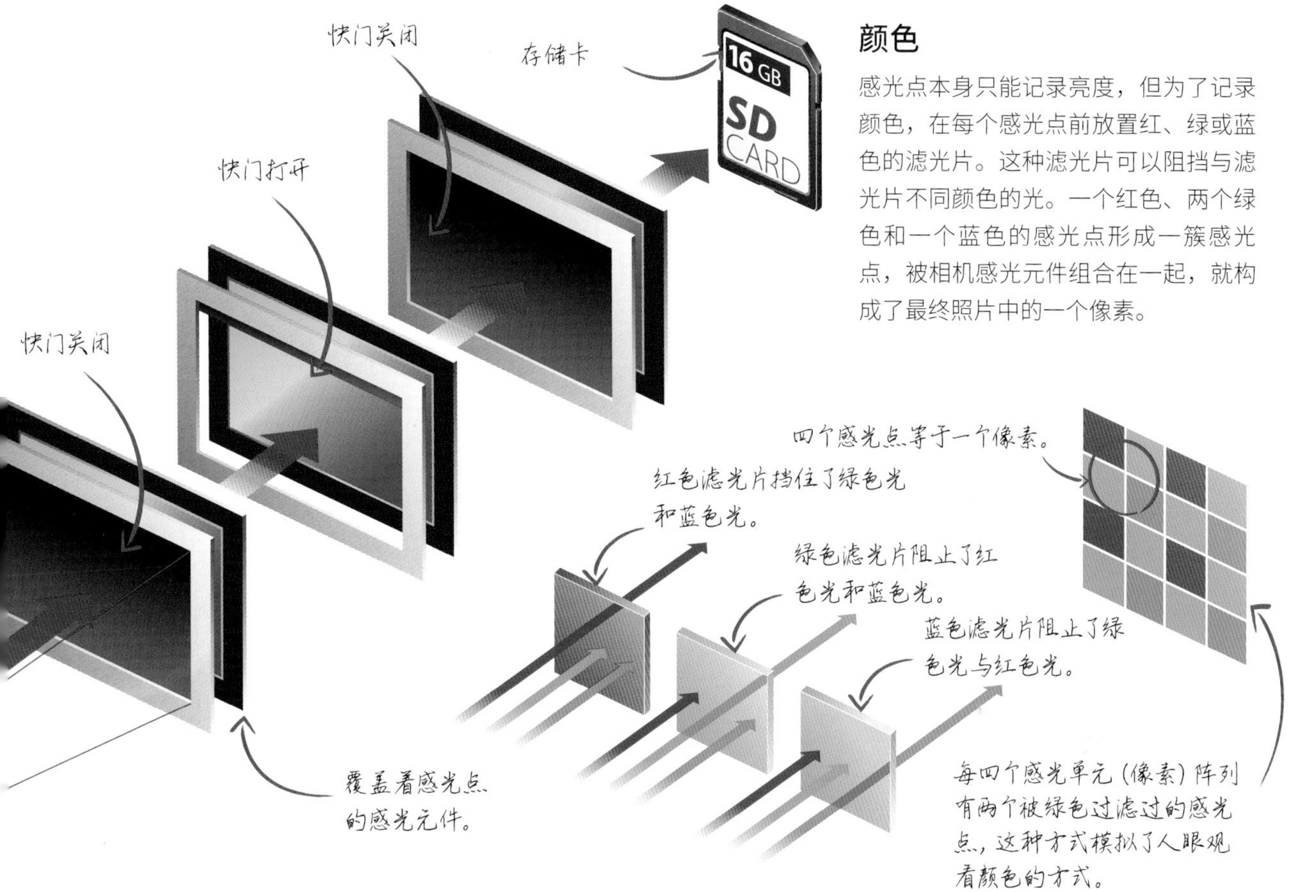

快门关闭
存储卡
16 GB
SD CARD
快门打开
快门关闭
四个感光点等于一个像素。
红色滤光片挡住了绿色光和蓝色光。
绿色滤光片阻止了红色光和蓝色光。
蓝色滤光片阻止了绿色光与红色光。
覆盖着感光点的感光元件。
每四个感光单元（像素）阵列有两个被绿色过滤过的感光点，这种方式模拟了人眼观看颜色的方式。

RGB色彩管理文件

红、绿、蓝是三原色，将红、绿、蓝三种颜色以不同比例组合在一起，就有可能创造人眼所能看到的所有颜色。

- 对数码照片来说，红、绿、蓝三种颜色的相对比例用三组数字表示，依次代表红、绿、蓝（常缩写为RGB）。
- 这个数值范围从0开始，表示没有颜色，到255结束，表示色彩强度最高。

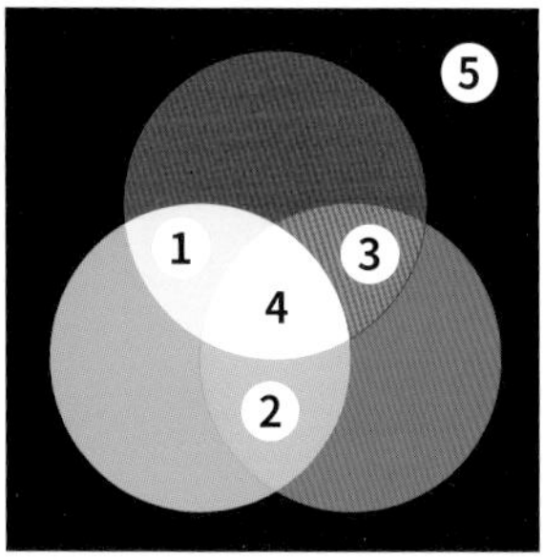

1. 红色和绿色混合会产生黄色。
2. 绿色和蓝色混合会产生青色。
3. 红色和蓝色混合会产生洋红色。
4. 所有颜色混合会变成白色。
5. 没有颜色则是黑色。

入门指南

数码单反相机的结构

现代数码相机比胶片相机要复杂得多，数码相机本质上就是一台专为制造影像而设计的计算机。这涉及用来控制相机功能的大量按钮与菜单选项，并且相机因型号不同而有所差异。幸运的是，一旦你掌握了一款相机的使用方法，通常掌握另一款相机就会变得很简单，如果你一直使用同一款相机就更简单了。

前面

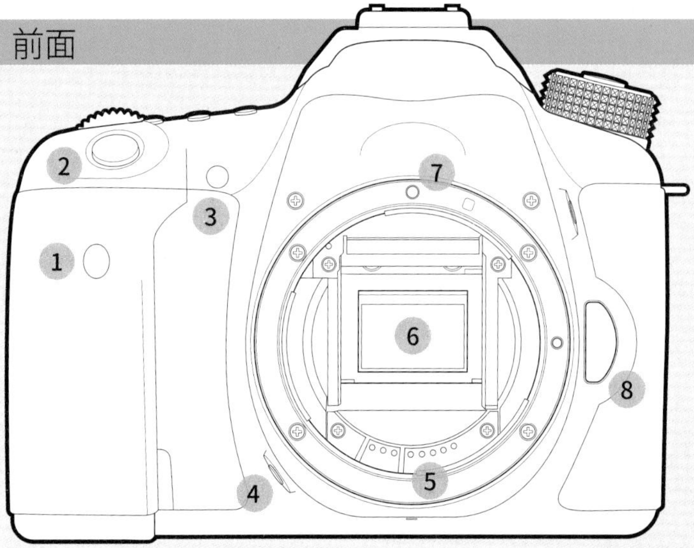

1 红外线快门释放感光元件：让你可以远程开启快门。

2 快门按钮：打开相机快门，使数码相机的感光元件暴露在光线前，从而拍照。

3 自拍灯：在快门启动前闪烁，指示自拍时间。

4 景深预览按钮：关闭镜头的光圈，让你在拍照前可以预览照片的清晰度。

5 镜头电子触点：让相机与镜头沟通，设置光圈和对焦参数。

6 反光镜：来自镜头的光从反光镜片反射到光学取景器上。

7 镜头安装标志：安装或更换镜头时，帮助调整镜头，直到对准安装的位置。

8 镜头释放按钮：将镜头从相机上取下，可以让镜头与机身分离。

底部

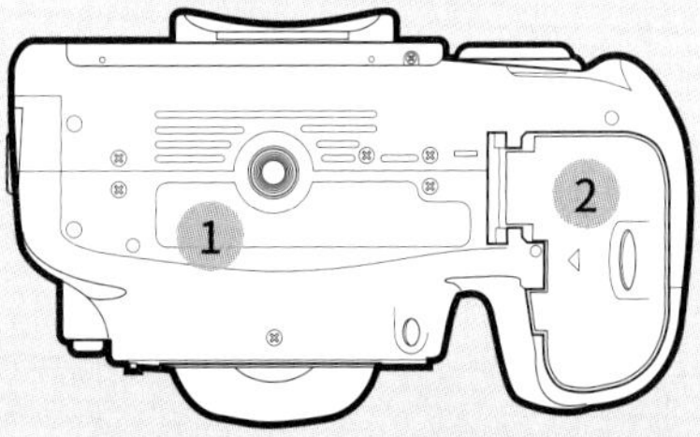

1 三脚架插座：可以帮助你将相机安装在三脚架上，从而增加相机的稳定性，避免拍摄时导致相机振动。

2 电池仓：相机安装电池的位置。

顶部

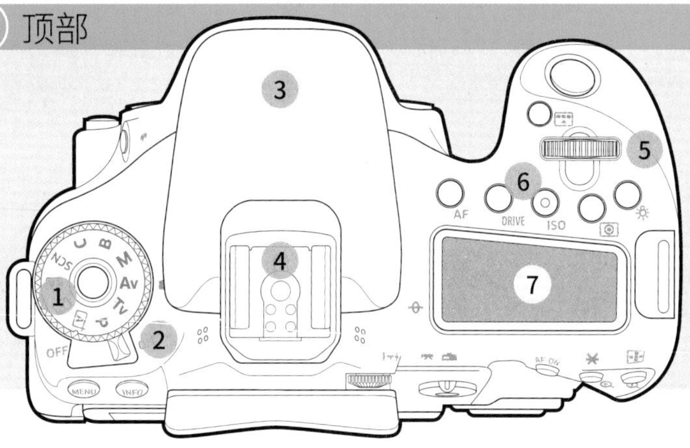

专业提示：

许多相机可以让你选择并保存一系列自定义的拍摄模式，这种设置非常有用，可以让你快速以场景需要或自己喜欢的风格拍摄照片。

专业提示：

熟练使用相机，你就能依靠本能找到自己偏爱的设置，而不需要去专门查找。

背面

1 菜单和信息按钮：改变相机选项并查看相机的状态。

2 光学取景器：通过镜头和反射镜在取景器中显示影像。

3 液晶显示屏：用于显示相机参数、实时预览与回放照片。

4 实时预览停止/启动按钮：可以在光学取景器和实时预览模式之间切换。

5 回放按钮：可以浏览或编辑照片。

6 控制转盘：用于在拍摄照片或查看菜单时设置相机。

7 删除按钮：删除存储在存储卡中的照片或视频。

8 自动对焦按钮：开启相机的自动对焦功能。

9 放大按钮：实时预览和回放放大的照片或视频。

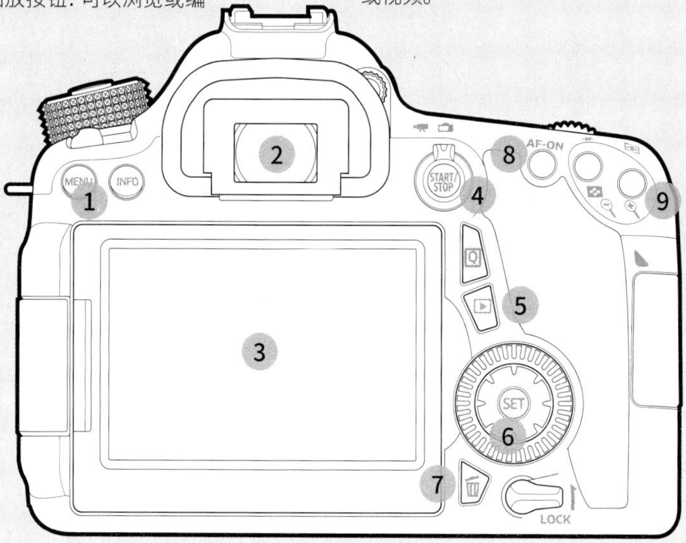

侧面

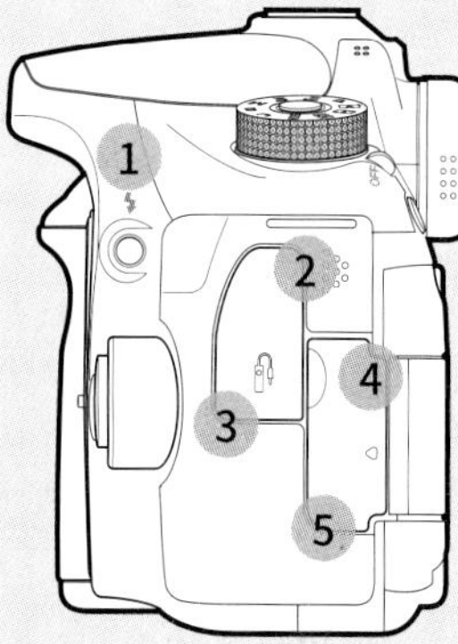

1 闪光灯按钮：将内置闪光灯弹起。

2 麦克风插座：拍摄视频时外接麦克风。

3 远程释放插座：用于连接快门线。

4 HDMI接口：可以将相机连接到高清电视，以监视或查看拍摄的照片或视频。

5 数码接口：用来连接计算机，可以下载照片或视频。

6 存储卡槽：装存储卡的插槽。

1 模式拨盘：设置所需的拍摄模式。

2 开/关拨杆：打开和关闭相机。

3 内置闪光灯：一种小型的内置闪光灯，可以用来为拍摄的场景补光。

4 热靴插座：用于安装外部闪光灯。

5 二级控制滚轮：用于设置相机的拍摄菜单和操作。

6 拍摄选择按钮：主要用于外部控制，可以设定常用的拍摄功能。

7 顶部液晶屏（肩屏）：用于显示相机的当前设置和状态。

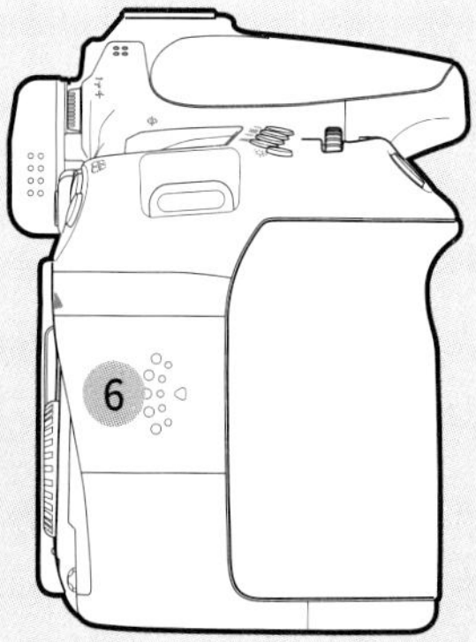

入门指南

使用相机

拿起相机，按下快门按钮拍摄一张照片很容易，但要想拍出一张你愿意拿给别人看的好照片却并不容易。在实际操作中，很多因素会影响一张照片的好坏，首先是拍摄时如何使用相机。无论拍摄场景或对象有多么激动人心，粗糙的拍摄手法也只会拍出令人失望的照片。娴熟的摄影技术才会提高你拍出一张令人满意的高品质照片的概率。

手持相机拍摄

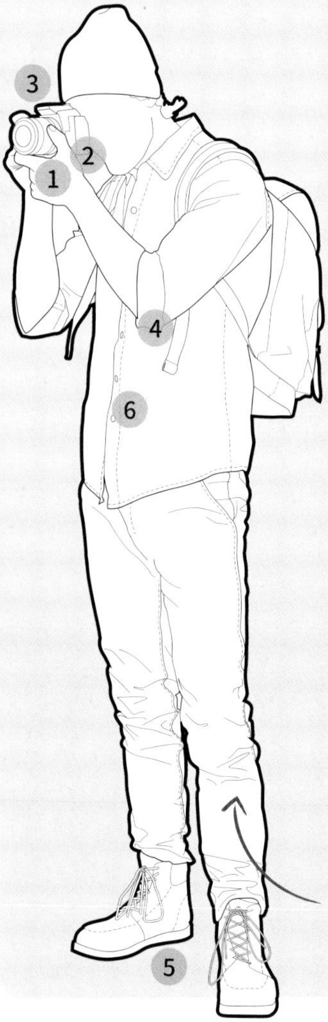

相机振动是在拍摄过程中相机移动而导致拍摄照片不清晰的原因。不正确的持机姿势是导致相机振动最常见的因素。相机和镜头越重，则越需要正确的持机姿势。

可以做

1 用左手从镜头底部支撑镜头。

2 握紧相机。

3 如果有取景器，通过相机的取景器观察取景。

4 手肘轻轻抵住身体。

5 双脚分开与肩同宽，站直。

6 吸气，然后慢慢呼出，在再次呼吸之前轻轻按下快门按钮拍摄照片。

不可以做

1 相机包会让你身体不平衡。

2 将手肘伸出身体的一侧。

3 把相机从脸上拿开一段距离拍摄。

4 用力按快门按钮。

5 镜头没有支撑。

6 以尴尬且不稳定的倾斜角度拍摄。

一个稳定、放松的姿势可以减轻相机振动和手持相机拍摄的疲劳感。

穿舒适的鞋子，双脚平稳地站立在地面上。

专业提示：
不是所有的光学取景器都能 100% 地显示拍摄场景的全部范围，因此，在构图时要注意这个限制。

专业提示：
当手持相机拍摄时，靠墙或将相机支撑在围栏上是保持相机稳定的简单方法。

取景器和液晶显示屏

与使用相机背部液晶显示屏❷相比，使用取景器❶有几个优势。当你通过取景器观看时，把相机靠在脸上观察取景，这样会使相机更稳定。当手持相机拍摄时，这样可以让你集中注意力而不会分心。然而，使用相机液晶显示屏也有好处。在拍摄前，可以用液晶显示屏放大图像，实时查看对焦效果。将相机安装在三脚架上拍摄时，使用液晶显示屏可以避免移动相机导致构图改变。

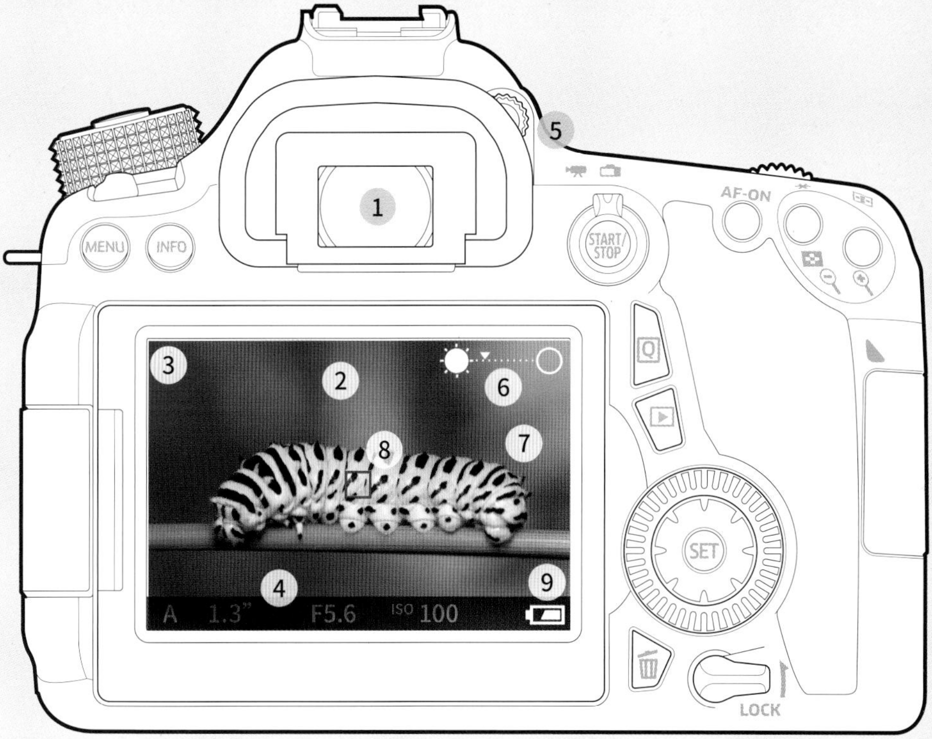

可以做

当构图时，不要只观察取景器或液晶显示屏❸的中心区域。

拍摄时暂时隐藏液晶显示屏上的图标和信息❹，因为它们会影响你观察关键的细节。

如有必要，在取景器上设置屈光度❺。

设置正确的液晶显示屏亮度❻。

不可以做

使用液晶屏上的照片作为曝光参考❼。

忘记检查相机对焦点是否在合适的位置❽。

液晶显示屏在没有拍摄照片的时候却一直处于打开状态，忘记关闭会浪费电池的电力❾。

常用附件

使用专业相机的一大魅力在于，其功能可以通过使用附件进行拓展。具体哪些附件适合你，将取决于你的拍摄风格。在实际拍摄中，虽然有很多附件可以选择，但关键还是根据需要进行选择。当购买并使用附件后，你就会感到摄影操作变得更轻松了，拍摄的照片效果也得到了相应的提升。

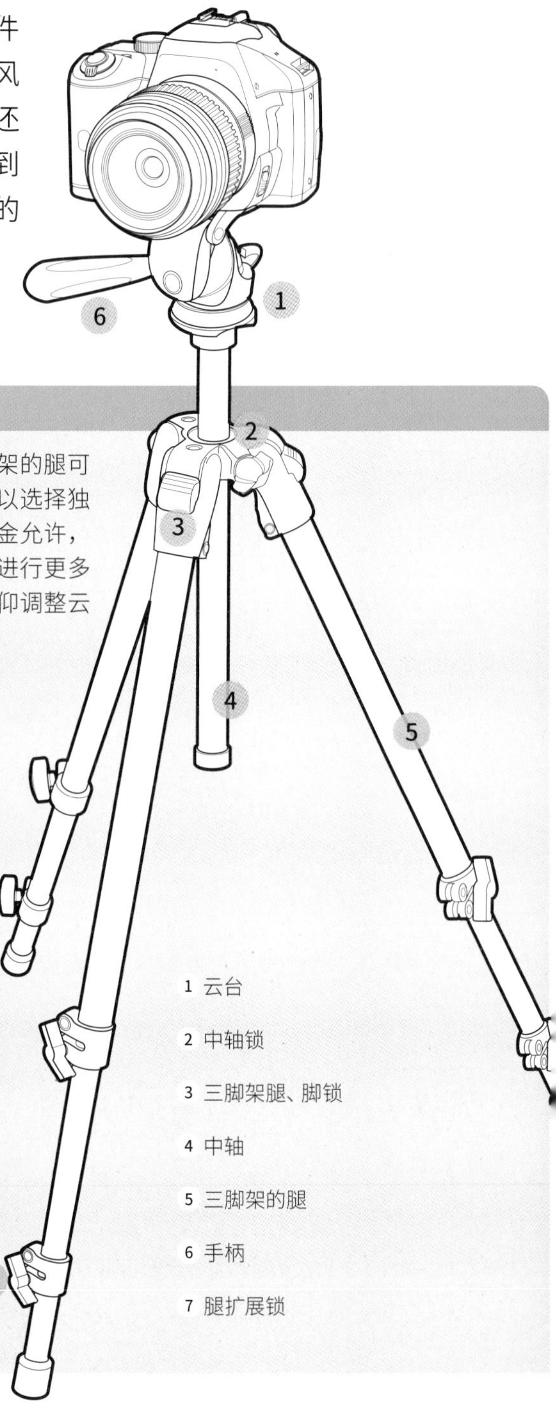

三脚架和云台

三脚架用来支撑相机，这样相机在曝光时就不会轻易晃动。三脚架的腿可以调整高度，而且中轴可以将相机升得更高。选购三脚架时，可以选择独脚架，但通常都会选择云台与脚架固定在一起的三脚架。如果资金允许，还可以购买三脚架和云台各自独立的产品，这样就可以根据需要进行更多的选择。云台主要有两种基本类型，三维云台（也称为平移和俯仰调整云台）和球型云台（或称为球碗云台）。

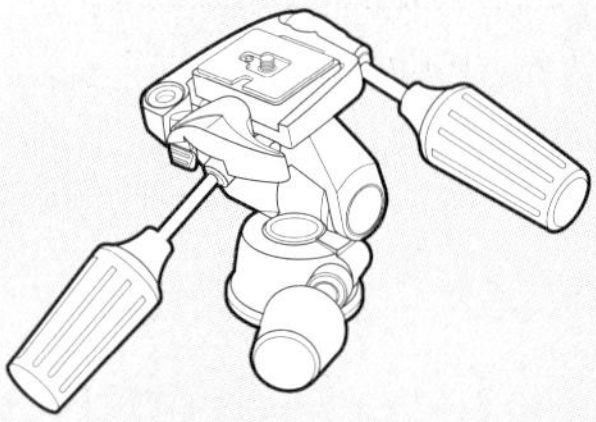

三维云台

相机的方向通过三个控制杆分别调整。

优点
· 一次调整一个轴向
· 便宜

不足
· 相对笨重

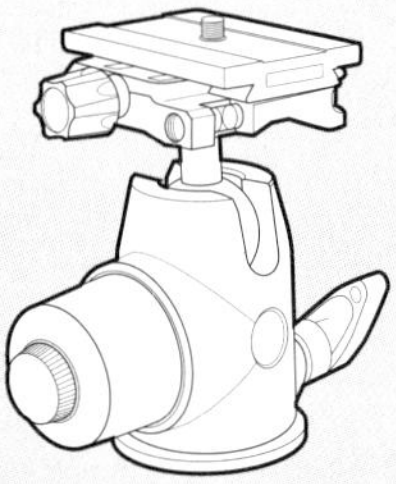

球型云台

通过松开云台的球碗来调整相机的方向。

优点
· 体积小、重量轻
· 良好的重量和强度比

不足
· 很难进行精细调整

1 云台

2 中轴锁

3 三脚架腿、脚锁

4 中轴

5 三脚架的腿

6 手柄

7 腿扩展锁

专业提示：
三脚架的中柱可以让你把相机提高到比单独使用三脚架的三条腿更高的位置，但是升高中柱后，有可能造成三脚架不稳定。

专业提示：
摄影师通常会在镜头上安装 UV 滤镜或天光滤镜，这些滤镜不会影响相机的曝光，但可以帮助保护镜头的镜片免受损坏。

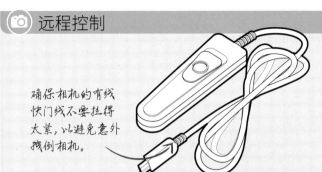

远程控制

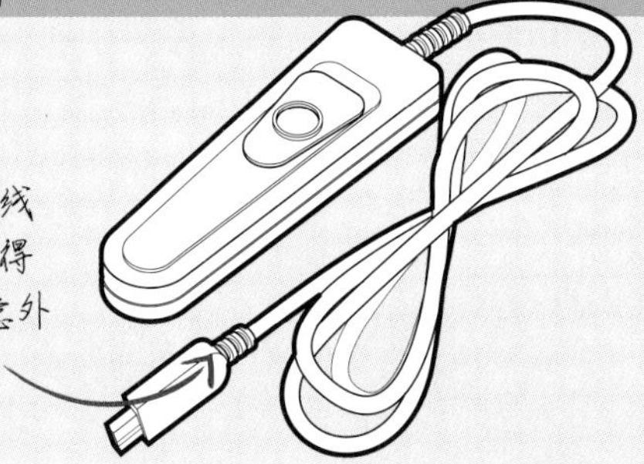

确保相机的有线快门线不要拉得太紧，以避免意外拽倒相机。

远程控制功能可以让你在无须按下相机快门按钮的情况下开启快门（拍照），所以当相机安装在三脚架上拍摄时，就不会因为需要触碰相机而导致其振动。红外快门遥控器就是实现远程控制的附件之一，但操控距离有限。有线快门线需要连接到相机的专门插座上，快门线上通常有一个控制快门开启的开关。

滤镜

滤镜是由塑料、光学树脂或玻璃制成的，安装在镜头前面，用于调节穿过镜头的光线。调节光线的具体方法取决于滤镜的类型。

- 有些滤镜可以让光线增加颜色，例如，加色温滤镜会在一张照片上添加橙黄色。
- 还有一种滤镜可以用来减少进入相机的光线，一般称为中性灰度镜（ND）。
- 滤镜装配有两种形式：螺口式与支架式。

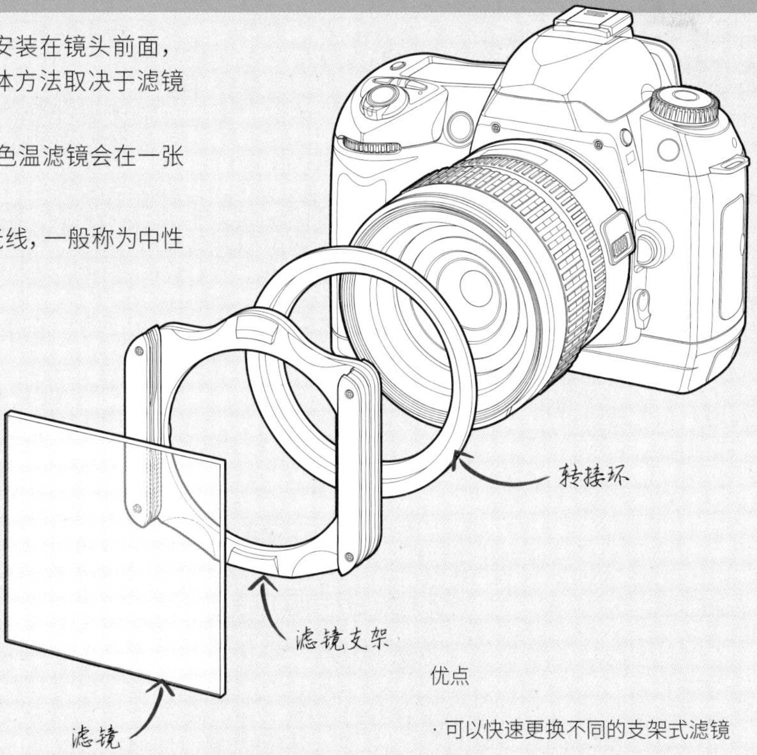

螺口式滤镜

优点	不足
· 有很多类型可选，随时可用 · 价格便宜	· 如果你有多支镜头，需要购买多个滤镜

支架式滤镜

支架式（方形）滤镜需要通过滤镜支架安装到镜头上。

优点

· 可以快速更换不同的支架式滤镜

不足

· 初期购买成本高
· 只能使用相同规格的滤镜

入门指南
户外拍摄

对你来说，购买相机可能需要花费一大笔钱。当你第一次把相机带到户外，可能会有点儿紧张，然而还是要尽可能多地使用相机。你一定要花时间好好学习使用相机的方法并多加练习，否则很难掌握相机的操作。当你外出拍摄时，只要采取一定的预防措施，就可以最大限度地确保相机不会被损坏。

动物

宠物和家畜比野生动物更容易拍摄，因为人类更容易让野生动物警觉，通过研究动物的习性可以帮助你预测它们的行为。多花时间观察它们，并等待合适的时机，你会得到很好的回报。拍摄动物照片时，要注意以下行为。

- 拍摄野生动物时要尽量保持低调，穿上颜色单调且灰暗的衣服，尽可能躲在遮挡物后面。
- 动物的健康与安全远比任何照片更重要。
- 不要给动物造成任何不必要的痛苦，不要触动或进入其巢穴。
- 注意自身安全，如果你挡住了受惊动物的逃跑路线，或者太靠近它们的幼崽，它们可能会对你造成伤害。

天气

相机通常是相当耐用的器材，但它们也有自己的局限性，在某些天气条件下使用需要特别小心。

炎热

- 高温会使相机的组件变形，不使用时最好将相机放置在阴凉处。
- 在干燥多风的户外，尽量减少或不更换镜头，以避免灰尘进入相机，或者粘到相机的感光元件上。

严寒

- 温度接近或低于0°C时会加速耗尽电池的电力，可以将电池放在贴身的衣物口袋内，必要时随时更换。
- 用冻僵的手指操作相机会非常困难，可以戴上手套操作相机。

潮湿

- 如果从潮湿的地方进入凉爽的空间（室内），需要检查镜片上是否有水汽凝结。
- 一旦镜头的镜片或机身上结露，要迅速用干布擦去，并将相机放在温暖通风的地方，使其快速干燥。

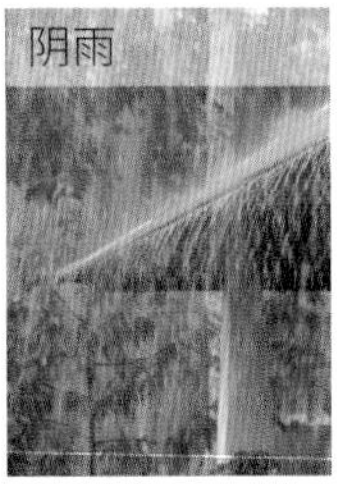

阴雨

- 有些相机宣称是防风防雨的，但在雨中拍摄，水也可能从镜头卡扣处进入相机。
- 可以用防水罩或雨伞为相机遮风挡雨，即使这样也要检查镜头的正面是否有雨点，并及时擦掉镜头上的水渍。

专业提示：
当你外出拍摄照片时，不要害怕拍摄照片过多，可以在拍摄结束后删掉那些不是特别理想的照片。

专业提示：
如果在寒冷的环境中拍摄，而且相机有触摸屏，那么戴上触摸屏手套就可以在手指不暴露在冷空气的情况下，通过触摸屏控制相机和拍摄。

风光

风光摄影意味着要到户外去，这也带来了一些风险。所以在你开始风光摄影之旅前，让别人知道你要去哪里，以及你计划什么时候回来，并且做好以下准备。

- 出发前查看天气预报，穿着合适的衣服。
- 如果计划外出一整天，就要带上适量的食物和水。
- 拍摄时不要冒不必要的风险，这样很容易出现意外。
- 如果你计划在私人领地拍摄，一定要先征得许可。
- 要有环保意识，尽量减少对环境的破坏。

人物

给你认识和信任的人拍照总是比较容易的，但在实际拍摄中，却有很多人不喜欢拍照。不要用哄骗的方式去拍摄他们，要委婉地说服。你需要尊重被摄者的感受，如果他们真的不想拍照，就不要强迫，而且拍摄前要注意以下事项。

- 在给孩子拍摄照片之前一定要征得监护人的同意，这是一个非常敏感的问题。不要抓拍你不认识的孩子，因为这样很容易引起误会与怀疑。
- 和被摄者保持良好的关系并及时沟通，富有幽默感的谈话，有助于你拍摄到更好的照片。
- 不要在文化敏感的地方拍照。
- 浏览拍摄的每张照片，检查被摄者的面部表情，也向他们展示拍摄的照片，从而获得他们的建议，拍摄肖像照片并不是一个单向的过程。

- 使用如“请”和“谢谢”这样的礼貌用语。在国外为陌生人拍摄肖像时，获得允许并不容易，因此要事先了解当地的习俗。

入门指南

文件管理

数码摄影有一个吸引人的地方，那就是拍摄成本很低。一旦你购买了数码相机，接下来拍摄的每张照片基本上都是免费的，因此，拍摄成千上万的照片轻而易举。当你试图从海量的照片中寻找某一张照片时，你可能会很沮丧，甚至流泪。因此，有必要采取系统、有逻辑的方法存储拍摄的数码照片。

尽管很多照片都与众不同，但稍不注意，它就可能很快消失在照片的海洋中。

文件类型

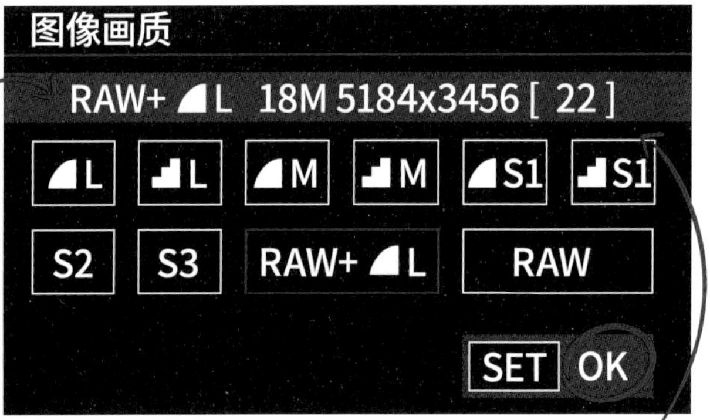

用RAW格式和JPEG格式拍摄照片，你将进入两个不同画质的世界。

在拍摄RAW格式和JPEG格式照片时，此处将显示存储卡还可以存储的照片数量。

JPEG格式照片可以通过照片文件名后面的.jpg扩展名来识别。RAW格式照片没有标准的原始文件扩展名，每个相机制造商都有自己的格式名称，并有一个独特的扩展名。例如，尼康使用.nef作为RAW格式文件的扩展名，而佳能使用.cr2作为RAW格式文件的扩展名。

JPEG格式还是RAW格式?

- 与RAW格式文件相比，JPEG格式文件在存储卡上占用的空间要少得多。
- 一旦将JPEG格式文件存储在计算机中，可以被许多软件（如文字处理软件）打开并使用；RAW格式文件只能通过特殊的RAW格式文件转换软件打开。
- 为了使JPEG文件的体积更小，当相机保存为JPEG文件时，会损失照片中非常精细的细节。
- 由于照片质量的损失，JPEG允许调整的空间更小。虽然RAW文件使用起来更耗时，但提供了更大的后期调整空间。

专业提示：
相机允许你创建新文件夹。这是一种保存特定类型照片的好方法，例如来自不同拍摄项目的照片，可以在存储卡上分文件夹保存。

专业提示：
当将存储卡插入计算机时，可以创建新的文件夹。新建的文件夹必须在存储卡的 DCIM 文件夹中，并遵循文件夹默认的命名规则。

文件名称

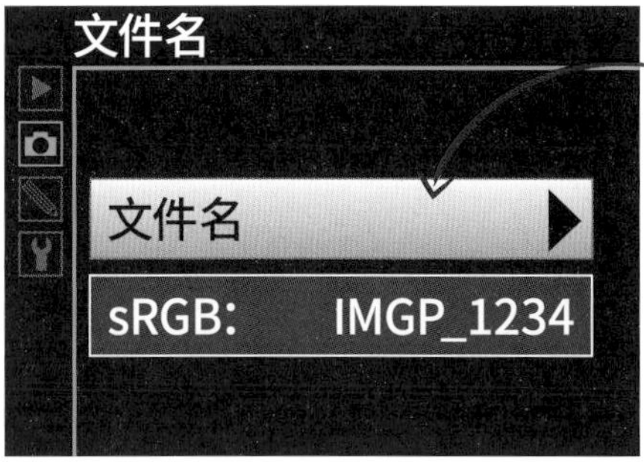

一旦将拍摄的照片导入计算机，就不必再使用相机系统默认的命名规则了。

数码相机习惯根据逻辑对照片进行命名。通常一个标准的4个字符前缀后面包含一个4位数字。这个字符前缀因相机品牌而异，但通常相同品牌的相机的字符前缀是统一的。

- 4位数字是按照拍摄的照片进行连续计数的，从0001开始，直到9999结束。一些相机可以根据特定的条件重新计数。

文件夹

照片存储在存储卡的文件夹中，文件夹的命名使用3位数前缀，后跟3个标准字符（具体取决于相机的品牌）。文件夹的前缀是按照存储卡上创建的文件夹进行连续计数来命名的。

- 一个文件夹最多可以保存9999张照片。当达到极限时，相机将自动创建一个新文件夹，并将照片存储在新文件夹中。

针对不同的拍摄项目建立新文件夹，这样可以将拍摄的照片保存在不同的文件夹中。

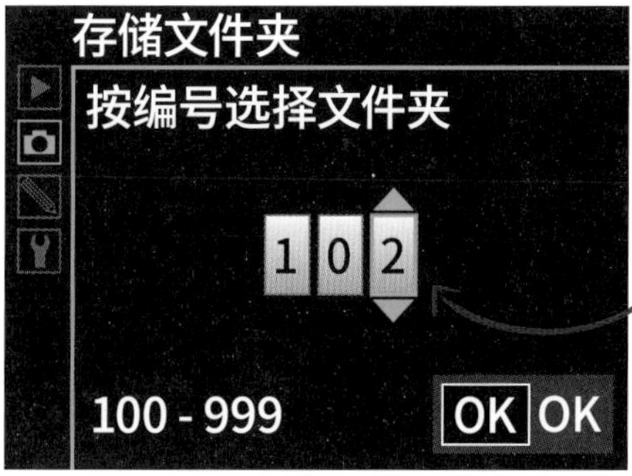

创建逻辑化的归档系统

当相机文件名达到9999时，计数被重置为0001。当拍摄一万张照片后，照片的名称会发生重名现象。独特的文件名可以帮助你快速找到特定的照片，所以一旦照片导入计算机，将照片重命名就显得至关重要，操作时可以采用以下方法。

- 使用便于操作，但不会重复的文件命名方式。
- 将照片按照逻辑分组，如动物>鸟>鹰。
- 为照片添加关键词，这样可以让你快速找到一张特定的照片。

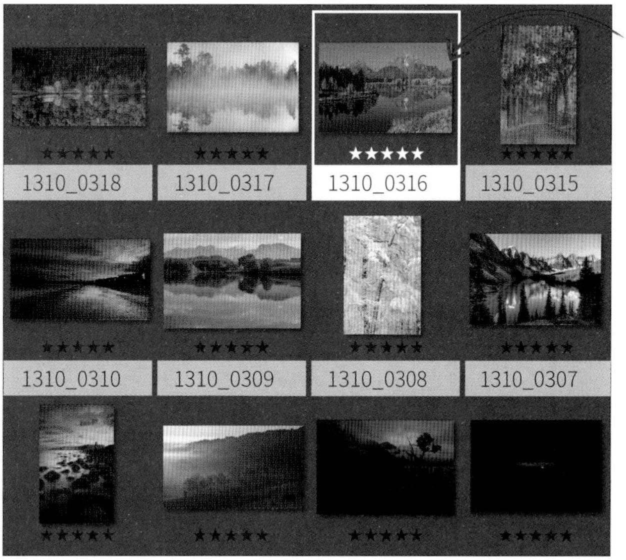

只重命名想要保存的照片。

后期处理

拍摄照片时需要花时间掌握照片正确的曝光、合适的色彩和恰当的反差，但是，多数时间拍摄的照片仍然需要进行后期修饰，这可以通过在计算机上安装照片处理软件来实现。这种在拍摄后处理照片的过程被称为“后期处理”。

软件

目前最受欢迎的照片处理软件是Photoshop及其变体Elements和Lightroom。本书将使用Photoshop软件进行讲解。如果你使用其他软件也不必担心，对于大多数照片处理软件来说，本书中描述的许多工具的使用方法都是相同或类似的。

A **色彩平淡**：如果照片看起来苍白或灰暗，通常增加色彩的鲜艳度就会得到很好的改善，这就是所谓的增加色彩饱和度。

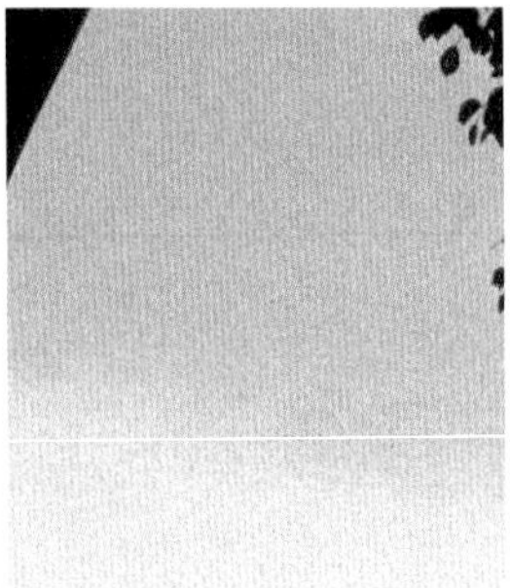

B **噪点**：噪点被看作是相机拍摄的影像中随机出现的砂砾般的图案，导致照片的细节模糊（或损失）。出现这种现象是因为相机的电子设备在曝光过程中破坏了照片中的信息。在后期处理时通过降噪处理就可以优化照片的品质。

C **色差**：可见光是由不同波长的光谱组成的。如果透镜不能将所有波长的光对焦到同一个点上，就会在物体的边缘产生红色/绿色或品红色/蓝色的条纹。

专业提示：

如果要为照片添加特殊效果，可以在Photoshop中的“滤镜”菜单中找到滤镜选项，其中的“镜头校正”就是一个特别有用的滤镜，可以用来校正如失真这样常见的镜头问题。

专业提示：

养成一个好的工作习惯很重要。在图片编辑软件中调整照片时，总是复制一份照片作为副本，在副本上进行后期操作。如果不喜欢对照片所做的调整，还可以回到原来的版本重新进行调整。

D **色彩平衡：**光线并不总是中性的。当光线偏色时，如偏红色或蓝色，除非经过校正，否则最终照片中会看到明显的偏色。偏色可以使用相机的白平衡功能进行调整，也可以在后期处理时进行调整。

E **阴影：**不均匀的光照导致场景的阴影部分和高光部分形成强烈的反差。但照片中的相对亮度可以在拍摄照片后进行调整。

之后

F **修补：**照片经常会被忽略的细节或相机感光元件上的灰尘破坏。在后期处理的过程中，Photoshop中的“仿制图章工具”可以让你用照片中的一部分图像修补有缺陷或瑕疵的部分。

其他后期处理方法

- 基本修饰。
- 锐化照片。
- 增强或者减弱反差。
- 调整景深。
- 校正透视。
- 合成全景照片。
- 局部调整。
- 添加模糊效果。
- 裁剪照片。
- 目标调整。
- 调整色阶。

入门指南

计算机

一旦你拍完照片，那么就需要把拍摄的照片从存储卡上复制到计算机或平板电脑上。尽管相机通常具有原始照片格式转换等功能，但这些功能通常都是最基本的。把照片复制到另一个设备上，你将有更大空间来查看和调整照片，当然也可以将这些照片或视频分享给你的朋友。

计算机类型

- 个人计算机可分为两种基本类型：台式计算机和笔记本电脑。
- 存储和处理数码照片的计算机性能要比发送电子邮件或处理文字等任务的计算机需要更高的性能。虽然台式计算机比笔记本电脑提供了更好的性能，并且只需花费相对少的钱就可以购买，但如果你需要携带时，便携性强的笔记本电脑则是更理想的选择。
- 现在许多摄影师都开始使用平板电脑进行照片修饰。平板电脑体积小，重量轻，很容易装进相机包里。平板电脑中有各种各样的摄影App可以帮助你制订拍摄计划，并在拍摄之后修饰照片。

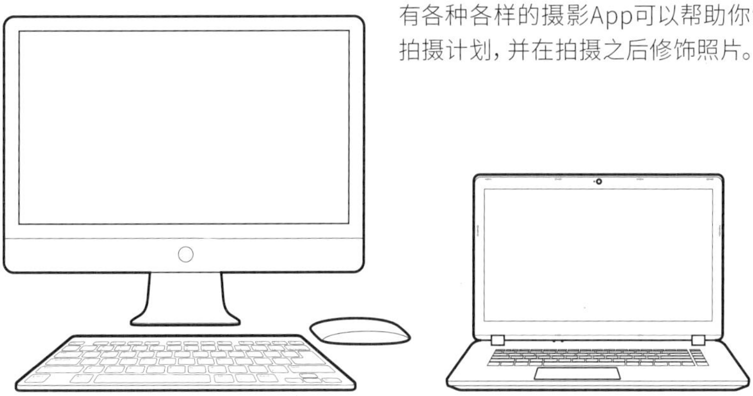

显示器

计算机显示器的品质与室内的环境光都是影响显示效果的重要因素，因为它们决定了在屏幕上观看照片的颜色和对比度的精确度。

- 用于编辑照片的显示器应该有较宽阔的视角。当你不是直视显示器时，其颜色和对比度可能会发生让你无法忍受的变化。
- 你工作的房间的照明不需要太亮，并且要避免光直接照在显示器屏幕上，因为这样会使在屏幕上观看照片的颜色和对比度变得很困难。

内存与存储空间

内存大总比小要好，你的计算机至少要有8GB的内存空间才能有效地运行照片编辑软件。理想情况下，硬盘的容量应该是1TB或更高。你还应该准备一个容量大小差不多的外置硬盘（即移动硬盘），用来定期备份照片。固态硬盘（SSD）比标准的机械硬盘贵，但速度更快，这意味着应用程序的加载时间更短，你也可以考虑使用网络存储来备份你的照片。

01 第一周

拍摄你的第一张照片

本单元将向你介绍一些基本的摄影原理和技术，开始你的摄影创作之旅，让你拍摄完美的照片。

本周你将学到：

- 评估拍照之前需要做哪些决定，以及为什么照片是“制造的”而不是“拍摄的”。
- 研究不同的被摄主体及其可能性。
- 在拍摄结束后，将照片导入计算机并浏览拍摄的照片。
- 通过指导性作业和练习，尝试和探索拍摄不同类型的照片。
- 浏览拍摄的照片，学习如何规避一些常见错误。
- 后期修饰中，通过简单的曝光调整来提高照片的品质。
- 回顾本周学习的摄影知识，看看你是否准备好继续学习。

让我们开启摄影之旅吧！

知识测试

怎样拍出一张好照片

1

2

4
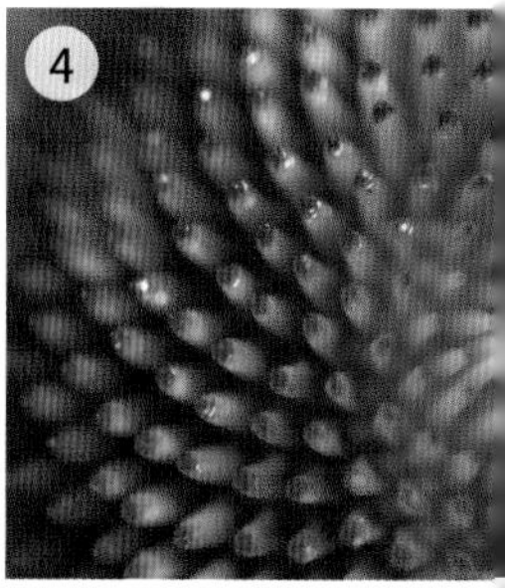

3

拍摄照片的取景、构图方式和拍摄时间是决定你如何成功地传达信息的关键。你能不能说出上面这些照片是属于什么类型的?

A **风光摄影:** 一张广阔的风景照片可以捕捉自然之美。

B **瞬间或街道拍摄:** 通过人群捕捉街道上的活力。

C **运动/动作:** 凝固关键时刻的动作,能够强调体育与人的戏剧效果。

D **肖像:** 一幅生动的肖像照片,可以逼真地表现人物的性格。

E **特写或微距:** 拍摄出比被摄主体更大的照片,可以产生巨大的视觉冲击力。

F **自然:** 自然界的景物是被摄主体的丰富来源。

G **时尚:** 拍摄迷人的时尚世界是令人兴奋的,但你需要培养展示服装和配饰最佳状态的感觉。

H **建筑:** 以建筑物为被摄主体,可以拍摄出富有戏剧化效果的照片。

答案

A/2：美国大提顿国家公园
B/5：越南一个繁忙的街市
C/8：英式橄榄球比赛
D/1：一个男人的黑白肖像
E/4：紫锥菊花的细节
F/6：一群海鸥排队飞行
G/7：傍晚时尚摄影
H/3：现代办公大楼

5

7

6

8

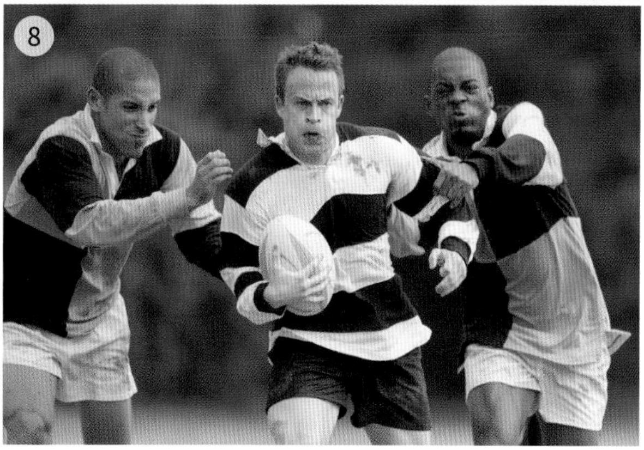

须知

- 尝试改变拍摄的角度和高度，可以围绕着被摄主体，将其完全拍摄进画面。有时只要稍微改变相机的角度和位置就能将一张效果普通的照片，改变为一张非常完美的照片。
- 从高处拍摄，让你能够从景物上方取景。而从被摄主体后面拍摄，则可以展示他们视线看到的范围。
- 在一天的不同时段拍摄，以探索太阳在不同位置的光照效果。
- 使用数码相机可以拍摄的照片的数量几乎没有限制，所以针对被摄主体，可以在不同角度拍摄足够多的照片。

回顾这些要点，看看它们是如何与这里展示的照片相对应的。

理论知识

相机设置与被摄主体

尽管相机可以在全自动模式下拍摄出很好的照片，但是了解相机的各种设置如何影响最终照片的影像品质也很重要。

为了完全控制拍摄的效果，有时你需要改变相机的自动曝光设置，根据所拍摄的照片类型与用途不同，你需要将注意力集中在相机控制的不同功能上，用手动模式来设置相机的曝光和对焦，从而获得理想的照片效果。

光圈

相机使用小光圈，照射到感光元件的光线就会少，但拍摄的照片清晰度会高；使用大光圈，照射到感光元件的光线多，照片的景深浅，被摄主体会更突出，背景会更模糊。

对于风光摄影而言，使用小光圈、深景深的拍摄方法，能确保前景、中景和背景都在景深的焦距范围内。

快门速度

高速快门（打开快门的时间只有1/5000s）使相机感光元件只能捕捉到被摄主体运动过程中的一小部分光线，从而使你能够捕捉动作的一瞬间。

慢速快门，如1/15s，可以用来创造模糊效果，或者使用小光圈获得更深的景深。

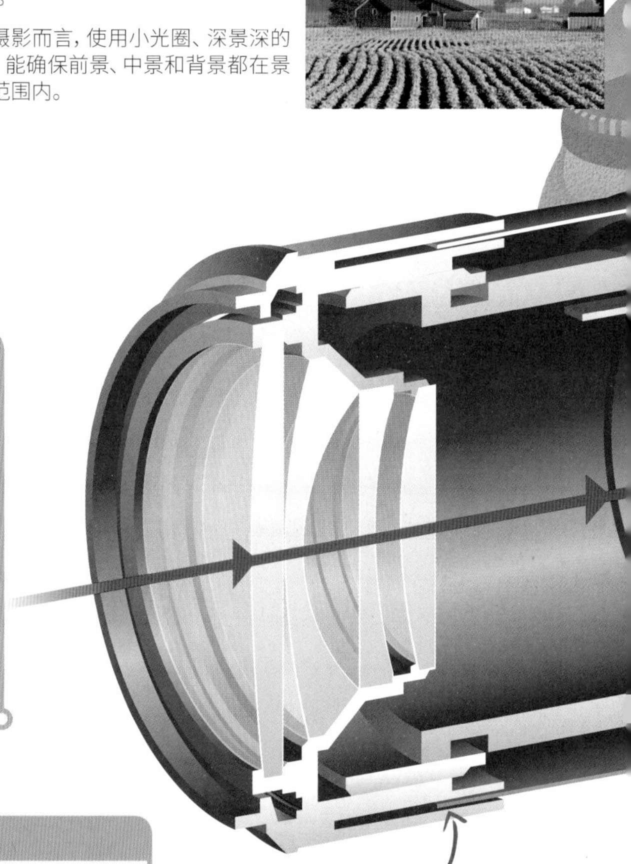

对焦环用来让镜头准确地对焦在被摄主体上。

取景器

当人眼观看一个场景时，往往只会关注画面中的重要元素，从而忽略其他元素；而对相机来说，却可以看到场景中所有的细节。当我们在印刷品或屏幕上观看照片时，场景中我们平时忽略的元素可能成为照片的主导元素。在水平和垂直方向，尝试通过取景器构图拍摄照片。

专业提示：
尽量早点儿到达拍摄地点，这样你就有时间找到最佳拍摄位置，然后等待最佳时刻进行拍摄。

专业提示：
为了在明亮的环境中使用慢速快门拍摄，你需要安装一个中性灰密度（ND）滤镜，这样就可以减少到达感光元件的光线数量。中性灰密度（ND）滤镜有不同强度可供选择。

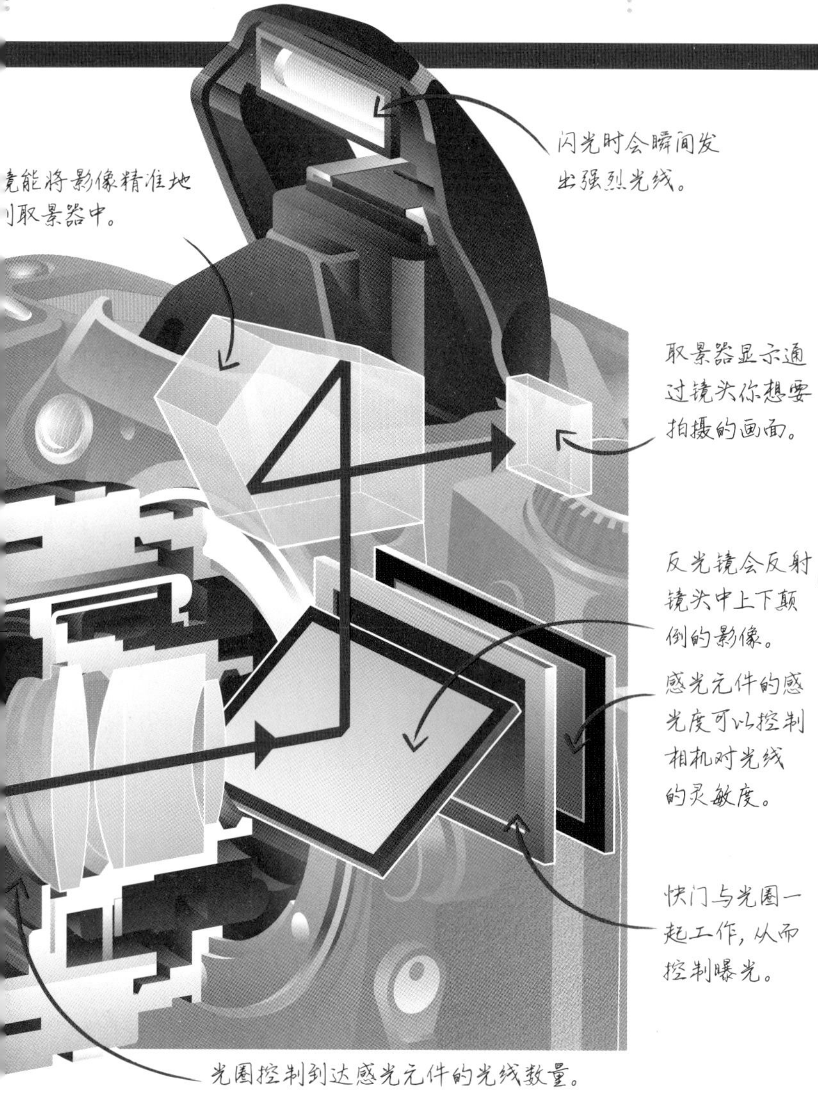
能将影像精准地
取景器中。
闪光时会瞬间发出强烈光线。
取景器显示通过镜头你想要拍摄的画面。
反光镜会反射镜头中上下颠倒的影像。
感光元件的感光度可以控制相机对光线的灵敏度。
快门与光圈一起工作，从而控制曝光。
光圈控制到达感光元件的光线数量。

闪光灯

闪光灯可以照亮被摄主体。闪光灯有内置的（相机自带的装置），也有外置的（附件），甚至可以远程引闪。

你可以使用闪光灯针对被摄主体的阴影补光。当在高反差的阳光下拍摄时，闪光灯也可以作为人像摄影的主光源。

相机拍摄模式

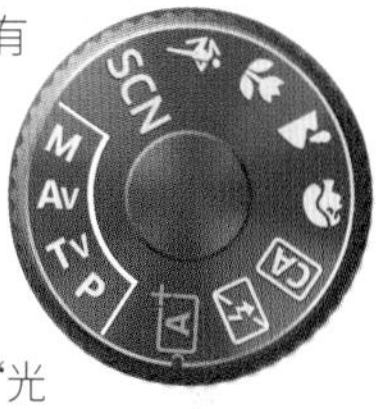
SCN
M
Av
Tv
P
CA

通常数码单反相机有多种拍摄模式可供选择。“程序模式”适用于一般情况，在光线变化的情况下快速抓拍时更适合；“光圈优先”模式最适合拍摄风景和静态主体；“快门优先”模式最适合拍摄运动物体和运动场景；要完全控制相机，需要切换到“手动”模式，这样就可以精确地自主控制相机。

对焦

根据拍摄的具体情况，可以选择使用相机内置的自动对焦（AF）模式进行对焦，也可以切换到手动对焦模式，或者自己选择对焦点。

拍摄人像时，通常希望把镜头对焦在被摄者的眼睛上，而且往往是离镜头最近的那只眼睛。

感光度（ISO）

将相机感光元件的感光度（ISO）设置为一个较高的数值，可以让你在弱光环境下拍摄到清晰的照片，在纪实摄影中就常用这样的设置。

使用较低的感光度可以获得最高的照片画质，这对于风景照来说非常重要，但是需要用三脚架固定相机。

▶技能学习
导入照片

为了更方便地查看和处理照片，你需要将照片从相机导入计算机。在实际操作中并没有固定的方法，可以试着寻找一种最适合你的方法。

1 选择拍摄分辨率

在拍摄任何照片之前，你都应该选择适合照片的分辨率。选择的照片分辨率越小，存储卡上可以存储的照片数量就越多，相机写入存储卡的速度也越快，但照片质量会相应变差。

2 照片导入计算机

将存储卡从相机中取下，使用读卡器（如下图所示），或者用USB数据线将相机直接连接到计算机上传输照片。

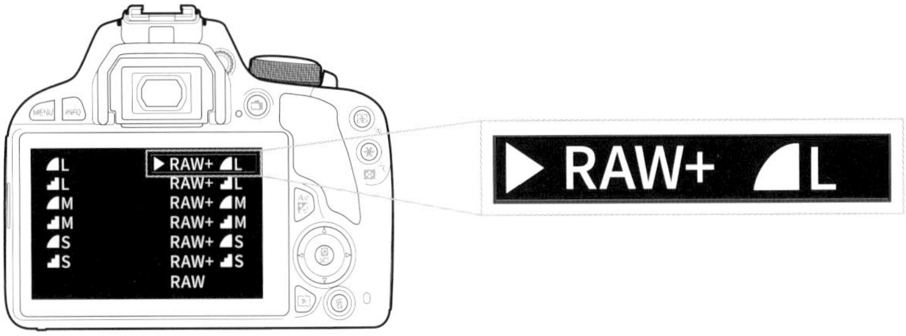

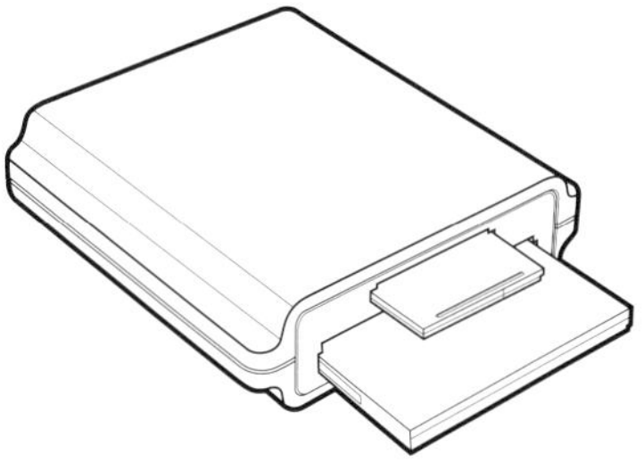

5 添加标题和版权信息

在Photoshop中执行“文件简介”命令，添加标题和你的联系方式，以便可以在未来更容易地找到照片。

6 保存照片

你需要选择保存照片的格式。保存为RAW格式文件将获得最佳影像品质，但是需要更大的文件存储空间。如果要保存为JPEG格式文件，则需要根据照片的用途，例如，用于打印或网页设计，选择不同的品质。

7 备份照片

你应该把照片备份到外部存储器（移动硬盘）上，这样就有了副本，以防计算机硬盘出现故障，或者计算机丢失。很多专业人士会备份多种介质，例如大型外置硬盘、DVD，甚至是基于网络的云服务器。

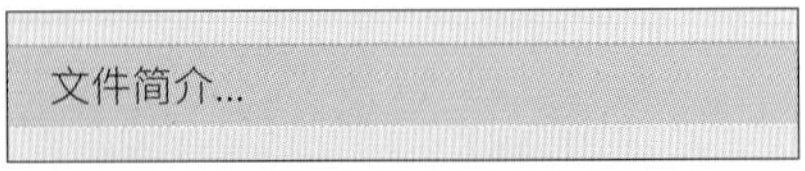

添加信息到照片中，可以让你快速搜索并找到相应的照片。

JPEG格式照片的品质可以在1~12级之间进行选择。

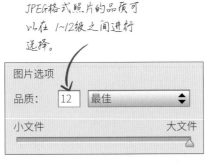

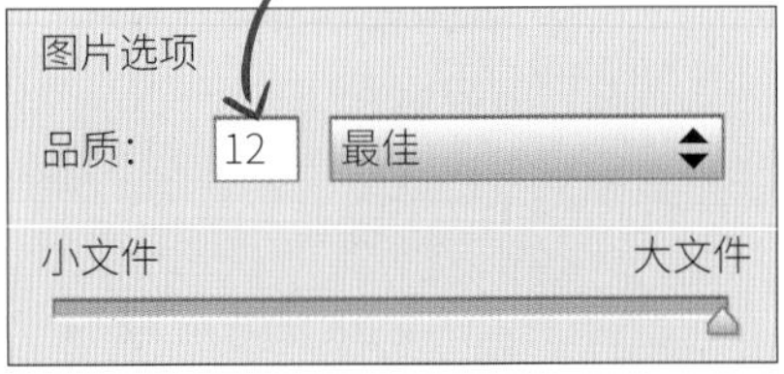

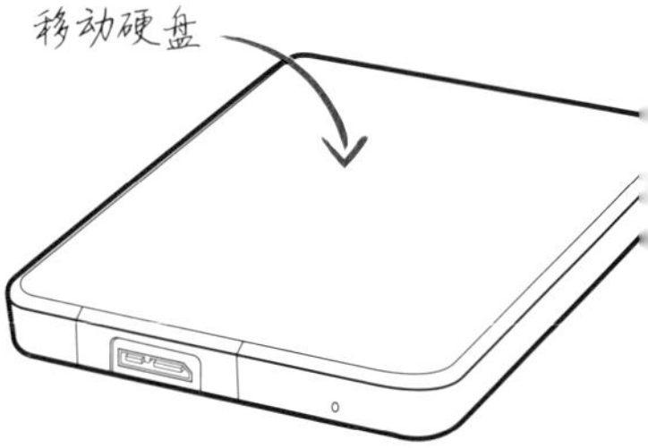

开始：
你需要相机、存储卡、读卡器（或者用数据线将相机连接到计算机上）、计算机以及备份用的外置硬盘（移动硬盘）。

你将学习到：
怎样建立一个统一和系统的工作流程，以便可以快速拍摄、导入、检索和发布照片。

3 选择最佳照片

在图片浏览软件中，打开你需要调整的照片。

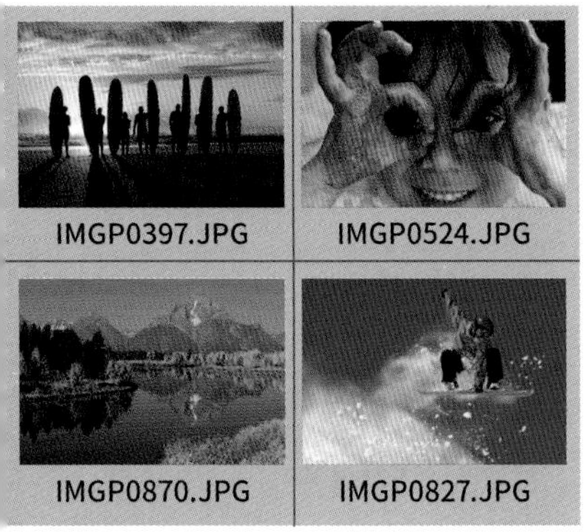

4 调整照片

使用照片编辑软件，如Photoshop，打开需要调整的照片。如果拍摄的是RAW格式照片，需要使用 Camera RAW或类似软件打开照片。接着可以做一些简单的调整，例如改变对比度、曝光，以及裁剪、修饰照片等。

可以将照片构图裁剪得很紧凑，只保留被摄主体。

“裁剪工具”允许你对照片进行裁剪，裁掉照片中任何你认为不需要的部分。

设备：存储卡

存储卡是相机中存储照片的设备，它通常是可拆卸的，有各种容量可供选择。

在理想状态下，你应该买一个可存储足够数量RAW格式文件的存储卡，这样你将获得最好的影像质量。如果条件允许，在相机上选择“RAW +JPEG” 模式，这样你就可以快速预览JPEG格式文件，然后对RAW格式文件进行后期处理。

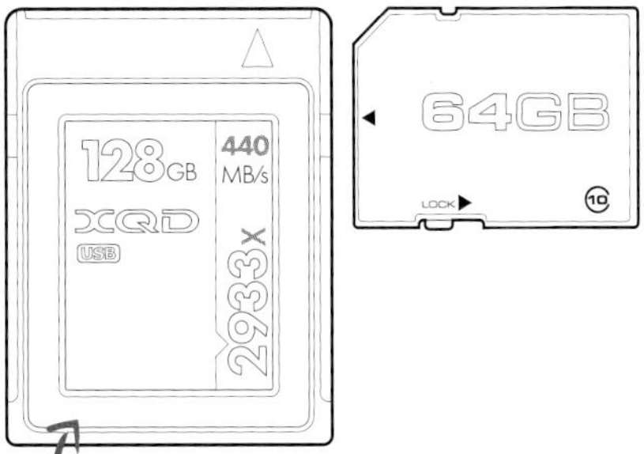

市场上销售的存储卡的容量一直在变大，所以只购买你觉得够用的存储卡即可，不用追求最大容量。

你学到了什么？

- 在拍照之前，你需要选择最合适的照片分辨率和格式，如RAW格式或JPEG格式。
- 在照片上添加信息，以便后期能很容易地找到需要的照片。如果想把照片卖给其他人或第三方，还可以添加一些版权信息。

一定要备份照片。

练习与实践

不同的摄影题材

拍摄照片时，相机会详细记录相机的光圈、快门速度和感光度设置。即使在全自动模式下，数码相机也会在每张照片中嵌入这些信息。这些信息将帮助你确定相机的设置是否有效，以便决定后期继续使用还是进行相应的调整。

街拍

- 容易
- 户外
- 2~3小时
- 明亮的场景
- 相机

街道是人们日常生活的场景与舞台，拍摄街景的照片，能够让观者获得一种场景和日常生活的仪式感。

- 寻找有趣的背景或等待发生什么事情。耐心很重要，因为你可能需要站在一个特定的地方等待很长时间，才能获得画面中元素之间合适的组合。
- 关注被摄者的肢体语言，关注其如何与他人及环境进行互动（或者不互动）。要特别注意被摄者的眼睛和手，因为这些元素可以反映一个人对周围人的态度。可以采用并置和对比的处理手法，如果可能，还可以拍摄一些含有幽默元素的照片。
- 思考光线是如何变化的，甚至包括这种变化是如何影响你的拍摄场景的。

街道可以被描绘成安静而孤独的。

街道也可以是充满生机的热闹空间。

专业提示：

要意识到拍摄过程中你可能会对环境造成的影响。你的存在是否改变了环境的现状？人们是否在镜头前摆姿势，还是保持正常的表情？

专业提示：

拍摄人物的眼睛，清晰度很重要。如果你的相机具有"眼部追焦"功能，那么就使用该功能拍摄。这种对焦模式在无反相机上比单反相机上更常见。

繁忙的工作场景

容易　室内

2~3小时　模特

相机

拍摄参与活动的人是摄影的一种常见题材。学习如何围绕一个主题拍摄，从而找到最好的角度和照明效果，这将有助于提高你的摄影技能。

- 拿着相机，这样你就可以轻松地围绕被摄者转动，而被摄者不会有太多的反应。
- 从尽可能多的角度拍摄，但尽量不要在他人工作时影响他们。
- 思考被摄者的工作性质，以及这个人与工作的关系。想一想这些因素会不会影响你的拍摄。

拍摄这位雕刻家时，很容易打扰到她的创作，因此，拍摄照片时要格外小心。

过肩人物肖像

容易　室内

1小时　模特

相机

人脸一直是摄影师关注的焦点，人的不同的姿势可以传达一个人不同的性格特征。看看你能不能找到最适合展现被摄者个性的姿势。

- 要求被摄者坐好，让他直接面对相机。从不同的高度并使用不同的照明方式拍摄多张照片。
- 让被摄者稍微转向相机，使用不同的高度、角度和照明方式重复拍摄。

问问你的模特，你拍摄的哪张照片最能展现他的性格特征。

你学到了什么？

- 你的出现可能会使被摄者表现出不同的一面，可能会使他显得不自然，所以尽量不要干扰他，特别是当他沉浸在自己的状态中时。
- 白天的光线和天气的变化会影响拍摄的照片。你可以想一想，早上和中午的光线是怎样的效果？你拍摄的照片在晴天还是阴天看起来会更好看一些？

旖旎风景

- 容易
- 2~3 小时
- 相机+三脚架
- 户外
- 明亮的场景

- 准备好徒步寻找完美的风景拍摄视角。在光线良好的黎明或者黄昏出去拍摄，提前构思好光线从哪里照射过来，并选择合适的时间到达拍摄地点。
- 把相机架在三脚架上，这样相机就会很稳定，从而减少相机振动造成的影像模糊。
- 练习构图。水平线通常位于照片的上1/3或下1/3处，而不是中间的位置，这样构图的风景照片效果往往会非常好。

线条，例如这个山脊的线条将引导观者的视线在照片中移动。

器材：三脚架

当因为光线或使用小光圈、慢速快门以获得较深景深效果时，使用三脚架有助于避免相机振动。

因为你可以对相机的位置做很细微的调整，对于拍摄构图精确的照片来说，三脚架也很有用。你也可以用三脚架拍摄延时照片，或者全景照片、360°照片。

选择一个坚固的三脚架，因为相机需要一个稳定的支撑。然而，在选购三脚架的时候，在重量和稳定性之间要作出权衡。如果三脚架太重，你就不想带着它到处走，但如果它太轻，三脚架则无法支撑相机。

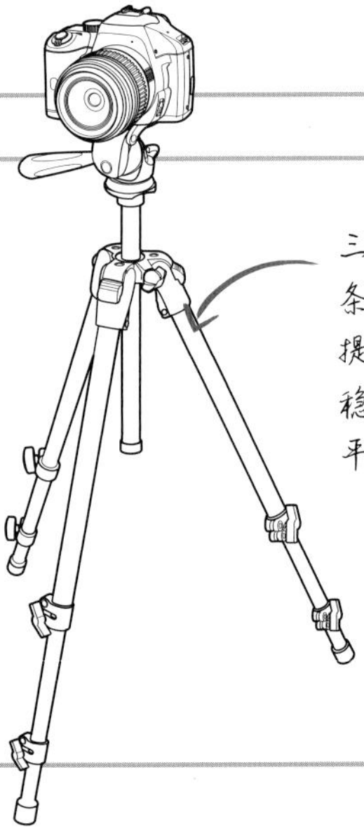

三脚架的三条腿为相机提供了完美、稳定的承载平台。

静物拍摄

容易　　室内

2~3 小时　　适合拍摄静物照片的拍摄对象

相机+三脚架

展现细节的照片或静物照片往往会让我们注意到一些经常被忽视的东西，而且展现细节的拍摄方法也可以将一些被认为是枯燥的对象拍摄出有趣的照片。

- 寻找一些日常用品，把这些东西放在靠近窗户的桌子上，这样它们就能从侧面被窗户光照亮。
- 从不同的角度拍摄一系列照片。尽量从物体顶部，或者尽可能低的视角拍摄。在相机允许的范围内尽量靠近被摄主体拍摄，然后再移至更远的地方拍摄。
- 仔细查看拍摄的照片，看看不同的拍摄位置是如何影响照片效果的。你也可以重新排列被摄主体，看看最终拍摄的照片会有什么样的变化。

展现细节的照片，可以使芦笋这样小的物体在照片中显得比实物更大。

抓拍快速运动的对象

容易　　户外

2~3 小时　　模特

相机

学习如何拍摄快速移动的对象，有助于提高你的反应速度、拍摄技能，以及对焦和快速拍摄的能力。

- 选择一个体育项目或快速运动项目，例如足球比赛就是一个很好的选择，也可以选择山地自行车赛。拍摄时要寻找一个好位置，并在骑手每次经过时拍摄他们。
- 站在球场或赛场上一个理想的位置拍摄，运用广角镜头，在对象快速运动的情况下，通过取景框取景拍摄。
- 寻找被摄主体运动到高处的瞬间，并努力使其填满整个画面，以获得最大的视觉冲击力。

尽量选择在很可能出现令人印象深刻的动作的地方拍摄。

你学到了什么？

- 当你抓拍到一个关键动作时，动态抓拍的照片效果最好。
- 用慢速快门拍摄时，因为三脚架能避免相机振动导致拍摄的影像模糊，因此三脚架必不可少。
- 良好的光线环境对于风景照片来说很重要，因此要提前查看天气预报。

检查学习成果
评估拍摄的照片

从你花了一个星期的时间拍摄的照片中，选择你认为拍摄得比较理想的照片，然后进行修饰。仔细观察并思考，应该如何针对这些照片改进你的拍摄技能并提高拍摄水平。

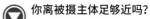

你离被摄主体足够近吗?
被摄主体是否充满整个画幅? 这张照片是经过处理的，所以画面中只有被摄主体。

你的照片构图好吗?
在这张照片中，地平线位于画幅底部不到 1/3 的位置，太阳、船与右侧的树木使画面构图显得非常平衡。

在照片中，你想要表达的观点是否清晰?
在这张照片中，狗的眼睛很清晰，而其他部分则没有在对焦范围内。

你的照片曝光准确吗?
这张照片故意曝光不足，使人物在天空的映衬下显得轮廓鲜明。

你不只是拍照片，而是去制造照片。

安塞尔·亚当斯

照片取景范围选择得如何？
照片中的一切都是你想要表现的吗？这张照片的取景构图特别紧凑，并且去除了背景中任何可能影响照片视觉冲击力的元素。

你能熟练运用光线吗？
等待合适的拍摄光线，使这些建筑物在背景中显得很突出。

照片清晰吗？
从照片最前面的物体到最后面的物体都是清晰的吗？这幅照片中的一切对象都在对焦范围内，全部清晰显现。

你拍摄到了精彩瞬间吗？
你的照片是否模糊，或者你是否抓拍到了快速运动的瞬间？例如，自行车轮子溅起的石头。

优化照片

后期修饰照片

为了让照片获得最佳效果，并让后期修饰如同前期拍摄，成为你日常工作的一部分，可以使用照片处理软件（如Photoshop）的自动功能获得快速处理结果。以下是一些优化照片的基本后期修饰流程。

1 评估照片

创建照片副本，这样就可以回到照片的最初状态并重新开始修饰工作。仔细观察这张照片，看看哪些方面需要调整和改进。

天空缺少反差。
地平线不水平。
照片颜色显得单调乏味。
照片裁剪不当。

5 裁剪照片

找到工具箱中的“裁剪工具”。选择“原始比例”选项，以保持照片的比例与你拍摄时一样，或者如果你想不受限制地改变照片的长宽比例，可以选择“不受约束”选项。

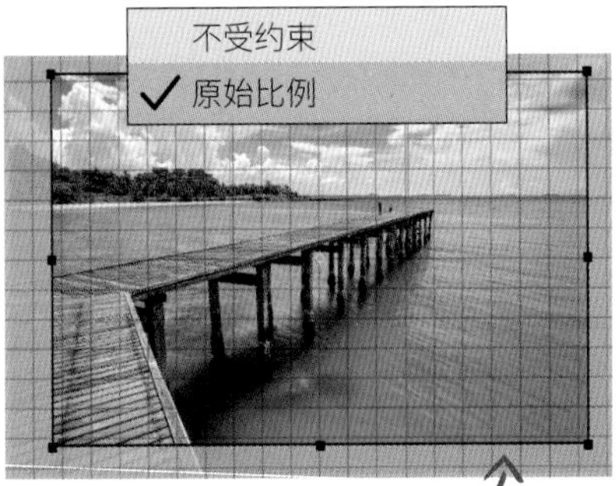

照片中不需要的部分呈现灰色。

6 保存照片

不断调整照片效果，直到你对最终效果感到满意。确保你保存了最终修饰后的照片。

专业提示：
根据各种照片用途，将照片保存为如用于网页设计、打印，或者适用于屏幕显示的不同的格式和分辨率。

专业提示：
按组合键 Ctrl+Z 或 Cmd+Z（Mac OS 系统），可以在 Photoshop 中撤销你所做的调整。另外，按组合键 Shift+Ctrl+Z 或 Shift+Cmd+Z（Mac OS 系统），还可以返回撤销的操作。

2 设置自动曝光

使用“自动色阶”功能快速、轻松地改变照片的亮度和反差，从而增强高光和阴影的细节。

3 增加饱和度

为了增强照片的色彩效果，可以使用“色相/饱和度”功能的“增加饱和度”预设值，但要注意不要设置过度，否则照片可能会显得不自然。

4 旋转照片

调整地平线水平时，选择“裁剪工具”，将鼠标指针放置在裁剪框的外侧，按住并拖曳鼠标，旋转照片，直到对效果满意为止。

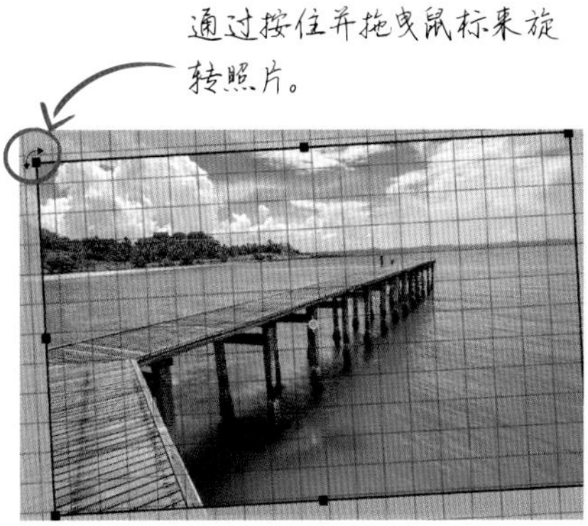

减淡与加深功能

上面照片修饰、调整环节的操作可以改变整幅照片的效果，也可以只改变照片某一特定区域的效果。把照片的一部分变暗叫作“加深”，变亮叫作“减淡”。

放大要调整照片的区域，设置匹配工作区域的笔刷大小，并将级别设置为10%~15%——操作时最好逐步进行，不要一次操作到位（基本是不可能的）。时不时地缩小照片进行全局观察，以确保调整后的照片看起来自然，而不是修饰过度。不断地尝试调整，直到对最终的调整效果感到满意为止。

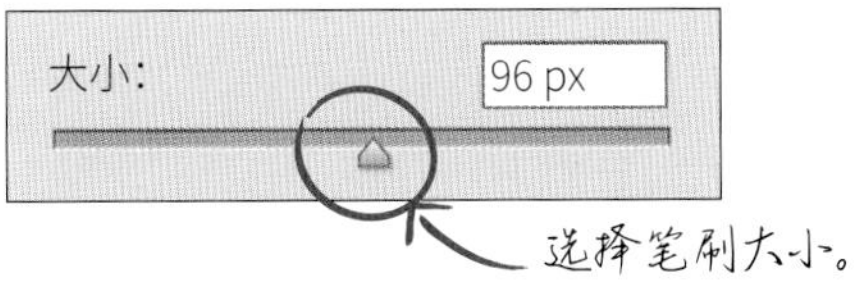

大小：
96 px
选择笔刷大小。

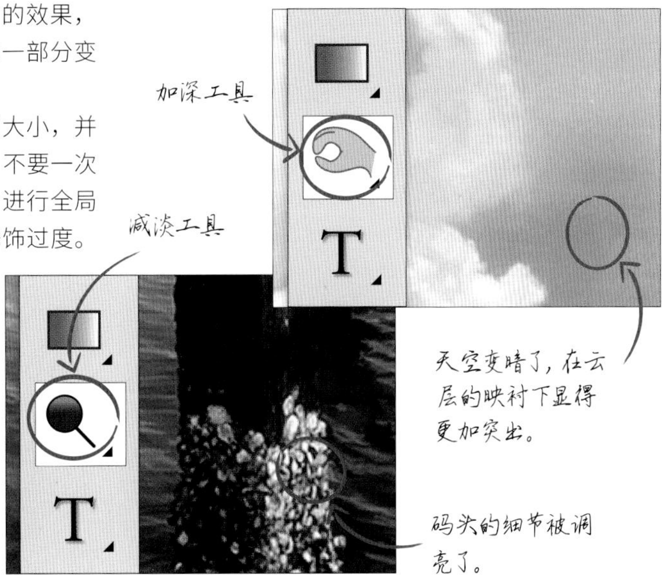

加深工具
减淡工具
天空变暗了，在云层的映衬下显得更加突出。
码头的细节被调亮了。

学习测试
你学到了什么？

现在你已经迈出了拍摄完美照片的第一步，回答下面的问题，看看你是否已经掌握了本单元中讲述的所有内容，然后再继续下一个单元的学习。

1 凝固动作在什么类型的摄影中是有用的？

A 特写　B 运动　C 肖像画

2 拍摄照片前，你应该在什么时候决定拍摄照片的大小？

A 在你拍摄完成之后
B 在拍摄期间
C 在拍摄开始之前

3 “裁剪工具”可以让你对照片做些什么？

A 调整照片构图
B 改变对象主体的颜色
C 放大整幅照片

4 当你为工作中的人拍摄照片时，你应该做什么？

A 尽量不要打扰他们的工作
B 告诉他们你想让他们做什么
C 尽可能多地阻碍、干涉他们的工作

5 三脚架有几条腿？

A 一条　B 三条　C 六条

6 照片中的线条，如地平线，对观者会有什么影响？

A 引导观者的视觉注意力，以照片为中心进行观看
B 让他们迷失方向
C 不要让观者的视觉注意力在一个地方停留太久

7 光圈的作用是什么？

A 控制快门打开的时间
B 选择拍摄模式
C 控制进入相机的光通量

8 照片曝光不足会对被摄主体产生什么影响？

A 使天空变暗
B 体现被摄者脸上的每一个细节
C 把被摄者变成了剪影

9 高感光度可以让你在什么类型的光源条件下拍摄照片？

A 弱光环境中
B 明亮的光线环境中
C 闪光光源环境中

10 哪种拍摄模式可以应用你想要使用的精确设置？

A 自动模式　B 手动模式
C 快门优先模式

11 透过取景器你能看到什么？

A 通过镜头反射的影像
B 颠倒的影像
C 影像的底片

12 快门优先模式控制相机的哪部分？

A 光圈的大小
B 闪光是否有效
C 快门停留开启的长短

13 拍摄人像时，你应该关注人物的哪一部分？

A 头发
B 眼睛
C 下巴

14 慢速快门会产生哪种影像效果？

A 凝固快速移动的对象
B 把照片变成黑白
C 创建模糊效果

15 哪种光圈可以产生较深的景深？

A 小光圈
B 中等光圈
C 大光圈

答案：1/B，2/C，3/A，4/A，5/B，6/A，7/C，8/C，9/A，10/B，11/A，12/C，13/B，14/C，15/A.

02 对焦

第二周

成为一名技术精湛的摄影师，关键在于要掌握影像的哪些部分清晰，哪些部分模糊（虚化）。虽然现代相机拥有出色、快速、准确的自动对焦系统，但你仍然需要知道如何充分利用该功能，如何为被摄主体选择正确的对焦模式，何时需要切换到手动对焦模式，以及为拍摄照片创造性地选择对焦。

本周你将学到：

▶ 发现焦点不是固定的，而是可以移动的。

▶ 比较单次自动对焦、连续自动对焦和手动对焦模式的区别，了解在何时使用哪种对焦模式。

▶ 通过熟悉单点对焦和多区自动对焦，掌握对焦的基础知识。

▶ 熟悉如何通过指导性训练，选择正确的焦点。

▶ 分析照片，了解为什么选择正确的焦点很重要。

▶ 学习如何在后期修饰中运用“锐化照片”功能来改善照片品质。

▶ 回顾本周学习的摄影知识，看看你是否准备好继续学习。

让我们开始吧！

▶ **知识测试**

如何选择对焦位置?

通过仔细研究相机的设置，可以精确地控制照片中焦点的位置、场景中对焦清晰区域的大小。看看你能否辨别这些照片中使用了哪些对焦方式。

A **长焦对焦：**常用于自然摄影，远摄镜头大多具有浅景深效果，因此对焦必须精准。

B **移动对象的对焦：**保证移动对象的主体部分保持在相机的焦点上。

C **人像对焦：**以被摄者最重要的部位作为焦点，通常是眼睛。

D **风景焦点：**保持影像中最大范围对焦清晰。

E **侧边对焦：**对焦在画面的一侧，这样可以引导观者的视线转向重要的细节。

F **前景对焦：**将离镜头最近的元素作为对焦点，增加照片的视觉冲击力。

G **背景对焦：**当你想突出场景的背景时很有用。

H **中心焦点：**通过突出画面的中间部分，将观者的注意力吸引到画面的中心位置。

答案

A/6：栖息在原木上的麻雀
B/8：正在扑球的守门员
C/4：吃东西的儿童
D/3：地面的金属格栅
E/7：生锈栏杆的特写
F5：意式番茄芝士烤面包
G/1：英国的街景
H/2：通往大海的老胡同

须知

- 通常相机的自动对焦功能非常快速和准确，但在某些情况下，可能你会被误导或被欺骗，所以你需要知道，如何精确地使用相机的自动对焦功能。
- 焦点就是你拍摄时注意力集中并关注的确切位置。在焦点周围也有一定范围看起来很清晰，这块区域被称为“景深”。景深取决于使用镜头的类型和光圈大小。
- 大光圈拍摄的照片景深浅，可以用来强调照片中的部分区域。
- 小光圈拍摄的照片景深深，这样照片中的一切景物都显得特别清晰。
- 不必总是把注意力集中在摄影构图的中心，选择中心之外的区域作为焦点，可以让照片更有吸引力。

回顾这些要点，看看它们是如何与这里展示的照片相对应的。

理论知识

手动对焦与自动对焦

镜头有两种对焦方式——手动对焦（MF）和自动对焦（AF）。当相机设置为手动对焦时，必须转动镜头的对焦环，对焦准确才能获得清晰的影像。如果选择自动对焦模式，相机会自动控制对焦，也就是相机的自动对焦传感器计算到被摄主体的距离，并激活镜头内的电机，将对焦环调整至所需的焦点上。一旦你了解到相机自动对焦功能的复杂之处，就可以合理控制相机，加快自动对焦速度。

自动对焦点

自动对焦点是取景器或实时取景屏幕上显示的一个小方框，可以利用控制摇杆来指示相机对焦的位置。

- **在光学取景器中**，相机会有多个自动对焦点，通常在取景器中心，以网格或菱形排列。
- **在液晶显示屏中**，自动对焦点通常可以在画面中更自由地选择，包括照片的边缘。

在自动对焦模式下，相机会自动选择对焦点（或多点），并针对场景完成自动对焦。

对焦点

照片中最清晰的部分就是焦点。尽管焦点被描述为一个点，但更精确的理解，可以是与相机机背相平行的一个面。当你移动焦点时，这个清晰的焦点平面要么向前移，要么向后移向无穷远（由镜头焦距标尺上的∞符号表示）的位置。当相机被设为手动对焦模式时，可以在相机的液晶显示屏上或者取景器中看到这个明显的变化。

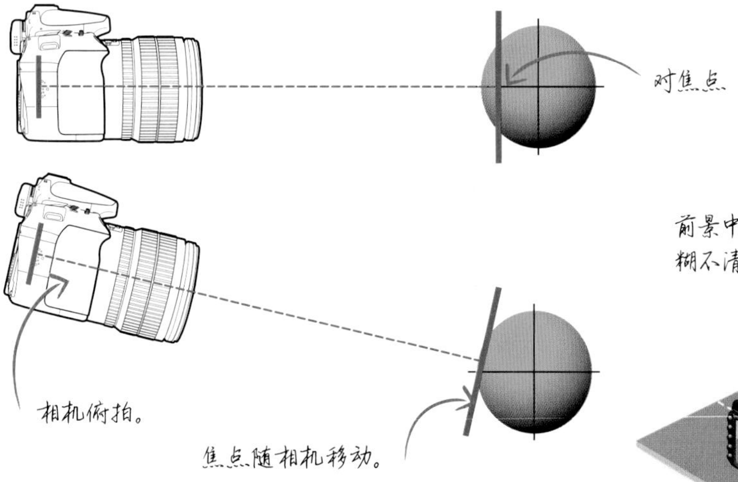

对焦点
相机俯拍。
焦点随相机移动。

前景中的人物模糊不清。

专业提示：

使用相机的自动对焦功能时，相机会显示哪个对焦框被激活，而且相机会自动选择最靠近场景中的部分对焦。

专业提示：

现在很多型号的相机，当对焦模式设置为连续自动对焦时，相机的对焦框会根据被摄主体的移动方式自动选择，对焦框可以自动跟随被摄主体的运动而自动切换。

手动和自动对焦的对比

手动对焦

优点

- 可以精确地选择焦点。
- 镜头一旦搜索到焦点，就会持续对焦。

缺点

- 对焦缓慢，只适合静止的被摄主体。
- 可能很难通过取景器看到精确的焦点。

自动对焦

优点

- 易于使用。
- 对焦快速、准确。

缺点

- 当被摄主体反差小或者定位在另一个对象后面时，自动对焦模式容易失误。
- 拍摄微距照片时，对焦的准确率较低。
- 使用取景器时，自动对焦指示点显示范围相对有限。
- 连续自动对焦更耗电。

对焦到无穷远

相机能清楚对焦的最远点称为“无穷远点”。当对焦在无穷远处时，焦点和远处的一切都是清晰的，无须其他调整。对焦至无限远处的操作方法是，转动对焦环，直到镜头上的对焦标记对准∞符号。

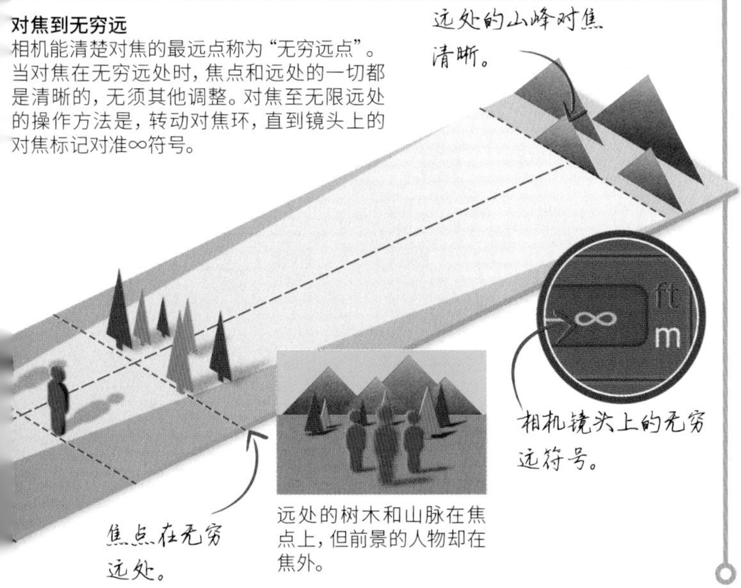

远处的山峰对焦清晰。
∞
ft
m
相机镜头上的无穷远符号。
焦点在无穷远处。

远处的树木和山脉在焦点上，但前景的人物却在焦外。

自动对焦模式

一旦相机知道在哪里对焦，下一个问题就是对焦时间的长短。当拍摄静止对象时，相机一旦完成对焦，就会停止对焦。如果被摄主体在持续运动中，自动对焦就必须持续调整焦点，以保证焦点清晰，直到拍摄完成。

相机的自动对焦模式需要根据具体情况选择相应的自动对焦模式。

单次自动对焦，也称为一次性自动对焦或单次自动对焦，在半按相机快门按钮的状态下，一旦镜头对焦完成，对焦就会停止。这意味着如果你的被摄主体移动了，焦点就会不准确。这种对焦方式适用于静物和风光摄影。

连续自动对焦，也被称为智能自动伺服对焦（AI-Servo或AF-C）。

连续自动对焦功能一旦被激活，焦点就会跟踪一个移动的对象，并不断调整。这种模式通常也被称为预测对焦，相机通过预测被摄主体在取景框内的移动方式和位置来调整对焦。这种对焦方式适合拍摄运动、动作和野生动物照片。

技能学习

选择自动对焦点

不同类型相机的自动对焦方式不同，自动对焦点的数量也会有差别。在实际拍摄时，有两种方式可以选择自动对焦点，一是让相机自动选择；二是手动选择自动对焦点。

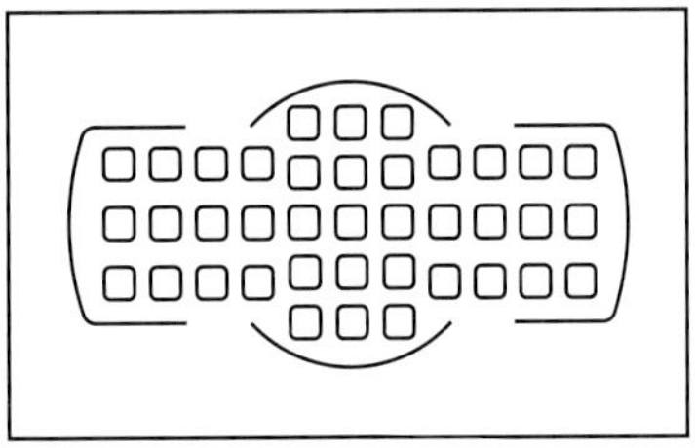

1 切换相机拍摄模式

切换相机拍摄模式，可以让拍摄中的很多操作自动进行。有些时候你不需要完全控制相机的拍摄过程，因此可以选择“程序曝光”模式，但这种模式仍允许你对自动对焦进行一些手动控制。

2 构图拍摄

选择一个有不同主体的场景（主体和相机的距离不同），把相机安装在三脚架上，这样对焦时可以保持构图的一致性。构图取景，从而确定相机焦点的正确位置。

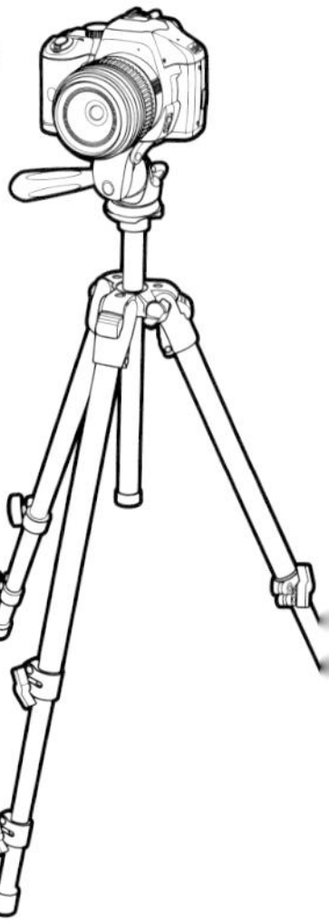

6 切换到手动对焦

这一点因相机类型不同而异，通过控制相机的多功能控制按钮，将激活的自动对焦点移至需要的区域。同时也需要按下相机的自动对焦点选择按钮。

7 移动自动对焦点

半按快门按钮，将对焦点移至场景中你想要对焦清晰的区域。完全按下快门按钮完成拍照。

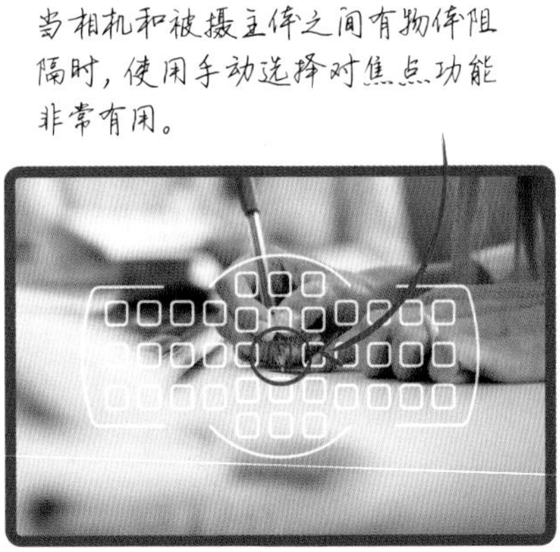

当相机和被摄主体之间有物体阻
隔时，使用手动选择对焦点功能
非常有用。

8 检查拍摄的照片

在相机上浏览拍摄的照片，仔细观察照片哪里对焦清晰。尝试手动选择自动对焦点，针对场景中的不同部分对焦，熟练掌握对焦技术。

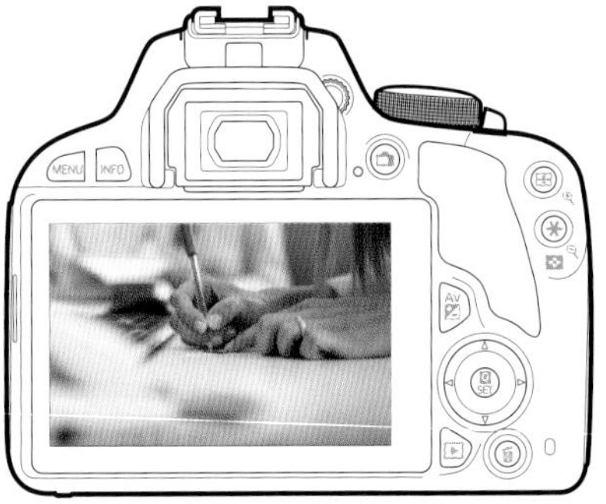

从哪里开始：

看看你的相机说明书，了解如何在自动对焦和手动对焦模式之间切换。熟练掌握在两种模式之间切换的操作方法，这样在拍摄时选择的动作就会变成本能的动作。

你将学习到：

自动对焦与手动选择对焦点的区别，以及何时应该使用它们，并如何在它们之间进行切换。

3 选择焦点

半按快门按钮透过取景器观察，此时相机将自动选择一个（或多个）自动对焦点。尽管这可能不是你想要的对焦效果，但相机通常会选择距离相机最近的元素作为对焦点。

4 检查对焦点

选择一个焦点，半按快门按钮，仔细观察相机选中的自动对焦点，这些对焦点将被突出显示。比较相机取景器中闪烁的对焦点和你希望相机对焦清晰的地方，注意它们之间的差别。

5 拍摄照片

按下快门按钮拍照。

离相机最近区域的自动对焦点。

离相机最近的部分对焦清晰。

手动选择自动对焦点，让照片右侧的手对焦清晰。

你学会了什么？

- 在拍摄时，如果使用自动对焦模式，相机可能会被距离相机更近的被摄主体所误导。
- 手动选择对焦点可以让你更好地控制画面中哪里是焦点，哪里不是焦点。
- 手动选择自动对焦点的整个操作过程可能会很慢，比较适合对静止物体的拍摄。

练习与实践

特殊对焦效果

当我们观看照片时，经常会忽略对焦不清楚的地方，而更偏向于观察对焦清晰的区域。如果是这样，对焦就会被认为是创造性地控制对焦点。下面这些练习会帮助你了解一些神奇的对焦效果，这样你就可以在照片中应用这些效果了。

被摄主体不在画面中心的照片

- 容易
- 户外或室内
- 1小时
- 模特
- 相机+三脚架

在构图时如何安排照片的主体是一种美学选择。把一个物体安排在偏离画面中心的地方，往往比安排在画面的中心位置效果更好。然而如果这样做，意味着你要仔细考虑使用哪一个自动对焦点。

- 让模特摆一个舒服的姿势。
- 把相机安装在三脚架上，将被摄主体包含在取景框内，这样，主体就会在画面的一侧。
- 将相机设置为手动对焦模式，选择最接近被摄者面部的对焦点，完成对焦，然后拍摄。
- 尝试将对焦点移至场景的其他部分，看看这样做会如何影响对焦和被摄主体的清晰度。

手动对焦

- 容易
- 室内或户外
- 30分钟
- 明亮的场景
- 相机

自动对焦方便、快捷，但有时你却需要自己控制对焦并手动完成对焦。幸运的是，即使这样做，你也可以通过使用相机的自动对焦功能作为辅助，帮助你拍摄出焦点清晰的照片。

- 把相机调到手动对焦模式，透过取景器观察，针对被摄主体进行对焦。将自动对焦点移至被摄主体上。
- 在镜头上调整对焦环，如果被摄主体看起来越来越不清晰，试着向反方向旋转对焦环。
- 自动对焦点闪亮，这意味着被摄主体正处在焦点上。有些相机还有对焦确认功能，通常该确认提示会出现在取景器的底部。
- 用不同的被摄主体做练习，看看你的判断与相机的判断是否一致。

对焦在房间中白色墙壁或白色家具上时，因为对象缺乏细节或反差对比较弱，容易造成相机自动对焦失败。

专业提示：

带有电子取景器的相机通常具有对焦辅助功能，即峰值对焦功能。该功能会在场景中清晰对焦的元素边缘增加一些特殊色彩，用来提示清晰对焦的区域。

专业提示：

无反相机通常有一个被称为“对焦峰值”的功能，即当镜头手动对焦时，可以帮助实现精准对焦。开启该功能，场景中对焦清晰区域的轮廓会以彩色显示。

被摄主体安排在画面偏离中心的位置，有助于增加照片的氛围代入感。

拍摄移动的对象

适中　　户外

1小时　　体育赛事/运动的主题

相机

找到有向你移动的人的场景，例如跑步比赛现场。你也可以让朋友在你面前横向跑动，或者朝向你跑来。

- 将相机的自动对焦模式设置为连续对焦模式，并且对焦点选择模式为自动选择。针对拍摄场景构图，然后半按快门按钮对焦。
- 在拍摄的过程中跟随主体移动拍摄。刚开始练习的时候，尝试移动速度比较慢的主体，如果使用模特练习，让他们先朝你慢跑，然后快跑。
- 尝试对焦到主体前面固定的物体上，然后等待模特从你前面经过，当他们经过的时候不断拍摄照片。
- 切换到手动对焦模式，尝试预测被摄主体会向哪里移动，然后针对这部分进行对焦。

自动对焦点跟踪这个运动的对象，使其对焦清晰。

焦点锁定

容易　　室内或户外
30分钟　　一个光线充足的场景
相机

当使用单次自动对焦模式时，可以半按快门按钮并保持来锁定焦点。这意味着，如果你的被摄主体偏离对焦位置，超出相机的自动对焦范围，你可以重新对焦和构图。

- 找到一个有趣的被摄主体，并且该主体适合在画面边缘的构图形式。这意味着背景在构图中会很突出，所以要考虑如何与被摄主体匹配。
- 设置自动对焦模式为单次自动对焦，使用手动方式，将自动对焦点移至画面的中心。
- 调整相机，使被摄主体在画面的中心位置。
- 半按快门按钮完成对焦。半按快门按钮的同时调整相机的位置，使你所选择的被摄主体处于构图的边缘，完全按下快门按钮完成拍摄。

锁定焦点可以让你将被摄主体安排在照片的边缘并对焦清晰。

器材：UV和天光滤镜

UV镜与天光镜镜减少了在户外拍摄时紫外线对拍摄的影响，在明亮的户外，紫外线的副作用看起来就像大气中的雾气。这两种滤镜的不同之处在于，天光镜的颜色是品红色的，从而让照片增加一种暖色调效果，尽管这种效果可能会被相机的白平衡设置所抵消。

使用这两种滤镜都不会影响曝光，而且可以一直安装在镜头前，从而起到保护镜头的作用，因为更换损坏的滤镜要比更换损坏的镜头便宜得多。

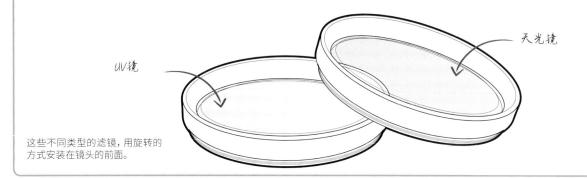

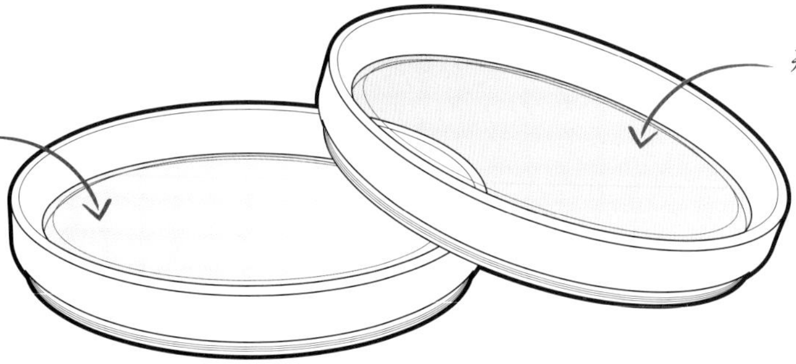

这些不同类型的滤镜，用旋转的方式安装在镜头的前面。

特写对焦

容易　　室内或户外
30 分钟　　一个光线充足的场景
相机

相机镜头的最小对焦距离根据镜头不同变化相当大，从几厘米到一米不等。了解相机镜头的局限性，将有助于你在开始拍摄前就能确定是否能够拍摄到有效的特写画面。

- 选择一个你可以四处走动观察，并容易接近的主体。如果你使用的是变焦镜头，可以先将镜头焦距设置到变焦范围的最近端。
- 站在离被摄主体约30cm的地方，透过相机的取景器观察，半按快门按钮对焦。如果相机无法对焦，这意味着你离被摄主体太近了。再往后移10cm，再试着拍摄一次。
- 前后移动并尝试拍摄，直到你找到相机能成功对焦的最近距离。
- 将变焦镜头的焦距调整到长焦端，然后重复拍摄几次。
- 如果可能，用不同的镜头尝试拍摄。
- 选择其他被摄主体反复练习，此时你就可以在拍摄之前准确地评估最近拍摄距离了。

了解什么时候离你的被摄主体太近，可以让你知道是否能在这种情况下拍摄到照片。

对焦到眼睛上

适中　　室内或户外
1小时　　模特
相机

无论是在现实生活中，还是对于照片来说，我们观看人脸时通常都是先看人物的眼睛。这就是为什么在肖像照片中，要确保被摄主体的眼睛是清晰的。

- 让被摄者在相对充足的光线下，但是不要过亮，因为他们会不自觉地眯起眼睛。
- 站在离被摄者约1米远的地方。
- 通过取景器观察被摄者。将对焦模式设置为单次对焦，使用手动选择对焦点模式，并将对焦点移至被摄者的眼睛上。
- 半按快门按钮对焦，完成对焦后，完全按下快门按钮进行拍摄。
- 在拍摄过程中调整与被摄者的距离，并拍摄多张照片。
- 尝试手动对焦，并将焦点对焦在被摄者的眼睛上。

这张照片是使用无反相机的“眼部追焦”功能拍摄的，通常单反相机上的自动人脸识别功能也可以实现相同的效果。

你学到了什么?

- 照片的焦点需要安排在被摄主体上，从而保证被摄主体对焦清晰。
- 特别是在使用手动对焦功能拍摄时，要学会预测被摄主体的运动方向。
- 即使使用手动对焦，相机也能帮助你判断拍摄的焦距。
- 连续自动对焦模式下的相机会跟踪对象的运动，从而保证运动中的被摄主体对焦清晰。

检查学习成果

评估拍摄的照片

一旦你完成了本单元的学习，并进行了对焦练习，你就需要花些时间浏览拍摄的照片。选择一些你认为比较成功的，或者感兴趣的照片，即使这些照片可能并不完美，也使用下面的检查清单看看学习的技巧哪些起作用了，哪些还需要优化？

你有没有富有创意地使用对焦技术？
照片的脱焦部分也可以拍摄进画面，浅景深创造了一种很明显的景深效果。

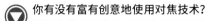

对焦在哪只眼睛上？
当被摄者的头朝某个角度倾斜时，最好对焦在离相机最近的那只眼睛上，否则，照片看起会很奇怪。

对焦在脸上了吗？
对焦在被摄者面部之外的其他部位上，这样会让照片看起来更有意思。

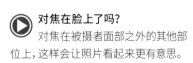

你拍摄的照片对焦正确吗？
将自动对焦点设置在画面中错误的位置，被摄主体可能会脱焦。在这张照片中，焦点在背景上，而不是主体上。

专业提示：
只要你能精确地预测被摄主体运动的方向，预先对焦是非常容易获得理想构图的方法。

专业提示：
如果你需要手持相机拍摄，那么就会遇到相机振动的问题，拍摄时找到坚固且可以依靠的东西，这样可以帮助你站稳，从而减少对相机的振动。

你对焦到哪里了？
在实际拍摄中，焦点在哪里并没有对错之分。你可以像这张照片中那样，选择任何人作为焦点。

你的照片受到相机振动的影响了吗？
在曝光的过程中，相机的振动会降低影像的清晰度，但这种效果和脱焦不同。这张照片对焦准确，但是拍摄时相机振动了。

照片中每个元素都清晰吗？
焦点通常是照片中最清晰的地方，照片中清晰的范围受光圈控制，这个范围被称为“景深”。

被摄主体清晰吗？
被摄主体运动速度越快，越难对焦准确，而且被摄主体突然快速运动会让对焦更加困难。在实际拍摄中，摄影师经常会采用手动对焦模式，并将焦点设置在无限远处拍摄。如果被摄主体距离相机超过 10m，就能获得比较好的对焦效果。

优化照片

锐化照片

对焦不实的照片在后期处理中不能重新让焦点清晰。在实际操作中，有些照片看起来并不是想要的那么清晰，而且大多数相机的感光元件在设计的时候会特意稍微柔化拍摄的照片，因为这样就会减少摩尔纹（像织物那样的图案）。这种照片经常需要在拍摄完成后进行锐化处理。锐化可以在相机内进行，也可以在后期处理时完成。

这张照片看起来不够锐利。

1 复制照片

锐化照片被认为是一种有损图像品质的处理，因为这个过程会大量改变照片的像素，而且保存了操作结果就不能撤销。基于这些原因，锐化处理要在照片的副本上进行，而不是在原始照片上操作。

桥_影像.jpg

桥_影像副本.jpg

5 设置半径数值

“半径”值控制提高影像锐化效果边缘的像素数量。最小值是0.0，表示边缘的像素没有被改变；最大值为64，表示会影响大量像素并增强锐化的效果。

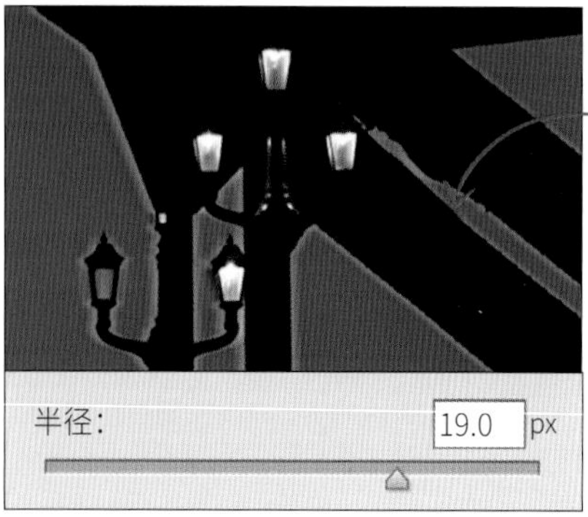

“半径”值设置过大，照片中不同元素边缘的像素就会越明显。

6 减少杂色

锐化影像经常出现的副作用就是在照片上增加一种在影像亮部随机出现的色晕。调整“减少杂色”值能减少出现的噪点。数值为0%时表示无降噪处理；数值为100%时，表示噪点完全被消除，但照片的细节会有损失。

像天空这样看起来平滑，没有噪点的场景，需要设置较小的“减少杂色”值。

摄影没有规则，摄影并不是体育比赛。

比尔·布兰特

2 评价照片

在Photoshop（或者类似软件）中打开照片，双击“放大镜工具”按钮，将照片以100%的比例显示（也就是照片中的所有像素都显示出来），近距离观察照片的细节，例如照片的清晰程度（仅观察清晰对焦的部分）。如果感觉到照片很清晰，那么就不需要锐化了。

至少将照片放大到100%进行观察，否则就无法真正看清照片的细节。

3 选择智能锐化

Photoshop有很多锐化照片的工具，最通用且便捷的锐化调整工具就是“智能锐化”滤镜，执行“滤镜”→“锐化”→“智能锐化”命令即可。

4 选择锐化数值

在弹出的“智能锐化”对话框中，调整“数量”值，控制照片锐化的强度。

“锐化”值从0%开始，表示未进行任何锐化，最大值为500%。

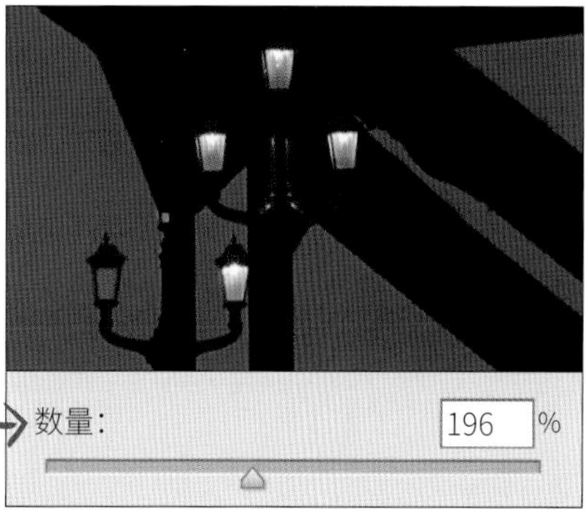

7 应用锐化

一旦你对调整的效果满意，即可单击“确定”按钮。通常来说，“数量”值小要比“数量”值大时效果好。

照片看起来更清晰了。

相机内锐化

数码照片的锐化是通过增加照片中边缘的反差实现的。反差越大，照片看起来越清晰。当相机拍摄的是JPEG格式照片时，相机会自动进行锐化，锐化效果可以通过相机内的参数进行调整。相机拍摄的RAW格式照片并没有经过锐化，必须在后期处理过程中完成锐化。

需要多大的锐化数值？

选择锐化的强度是根据照片的使用目的来决定的。用于打印的照片要比在屏幕上观看的照片需要更大的锐化数值。过度锐化的照片在影像边缘会出现难看、不自然的光晕效果。在实际操作中，要不断尝试不同的锐化数值的效果，直到调整出你认为满意的效果为止。

学习测试
你学到了什么？

拍摄并不是按下快门按钮就能获得理想的照片效果，富有创意地控制对焦才能拍摄到好照片。尝试回答下面的问题，看看你掌握了哪些知识？

1 哪种自动对焦模式可以通过不断追踪移动的被摄主体而更新对焦距离？

A 单次 B 连续 C 程序

2 镜头的最远对焦距离是什么？

A 无限远 B 永远 C 最小

3 单次对焦模式下如何锁定焦点？

A 改变拍摄模式
B 转动对焦环
C 半按快门按钮并保持

4 下面哪个图标表示镜头的无限远对焦距离？

A + B ∞ C @

5 肖像照片中哪部分应该是最清楚的？

A 鼻子 B 眼睛 C 嘴

6 镜头的最近对焦距离应该是什么？

A 最小对焦距离
B 无限远
C 30cm

7 在相机自动对焦点选择模式下，相机通常会对焦到哪里？

A 无限远
B 场景中距离镜头最近的物体
C 距离相机10m

8 天光镜会减少哪种类型的光线？

A 紫外线 B X光 C 可见光

9 连续自动对焦有时也被称为什么？

A 预测对焦 B 单次对焦 C 持续对焦

10 相机的哪个组件能够改变自动对焦点？

A 光圈环
B 快门按钮
C 多功能控制器

11 UV滤镜的第二个作用是什么？

A 保护镜头的前端镜片
B 看起来专业
C 加快对焦速度

12 单次自动对焦模式的名称是什么？

A AF-C
B 光圈优先
C 单次

13 拍摄体育运动时，哪些知识能够帮助你预测运动方向？

A 运动规则
B 运动员的名字
C 赛事的持续时间

14 如果过度锐化照片，你会看到什么样的视觉效果？

A 更低的反差
B 更明亮的色彩
C 影像边缘的色晕

15 天光镜是什么颜色的？

A 蓝
B 品红色
C 绿色

答案：1/B，2/A，3/C，4/B，5/B，6/A，7/B，8/A，9/A，10/C，11/A，12/C，13/A，14/C，15/B。

03 拍摄模式

第三周

单反相机有一系列不同的拍摄模式，这些模式包括从全自动模式到全手动模式，以及其他不同的模式。这些拍摄模式可以通过相机的模式控制转盘选择。大多数单反相机的拍摄模式包括：全自动、场景模式、自动曝光程序模式（AE）、光圈优先模式、快门优先模式，以及可以完全控制相机的手动拍摄模式。

本周你将学到：

- 检查你采用了哪种拍摄模式，以及这些模式如何控制拍摄效果。
- 对于不同的拍摄情景，哪种模式最适合。
- 学会曝光补偿的使用方法。
- 通过拍摄一些有意思、模式化的照片，实践所学知识。
- 检查拍摄的照片，并从拍摄失误中看看能否有所提高。
- 使用基本的影像编辑软件提升拍摄效果。
- 回顾本周学习的摄影知识，看看你是否准备好继续学习。

让我们开始拍摄吧！

知识测试

应该选择哪种拍摄模式？

相机拍摄模式是为了帮助摄影师在不同的场景更方便地拍摄。看看你是否能找到与描述匹配的照片。

A **光圈优先模式：** 通过控制对焦点，能够将被摄主体和背景分离。

B **运动模式：** 具有更快的快门速度，能凝固被摄主体的运动瞬间。

C **风景模式：** 让相机能够以最深景深拍摄照片。

D **曝光补偿——减少曝光：** 能防止细节丰富的影调曝光过度。

E **程序曝光：** 可以让你设置感光度和快门速度，从而拍摄具有动感模糊效果的照片。

F **闪光关闭：** 在特殊的场景下拍摄，可以保持环境光线的氛围。

G **肖像模式：** 拍摄肖像时，可以帮助柔化皮肤。

H **曝光补偿——增加曝光：** 防止在明亮背景下拍摄时，被摄主体曝光不足。

答案

A/5：一束玫瑰果
B/1：跨过横栏的男孩
C/4：湖区风景
D/3：暗房里的女孩
E/6：高速公路上的车流
F/8：垂涎欲滴的女孩
G/7：新娘和新郎
H/2：积雪中的松鼠

5

7

6

8

须知

- 开始学习曝光、快门速度和光圈之间相互配合的方法时，经常让人困惑，而使用相机预设模式则能帮助你拍摄到精彩的瞬间。
- 拍摄模式中最有用的功能就是曝光补偿，它能在相机预设基础上进一步调整。
- 按顺序学习拍摄模式非常有效，因为曝光模式之间会有细微的区别和有针对性的使用技巧。
- 如果留意相机建议的曝光数值，你很快就会理解相机是如何工作的。这将帮助你验证，相机建议的拍摄数值与你的视觉经验是否一致。

回顾这些要点，看看它们是如何与这里展示的照片相对应的。

理论知识

相机的基本拍摄模式

理解相机每个模式的功能，以及何时需要使用这些功能，就能在充分发挥创意的前提下，使用复杂的技术拍摄照片。拍摄照片时，在相机的不同拍摄模式之间切换，能让你对摄影更有信心，并像摄影师一样成长。通过使用这些不同的拍摄模式，你将会拒绝使用相对保险的自动拍摄模式，并会思考拍摄的照片为什么没有想象中的好。

程序曝光

程序曝光模式是比全自动模式更高级的模式。在该模式下，尽管相机会自动设置光圈大小和快门速度，但是你需要自己设置感光度或者是否开启闪光灯。你还可以对相机进行更多设置，例如拍摄的照片格式和参数。如果你希望对相机有更多控制权，并且拥有一定自动功能，那么程序曝光模式就是理想的选择。

在程序曝光模式下，相机通常会选择最快的快门速度，以减少相机在拍摄时因振动对照片产生的影响。然而在弱光环境下，相机不可能选择足够快的快门速度。如果由于快门速度的原因导致拍摄的照片不够清晰，你应该加大感光度的数值。只有当光线充足时，程序曝光才会选择更小的光圈以加深景深，从而让照片中更多的区域看起来都清晰。

全自动模式（AUTO）

全自动模式是相机完全控制拍摄的模式，如果相机计算出曝光需要增加进光量，闪光灯就会自动弹起（开启）。在弱光环境下，全自动模式会提高感光度，从而降低相机振动对影像的影响。如果是仓促拍摄，没有足够的时间考虑拍摄模式，或者你将相机递给朋友，让他帮助拍摄照片的时候，这种拍摄模式非常有用。

当拍摄快速移动的对象，例如孩子或者宠物时，全自动模式是理想的选择。

在较慢的快门速度下，拍摄的扇动翅膀的影像有些模糊。

在实际拍摄时，程序曝光模式是一种安全的模式，在曝光调整方面，可以比全自动模式进行更精细的调整。

程序曝光偏移

在程序曝光模式下，相机会根据光线选择需要的快门速度和光圈大小，同时你还可以通过转动相机的控制旋钮改变曝光组合。在这种模式下，以保证相机准确曝光为前提，仍然可以调整光圈大小和快门速度，这一功能也被称为“程序曝光偏移”或“可调整程序曝光”。

“摄影是一种视觉艺术，甚至可以超越语言。”

丽萨·克里斯汀

快门优先模式

使用快门优先模式（S 或 Tv），你可以选择快门速度，相机会在保证曝光正确的前提下，设置与快门速度相匹配的光圈大小。当你希望控制照片影像的运动模糊程度时，这种模式非常有用。要凝固快速运动的物体，需要选择较快的快门速度。

较快的快门速度能够
凝固小孩运动的瞬间。

如果场景太亮，使用光圈优先模式会导致拍摄的照片曝光过度。这是因为相机不能选择足够小的光圈来匹配快门速度。

光圈优先模式

光圈优先模式（A）可以让你选择光圈大小，相机会自动匹配正确曝光所需的快门速度。光圈大小也会影响景深——更小的光圈可以得到更深的景深；更大的光圈可以得到更浅的景深。

所有都很清晰

深景深的照片，从最近的物体到远距离的物体都是清晰的。当你希望精确控制景深时，这个功能非常有用。

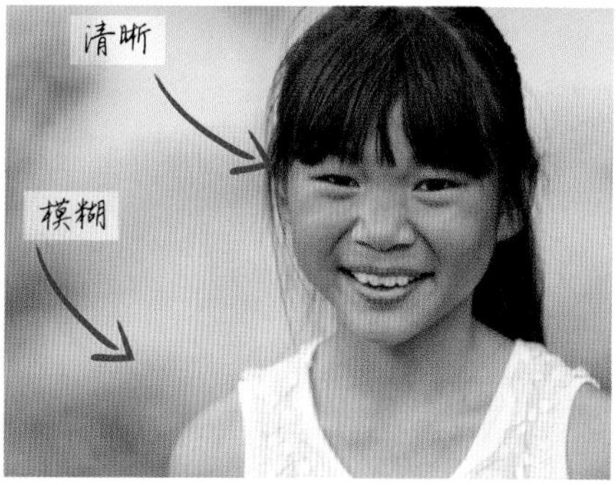
清晰
模糊

浅景深表示只有被摄主体非常清楚，而近景和远景都会脱焦（模糊）。

手动模式

在手动模式（M）下，你可以自己控制光圈大小和快门速度。相机仍然会测量光线的强度，但仅会提供推荐的曝光数值，相机不会改变任何设置。

手动模式让你更自由地控制曝光，在复杂的光线下这种模式非常有用。

理论知识

场景模式

大多数相机都有一些专门预设的场景拍摄模式，针对一定的拍摄条件，每种模式会优化相机的对焦方式、光圈大小和快门速度，这样模式化的程序设置，可以将拍摄的失误率降到最低。使用这些模式时，相机的色彩饱和度和锐度，以及对影像的处理方式都会发生改变。

风景模式

使用风景模式拍摄，可以增强照片的色彩、反差和景物的轮廓。在风景模式下，相机会选择小光圈拍摄，从而保证拥有最大的景深。在光线不变的情况下，光圈越小，快门速度越慢。

肖像模式和儿童模式

肖像模式会通过使用大光圈虚化背景，拍摄出来的照片色彩会更柔和，也更吸引人。有些数码单反相机还有儿童（或婴儿）模式，在这种模式下，照片的色彩更暖，画面更柔和。

闪光灯关闭模式

在闪光灯关闭模式下，闪光灯不能引闪，在弱光情况下这种功能非常有用。关闭闪光灯可以让你避免在敏感的地方，例如剧院、博物馆和教堂等出现闪光灯突然被引闪的尴尬。

看到就要行动，拍摄很多很多照片。

艾略特·厄威特

运动模式

拍摄运动场面的最佳模式就是运动模式。采用运动模式，高速快门能够凝固运动的瞬间，在该模式下，对焦模式也会切换为连续对焦，或者预测自动对焦模式。

微距模式

微距模式也被称为“近摄模式”，通过改变相机镜头的最近对焦距离，相机可以在距离被摄主体很近的地方对焦。在这种模式下，相机也会选择大光圈拍摄，从而获得更浅的景深效果。

其他场景模式

很多数码单反相机会有以上提及模式之外的、用来优化日常拍摄场景的拍摄模式。查看相机模式转盘和相机说明书，看看你的相机还有哪些拍摄模式。

烟花模式

烟花模式对于拍摄烟花和汽车灯光轨迹非常有用。夜晚在不使用闪光灯拍摄时，选择烟花模式，相机会设置较慢的快门速度，曝光时间会增加到4~5s。在这种模式下，为了避免相机振动对照片的影响，需要使用三脚架，或者将相机放在稳定的物体上。

雪景模式

雪景模式适合拍摄有明亮光线的场景，在该模式下，相机会特意曝光过度，这样雪就会拍摄成纯白色，而不是灰色。除此之外，雪景模式也可以避免在逆光情况下，将人物拍摄成剪影效果。

日落模式

日落模式能增强日落时天空的红色和橘色，有些相机还会强制让曝光不足，以突出日落的效果。

夜景肖像模式

夜景肖像模式是另一种很好用的人像摄影模式。使用该模式，相机会开启闪光灯照亮被摄主体，闪光灯会根据背景亮度进行平衡，从而获得自然的光线效果。

技能学习
曝光补偿

如果被摄主体位于明亮的光线前，或者在非常暗的房间内，相机的测光表就会尝试平均场景的曝光。这样拍摄的照片就会成为剪影，或者被摄主体高光细节缺失。曝光补偿可以让你拍摄出比相机推荐的曝光效果更亮，或者更暗的照片。

1 确定被摄主体的位置

将一张硫酸纸粘在窗户玻璃上，然后将被摄主体放在窗前。

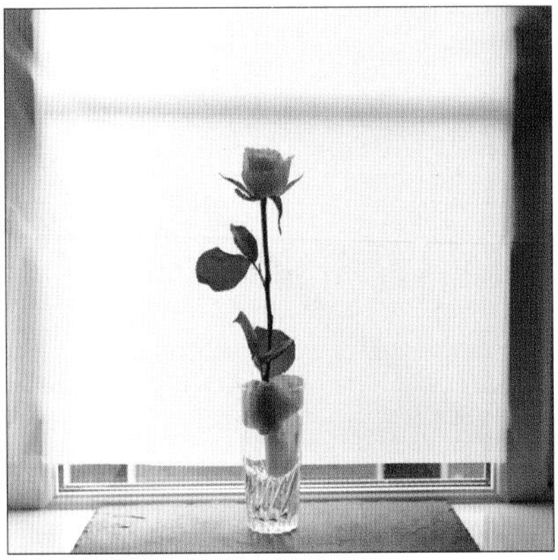

2 使用光圈优先模式

选择光圈优先模式（Av或A），光圈大小大约为F5.6。

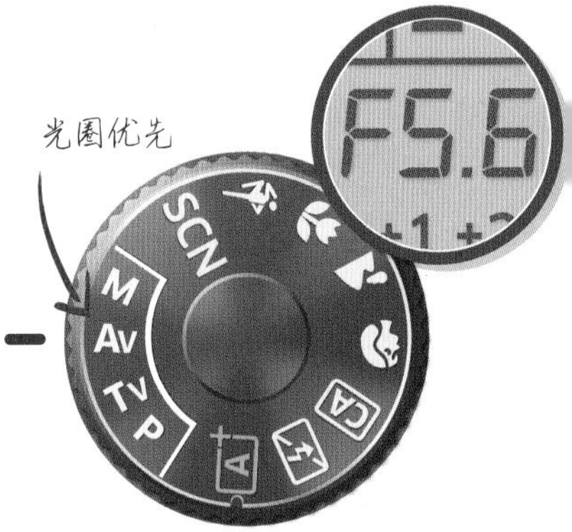

6 实施曝光补偿

按下相机上的曝光补偿按钮（通常以+/-图标表示），然后你就可以改变曝光了，增加曝光或减少曝光。数值+1表示增加1挡曝光，以提亮照片。

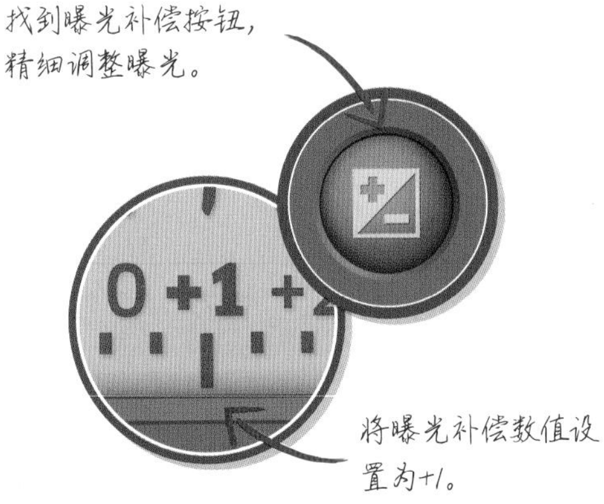

找到曝光补偿按钮，精细调整曝光。
0 +1 +
将曝光补偿数值设置为+1。

7 再次拍摄照片

此时被摄主体应该更亮了，背景也没那么灰了。如果照片仍然看起来有些暗，拨动旋钮选择更大的数值。在微调的时候，曝光补偿通常可以1/2挡，或者1/3挡增加或减少。

+1 +2 +
将曝光补偿数值设置为+2。

开始： 寻找光线明亮，有大玻璃窗的房间。准备一些拍摄的物体，例如插在花瓶中的一朵花，一张白色的硫酸纸作为背景，以及用于固定硫酸纸的胶带。

你将会学到： 如何使用相机的曝光补偿功能，将高反差的场景照片拍摄为标准反差的照片。

3 对焦到被摄主体

相机接近被摄主体构图后对焦，这样背景就完全是硫酸纸了。

4 拍摄照片

一切都准备好后，使用相机测光表获得曝光数值并拍摄照片。

5 检查拍摄的照片

仔细观察拍摄的照片，因为光线是从物体背后照射过来的，被摄主体可能会稍暗。

选择最佳对焦点。

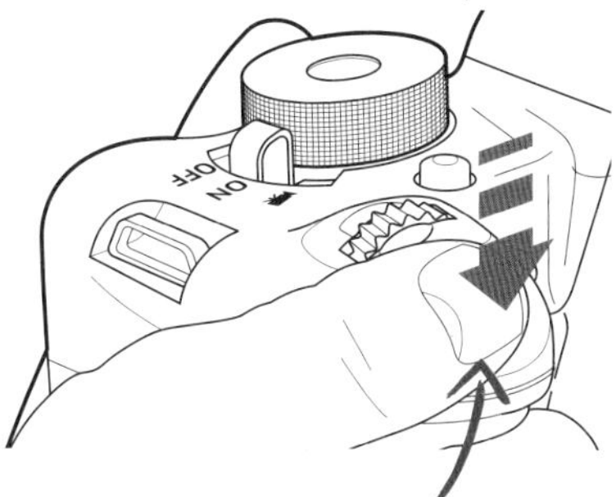

OFF
ON
当你对画面效果满意时，按下快门按钮拍摄。

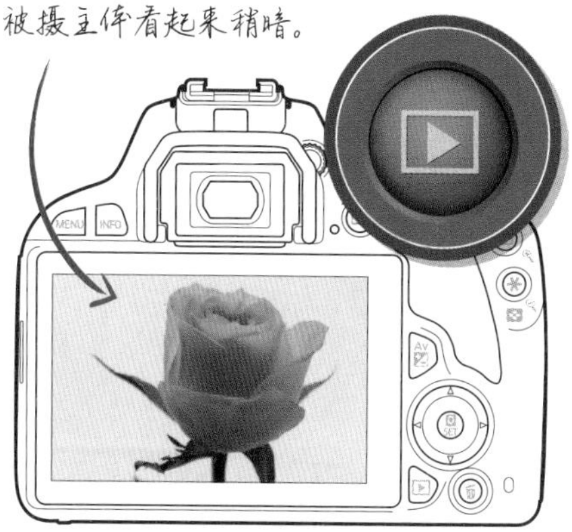

被摄主体看起来稍暗。
MENU
INFO

背景明亮，光线也很均匀。
被摄主体曝光准确。

你学到了什么？

- 曝光补偿可以让摄影师精细地调整曝光，也可以让你有更多的控制权，从而在弱光环境，或者高反差的场景拍摄到理想的照片。
- 曝光补偿功能在相机的全自动模式或者半自动模式（如光圈优先模式）下也可以使用。

练习与实践

探索相机拍摄模式

相机拍摄模式让摄影更容易。通过选择合适的拍摄模式，了解相机的各种模式是如何工作的，并熟练地操作相机，你的拍摄技术会显著提高。

被摄者曝光准确，背景和被摄者之间的亮度也很均衡。

夜景拍摄时模式的选择

- 简单
- 户外
- 30分钟
- 背景明亮的夜景
- 相机+闪光灯

在需要照亮被摄主体和环境的时候，使用夜景肖像模式拍摄非常有效。这个练习在类似游乐场这样的夜景环境中拍摄，效果非常好。

- 让被摄者直接站在灯光前面。
- 打开相机，此时相机的闪光灯应该自动弹起（如果在相机的热靴上插入了外置闪光灯，需要手动开启）。
- 将相机的拍摄模式设置为夜景模式。相机会自动计算曝光并触发闪光灯，以平衡被摄者和背景之间的亮度差，所以被摄者的曝光也很完美。

注意不同的效果

- 简单
- 室内或户外
- 15分钟
- 模特
- 基本配置

程序曝光模式是学习拍摄模特很好的模式，因为相机能够自动设置快门速度和光圈大小，从而让你在此基础上，进一步调整拍摄参数，以获得希望的拍摄效果。

- 将相机设置为程序曝光（P）模式，让模特站在距离背景2.5~3m的位置。
- 将相机对焦到模特的面部，然后轻按快门，相机会针对场景自动选择合适的曝光参数，同时留意快门速度和光圈大小。
- 使用控制旋钮改变光圈大小和快门速度。每次调整后都拍摄一张照片，并留意调整参数后的效果变化，例如更大的光圈会让背景更模糊。

背景模糊（虚化）

背景清晰

专业提示：你越充分地控制相机，越能提高拍摄技术。给自己安排一个任务，熟悉各种拍摄模式和按钮，尝试使用各种模式，直到你很自然地知道该选择哪种模式进行拍摄。

专业提示：即使关闭相机，相机也会记忆你设置的曝光补偿数值，因此，在你不需要曝光补偿的时候，记着将曝光补偿数值归零，这是一个很好的习惯。

完美曝光

适中
1小时
相机+三脚架
室内
模特和明亮的环境，例如晴天

仅使用相机的自动设置，拍摄的人物太暗。

+1挡曝光补偿，人物稍微明亮。

将曝光补偿设置为+2，照片曝光准确。

这个简单但具有挑战性的练习，能帮助你学会使用曝光补偿旋钮控制曝光的方法。

- 将人物安排在相机和光源之间，然后设置相机，这样就可以拍摄了。
- 选择光圈优先模式（Av或A），并将光圈大小设为F5.6。
- 拍摄一张照片并检查拍摄效果。照片可能会稍暗，人物会出现剪影效果。
- 设置曝光补偿数值为+1，在其他设置不变的情况下，再拍摄一张照片并再次评估。这次人物要比之前拍摄的效果明亮一些。
- 改变曝光补偿数值为+2，如果拍摄的照片仍然比较暗，可以尝试继续增加曝光补偿数值并再次拍摄，直到获得所希望的曝光效果。

你学到了什么？

- 你并不需要让相机完成所有设置，使用半自动模式，也可以控制曝光和照片的气氛。
- 曝光补偿非常有用，在自动模式和半自动模式下，拍摄效果都很好。

检查学习成果

评估拍摄的照片

一旦你基本掌握了拍摄模式的知识并顺利完成了这些拍摄任务，选择你拍摄的最喜欢的照片，然后问自己一些问题，看看从哪方面还可以提高。

你是否选择了适合的拍摄模式？

通过练习，你将知道哪种拍摄模式最适合哪种特定的场景。这张照片使用了夜景模式，并长时间曝光，虽然天空的光线变暗，但整个场景的细节都被记录下来了。

选择的拍摄模式适合人物吗？

这张照片使用肖像模式拍摄，浅景深让背景在焦点之外，从而将观者的注意力吸引到人物的面部。

照片曝光准确吗？

在明亮的环境中，被摄主体经常会曝光不足。如果使用曝光补偿功能就能充分展现照片中被摄主体的细节。

照片的景深够吗？

这张照片采用风景模式拍摄，增强了照片的色彩饱和度，景深效果也很理想。

精彩的抓拍能记录稍纵即逝的瞬间。

尤多拉·维尔蒂

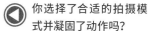

你选择了合适的拍摄模式并凝固了动作吗？

使用运动模式和长焦镜头拍摄，这张照片记录了骑手的动作，让照片充满运动的气氛。

你对拍摄模式熟悉吗？

这张照片使用风景模式拍摄，从而获得深景深，而且较快的快门速度凝固了自行车运动员骑行的瞬间。

被摄主体是不是在不经意间模糊了？

不使用运动模式拍摄，就会在不经意间将运动人物或物体拍模糊。

你成功地记录了场景的气氛吗？

关闭闪光灯并采用曝光补偿功能拍摄，最终拍摄的肖像照片让人感到非常亲切。

优化照片

调整亮度

无论你多努力，有时候仍然会拍摄出平淡无奇的照片。这通常是因为你的相机曝光系统没有正确地理解复杂光线或者反差的情况，但是不用担心，照片可以很容易地通过后期处理调亮。

这张照片的影调看起来平且发灰。

4 提亮高光

要提亮高光区域，选择白场滑块并向左拖动，直到你获得了想要的亮度，然后单击“确定”按钮。

5 选择自然饱和度

如果你希望增强照片的色彩，但又不希望最终照片的饱和度过高，可以使用“自然饱和度”功能。执行“图像”→“调整”→“自然饱和度”命令。

6 提亮颜色

根据预期的效果，拖动“自然饱和度”滑块。这个工具能稍微增加照片的饱和度，但照片的整体色彩看起来仍然非常自然。

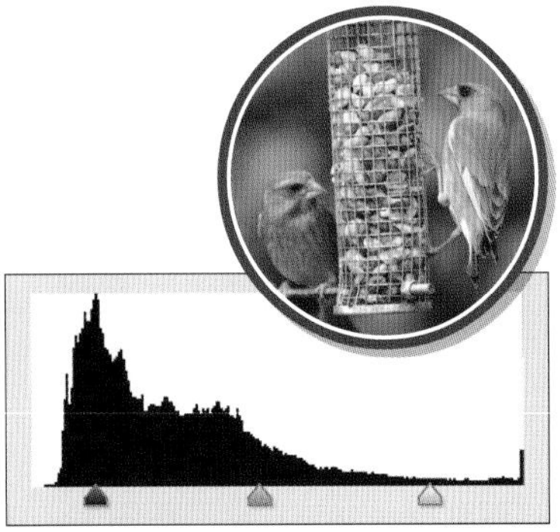

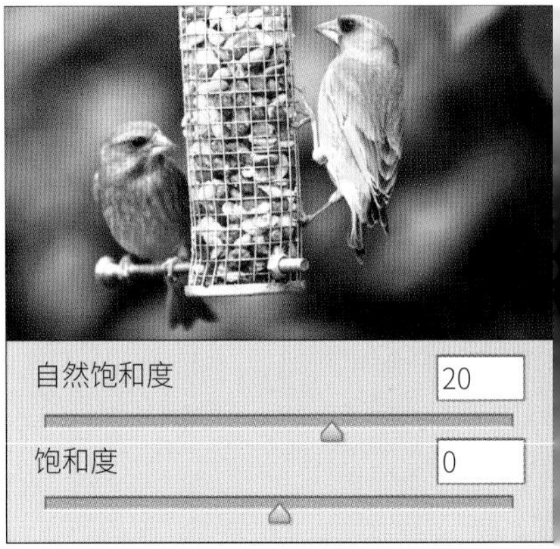

专业提示：永远要在拍摄时就获得理想的效果。对照片处理越少，你就有更多的时间拍摄照片。如果的确希望用计算机在后期对照片进行处理，但是不要处理得过度，否则照片会失去其本身的魅力。

专业提示：如果你后期调整 JPEG 格式的照片，一定要在照片的副本上进行，而不要在原始照片上调整。否则一旦编辑完成，并保存了 JPEG 格式照片，所有的操作将无法恢复。

1 选择色阶

选择需要调整的照片，并复制一份，然后在Photoshop 软件中打开。在软件顶部菜单栏中执行“图像”→“调整”→“色阶”命令。

2 观察直方图

直方图是在执行“色阶”命令后，软件显示的展现图像亮度的视图。直方图左侧的峰值表示暗部，右侧峰值表示亮部。例如这张影调平淡的照片，所有的影调都压缩到了中间区域。

3 加深暗部

要加深照片暗部的区域，单击“黑场”滑块并向右拖动。随着调整你会注意到，照片的暗部区域变得更暗了。

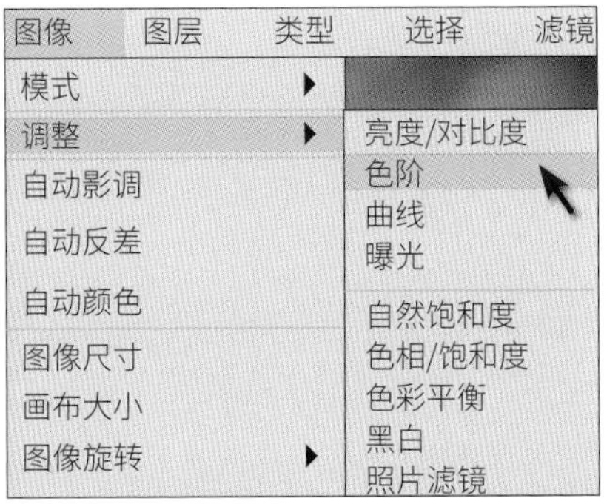

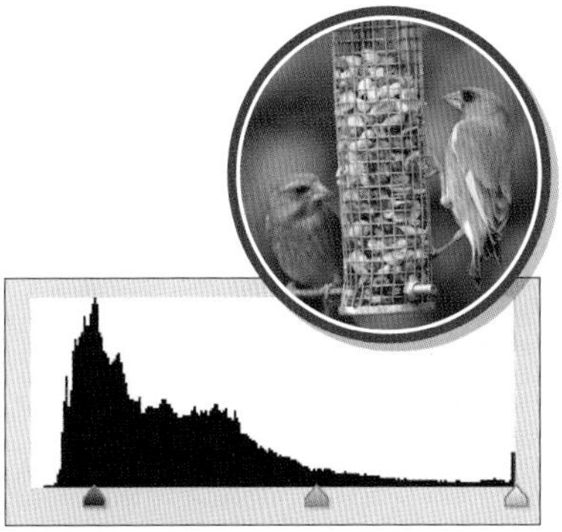

调整反差

后期图像处理中还有其他增加反差的方法，一个最直接的选择就是执行“亮度/对比度”命令。你也可以尝试使用更为复杂的“曲线”命令来调整。一定要记住，对照片稍微调整，增加一些色彩就够了。如果你调整得太多，照片看起来就会显得假。

学习测试
你学到了什么？

现在你已经实践了相机上各种不同类型的拍摄模式，可以试着完成下面的选择题，测试你掌握的情况。

1 Av的含义是什么？

A 快门优先
B 光圈优先
C 平均测光

2 曝光补偿功能有什么作用？

A 控制景深
B 在自动模式下更多地控制曝光
C 更清晰的照片

3 在程序曝光下你能控制景深吗？

A 不可以
B 可以
C 有时可以

4 如果你想控制照片的景深，使用哪种模式最好？

A 程序曝光
B 光圈优先模式
C 运动模式

5 拍摄运动员的运动场景时，你需要选择哪种模式？

A 微距模式
B 烟花模式
C 运动模式

6 以花作为图标的功能含义是什么？

A 闪光灯关闭
B 微距模式或者近摄 模式
C 色彩模式

7 夜晚的最佳拍摄模式是哪个？

A 夜景模式
B 烟花模式
C 程序曝光

8 通过使用相机上的不同拍摄模式，你的收获是什么？

A 更快的快门速度
B 富有创意地控制相机
C 更大的光圈

9 运动模式下相机首先考虑的是什么？

A 更深的景深
B 更快的快门速度
C 更低的感光度

10 使用快门优先模式你能控制什么？

A 光圈优先
B 对焦
C 快门速度

11 对于肖像照片，如果你想要更浅的景深效果，需要选择哪种模式？

A 程序曝光
B 快门优先
C 光圈优先

12 在明亮背景前拍摄照片，如何避免被摄主体被拍为剪影？

A 使用运动模式快速拍摄照片
B 使用曝光补偿功能提亮照片
C 使用光圈优先模式控制景深

13 1/1000s的快门速度和F4的光圈大小的曝光组合相当于哪个组合？

A 1/500s，F11
B 1/125s，F11
C 1/2s，F5.6

14 如果希望凝固瞬间，你会选择哪种快门速度？

A 更快的
B 更慢的
C 中等的

15 在自动模式和半自动模式下，哪项功能能够让你控制曝光？

A 对焦环
B 驱动设置
C 曝光补偿

答案：1/B，2/B，3/B，4/B，5/C，6/B，7/A，8/B，9/B，10/C，11/C，12/B，13/B，14/A，15/C。

04 第四周

获得合适的曝光

控制精确"数量"的光线到达相机的感光元件才能拍摄好照片，这个数量也被称为"合适的曝光"。如果光线太多，拍摄的照片就会曝光过度；如果光线太少，拍摄的照片就会曝光不足。

本周你将学到：

- 测试你对照片曝光知识的掌握程度。
- 找到如何控制曝光的方法，以及熟悉相机测光表的工作原理。
- 实践所学知识，在拍摄时能够对曝光作出恰当的选择。
- 提高自己的曝光技术，尝试用不同的方法创造迷人的效果。
- 检查拍摄的照片，看看你的曝光设置是否正确。
- 通过减少照片的噪点，提升照片的效果。
- 回顾本周学习的摄影知识，看看你是否准备好继续学习。

让我们开始吧！

知识测试

掌握曝光

一张照片可能会曝光准确，也可能太暗，那是因为曝光不足，或者因为曝光过度而太亮。这里展示的照片显示了不同类型的曝光效果，你能将这些特征和照片匹配起来吗？

A **普通主体，曝光准确：**能很好地再现暗部和高光部分的细节。

B **曝光不足：**照片最暗的地方几乎没有细节，或者只有很少的细节，照片高光部分看起来有些模糊。

C **主体暗，曝光准确：**在被摄主体比较暗时，曝光要体现其暗的特点，而任何明亮的区域都要曝光准确。

D **主体亮，曝光准确：**被摄主体影调亮，曝光时要呈现亮的效果。

E **低调：**这样的场景主要以暗调为主，只有很少的高光区域。

F **曝光过度：**照片最亮的部分没有细节，或者只有很少的细节；阴影部分看起来苍白，缺乏细节。

G **高调：**场景主要以亮色调为主，只有很少的暗部区域。

答案

A/3：反射在水中的山景
B/6：日落的最后一抹阳光
C/4：黑猫的特写
D/7：森林雪景
E/1：黑暗背景中的肖像
F/2：购物的女士
G/5：春天的花朵

5

6

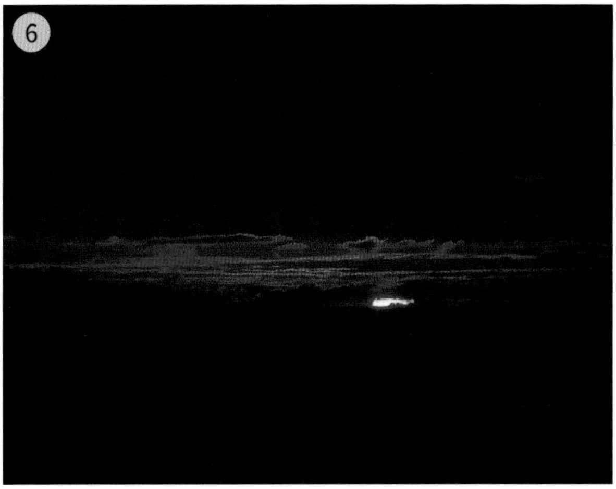

7

须知

- 曝光是判断需要多少光线，才能成功拍摄照片的艺术。
- 照片曝光有很多种方法。自己控制曝光，拍摄照片才具有更多创意的可能。
- 为了获得与众不同的效果，强烈建议尝试使用不同的曝光组合进行拍摄。
- 在不同的光线环境下，积累拍摄的经验，能帮助你了解曝光对拍摄效果的影响。
- 低调和高调照片是特意制造的效果，并不是曝光不足或者曝光过度的结果。

回顾这些要点，看看它们是如何与这里展示的照片相对应的。

理论知识

控制曝光

相机只有两个物理性质，可以控制有多少光线可以到达感光元件。第一个就是可变光孔的光圈，通过控制光圈大小，你可以选择有多少光线通过镜头可以到达相机的感光元件；第二个是安装在感光元件前面可以完全遮光的控制相机快门的幕帘。在快门关闭之前，相机可以精确地控制快门开启的持续时间，这段时间就是快门速度。

曝光三角形

光圈大小、快门速度和感光度（ISO）之间相互联系，为了维持同样数量的曝光数值，调整三者中的一项，另外两项中的至少一项也要发生改变。

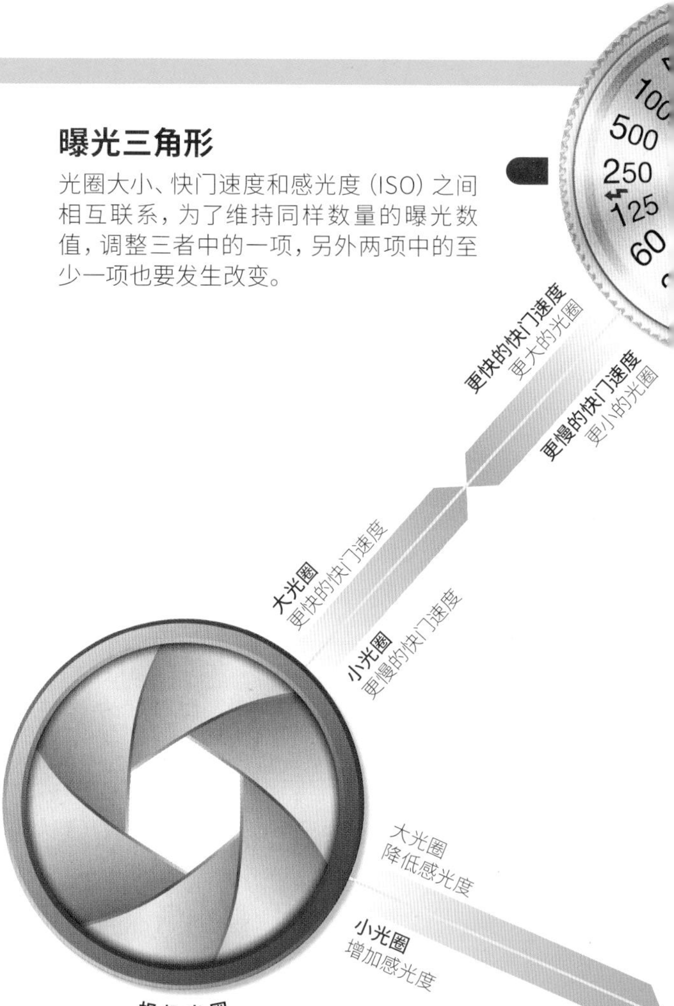

相机光圈

光圈和F值

光圈大小可以通过F值表示。不同的镜头会有各种不同大小的F值。典型镜头的光圈值是F2.8、F4、F5.6、F8、F11、F16。这个范围的每个光圈数值代表比上一挡少一半，或者比下一挡多一半光线能到达相机的感光元件。

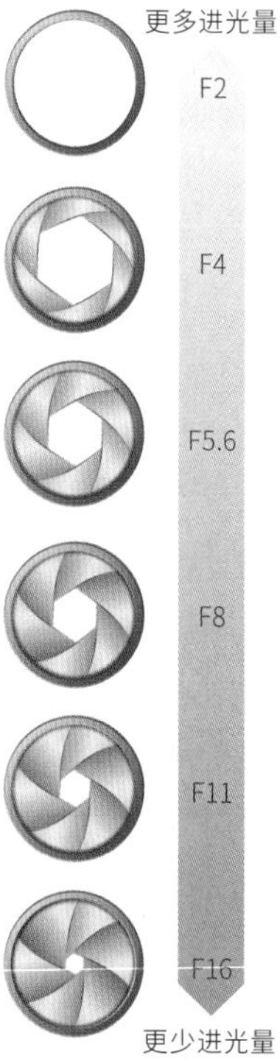

光圈

最大光圈可以让最多的光线进入相机，在弱光下就可以使用更快的快门速度。

中等光圈适合中等光线强度，可以和标准快门速度结合使用。

最小光圈可以让最少的光线进入相机。在明亮的环境下，可以使用更慢的快门速度。

专业提示： 相机通常可以让你按照半挡，甚至 1/3 挡曝光改变光圈大小、快门速度或者感光度。在对页图中显示的连续光圈数值中，F4.5 和 F5 就是光圈 F4 和 F5.6 之间的 1/3 挡。

专业提示： 如果想获得最佳影像品质，使用相机上最低的感光度拍摄。如果需要长时间曝光，那么就使用三脚架固定相机。

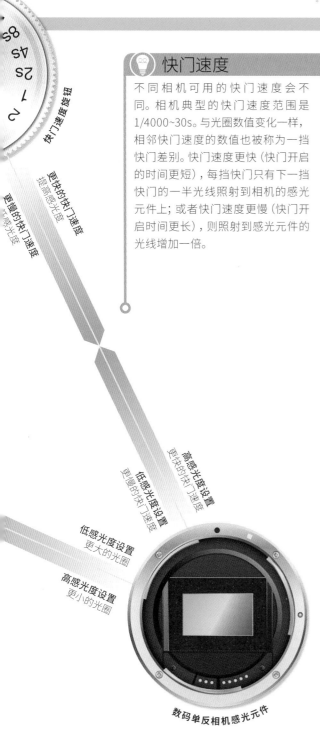

快门速度

不同相机可用的快门速度会不同。相机典型的快门速度范围是 1/4000~30s。与光圈数值变化一样，相邻快门速度的数值也被称为一挡快门差别。快门速度更快（快门开启的时间更短），每挡快门只有下一挡快门的一半光线照射到相机的感光元件上；或者快门速度更慢（快门开启时间更长），则照射到感光元件的光线增加一倍。

最快的快门速度用来凝固运动瞬间，或者当你在非常明亮的光线下拍摄时使用。

中等的快门速度适合中等强度光线和一般目的的拍摄。

最慢的快门速度用来拍摄运动模糊效果，或者在非常弱的光线下拍摄。

感光度（ISO）

改变感光度会影响相机感光元件对光线的敏感程度。ISO 代表国际标准的相机感光度。感光度决定在曝光的过程中需要多少光线，拍摄照片时，高感光度就需要更少的光线。像光圈大小和快门速度一样，感光度也用挡来表示，因此，感光元件为 ISO200 的感光度是 ISO100 的感光度感光能力的两倍。

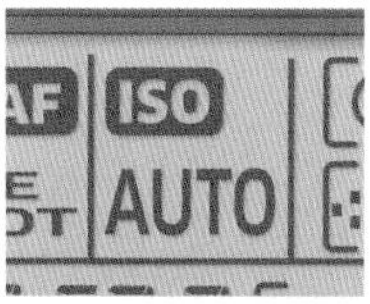

自动感光度

根据拍摄场景的光线情况，自动调整感光度。

高感光度

如果你需要使用更快的快门速度，或者在弱光下使用更小的光圈拍摄，更高的感光度就是必需的设置。

低感光度

在普通场景使用广泛，在很多光圈大小和快门速度设置下适合使用。

理论知识
测光表

如果光线强度保持不变，要获得准确的曝光就很容易。相比在明亮的环境下，在弱光环境下就需要不同的快门速度、光圈大小和感光度的组合。幸运的是，在这些情况下，相机的内置测光表都能够测量光线强度，它可以帮助决定需要什么样的曝光组合。因为相机只能测量场景反射到镜头的光线亮度，所以相机内置的测光表是一种反射式测光表。

平均反射率

场景能够反射场景中18%的照射光线就具有平均反射率。中灰以及色彩接近这样亮度的物体的反射率就是平均反射率，也就是我们知道的中间灰影调。在测量平均反射率的场景时，相机测光表的数值往往不一定准确——比平均反射率高的场景会造成曝光不足；比平均反射率低的场景会造成曝光过度。我们在拍摄时，首先要判断场景的反射率，这样才能避免造成曝光失误。

18%
灰

测光模式

平均测光（或者矩阵测光）。这是相机默认的测光模式。这种测光模式将场景划分为不同的区域，每个区域单独计算曝光数值，相机最终的曝光数值是综合这些区域平均的数值得来的。在实际拍摄中，使用滤镜拍摄风景照片时，这种模式非常有用。

适合大多数拍摄场景

中央重点平均测光。在这种模式下，测光表将测光区域偏向于场景 60%~80% 的区域，而且场景边缘的光线亮度也会被测量，但是这部分数值没有中心部分对最终曝光数值的影响大。这种模式通常用于被摄主体在画面中央。

适合肖像照片

点测光。点测光会限制测光表的测光范围，只测量场景中 1%~5% 的区域（是测量 10%~15% 的分区测光模式的演化模式）。通常只测量中心部分的亮度，有些相机的测光可以和对焦点合二为一进行测光。

仅适合测量场景中的一小部分

低反射率
例如深色的阴影，这种暗影调物体往往会造成曝光过度。

专业提示：高光闪烁显示是浏览照片时非常有用的功能。该功能会闪烁显示照片中曝光过度的区域。在实际拍摄时，如果拍摄的照片高光部分溢出并闪烁，那么就可以使用曝光补偿功能减少曝光，并重新拍摄照片。

专业提示：有些无反相机具有斑马线提示功能。斑马线是拍摄的照片的最亮区域出现的斜纹线条，该功能用来在拍摄之前提示照片可能出现曝光过度的区域。

直方图

直方图是显示照片中亮部区域的图表。直方图左侧表示黑场，右侧表示白场，中间影调在直方图的中间部分显示。

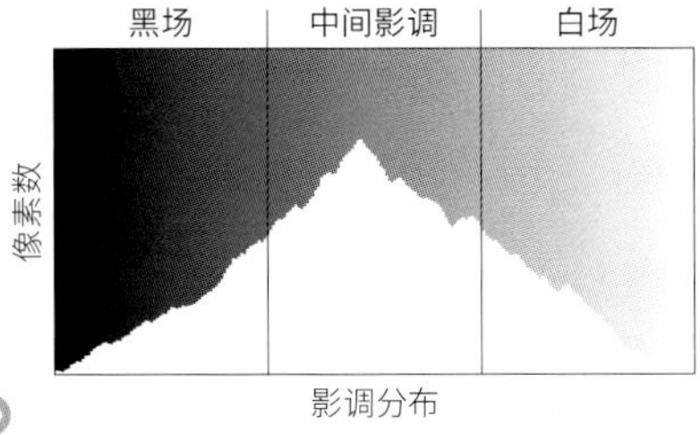

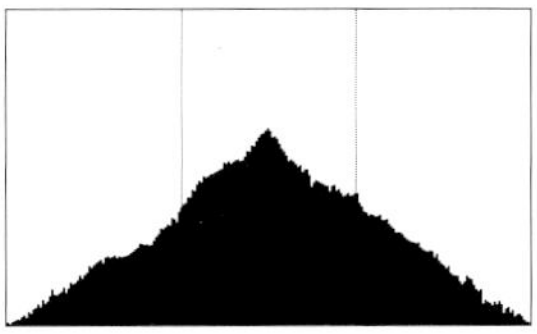

准确曝光
在实际拍摄中，准确曝光的照片并没有理想的直方图可以参考。通常对平均反射率场景的直方图来说，像素会集中在直方图的中间部分，两端并没有损失或者剪切。

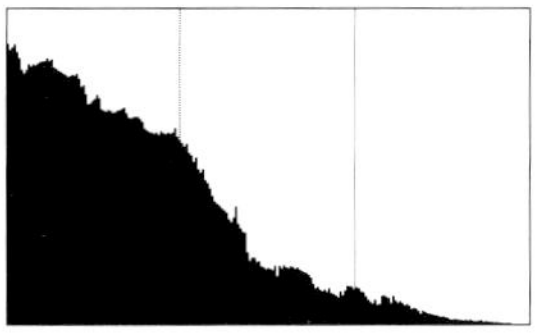

曝光不足
当照片直方图显示景物元素集中在直方图的左侧时，照片很可能曝光不足。这种直方图表示照片场景主要由暗调构成。

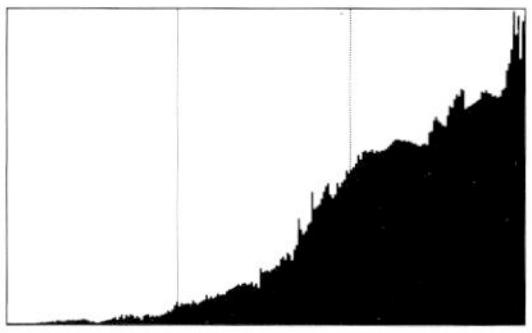

曝光过度
如果直方图显示像素主要集中在右侧，那么照片很可能曝光过度。这种直方图表示照片主要由亮影调构成。

比平均反射率高
测量高反射率主体，例如沙滩、雪山就会造成曝光不足。
平均反射率
中灰影调物体，例如植物具有平均反射率，对曝光不会造成很大的影响。

曝光修正

虽然现在的测光表的性能已经非常好了，但它们并不是永远准确的，有可能会出现错误。曝光补偿功能就是让你在此基础上调整曝光的。当相机曝光错误，或者你希望拍摄创意效果的照片时，就可以使用曝光补偿。

增加或者减少曝光补偿

相机典型的曝光补偿范围是 +3~-3 挡曝光。在实际拍摄中，我们通常使用相机的曝光按钮，或者用屏幕菜单来设置曝光补偿数值。曝光补偿增加曝光用来校正曝光不足；曝光补偿减少曝光用来校正曝光过度。

曝光补偿减少曝光的最大数值是-3挡

曝光补偿增加曝光的最大数值是+3挡

技能学习

精确调整曝光

相机测光系统通常会很准确，但是它也会出现错误。自己控制曝光就可以校正相机测光的失误，并创造性地运用曝光拍摄照片。

1 留意天气

天空完全无云（少云）的天气，并不是户外拍摄最理想的天气，相反，你可以尝试在多云的天气下拍摄。

2 使用程序曝光

将相机的拍摄模式设置为程序曝光，并精确地调整曝光。相机首先会选择基本的快门速度和光圈大小，你可以使用曝光补偿功能，在基础曝光组合的基础上进行调整。

在天气晴朗少云的天气下拍照，会产生强烈的阴影。

多云的天气会产生均匀的光线，几乎不会产生强烈的阴影。

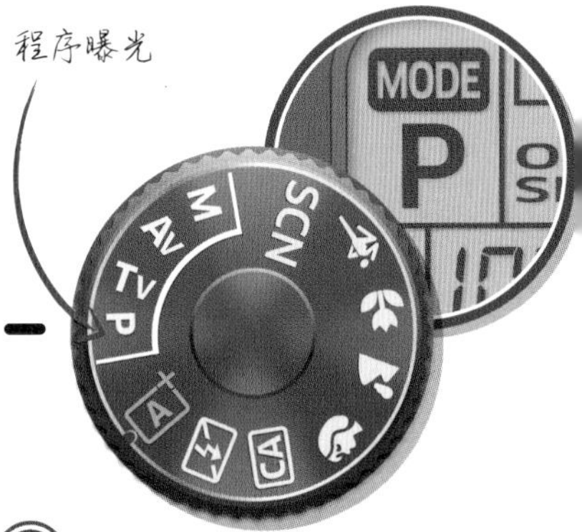

6 调整曝光补偿

如果相机直方图显示了高光被剪切的状态，通过曝光补偿功能减少曝光会让照片更暗。如果直方图的阴影区域被剪切，可以使用曝光补偿功能增加曝光，然后再次检查直方图。

7 拍摄照片

半按快门按钮对焦并对相机曝光进行最后测光。当你对焦点和曝光都满意时，按下快门按钮拍摄照片。

8 检查拍摄的照片

在浏览照片模式下检查直方图，如果有必要，调整曝光补偿值并重新拍摄照片。

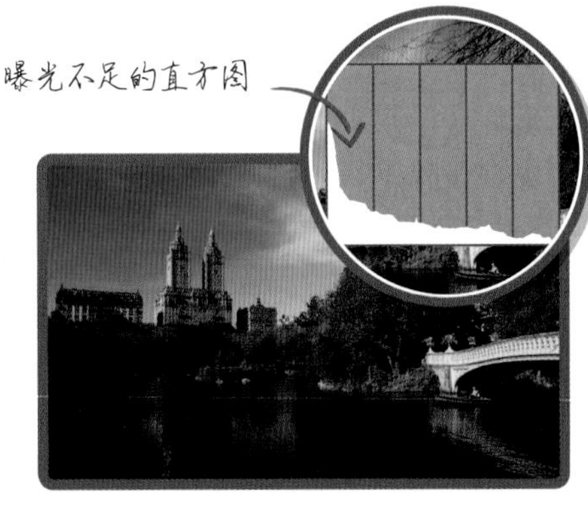

开始：寻找没有强烈阴影和强烈高光，而且光线照射均匀的场景。使用相机测光工具准确测光，并拍摄照片。

你将学习到：如何使用相机的直方图检查曝光是否准确，以及如何使用曝光补偿功能在此基础上进行调整。

3 选择平均测光

程序曝光可以让你自由选择测光模式。选择平均测光模式也不一定每次都准确，因为测光仅是针对普通场景作出的计算。

4 使用即时取景模式

将相机切换到即时取景模式，可以让你更容易看到调整曝光后的效果。你可以使用相机菜单调整即时取景模式的显示方式，模拟最终拍摄照片的效果。

5 即时取景直方图

在即时取景模式下，如果可以显示照片的直方图，你就可以在拍摄之前知道照片的曝光效果。一定要记住，显示的直方图并没有对错之分，重要的是要检查直方图两端是否被剪切。

你学到了什么？

- 选择“程序曝光”模式能够在拍摄之前让你精确地调整照片的曝光。
- 使用直方图在即时取景模式下，或者拍摄完成后检查曝光，是确保曝光更精确的方法。
- 拍摄之前使用曝光补偿功能调整曝光，是非常简单的方法。

练习与实践

探索曝光

数码相机可以很容易地让你尝试不同的曝光组合，而且能即时看到拍摄效果。如果操作有问题，也不用担心，因为错误是学习的最佳途径。对于常见的拍摄题材，使用程序曝光模式的同时，你也可以通过改变曝光补偿数值调整曝光。

创造性曝光

- 简单
- 1小时
- 相机+三脚架
- 室内或户外
- 模特

你可以通过调整相机的曝光营造照片的气氛。曝光不足的照片会让人感觉心情沉重；曝光过度的照片看起来会更轻松。

- 将相机安装在三脚架上。
- 按相机推荐的曝光数值拍摄一张照片。
- 将曝光补偿数值设置为-1，再拍摄一张。
- 将曝光补偿值设置为+1拍摄一张照片，并和之前拍摄的照片进行比较。
- 尝试使用更低的曝光补偿值和更高的曝光补偿值拍摄不同的照片，并观察、比较它们之间的差异。

如果皮肤区域高光溢出，使用曝光补偿功能减少曝光。

器材：手持式测光表

手持式测光表与相机机内置的测光表采用了不同的测光方式，手持式测光表会测量直接照射到场景的光线，这表示手持式测光表测量的数值并不受到场景反射率的影响，因此，手持式测光表测量的数值要比相机内的测光表测量的数值更准确。手持式测光表的读数必须使用手动曝光模式在相机上设置，因此操作比较烦琐。出于这个原因，手持式测光表更适合风光摄影，或者在摄影棚拍摄，手持式测光表并不是专门为运动摄影而设计的。

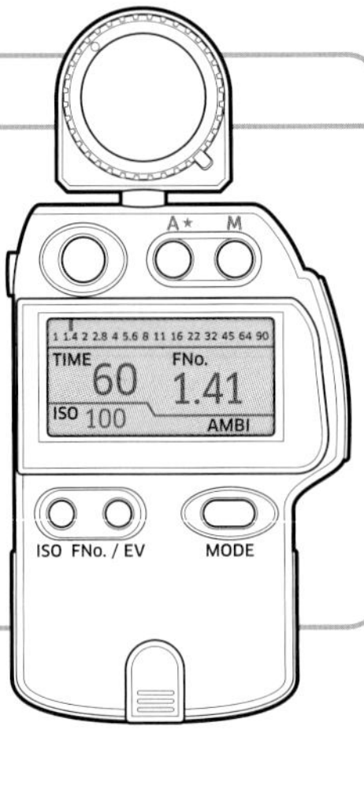

专业提示： 当你拍摄完照片后，一定要记住将曝光补偿值设为 0。否则，你后面拍摄的每张照片都会按照原来的曝光补偿值拍摄，导致曝光不准确。

专业提示： 如果开启包围曝光补偿功能，拍摄每张照片都需要按多次快门。结合包围曝光和自动定时功能拍摄时，相机会自动完成整组包围曝光照片的拍摄。

使用点测光模式

适中
室内或户外
30分钟
光照良好的场景
相机+点测光功能

点测光可以精确地测量场景中的特定区域，因此，当你需要测量中间影调区域时最有用。

- 将相机的测光模式设置为点测光。并不是所有的相机都有点测光模式，有些相机只具有与点测光模式类似的局部测光模式，如果有必要可以用局部测光模式代替。
- 在拍摄场景中寻找中间影调区域，用点测光模式测光。草地和岩石都是中间影调物体，如果需要，锁定曝光重新构图然后拍摄。
- 使用点测光模式测量场景中最亮的区域并重新拍摄，在场景最暗区域测量曝光并拍摄。比较三次测光调整后拍摄的照片的差别。

光线照射的椅子、草地和天空都是适合点测光测量的中间影调区域。

包围曝光组合

适中
室内或户外
30分钟
光线明亮的场景
相机+三脚架

当你对采用什么样的曝光数值不太自信时，可以采用包围曝光法拍摄，也就是以准确曝光为基点稍微曝光不足和曝光过度各拍摄一张照片，这种获得理想曝光的包围曝光法在实际拍摄时非常实用。很多相机具有自动包围曝光功能，相机会以不同的曝光数值专门拍摄三张照片——曝光准确、曝光不足和曝光过度。

- 将相机安装在三脚架上，并设置为自动包围曝光模式。
- 调整曝光范围，从而确保曝光过度和曝光不足之间的差异最大。

使用包围曝光模式可以拍摄出不同曝光组合的效果，例如较长时间曝光的照片。

你学到了什么？

- 你并不一定要选择相机推荐的曝光数值。对于不同的效果，可以使用不同的曝光组合。
- 点测光模式测量的区域会影响这部分的曝光数值。
- 包围曝光让你更自由地控制照片效果，但代价是会占用更多的存储空间。

检查学习成果

评估拍摄的照片

当你花了一周时间练习曝光技术后，选择拍摄得最好的照片，例如你如何富有创意地使用曝光，或者如何解决了棘手的拍摄问题。利用本对页提出的问题，检查一下哪些操作对拍摄照片有帮助，哪些方面还需要提高。

照片清晰吗？

照片模糊多是曝光时相机振动造成的，你可以通过增加感光度和快门速度来减少相机振动对照片的影响，或者像这张照片一样采用较长的快门时间强化运动效果。

你拍摄的照片是否曝光不足？

曝光不足的照片可以在后期处理时调整，但会降低照片的品质。对于这张照片来说，要在不损失照片品质的情况调整曝光是非常困难的。

照片的暗部是不是太黑了？

出于好看的原因，你可能更喜欢暗部更黑的照片。这张照片看起来可能曝光不足，但是效果非常好。

照片曝光过度吗？

在后期调整的时候，曝光过度的照片品质损失会相对少一些。这张照片曝光过度了，但是因为高光并没有溢出，最终还可以调整到理想的状态。

专业提示：拍摄高调照片时需要增加场景的光线，例如用闪光灯照射阴影，能够让光线照射得更均匀。让照片曝光过度也能产生类似的效果。

专业提示：拍摄低调照片时，需要控制场景的光线，通常控制光线照射的范围和未照射的范围。曝光不足的照片，也可以用来模拟低调照片效果。

照片高光溢出了没有？
在实际设置曝光时要确保照片中最亮的部分不要溢出。有些被摄主体可能很难避免高光溢出，但像这张照片仍然获得了很好的效果。

点测光模式测量的位置正确吗？
石板路几乎都是中间影调，因此石头是很好的点测光区域。

中间影调在哪里？
在这个场景中，理想的中间调是被光线照亮的人物头部。使用点测光模式测量这个位置就能获得理想的曝光效果。

照片局部曝光准确吗？
像这种高反差场景，相机无法记录全部亮度影调范围的细节，因此，你需要在阴影和高光细节损失方面进行妥协并找到平衡。

优化照片

减少噪点

噪点是照片中随机出现的明亮或者彩色的斑点，增加感光度对影像品质的损失就是照片增加可见的噪点。但幸运的是，照片的噪点可以通过后期处理消除。后期处理的关键是不要处理过度，否则，照片就会损失细节，而且照片看起来会比较光滑，缺乏质感。

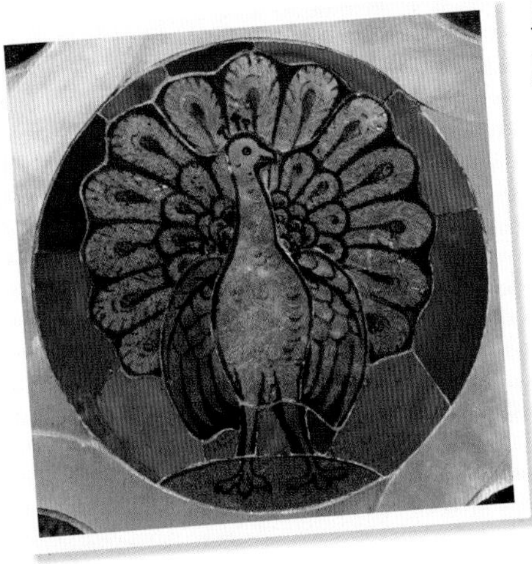

这张照片以ISO6400的感光度拍摄，如果近距离观察，噪点就很明显。

1 检查照片

并不是所有的照片都需要降噪处理。100%放大观察照片，看看噪点是否明显。尤其要注意照片中的天空和最暗部分。

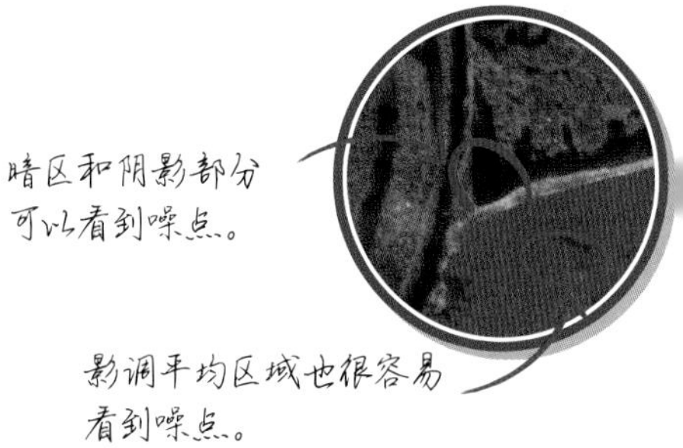

暗区和阴影部分可以看到噪点。
影调平均区域也很容易看到噪点。

4 细节保留设置

拖动“细节保留”滑块恢复照片中可能因为调整“强度”数值而损失的细节。调整过程中当噪点再次出现时就停止。“细节保留”数值是按百分比来表示的。

5 减少杂色

杂色是照片中随机出现的彩色斑点，通常只有在非常高的感光度下才会出现。调整时慢慢地拖动滑块直到照片中出现比较自然的颜色。

6 锐化细节

降噪处理可以稍微柔化照片。使用这三个滑块可以增加照片的清晰度。如果打算之后再调整照片的大小，此时就不要锐化照片。

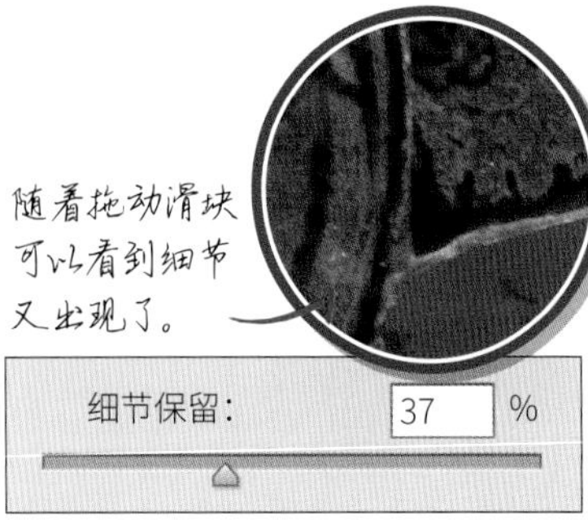

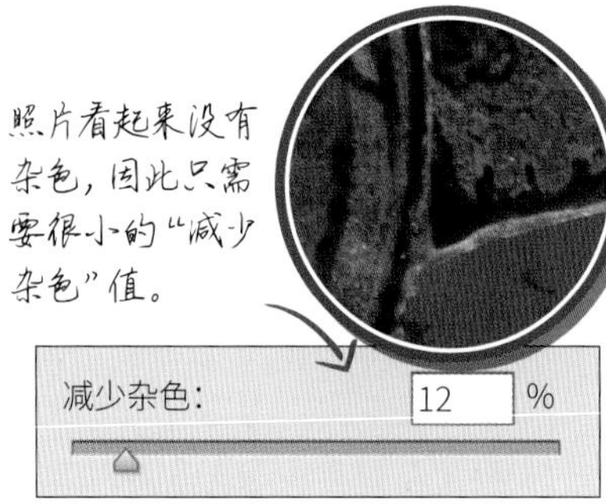

照片看起来没有杂色，因此只需要很小的“减少杂色”值。

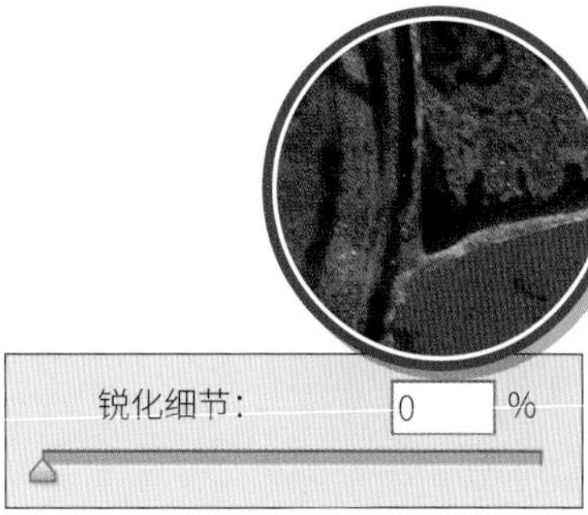

随着拖动滑块可以看到细节又出现了。

> 照片就是生活的暂停键。
> TY·霍兰德

2 使用“减少杂色”滤镜

选择“减少杂色”滤镜，并尝试不同的降噪数值。拍摄时选择的感光度越高，后期处理的时候就需要更多地校正。

3 调整降噪强度

拖曳“强度”滑块减少明度噪点。明度噪点会增加照片逼真的质感，这种效果是照片进行亮度调整后随机出现的效果。“强度”值从0到10，10表示最大降噪强度。

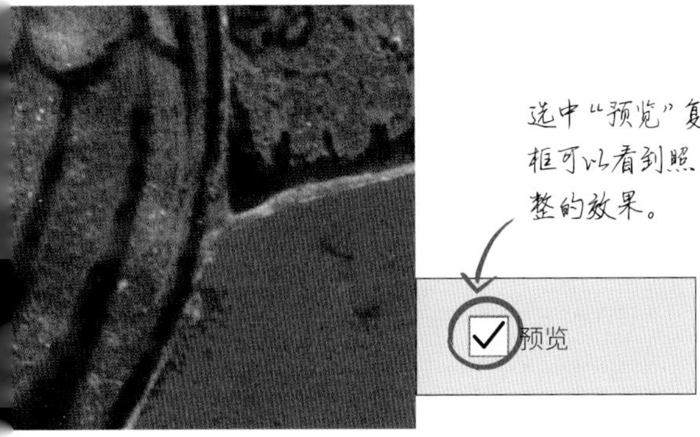

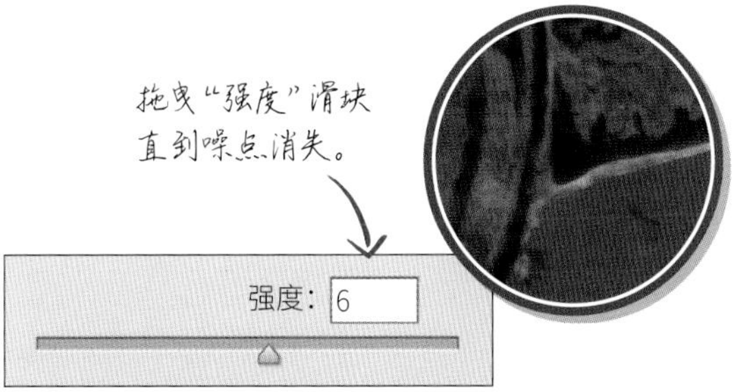

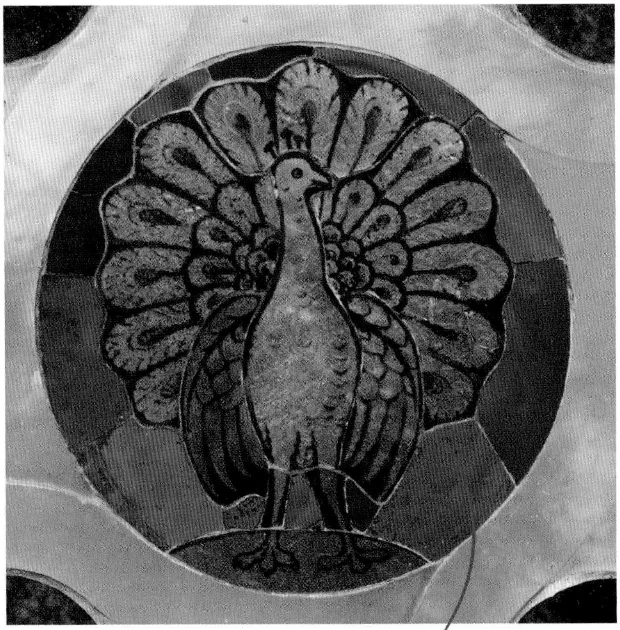

降噪处理后的照片噪点会很少。

机内调整

使用低感光度

如果你在弱光下使用低感光度手持相机拍摄，就会遇到相机抖动的问题，在这种情况下，通常需要更慢的快门速度，并将相机安装在三脚架上拍摄。

降噪设置

相机都有降噪设置功能，用来降低高感光度下拍摄照片的噪点。降噪（NR）的强度根据不同的需要进行设置，而且要在拍摄前就设置好。

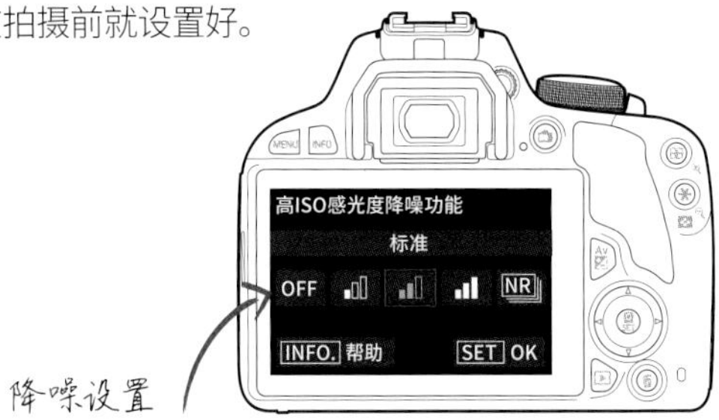

学习测试
你学到了什么？

本章你已经学习了曝光的基础知识和各种影响曝光的因素。通过完成下面的选择题，看看你掌握了哪些知识。

1 对数码单反相机来说，以下哪个数值是最快的快门速度？

A 1/4000s B 30s C 1/500s

2 相机内置测光表是什么类型的？

A 入射测光表 B 反射表 C 反射式测光表

3 测量场景中的小范围，需要使用测光表的哪种模式？

A 平均测光 B 点测光
C 中央重点平均测光

4 哪种照片问题可以看出你使用了更高的感光度？

A 噪点 B 波动 C 喧闹

5 哪种天气情况下，阴影比较柔和？

A 明亮的晴天 B 雾天 C 风

6 哪种感光度会产生最少的噪点？

A 最低的感光度
B 最高的感光度
C 在所有感光度下拍摄，噪点始终不变

7 点测光通常测量场景中多少比例的区域？

A 90%~100% B 1%~5% C 40%~50%

8 场景的反射率比平均反射率高会出现什么问题？

A 耀斑 B 曝光过度 C 曝光不足

9 手持相机使用较慢的快门速度拍摄的风险是什么？

A 垂直线汇聚 B 影像模糊 C 噪点

10 直方图中像素集中在左侧，表示照片是什么效果的？

A 曝光不足
B 曝光过度
C 曝光准确

11 数码单反相机最长的快门时间是多少？

A 1 s
B 15 s
C 30 s

12 相机的最低感光度被称为什么？

A 基准感光度
B 选择性感光度
C 特殊感光度

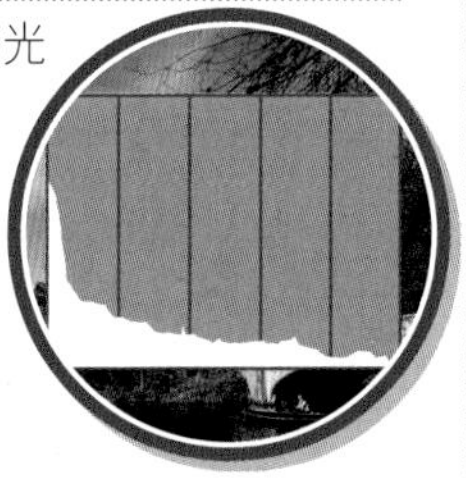

13 哪种测光模式是相机的预设选项？

A 点测光
B 平均测光
C 中央重点平均测光

14 要让照片凝固瞬间，需要做什么？

A 使用更快的快门速度
B 使用更慢的快门速度
C 增加感光度

15 增加一挡光圈数值的效果是什么？

A 让两倍的光线进入相机
B 没有变化
C 进入相机的光线减半

16 中央重点平均测光测量场景中多大比例的面积？

A 100% B 1%~5% C 60%~80%

17 照片中的高光区域比较白，出现了什么问题？

A 曝光不足 B 溢出 C 保留

18 感光度影响数码感光元件的哪一方面性能？

A 感光能力 B 色彩 C 温度

答案：1/A，2/C，3/B，4/A，5/B，6/A，7/B，8/C，9/B，10/A，11/C，12/A，13/B，14/A，15/A，16/C，17/B，18/A。

05 第五周

获得合适的反差

反差是照片中阴影和高光的亮度差别。了解反差并学会如何获得不同的反差效果，能让你拍摄出不同视觉效果的照片。

本周你将学到：

- 了解什么是反差，以及反差会如何影响你拍摄的照片。
- 理解光线如何影响反差。
- 认识相机的动态范围。
- 实践所学知识并拍摄 HDR 照片。
- 尝试在高反差和低反差光线环境中拍摄。
- 利用后期处理，增强照片的反差效果。
- 回顾本周学习的摄影知识，看看你是否准备好继续学习。

让我们开始吧！

知识测试

什么是合适的反差？

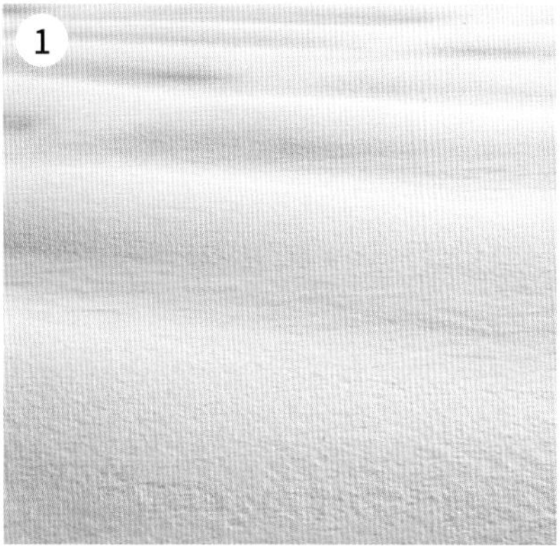

合适的反差当然是适合被摄主体并且反差也是你希望的效果。这里的7张照片展示了不同类型的反差，你能匹配不同反差的照片和照片描述吗？

A **普通反差：**照片的阴影并不是很深，并且高光也不是太亮。

B **高反差：**照片的阴影和高光部分的差别比较明显。

C **低反差：**照片的阴影和高光之间的差别比较小。

D **超高反差：**照片的阴影和高光之间的差别非常大。

E **超低反差：**照片的高光和阴影之间看起来并没有多大差别。

F **HDR：**高动态范围照片是用两张，或者更多的照片混合来解决反差的问题，最终的效果非常吸引人，但是往往看起来不太真实。

G **反差分离：**场景中一部分是低反差的，而另外一部分则为高反差的。

答案

A/4：喝咖啡的女人
B/6：波多黎各上空的云遮住了太阳
C/3：清晨的雾在湖面上盘旋
D/7：铁桥上的钢架
E/1：一片积雪
F/5：德国的电梯
G/2：意大利佩尔默山的日出

6

7

须知

- 你拍摄出成功的照片，表示你能理解反差是如何影响照片效果的，并且知道了相机如何“看”。掌握这项技能需要坚持不断地练习，你就会知道什么时候反差太大，或者反差太小。
- 高反差场景通常需要在拍摄的时候就调整，要么通过改变光线的品质，要么就等待，直到光线变得自然的时候再拍摄。
- 虽然自然界中极端反差的情况很少见，但是遇到这种情况拍摄的照片，可以进行后期调整，这样反差就没有那么明显了。
- 低反差照片在后期非常容易调整，当然你也可以在拍摄时使用相机内的设置进行更改。

回顾这些要点，看看它们是如何与这里展示的照片相对应的。

理论知识
反差效果

光线照射到场景的品质决定了反差的大小。光线通常被描述为柔光或硬光——硬光会造成高反差效果；柔光产生低反差效果。定义光线是硬光还是柔光，根据场景中的光源大小来确定。

硬光是点光源照亮场景的效果。相对来说，柔光则是由更大的光源制造的。

硬光 / 高反差
点光源会形成明显的深色调阴影，同时也会出现明亮的高光。无云天空中的太阳，或者室内的无反光罩的裸灯都是点光源。

硬光

肖像
硬光会在人物面部形成较深的阴影，从而强调面部的特征。使用硬光或者在高反差场景拍摄的肖像照片特别吸引人，但照片中往往会出现令人不舒服的高光。

建筑
硬光善于强调物体的外形，因此特别适合几何形状的现代建筑。建筑物玻璃上的明亮高光容易让照片出现曝光问题。

风景
硬光非常适合表现例如岩石这类物体的细节，拍摄有机物体时，反差就没有那么吸引人了。

反差会让照片更有意思。

康拉德·霍尔

柔光 / 低反差

柔和的光源投射出淡淡的、边缘柔和的阴影，或者当光源特别柔和时根本没有阴影，而且高光也不明显。被云层扩散的阳光就是一种柔和的光。

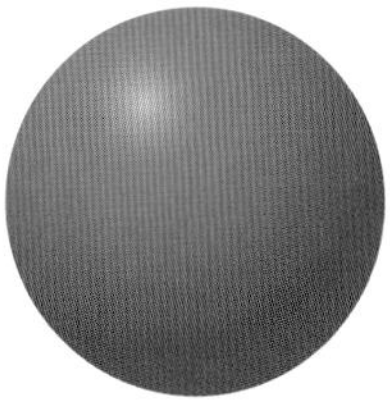

阴影

光线被遮挡后的阴影区域通常光线非常柔和。当拍摄突出细节或者类似的物体时，主体上的阴影会减弱反差。在实际拍摄中，要确保将整个区域拍进画面，也就是可以被相机“看”到的区域都在阴影之中。如果照片中的任何部分在太阳直接照射下，那么此时的反差就要比相机能够记录的反差要大。在实际拍摄中，你可以用相机提供的直方图来检查反差是否合适。

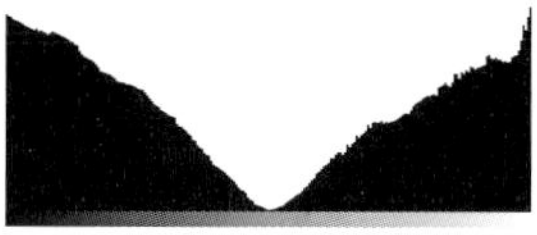

高反差：直方图显示两个像素峰值被很宽的凹沟分开，这种直方图表示高反差。

低反差：直方图显示一个峰值，这样的直方图表示低反差。

柔光

肖像

柔光下人物面部的特征不会很明显，这种光线非常适合拍摄女性和儿童。

建筑

这张照片中只有很小面积的阴影，建筑物的细节也很难被看到。玻璃上明亮的高光被减弱了，而且建筑物的材质看起来发灰，并且很平淡。

风景

在柔光下拍摄的风景照片中，我们几乎看不到吸引人的细节。柔光非常适合拍摄像花这样的微距题材的主体。

理论知识

动态范围

不同相机所记录的场景暗部和亮部是不一样的。相机如果能够记录大范围的影调，细节仍然不损失，这种情况说明相机能够记录高动态范围；如果相机只能记录很窄范围的影调变化，就说明相机只能够记录低动态范围。当拍摄高反差场景时，相机能够记录动态范围的能力非常重要，这决定了场景中的高光和暗部细节在没有损失，或者被“剪切”的情况下如何被记录。

人眼VS相机

人眼通常会看到从黑到白很广范围的影调。在高反差环境下，低动态范围相机只能记录很小范围的影调。此时，你应该让相机主要针对阴影部分曝光，而让高光部分溢出（见下左图），或者针对高光部分曝光，放弃阴影部分的细节（见下右图）。

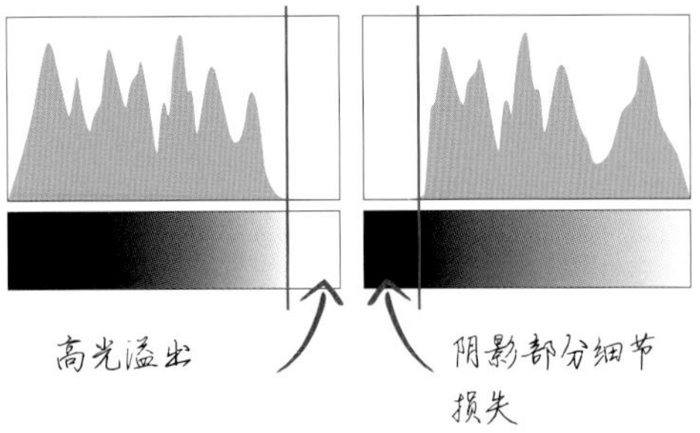

HDR信息获取

获得场景全部影调范围的方法就是拍摄两张或更多包围曝光的照片，然后在后期处理中将这些照片合成，也就是我们常说的 HDR 高动态范围照片。

第一张：记录高光部分的细节。

专业提示：低反差场景可以增加反差。你可以在拍摄照片之前，通过设置照片反差参数增加照片的反差，或者在拍摄完成后，在后期处理过程中增加照片的反差。

专业提示：观察时可以眯着眼看。理想的高反差场景在你眯着眼睛看时，阴影部分的细节不可见。这仅是简单检查反差有没有问题的一种非常有用的方法。

人眼可见亮度范围。

低动态范围的相机能够记录的亮度范围。

高动态范围相机能够记录的亮度范围。

第二张：记录阴影部分的细节。

第三张：两张照片的影调合成之后的动态范围效果。

传感器尺寸

相机影像传感器的面积越小，相机的动态范围就越小。对于便携式数码相机来说，要同时保留高光和阴影部分的细节通常非常困难。对具有更大面积影像传感器的数码单反相机来说，则能够更容易地捕捉场景中高光和阴影部分的细节。

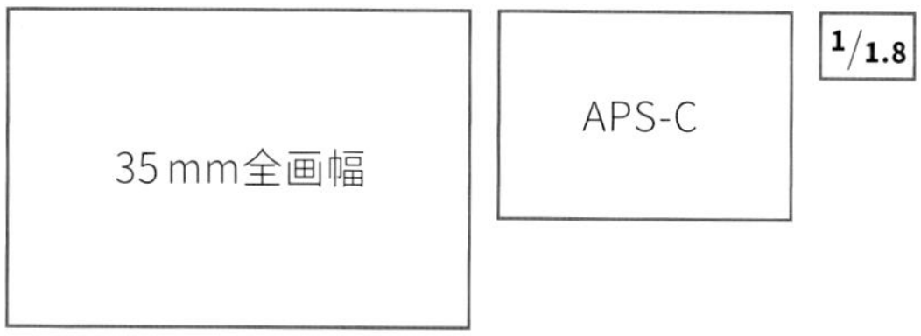

反差

拍摄场景的反差非常高，但仍然要记录整个影调范围就非常困难。一个解决方法就是，在高反差环境下仅拍摄景物的外形特征。

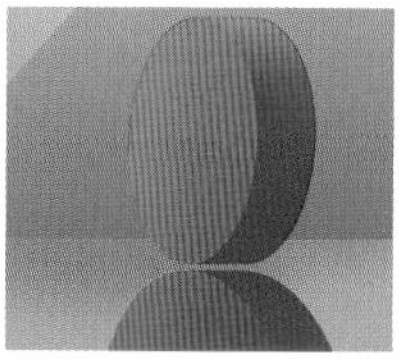

反差柔和的被摄主体

一个降低反差更好的办法就是使用补光，例如用闪光灯来照亮阴影区域。

户外拍摄

等待云层遮挡太阳，在光线柔和的时候拍摄，此时的反差会非常小。

技能学习

拍摄高动态范围照片

高动态范围（HDR）是利用场景中的阴影和高光区域影调范围拍摄影调细节丰富的照片的技巧。这种技术需要拍摄一系列涵盖很大曝光范围的照片，然后进行合成。现在很多相机都能在相机内合成HDR照片。

1 寻找场景

看看你周围是否有明显的高光和阴影差别的场景，如果能找到这样的地方，那么就非常适合拍摄HDR照片。

在这张照片中，照片角落的遗迹部分有较深的阴影，云层中也有明亮的高光。

2 将相机安装在三脚架上

HDR照片需要拍摄两张，甚至更多张照片，因此要使用三脚架避免曝光过程中相机振动。

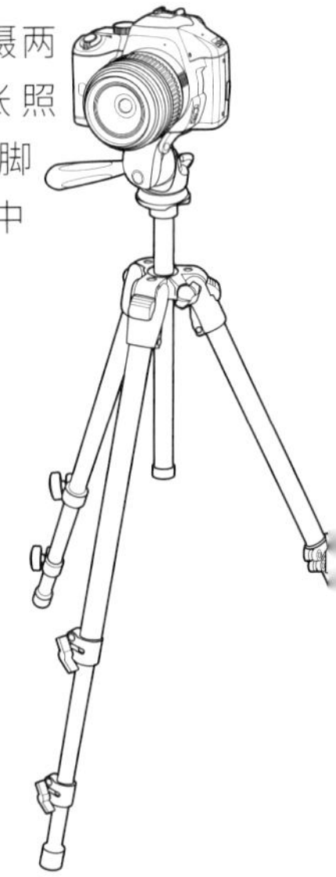

6 拍摄照片

HDR功能适合被摄主体不移动的场景。如果拍摄时物体移动，最终合成的HDR照片就会出现奇怪的视觉效果。仔细观察场景，只有当你非常确信场景中的元素相对静止时再拍摄。

高光部分缺乏细节。

相机以不同的曝光组合拍摄一系列照片。

阴影部分缺少细节。

7 检查拍摄效果

在相机上浏览拍摄的照片，看看在HDR拍摄过程中的轻微移动是否产生了任何奇怪的效果。

使用直方图检查阴影和高光部分的光线分布情况。

开始：选择适合拍摄 HDR 照片的场景。选择的场景的反差应该超过相机通常能记录的动态范围，而且场景中没有任何运动的元素。

你将会学到：如何使用相机的设置拍摄高动态范围照片，检查拍摄的照片是否成功，以及在拍摄过程中哪些步骤容易出错。

3 选择HDR模式

选择相机的HDR模式。HDR模式可以在相机的拍摄模式转盘中选择，或者在相机设置菜单中有单独的选项。

4 选择合适的设置

调整相机上的HDR设置。如果选择HDR模式后，相机没有其他可选项，那么相机会拍摄一系列照片并且自动合成这些照片。

5 使用定时拍摄或无线快门

使用相机自带的定时器，或者无线快门可以减少按下快门按钮触碰相机时造成的振动风险。

HDR模式图标

数码单反相机通常会让你选择拍摄多少张照片，用来合成HDR照片。

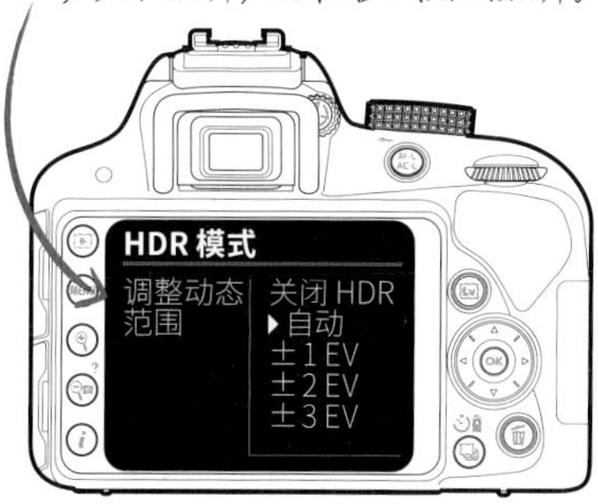

如果你需要在特定的时间按下快门，那么无线快门释放器是一个不错的选择。

阴影部分的细节。

高光部分的细节。

你学到了什么？

- 只有当相机的曝光不能同时保留高光和阴影细节的情况下，才适合拍摄HDR照片。
- 反差正常或者很低，整个影调范围都在相机的动态范围之内时，不适合拍摄HDR照片。
- 有些主体并不适合使用相机提供的HDR功能拍摄照片，例如树木或者流动的水，这样会造成奇怪的效果。

练习与实践

反差练习

对一张照片来说，什么样的反差最合适并没有标准，关键是选择适合主体的反差强度。掌握反差有很多种方法，研究其他摄影师的作品就是非常有用的方法，但话说回来，什么也没有练习与实践更有用。下面这些练习可以让你认识一些基本的反差效果。练习拍摄时，你需要将相机设置为程序曝光模式。

阳光和阴影下拍摄

简单　户外

2 X 2 小时　森林

相机+三脚架

尽管晴天的森林非常漂亮，但这段时间的光线和阴影会形成非常大的反差，反而在多云的天气更容易拍摄出理想的风景照片。

- 选择多云的天气，在森林中花两小时拍摄风景和微距照片。
- 将相机安装在三脚架上避免相机振动。
- 在晴天回到同样的地点，重复之前的构图再次拍摄照片，查看两组照片之间的差别。

柔和光线拍摄

适中　室内

1小时　模特

相机+三脚架

非直射阳光，如果像光线透过窗户那样照射，通常光线比较柔和，反差也比较小。这种环境非常适合拍摄浪漫或清纯风格的人物照片。

- 让模特站在窗户附近，这样光线就会从侧面照射模特。
- 将相机安装在三脚架上，让模特靠近或者远离窗户，拍摄5~10张照片。
- 检查拍摄的照片，注意模特距离窗户的距离与拍摄的照片之间的反差变化。

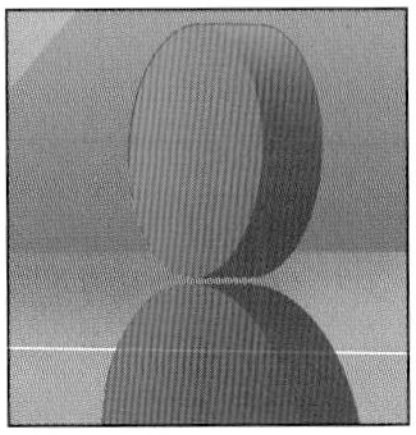

调整曝光补偿，避免曝光过度。

专业提示： 即使在多云的天气，天空仍然比树林中的光线明亮。当你按照森林中的光线亮度曝光时，天空区域的曝光就会溢出。将天空排除在构图之外就可以避免照片中出现没有细节的区域。

专业提示： 花朵适合在柔和的光线下拍摄。在无云的晴天拍摄要减少反差，可以使用一块面积较大的纸板遮挡光线，让阴影投射到花朵上。

光线亮度可能不高，因此使用ISO400或者ISO800的感光度。

ND渐变滤镜

ND渐变滤镜能够帮助解决拍摄风景照片时，天空和前景亮度反差大的常见问题。ND渐变滤镜被分为下半部透明，而上半部半透明的两部分，这样的设计能降低天空的亮度，因此天空和前景就获得了均衡的光线。按照挡光率，ND渐变滤镜有很多不同的强度可以选择，最常见的是1挡、2挡和3挡。滤镜的挡光能力是根据前景和天空之间的曝光差别来决定的。使用ND渐变滤镜后，仍然可以使用相机内的点测光模式来计算曝光。

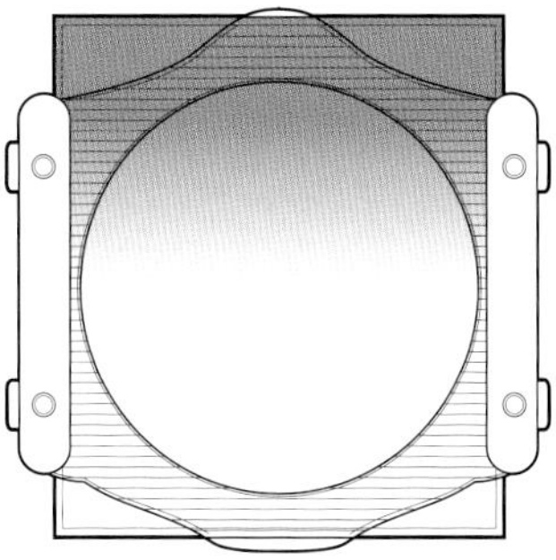

点光源

适中
室内
1小时
模特和台灯
相机+三脚架+长焦镜头

像台灯这样的点光源并不柔和，但是完全可以作为拍摄夸张效果的肖像照片的光源。

- 在一间比较暗的房间里练习。让模特坐下来，使用台灯从侧面照亮模特的面部。
- 将相机安装在三脚架上并装上一支长焦镜头。
- 让房间变暗，其中的台灯作为唯一的光源。
- 尝试移动台灯到不同的位置，并拍摄多张不同的照片。
- 检查拍摄的照片之间的反差变化。

掌握的知识

- 柔和光线的反差低，比硬光柔和，非常适合拍摄柔软、有机的主体。
- 森林中明亮的太阳光会产生很高的反差，拍摄出来的照片往往不理想。
- 高反差光线是由小光源产生的。

检查学习成果
评估拍摄的照片

完成这里的练习任务后，挑选出拍摄得最好的照片。使用这里的提示要点判断照片中使用了哪些技术，在哪方面还可以提高。

拍摄的 HDR 照片成功吗？
成功的 HDR 照片应该像这张照片那样，阴影和高光部分都有细节。如果拍摄的照片不是这样的，那么你就需要增加包围曝光所涵盖的影调范围。

地平线上是否有亮光带？
如果 ND 渐变滤镜放置的位置太高就不能覆盖整个天空，这样拍摄的照片就会出现像上图展示的这样，在地平片附近有一条亮光带。

照片有没有大范围的高光溢出？
拍摄的照片中出现高光溢出，或者出现发白的区域，就会干扰整个画面。对于这张照片来说，摄影师可以等太阳光线在反差低的时候拍摄，以避免出现这个问题。

拍摄的 HDR 照片看起来真实吗？
使用 HDR 技术不仅能拍摄出看起来非常自然的照片，而且也可以拍摄出艺术效果。这张照片看起来并不自然，但照片中的鲜艳色彩产生了非常吸引人的效果。

专业提示：我们的视觉经验让我们更喜欢注意照片中更亮的区域，而不是更暗的区域。如果高光部分比被摄主体更亮，高光部分就会更吸引人。如果不是构图需要，尽量将明亮区域排除在画面之外。

专业提示：拍摄时你必须在保留高光细节和保留阴影细节之间作出选择。总体来说，曝光要保留高光部分的细节。对照片来说，暗部细节损失总要比照片中的高光溢出看起来更自然。

你拍摄的森林是一团阴影和亮点吗？

阳光下的森林形成了一种高反差的效果，黑暗的阴影和明亮的高光让人困惑。这张照片在光线柔和、对比度较低的情况下可以拍得更好。

照片反差是不是很低?

有些场景本身就反差低，这样就非常适合拍摄反差低的照片。在拍摄时，你需要决定后期处理时是否要增加反差。这张照片需要增加反差吗?

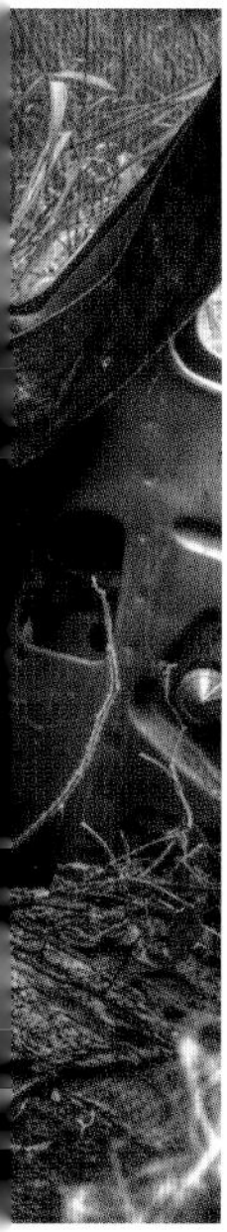

暗部缺乏细节吗?

要保证高反差照片的暗部细节非常不容易。照片中的暗部细节是否重要取决于被摄主体。这张照片的阴影部分非常暗，但却增加了照片的冲击力。

照片的被摄主体顶部是不是有些暗?

ND 渐变滤镜会让场景中的垂直元素更暗，因此，在没有明显水平线的场景中只能轻度使用。这张照片中的山顶部分使用 ND 渐变滤镜的痕迹太明显了。

优化照片

调整反差

后期增加或者减少反差的目的是拍摄的照片能够突出主体且影调也不错。如果你想让拍摄的照片更漂亮，Photoshop中的“亮度/对比度”功能就是非常好的选择。

这张照片是使用RAW格式拍摄的，比较平淡，在软件中打开后可以看到反差较小。

1 检查直方图

精确地调整反差非常有用的工具就是直方图。直方图可以让你在使用“亮度/对比度”功能时看到照片影调的变化。要使用直方图作为参考，在Photoshop中执行“窗口”→“直方图”命令。

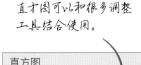

直方图可以和很多调整工具结合使用。

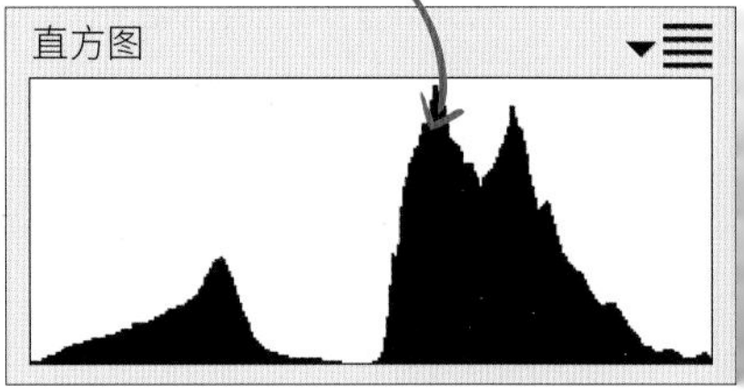

4 增加反差

要增加反差，就向右拖曳“对比度”滑块。照片中的阴影会变得更暗，而高光部分会更亮。颜色也变得更加强烈并充满活力。

不断增加的反差，提高了高光部分溢出的风险。

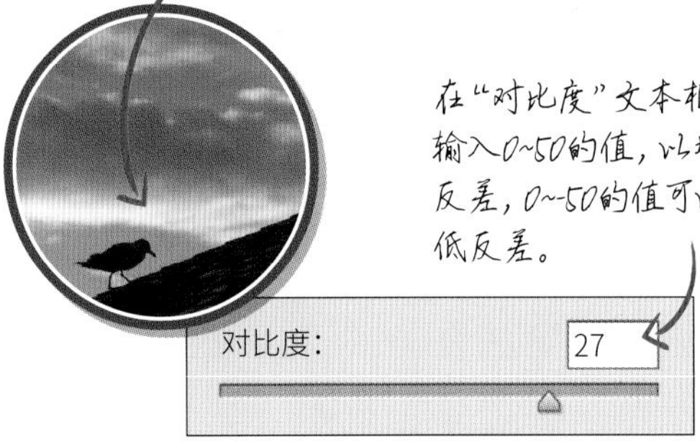

在“对比度”文本框中输入0~50的值，以增强反差，0~50的值可以降低反差。

5 调整亮度

拖曳“亮度”滑块以改变照片的亮度，要使照片变暗，就向左拖曳“亮度”滑块。

将照片变暗，可以增加云层的细节和表现力。

“亮度”可以在-150~150进行调整。

专业提示： 降低高反差照片的反差会影响影像的品质。开始练习调整反差时，可以从高光和阴影区域反差不大的照片开始。

专业提示： 通常普通场景拍摄出的照片反差都比较低，事实上，增加反差要比减小反差容易得多，因此，如果你打算后期调整照片，那么拍摄的照片反差适中即可。

2 选择亮度/对比度

执行“图像”→“调整”→“亮度/对比度”命令，在弹出的“亮度/对比度”对话框中选中“预览”复选框，这样在拖曳“亮度”“对比度”滑块时，可以在图像中看到调整的效果。

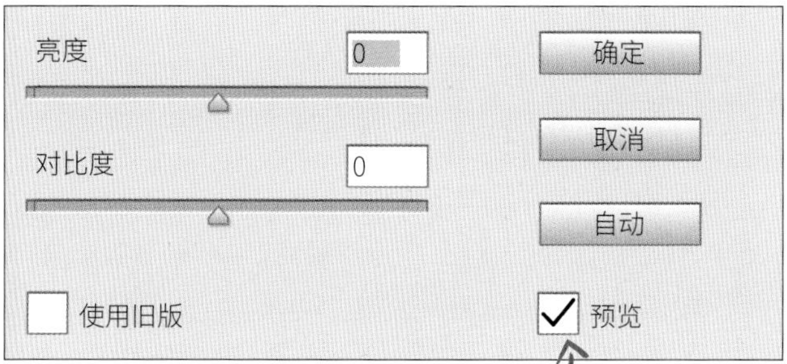

选中“预览”复选框可以预览调整的效果。

3 检查照片

在拍摄照片之前，你就知道后期需要进行哪些调整是一个不错的想法。这张照片需要增加反差，而且照片亮度稍微增加，效果就会更好。

灰色的屋顶和天空云彩之间的反差很小。

随着对比度的增加和亮度的降低，照片有更多的细节表现力。

机内调整

JPEG格式是相机在拍摄照片之后在相机内就完成处理的图像格式。你可以通过相机预设，调整照片的锐度、色彩饱和度和反差。例如风景照片，预设时就需要提高反差和色彩饱和度。其他的场景，例如普通照片受到色彩和反差的影响就很小。低反差照片在阴影和高光部分都保留了细节。在你拍摄之前选择合适的相机预设，在后期处理时会很方便。

学习测试
你学到了什么？

通过本周的学习，你应该了解了光源和天气情况决定照片的反差强度，以及如何用反差让照片更吸引人，并增加照片的冲击力。尝试完成下面这些选择题，看看你掌握了哪些知识？

1 什么类型的光源会形成硬边阴影？

A 逆光 B 点光源 C 红光

2 HDR代表什么？

A 高密度记录 B 糟糕的暗部 C 高动态范围

3 非直射光线透过窗户会产生哪种反差效果？

A 光线柔和，反差低
B 光线硬朗，反差高
C 光线柔和，反差高

4 阴影中的环境光是什么类型的？

A 柔光 B 硬光 C 明亮的光线

5 在明亮的天空使用什么滤镜能帮助保留细节？

A 偏正镜 B ND渐变滤镜 C UV滤镜

6 台灯是什么类型的光源？

A 柔光
B 点光源
C 扩散的光源

7 HDR在哪个场景非常有用？

A 高反差
B 光照差
C 低反差

8 感光元件的尺寸越小，什么越小？

A 反差 B 快门速度 C 动态范围

9 多云天气的光线有什么效果？

A 红-黄 B 柔和 C 强烈

10 什么样的天气适合在森林中拍摄照片？

A 多云 B 晴天 C 雨天

11 在什么样的光线下，保持阴影和高光的细节非常困难？

A 高反差 B 低反差 C 低

12 人们首先会注意到照片的哪一部分？

A 最暗的区域
B 最亮的区域
C 边缘

13 低反差场景的直方图是什么样的？

A 没有峰值
B 两个分开的峰值
C 一个峰值

14 点光源与被摄主体的亮度相比会更怎么样？

A 小 B 大 C 强

15 HDR适合拍摄什么样的主体？

A 明亮的主体
B 移动的主体
C 距离远的主体

16 如果地平线上出现不自然的亮光带，表示摄影师在使用ND渐变滤镜时出现了什么问题？

A 未使用 B 太慢 C 位置太高

17 无云天气的光线被描述为什么状态？

A 柔和 B 弱 C 硬

答案：1/B，2/C，3/A，4/A，5/B，6/B，7/A，8/C，9/B，10/A，11/A，12/B，13/C，14/A，15/B，16/C，17/C。

06 景深

第六周

决定照片中哪些部分清晰，哪部分在焦点之外是拍摄好照片的关键。照片的清晰范围被称为“景深”，景深由三个因素决定——光圈大小、相机与主体之间的距离和所使用镜头的焦距。

本周你将学到：

- 光圈大小对景深的影响。
- 检查景深以及影响景深的三个因素。
- 针对特殊景深进行练习。
- 创意景深探索。
- 浏览拍摄的照片，看看使用了哪些技巧，以及为什么？
- 使用软件改变景深，提升照片的效果。
- 回顾本周学习的摄影知识，看看你是否准备好继续学习。

让我们开始吧！

知识测试

什么是景深？

1

2

3

4

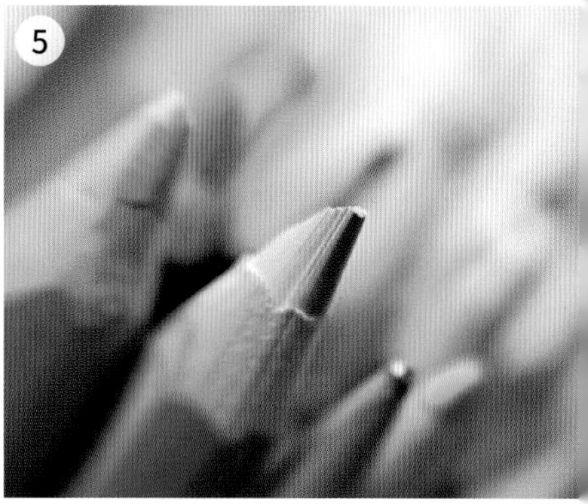
5

景深可以在画面中强调重要的元素，而不突出干扰画面的元素。使用这里的描述，判断哪张照片展现的是浅景深、中等景深或者深景深的效果。要注意，有些景深效果可能不只适用一张照片，尝试选择最匹配的照片吧。

A **深景深：**照片从前景到背景都非常清晰。

B **中等景深：**前景中的物体在焦点上，背景模糊，但仍然能辨认。

C **浅景深：**照片的很小一部分在焦点上，其他部分模糊。

D **深景深：**强化照片中重复的元素。

E **中等景深：**背景细节可以辨识元素内容。

F **浅景深：**主体对焦清晰，背景难以辨识。

G **深景深：**距离相机最远的主体的细节仍然能看到。

H **中等景深：**背景稍微模糊，强调前景的动作。

I **浅景深：**观者被吸引到画面很小的一部分上。

J **深景深：**照片中所有元素都非常清楚，所有元素之间都是均等的关系。

答案

A/1：农场雪景
B/8：桌子上的蛋糕
C/5：一套彩色铅笔
D/9：体育馆的座椅
E/10：海滩排球比赛
F2：吹蒲公英的女孩
G/7：长长的队伍
H/6：拿着试管的试验人员
I/4：叶子的特写
J/3：加拿大班夫国家公园

须知：

- 景深可以用来烘托场景的环境氛围，将分散注意力的背景虚化，还可以分离细节，从而引导观者在画面中的视线。
- 浅景深可以让杂乱的背景简洁，同时也让主体突出。
- 仍然可以辨识的中等景深，背景在焦点之外，这种效果会告诉观者背景仍然是相关联的元素。
- 深景深可以强调图案、引导视线从前景向远景移动，从而努力辨识重复的物体。
- 当照片非常清楚时，例如从前景中的一块草地到远景的雪山，画面中的任何元素都十分重要。

回顾这些要点，看看它们是如何与这里展示的照片相对应的。

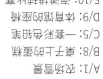

理论知识

景深的形成原因

景深表示照片中能够展示清晰影像的范围。在实际拍摄中，当你选择的元素对焦清晰时，在同一个平面上的任何景物也会非常清晰，而且主体前面和后面的景物也会清晰。景深的清晰范围受三个因素影响——光圈大小、相机镜头与被摄主体之间的距离，以及镜头焦距。除此之外，景深开始清晰和结束的范围由镜头对焦在哪里决定。

光圈

镜头的光圈大小用 F 值表示，数值越小，表示光圈越大。更大的光圈（F 值更小，例如 F2.8）导致景深更浅，而更小的光圈（更大的 F 值，例如 F22）可以得到更深的景深。

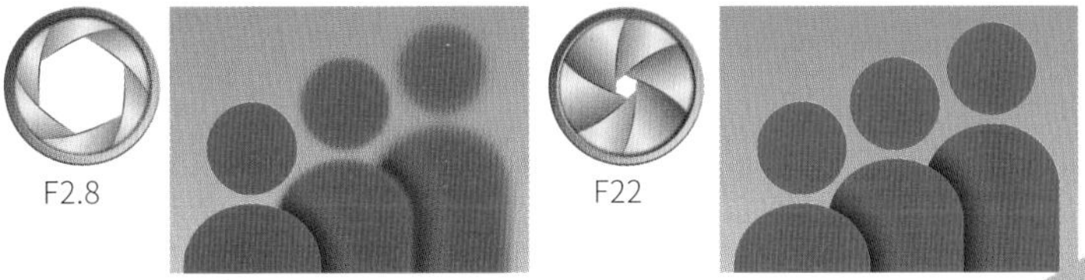

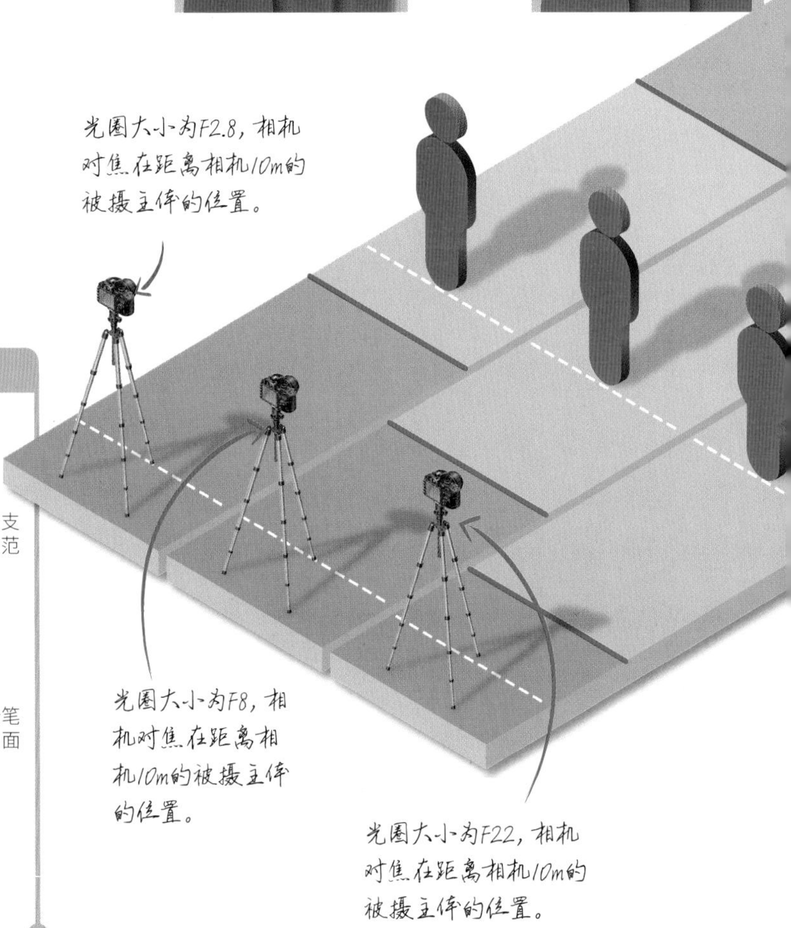

光圈大小为F2.8，相机对焦在距离相机10m的被摄主体的位置。
光圈大小为F8，相机对焦在距离相机10m的被摄主体的位置。
光圈大小为F22，相机对焦在距离相机10m的被摄主体的位置。

主体的距离

镜头距离被摄主体越近，照片中的景深就越浅，反之亦然。

尝试以一臂的距离手持一支铅笔，检查铅笔周围有多大范围的清晰度可以接受。

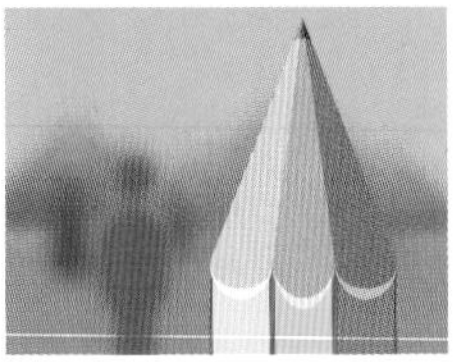

将铅笔移向你的脸，随着铅笔离眼睛越来越近，观察画面越来越模糊的效果。

没有比照片清晰，但是内容杂乱更糟糕的了。

安塞尔·亚当斯

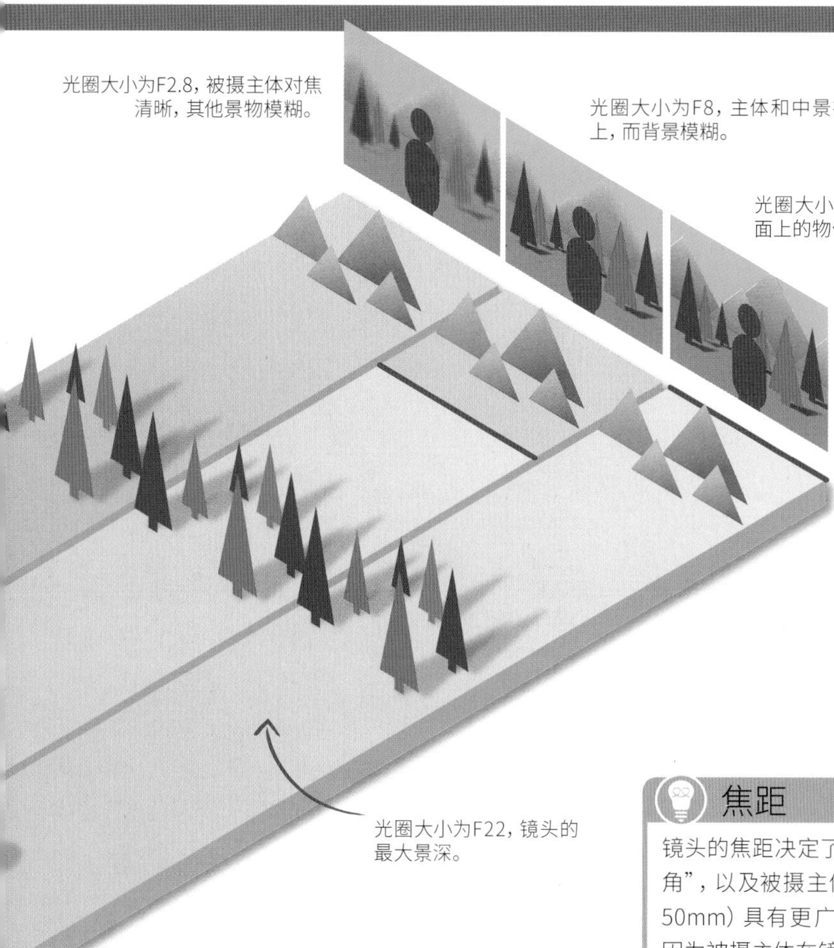

光圈大小为F2.8，被摄主体对焦清晰，其他景物模糊。
光圈大小为F8，主体和中景在焦点上，而背景模糊。
光圈大小为F22，被摄主体、中间地面上的物体和背景都在焦点上。
光圈大小为F22，镜头的最大景深。

观察

要使景深变深，或者增强景深效果，可以使用小光圈，相机距离被摄主体更远，或者使用短焦距镜头。相反，要使景深变浅，选择更大的光圈，在距离主体更近的距离拍摄，或者使用长焦镜头拍摄。

焦点

镜头的焦点也就是对焦的位置会影响景物清晰的范围。景深的范围通常是从对焦点前1/3到焦点后2/3的空间。

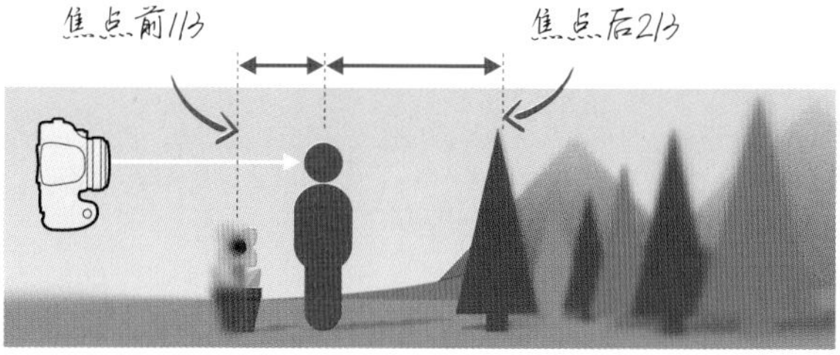

焦距

镜头的焦距决定了镜头能看到的范围，也就是我们常说的“视角”，以及被摄主体在镜头中放大的倍数。焦距更短（不长于50mm）具有更广的视角，因为被摄主体在镜头中占据的面积要比同样焦距的长焦镜头更小。使用长焦镜头，被摄主体看起会被放大，对于虚化也是这个道理。短焦距镜头比长焦镜头具有更深的景深。

使用短焦镜头，被摄主体占据画面更小的面积。

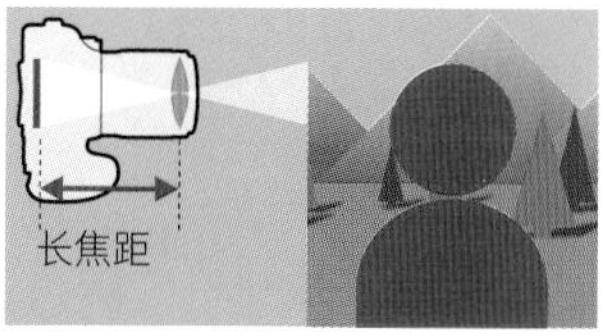

使用长焦镜头，被摄主体看起来被放大了。

技能学习

浅景深的应用

保持照片中很小范围清晰是引导观者的视觉注意力到画面的兴趣中心的好方法。肖像摄影师经常使用这种方法，他们会对焦在被摄者的眼睛上，让杂乱的背景虚化，从而突出人物。

1 安装一支长焦镜头

拍摄肖像的理想焦距范围在50mm~105mm。使用任何镜头都可以获得浅景深的效果，但是长焦镜头能获得最夸张的效果。

2 将相机安装到三脚架上

将相机安装到三脚架上并使用快门线触发快门，从而将相机发生振动的可能性降到最低。

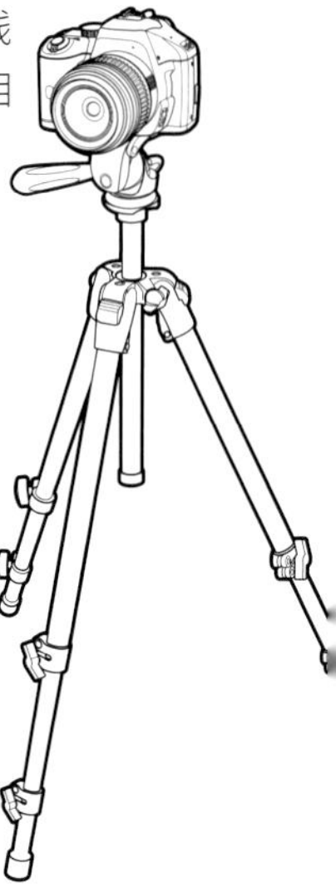

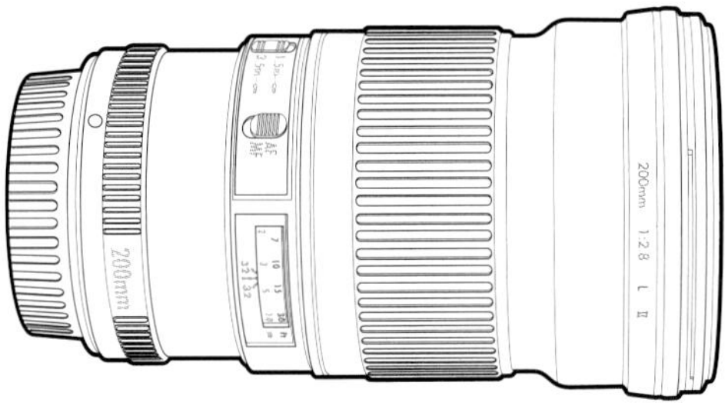

长焦镜头具有更长的焦距和相对窄的视野。

6 使用景深预览按钮

很多数码单反相机都有在对焦时可以检查景深效果的景深预览按钮，你也可以使用景深计算App计算景深。

7 选择对焦点

花些时间判断观者的视线首先从哪里开始移动。记住了这些之后再选择自动对焦点，或者将对焦模式切换为手动对焦模式，最后在选择的区域精确地调整焦点。

8 拍摄并预览效果

拍摄几张照片并放大浏览，然后检查照片可以接受的清晰范围从哪里开始，到哪里结束。如果拍摄的照片并不是你希望的效果，可以改变相机设置重新拍摄。

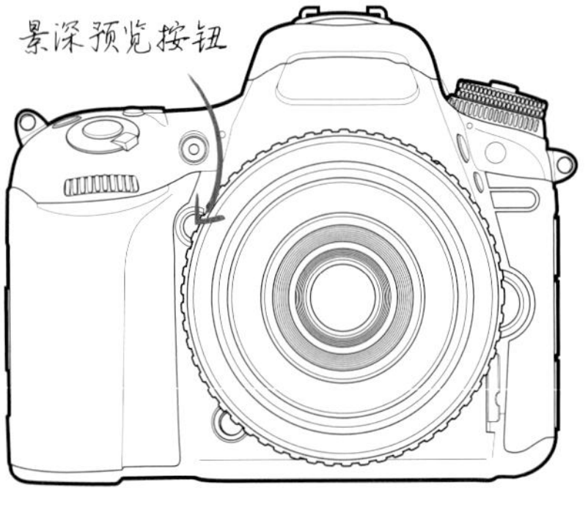

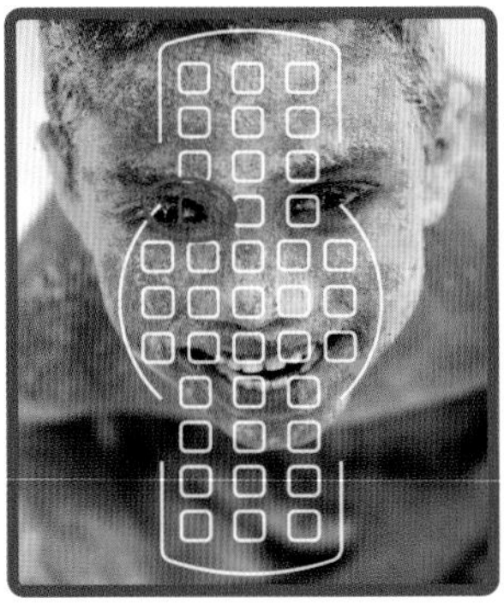

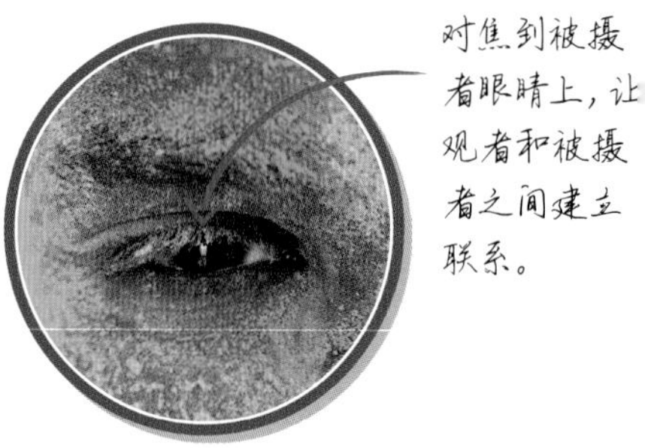

对焦到被摄者眼睛上，让观者和被摄者之间建立联系。

开始：找一位模特并准备好需要的设备，包括一支长焦镜头、三脚架、快门线，你也可以考虑下载一款景深计算 App。

你将会学到：如何让照片中一小块区域清晰，而背景在焦点之外，从而形成模糊效果。

3 调整测光、自动对焦和驱动模式

根据被摄主体选择合适的测光模式，将相机设置为连续对焦模式。

4 使用最低的感光度

选择最低的感光度，例如ISO100，并决定被摄主体的多大范围在景深之内。

5 选择光圈优先模式

将相机调整为光圈优先模式，并选择较大的光圈（例如F4），尽量使用更快的快门速度，这样就可以凝固运动主体完成的任何动作。

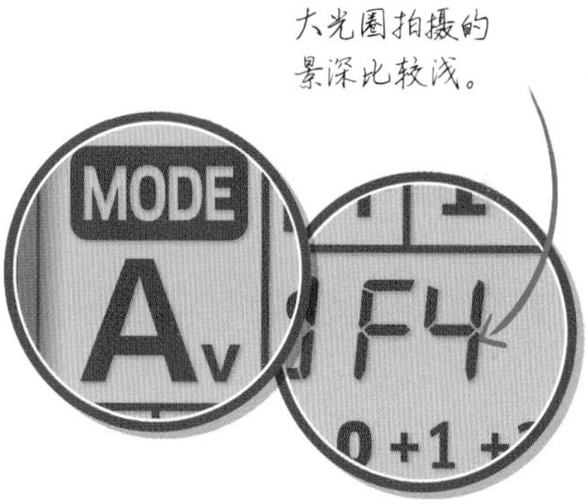

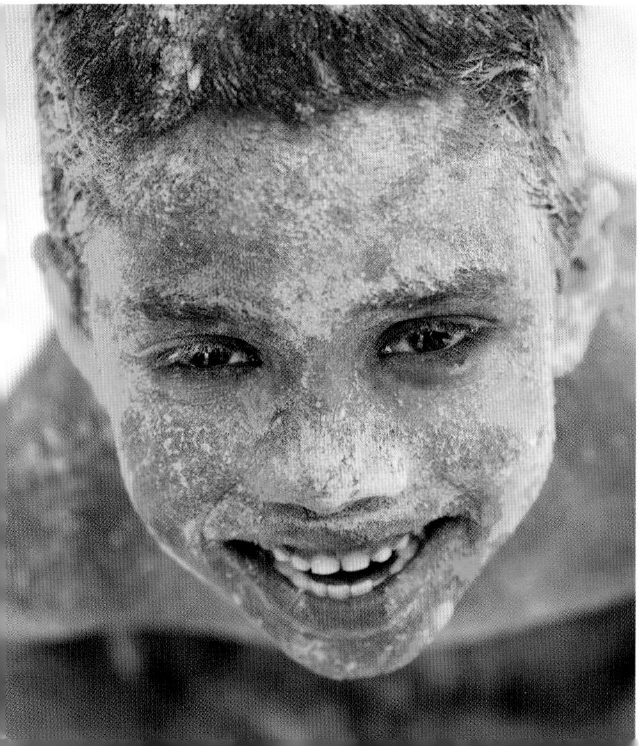

如果应邀拍摄肖像照片，那么就需要摄影师富有技术、悟性和信心。

你学到了什么？

- 要创造浅景深效果，技术与创意同样重要。
- 为了获得最佳的效果，你需要一支焦距为50mm，或者更长焦距的镜头，使用大光圈连续对焦拍摄，从而抓取被摄者面部的任何变化。
- 在光圈优先模式下，可以选择光圈大小，这样就可以最大限度地控制景深。

学习技术
深景深的应用

照片中所有的元素都清晰，观者就知道所有的元素都很重要。风光摄影师使用深景深拍摄，经常会使用例如栅栏和河流，或者在下面这个例子中，一排排的花朵作为引导线引导观者的视线在画面中驻留。

1 使用标准镜头或广角镜头

使用大多数镜头都可以实现深景深效果，但广角镜头的效果更好。广角镜头的焦距都比较短，但视角比较广。

2 将相机安装在三脚架上

当你使用小光圈拍摄时，经常需要使用更慢的快门速度。如果你尝试手持相机长时间曝光，相机振动的风险就增大。要避免振动，将相机安装在三脚架上并使用快门线控制相机即可。

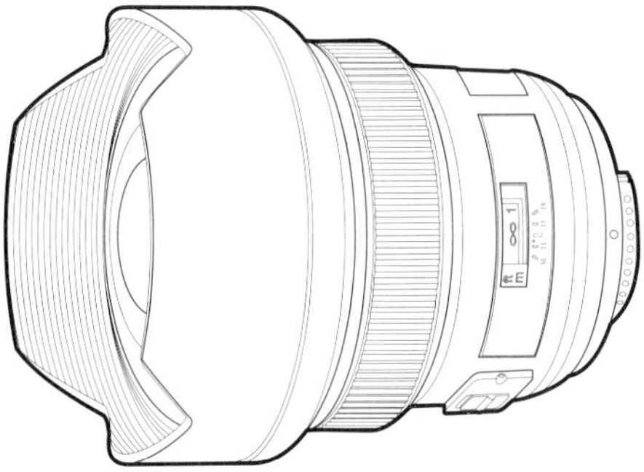

广角镜头可以加深景深。

你也可以使用相机自带的自拍定时器完成拍摄。

6 选择对焦点

选择场景中特定的区域聚焦。作为一个大概的参考，景深范围在焦点前1/3到焦点后2/3之间。

7 寻找超焦距

要获得场景从前到后都清晰的照片，你需要找到超焦距范围。将镜头对焦到无限远，水平取景，按下景深预览按钮，找到场景最近部分（超焦距）并确保清晰，在这个位置再次对焦。

8 拍摄和查看效果

拍摄几张照片并放大浏览，寻找照片中可以接受的清晰范围。如果这种景深并不是你想要的，改变相机设置并重新拍摄。

对焦清晰的范围

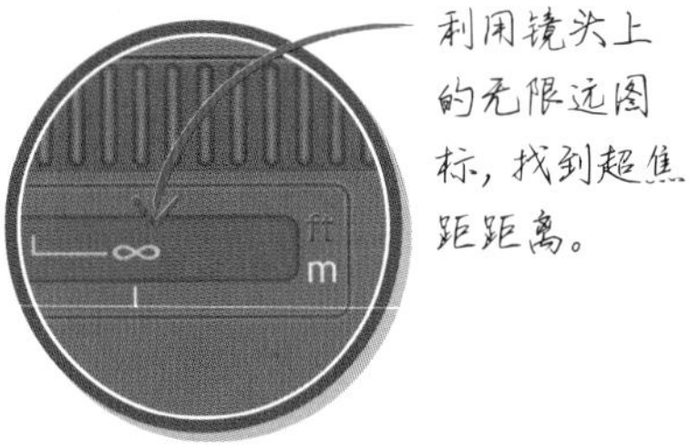

利用镜头上的无限远图标，找到超焦距距离。

开始: 选择理想的风景拍摄地点，场景中应该有一些从前景到远景能够相互关联，可以作为对焦点的元素。在场景中寻找能够引导观者视线的引导线。

你将会学到: 拍摄风光照片时，如何将画幅中的所有元素都拍摄清楚。你可以通过使用小光圈并精确计算超焦距来实现。

3 调整测光模式、自动对焦和驱动模式

和之前讲的一样，使用什么类型的测光模式取决于被摄主体。拍摄一张，还是连续按下快门取决于被摄主体是否在移动，如果被摄主体在移动，就要考虑移动的速度。

4 选择合适的感光度

当你使用小光圈拍摄时，到达感光元件的光线强度会减弱，这样只能使用更慢的快门速度。如果被摄主体在运动中，你需要考虑提高感光度。

5 选择光圈优先模式

将拍摄模式调整为光圈优先模式，并选择一个小光圈拍摄。有些镜头在最小和最大光圈时的拍摄效果并不理想，因此，可以选择最大光圈和最小光圈之外相差几挡的光圈拍摄。

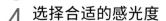

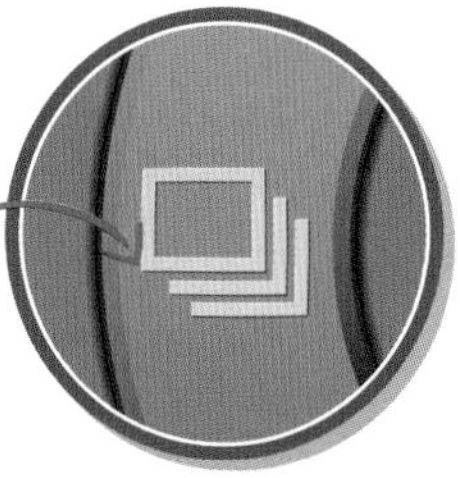

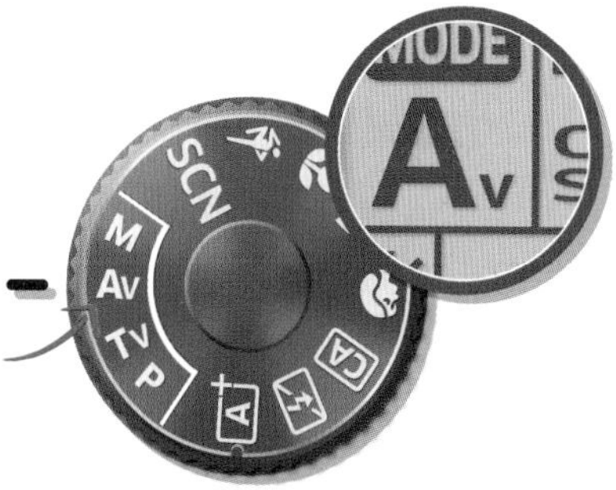

你学到了什么?

- 为了获得深景深，你需要使用标准或者广角镜头，并将相机安装在三脚架上拍摄，从而避免拍摄时相机振动。
- 如果使用小光圈拍摄就需要较慢的快门速度，如果被摄主体在移动，你需要提高感光度，但感光度不要超过ISO800，否则，照片的画质会明显下降。

▸ 练习与实践

探索景深

风景照片并没有规定必须从前景到远景都清晰，也没有规定肖像照片必须采用浅景深，因此，你可以尝试不同的光圈大小并调整相机和被摄主体之间的距离，直到获得满意的效果。

更近距离拍摄

- 简单
- 45分钟
- 相机+三脚架
- 室内或户外
- 小或适中尺寸的物体

如果对焦在距离相机10米远的主体上，景深范围要比镜头对焦在1米远的主体上更广。

- 光圈设置为F11，在距离被摄主体10米远的位置拍摄一张照片。
- 使用相同的焦距和光圈，在距离被摄主体1米的位置拍摄一张照片。留意随着相机和被摄主体之间的距离增加，景深也会加深。
- 找到一个很小的物体，近距离拍摄。在离被摄主体非常近的位置拍摄，景深会非常浅。

分离主体

- 简单
- 45分钟
- 相机+三脚架
- 室内或户外
- 鲜明的被摄主体和背景

使用大光圈（如F4）和小光圈（如F16），在不改变拍摄距离的情况下各拍摄一张照片。

- 留意随着光圈变大，前景和背景在焦点之外的变化，被摄主体和背景分离得越来越明显。
- 观察光圈的变化对景深的影响，并利用这样的特点拍摄一张照片。
- 拍摄一排物体，例如书架上摆放的书，尝试通过改变光圈让照片中一个、两个或者三个物体都对焦清晰。

大光圈将被摄主体从模糊的背景中分离出来。

专业提示：光线透过镜头上很小的光圈时会稍微弯曲，最终拍摄出来的照片不是那么清晰，这种现象被称为“衍射”。需要获得深景深时，要解决这个问题，可以使用比镜头最小光圈大两挡的光圈拍摄。

改变焦点

简单　　室内或户外
45分钟　　有好多个焦点的复杂场景
相机+三脚架

我们可以看到，观者的视线首先被吸引到最清晰的部分，因此，需要仔细确定对焦点。

- 决定优先对焦哪块区域？
- 选择自动对焦点能够覆盖的范围。如果不能，将被摄主体安排在画幅中央，半按快门按钮从而锁定焦点，然后重新构图拍摄照片。同样，你也可以将对焦模式切换为手动模式，旋转对焦环直到你需要对焦的区域清晰。
- 在拍摄之前，使用景深预览按钮检查场景中有多大范围在焦点上。

焦点落在第二尊佛像上。

焦外高光

适中　　室内或户外
1小时　　具有高光的明亮背景
相机+长焦镜头

被摄主体背后有焦外高光的照片能增加令人愉悦的艺术效果。圣诞灯光，或者太阳反射到水面的光线都具有这种效果。

- 使用长焦镜头，镜头的焦距越长，背景高光越容易脱焦。
- 将拍摄模式设置为光圈优先，选择镜头的最大光圈，仔细针对被摄主体对焦。
- 如果主体太暗，通过增加曝光补偿调整曝光。

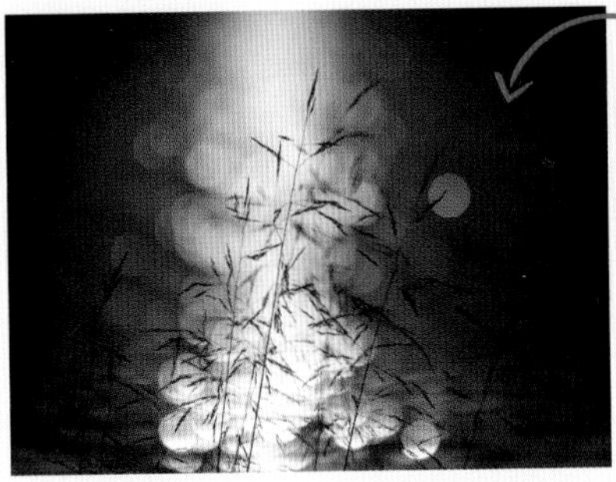

如果曝光后被摄主体被拍摄为剪影效果，那么就选择容易辨识的主体。

你学到了什么？

- 大光圈等于浅景深。
- 小光圈等于深景深。
- 被摄主体距离镜头越近，景深越浅。
- 长焦镜头更容易拍摄脱焦后的高光效果，这种方法可以获得迷人的背景效果。

检查学习成果

评估拍摄的照片

在尝试了调整光圈、镜头和焦点等拍摄技术后，选择最喜欢的照片并检查下面的清单。浏览拍摄的照片是学习中很重要的过程，因此要花费一些时间分析你运用了哪些技术，而哪些技术没用到。

光圈选择得合适吗？

你有没有通过选择合适的光圈，将观者的注意力吸引到被摄主体上？这张照片中的地球仪吸引了观者的视线，没有被背景中女孩的绿色衣服所干扰。

模糊的效果是故意的吗？

当为了艺术效果增加照片的模糊效果时，需要让照片看起来是故意制作出这样的效果的。这片橡树园中的树只有一小部分是清晰的，模糊效果突出了照片的景深。

如何引导观者的视线？

观者是不是完全按照你希望的顺序浏览画面中的元素？这张美国雷尼尔山脚下的野花照片非常清晰，这些花首先吸引了观者的注意，然后观者的视线移至后面的山上。

照片的大部分区域在焦点上吗？

背景也是照片故事的一部分吗？这张照片聚焦在食物上，但摄影师也想让观者知道厨师正在准备大餐，因此，背景中的厨师可以辨识。

摄影师在掌握了技术后，如果要拍摄好照片就要纯粹靠运气。

桑德拉·C.戴维斯

焦点合适吗？

当希望照片从前景到远景都清楚时，你需要仔细选择焦点。为了让景深最深，照片最好对焦在画面的 1/3 处。

检查照片的边缘了吗？

在你按下快门之前，检查画幅的边缘，看看有没有你不想拍进画面的元素。在低位裁剪，这张照片会将观者的视线引至照片顶部的花朵上。

快门速度合适吗？

当使用小光圈拍摄时，你经常需要使用比较慢的快门速度，但是如果被摄主体在移动，例如这张照片中的自行车，你可能要拍摄多张照片才能获得合适的曝光组合。

背景干扰视线吗？

即使照片中有些颜色在焦点之外。留意照片中比较鲜艳的颜色，仍然非常关键。这张照片中绿色的树木如果对焦清晰就会严重干扰画面。

优化照片

调整景深

拍摄时偶尔也会遇到选择的光圈不够大，不能让背景完全模糊的情况，此时你可以在后期调整景深。我使用F22光圈拍摄了这张苏格兰巴拉岛的小船的照片，导致背景仍然非常清晰，深景深将观者的注意力吸引到了后面。

这张照片的房子和小船都很清晰。

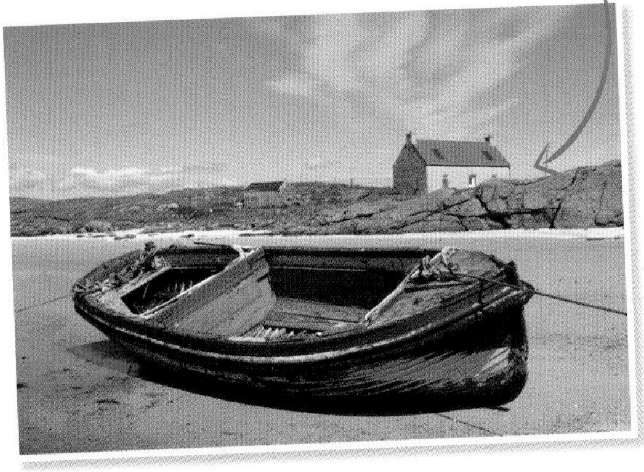

1 保护你的文件

为了保护你的原始文件，首先在Photoshop中复制“背景”图层。选择“套索工具”，在需要清晰的范围绘制选区，但并不需要非常精确。

使用“套索工具”绘制选区。

4 改变景深

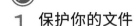

执行“滤镜”→“模糊”→“镜头模糊”命令，在弹出的“镜头模糊”对话框中有一个影像预览窗口，以及右侧的一系列滑块。在“深度映射”的“源”下拉列表中，选取“Alpha1”选项，选中“反相”复选框。

5 最后的润色

在“镜头模糊”对话框中拖曳“半径”滑块，直到获得满意的效果。一切完成后，单击“确定”按钮。

模糊前的背景

模糊后的背景

专业提示：使用快捷键选择常用的工具和设置，可以节省大量的操作时间。例如，在 Photoshop 中，可以按 L 键选择“套索工具”，或者按 Q 键进入快速蒙版模式。

专业提示：可以使用“画笔工具”添加或删除快速蒙版区域。用“画笔工具”绘制白色，以增加快速蒙版的区域，或者用黑色涂抹，以减少快速蒙版的区域。

2 快速蒙版

单击“快速蒙版”按钮，此时你希望模糊的区域就会以红色显示。

需要模糊的区域将会显示为红色。

3 柔和边缘

执行“滤镜”→“模糊”→“高斯模糊”命令，此时会弹出“高斯模糊”对话框。在该对话框中会显示从边缘清晰到脱焦效果的变化范围。向左或者向右拖动滑块，直到获得理想的效果，然后单击“确定”按钮。最后在工具箱中单击“标准模式”按钮，退出快速蒙版编辑模式。

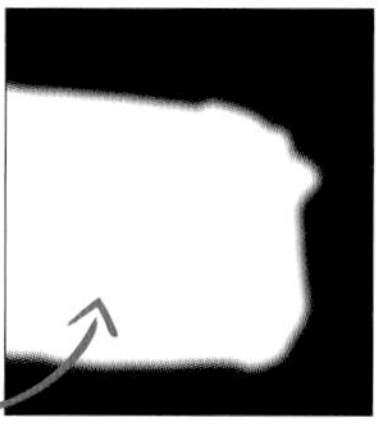

调整边缘过渡的柔和程度。

观者的视线不会被照片的背景所干扰。

焦点合成

要模仿深景深效果，一定要记住，没有软件能将脱焦的照片调整清晰，因为这样的照片没有软件可处理的信息，但是你却可以通过用不同焦点拍摄的多张照片来合成实现，你甚至可以合成一张比使用小光圈拍摄的照片有更深景深的照片。

瓢虫清晰

前景清晰

因为拍摄了多张照片并采用景深合成技术，这张瓢虫的照片具有最高的清晰度。

学习测试

你学到了什么?

你现在应该开始注意到拍摄的照片从哪里开始清晰，从哪里开始模糊，并且学会了如何控制清晰范围，这些就是摄影师需要掌握的技术。通过回答下面这些问题，看看你掌握了哪些?

1 如果你希望照片从前到后都清晰，你需要什么样的光圈?

A 大光圈
B 小光圈
C 中等光圈

2 景深会受哪三种因素的影响?

A 光圈、被摄主体到相机的距离、焦距
B 快门速度、感光度和被摄主体的大小
C 被摄主体的运动速度、快门速度和镜头

3 为什么你需要使用最低的感光度?

A 为了使用最快的快门速度
B 为了使用最小的光圈
C 确保照片的细节和色彩

4 什么样的光圈会让背景完全脱焦?

A 大光圈 B 小光圈 C 中等光圈

5 观看照片时，视线会先注意哪里?

A 照片中最大的物体
B 照片的中央
C 照片最清晰的部分

6 什么类型的景深，在照片中可以用来强调图案?

A 深 B 中等 C 浅

7 什么类型的景深，可以用来分离并突出细节?

A 深 B 中等 C 浅

8 如果照片前景中的被摄主体对焦清晰，但是背景却很模糊，最可能使用了哪种景深?

A 深 B 中等 C 浅

9 当拍摄浅景深照片时，什么类型的镜头能拍摄出最夸张的效果?

A 标准 B 长焦 C 广角

10 当拍摄深景深照片时，什么类型的镜头可以获得最夸张的效果?

A 标准
B 长焦
C 广角

11 哪种拍摄模式可以让你通过选择光圈控制景深?

A 快门优先
B 光圈优先
C 运动模式

12 为了让照片获得从前到后都清晰的影像，你需要怎么做?

A 强烈的光线
B 精确的时间
C 超焦距

13 当你拍摄深景深的照片时，如果被摄主体在移动，你需要考虑采用哪些方法拍摄?

A 增加光源
B 将相机安装在三脚架上
C 提高感光度

14 当被摄主体越来越接近镜头时，会发生什么情况?

A 更浅的景深
B 更深的景深
C 景深不变

15 为了模糊干扰被摄主体的背景，需要哪种类型的景深?

A 深景深
B 中等景深
C 浅景深

答案：1/B，2/A，3/C，4/A，5/C，6/A，7/C，8/C，9/B，10/C，11/B，12/C，13/B，14/A，15/C。

07 镜头

第七周

不同镜头拍摄的照片会有完全不同的透视效果，如果使用得当，就能得到希望的效果。在你开始学习之前，需要先考虑最终要呈现的照片效果，这将帮助你决定要使用什么样的镜头。

本周你将学到：

- ▶ 使用的镜头会如何影响拍摄照片的风格。
- ▶ 什么是镜头的焦距，以及定焦镜头和变焦镜头之间的区别。
- ▶ 镜头如何影响照片的透视效果。
- ▶ 利用镜头的特点创作不同类型的照片。
- ▶ 浏览拍摄的照片，并学习如何充分利用镜头的特点。
- ▶ 校正镜头透视，例如后期去除照片暗角。
- ▶ 掌握不同镜头的特点，测试不同的镜头，以及如何在不同的场景发挥镜头的最大优势。
- ▶ 回顾本周学习的摄影知识，看看你是否准备好继续学习。

让我们开始吧！

知识测试

该使用哪支镜头？

1

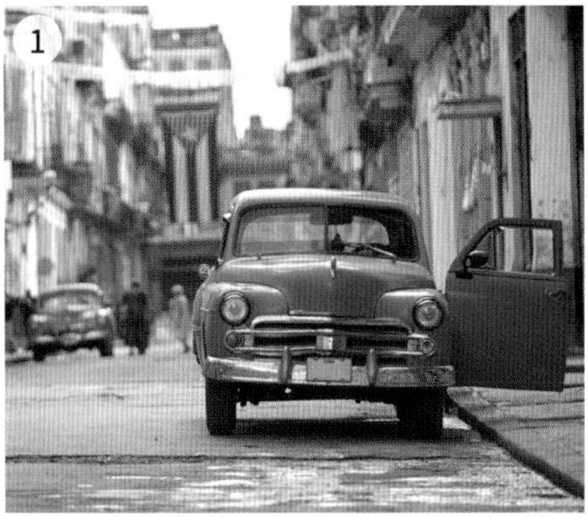

2

3

4

5

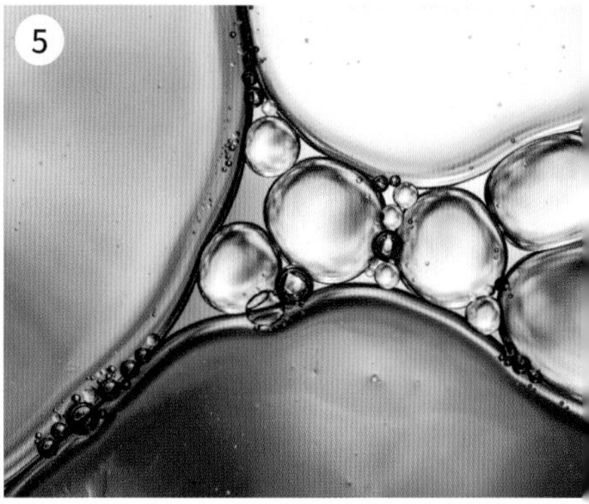

拍摄时可以使用广角、标准、长焦镜头，或者像鱼眼和移轴这样的特殊镜头，从而改变照片的透视效果。查看本对页的照片，看看能否分辨出这些照片都使用了哪些镜头？

A **标准镜头：**标准镜头的视角与人观察事物的视角最接近。

B **广角镜头：**广角镜头不会发生强烈的透视变形，但可以让你在更近的距离拍摄。

C **超广角镜头：**超广角镜头能够将更广阔的场景拍摄进画面，但是会造成画面变形和汇聚的垂直线。

D **鱼眼镜头：**鱼眼镜头会在画幅边缘产生很大的变形。

E **短长焦镜头：**短长焦镜头非常适合拍摄肖像。

F **长焦镜头：**长焦镜头非常适合拍摄快速运动的场景。

G **超长焦镜头：**超长焦镜头在画幅中能将远处的景物拉近。

H **微距：**微距镜头能将景物拍摄得比实际更大。

I **移轴镜头：**移轴镜头能拍摄出特殊效果，让真实场景看起来像模型的场景。

07 周

答案

A/1：哈瓦那街头的老车
B/8：英国诺森伯兰的风景
C/4：法国圣让卡普费拉玛丽娜湖上的小船
D/3：美国曼哈顿的天际线
E/9：年轻女孩的肖像
F/2：踢足球的孩子们
G/6：迎面而来的大象
H/5：水上的油
I/7：意大利佛罗伦萨的建筑群

须知

- 从广角镜头到长焦镜头，每款镜头都具有不同的视角。
- 固定焦距的镜头称为“定焦镜头”；具有一定焦距范围的镜头称为“变焦镜头”。
- 定焦镜头会比同样焦距的变焦镜头对焦更快、质量更轻，而且具有更好的光学品质。
- 与人眼看到的透视效果相比，极端镜头会让拍摄的场景变形。例如，使用鱼眼镜头拍摄的照片中的场景，看起来会向中心“鼓起”，而移轴镜头可以将摩天大楼拍出模型的效果。

回顾这些要点，看看它们是如何与这里展示的照片相对应的。

理论知识

定焦镜头与变焦镜头

我们使用的镜头具有很大的变焦范围，镜头的焦距决定拍摄场景的范围。镜头焦距也会对其他因素产生影响，例如特定的光圈下的特殊景深效果。为了拍摄理想的照片，你需要学会像相机一样观察世界，理解镜头如何工作也是学习摄影的过程中非常关键的部分。

使用定焦镜头还是变焦镜头？

定焦镜头

- 定焦镜头具有固定焦距，例如24mm、50mm、135mm。这表示，对于一般的拍摄，你需要准备几支不同的镜头，而不是一支或者两支镜头。
- 对于同样焦距的变焦镜头来说，定焦镜头通常都比较轻，而且体积小，还拥有更大的光圈，而且在锐度、色差和变形控制等方面做得会更好。
- 使用定焦镜头更容易构图。

变焦镜头

- 一支变焦镜头会涵盖一定范围的焦段。常见的焦段是17—35mm的广角变焦镜头，24—105mm的中等变焦镜头和70—200mm的长焦变焦镜头。
- 具有更长变焦倍率的变焦镜头，例如16—300mm变焦镜头被称为“超变焦镜头”。如果你只需要一支镜头，这款镜头就不错，但缺点是镜头在影像品质上会作出妥协。和相机一起售卖的套装变焦镜头的最大光圈通常都较小。

焦距

镜头的焦距是当镜头对焦到无限远时，以毫米为单位衡量镜头的光学中心到对焦平面的距离。定焦镜头具有固定的焦距；变焦镜头具有可变的焦距。

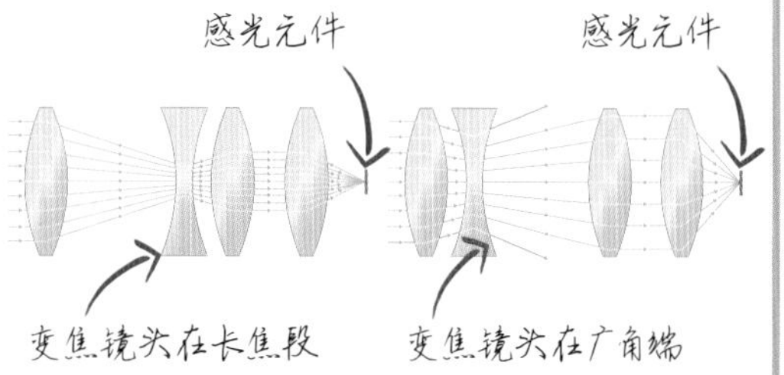

长焦镜头
变焦镜头中的凹透镜会散射光线。当光线穿过镜头时，只有镜头中央的光线会到达感光元件，以形成放大后的影像。

广角镜头
镜头前组的凸透镜能汇聚光线，以缩小影像，从而让涵盖更大范围场景的影像投影到感光元件上。

最短对焦距离

镜头的最短对焦距离是镜头能够拍摄出清晰影像的最短对焦距离。镜头类型不同，这个距离也不同。微距镜头具有较短的对焦距离。

专业提示：如果对某种特殊视角比较熟悉，你就会自然而然地选择定焦镜头拍摄。

专业提示：因为构图可以很容易地通过转动变焦环改变，所以变焦镜头会让你成为一个比较“懒”的摄影师。在拍摄时尝试前后移动，探索场景的可能性，这样才能发现更多有意思的构图。

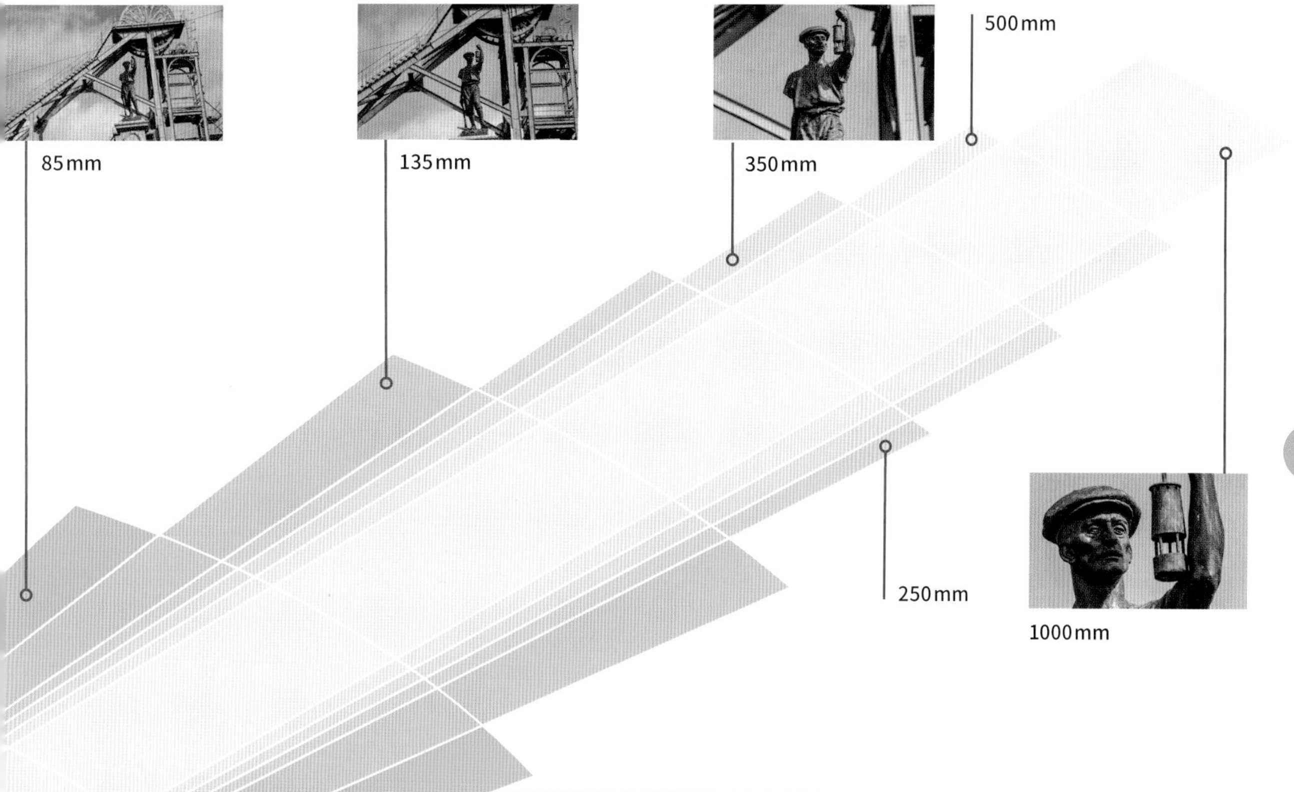

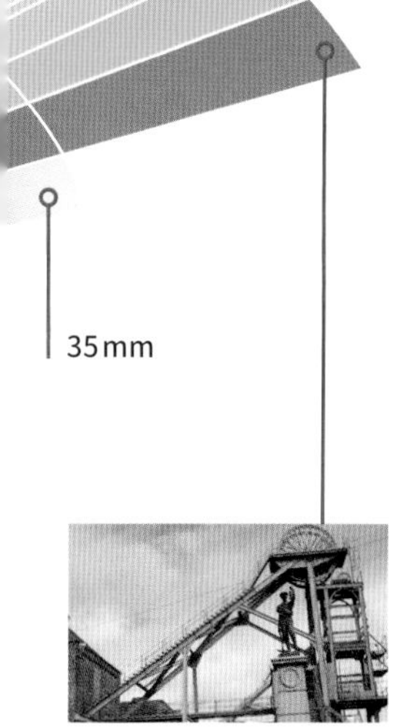

视角

视角用来衡量镜头能够拍摄的场景范围的大小，视角可以在水平方向衡量，也可以在垂直方向衡量，或者按照对角线方向衡量。视角会受到镜头焦距和感光元件面积的影响。

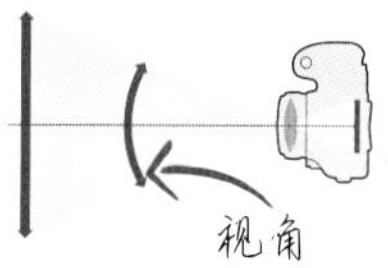

广角镜头
名为“广角镜头”，是因为这类镜头的视角比较大。鱼眼镜头是视角最广的镜头，能达到180°。

标准镜头
标准镜头的焦距和感光元件的对角线长度相同。使用这种镜头拍摄的照片和人眼的视角比较接近。

超长焦镜头
这种镜头具有极窄的视角。镜头的焦距越长，镜头的视角越窄，因此，只能拍摄到很小范围的场景。

理论知识
镜头变形

几乎每款镜头都有一些小缺陷或者问题，这样的问题会降低影像的品质。从实用的角度出发，这些问题都非常小且影响不大，但在某些情况下，尤其是当你制作大幅照片时就会放大这些问题。幸运的是，这些问题都可以借助相机内的设置，或者后期处理解决。知道了镜头潜在的问题，可以让你有所准备，从而弥补或修复这些问题。

透视

透视是一种随着被摄主体与观者之间距离的增加，物体看起来更小的视觉效果。你可以通过改变拍摄位置，或者镜头焦距强调或者弱化这种效果。

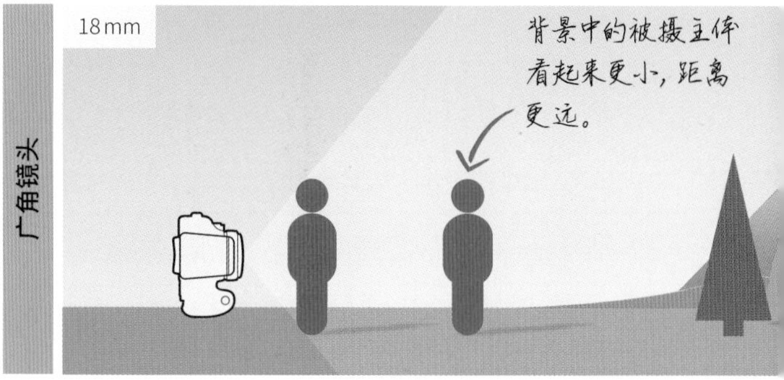

暗角

暗角是照片的边角比中心的画面暗的一种现象。使用最大光圈拍摄时暗角最明显，使用小光圈拍摄时，暗角现象会减弱，甚至消失。

机械暗角是滤镜的边缘或者镜头遮光罩遮挡画面造成的。使用广角镜头时，机械暗角最常见。

我们更喜欢观察照片中更明亮的区域，而不是更暗的区域。特意制造的暗角，可以帮助突出照片中央的主体。

色差

色差是一种出现在照片清晰边缘的可见色彩条纹。色差是由于镜头不能将所有波长的光线精确地聚焦在感光元件上造成的。更多昂贵的镜头会使用特殊的镜片来减少色差。

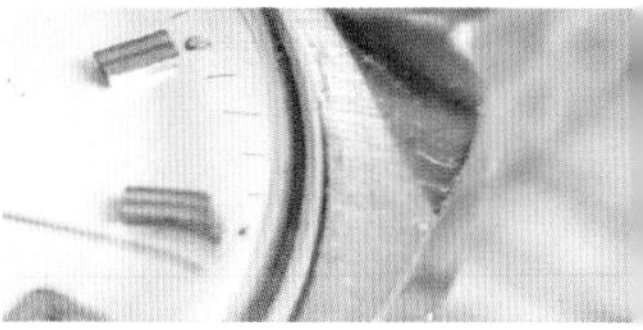

轴向色差是照片中可以看到的高反差细节周围的彩色条纹。这种色差通常是使用镜头最大光圈拍摄造成的，当使用小光圈拍摄时色差就会消失。

广角镜头具有较广的视角，在距相机不同位置，使用广角镜头拍摄物体的变化差异会更大。距离镜头更近的物体看起来更大，远处的物体会更小。

长焦镜头的视角小，会减少相机在不同距离拍摄物体尺寸变化的差异。

横向色差是可以看到的色彩条纹，通常为青色和品红色，往往出现在照片的边角。这种色差通常不会受到镜头光圈的影响，但可以通过调整相机参数或者后期处理解决。

感光元件高光溢出是照片中的高光溢出，例如以天空为背景的树枝，高光溢出问题通常很难在后期处理时修正，因为这个问题是由于感光元件造成的。

畸变

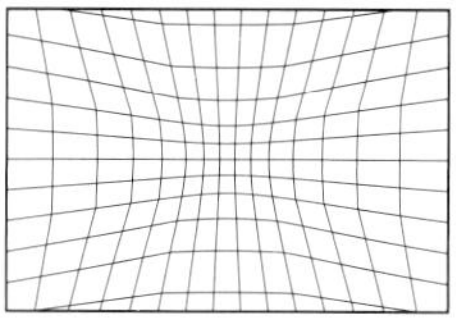

枕形畸变的影像效果是直线向内弯曲。使用长焦镜头时这种畸变现象很常见。

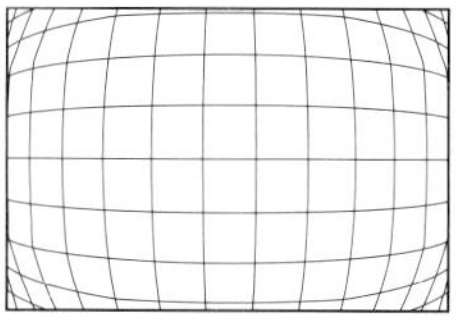

桶形畸变的影像效果是直线向外弯曲。使用广角镜头会造成这种畸变现象。

感光元件的尺寸

镜头呈现的影像是圆形的。感光元件的尺寸决定着最终拍摄的照片占圆形成像区域的多大范围。这就是为什么镜头的视角由焦距和感光元件的尺寸决定的原因。标准感光元件的尺寸（36mm×24mm）就是全画幅。镜头安装在更小感光元件的相机上只会记录更小的视角。市场上还有两种常见的感光元件的尺寸，分别是4/3s（17mm×13mm）和APS-C（24mm×16mm）。

这张照片使用180mm镜头全画幅相机拍摄①。同样的镜头在APS-C画幅相机上使用，视角就会缩小②，对于4/3s相机来说，镜头视角会更小③。

技能学习

改变透视

透视是随着观者和被摄主体之间的距离增加，被摄主体看起来更小的视觉效果。这种效果可以通过改变镜头的焦距来控制——广角镜头会夸张地表现场景中的空间和物体之间的距离；长焦镜头会产生相反的效果，将空间压缩。

1 寻找合适的场景

寻找背景和中景都有物体的场景。你需要确保拍摄时身后有足够的空间可以前后移动。

在森林中拍摄照片，你可以有很多选择，例如选择背景或中景的物体作为被摄主体。

2 安装中等焦段变焦镜头

将相机安装在三脚架上，并使用一支中等焦段变焦镜头。三脚架可以让你在拍摄时更精确、更稳定地控制相机。

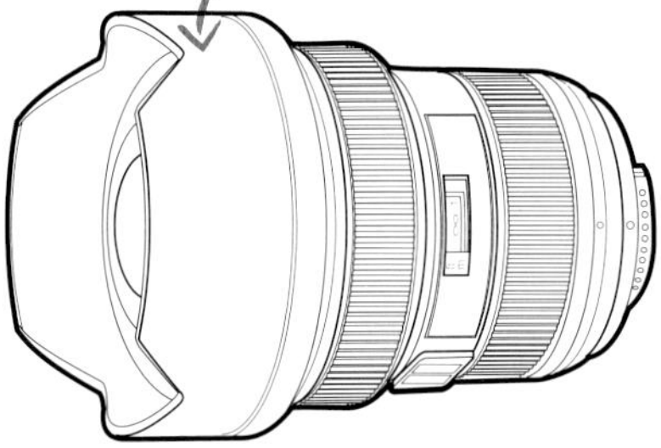

安装一支中长焦变焦镜头。

6 重复这一操作

按照不同的焦距重复前面的操作拍摄照片，每次拍摄时确保模特在画幅中的位置保持一致。

使用中等焦距，很明显背景和模特的距离相对缩短了。

7 在一个固定位置改变焦距拍摄

在不移动位置的情况下，向后调整焦距并拍摄，每个焦距拍摄一张照片。

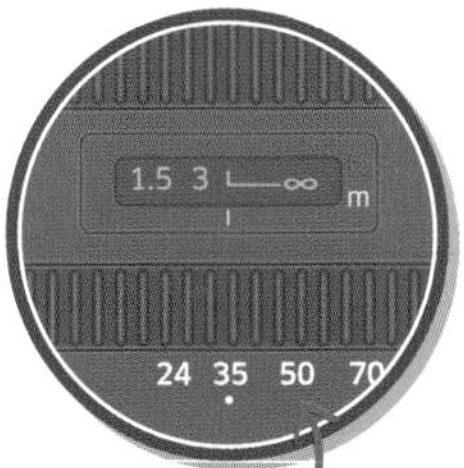

8 查看拍摄效果

按次序浏览拍摄的照片，查看前景、中景和背景都有哪些变化。

广角端视角

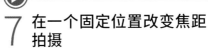

长焦端视角

开始: 你需要一位模特和中等焦段的变焦镜头，例如一支 24—70mm 或 24—105mm 镜头，还有三脚架。

你将会学到: 变焦镜头在不同的焦距拍摄时，可以在前景和背景之间进行变化。

3 构图

将镜头调整到广角端，并确定模特位置，确保可以从模特的腰部取景，且模特头顶要低于画幅上沿，按照这样的构图拍摄一张照片。

4 调整到下一个焦距

接下来重新调整焦距，向后移动拍摄位置直到和第一张照片具有相同的构图。

5 检查构图

在新的位置重新拍摄一张照片，调整构图，确保和第一张照片中的模特在画面中的比例一致。

采用广角拍摄，背景看起来会很远。

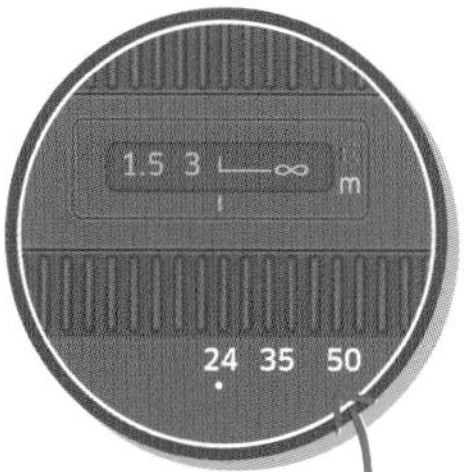

镜头上的焦距标尺可以作为参考。

使用长焦镜头拍摄，前景和背景之间看起距离更近、透视关系更紧密。

掌握的知识

- 使用三脚架能确保构图和画面统一且连续。
- 广角镜头的焦距较短。使用镜头的焦距越短，背景和前景的关系越紧密。
- 长焦镜头因为焦距更长，拍摄的照片看起来会压缩空间，因此场景中元素之间的距离，比实际的距离看起来更近。

练习与实践

测试镜头

这三项练习能够帮助你探索单支镜头的极限以及不同的拍摄效果，你可以使用标准变焦镜头的广角端和长焦端完成这些练习。最好尝试专业广角和长焦镜头，看看能够拍摄出什么样的效果。

长时间曝光结合曝光变焦法，可以拍摄出这种效果。

曝光变焦法

简单　户外

2-4小时　点光源

相机+三脚架+广角或标准变焦镜头

这种拍摄方式在光线弱，但有点光源的环境，例如城市灯光夜景的拍摄效果会非常好。

- 将相机安装在三脚架上，使用广角端构图。
- 将相机的快门速度设置为1/4s，并相应调整光圈大小，可以使用手动曝光，也可以使用快门优先模式曝光。
- 按下快门的瞬间，向长焦端方向快速旋转变焦环。
- 尝试从长焦端向广角端反方向变焦拍摄。

极端拍摄

适中　户外

2-4 小时　风景

相机+三脚架+广角镜头或者长焦镜头

选择距离相机较远处和较近处都有物体的场景。

- 将相机安装在三脚架上，使用广角镜头构图并拍摄照片。
- 更换一支长焦镜头，拍摄同样的场景，选择场景中远处有丰富细节的景物。
- 在计算机上浏览拍摄的两张照片。在广角镜头和长焦镜头拍摄的两张照片上寻找同样的区域，放大照片直到场景范围一样大，看看两张照片之间有哪些区别？

在同样的位置使用不同的镜头拍摄，是掌握两种镜头不同特点的最好方法。

专业提示：如果你调整好了镜头焦距，使用胶带就能固定变焦镜头的变焦环。

专业提示：如果变焦镜头具有防抖功能，将相机安装在三脚架上进行拍摄时，要关闭这项功能。

选择焦距

适中　室内或户外
2–4 小时　尽可能多的物体
相机+定焦镜头（或者将变焦镜头设置为固定的焦距）

这个练习是学习某种镜头特点的最好方法。

- 选择一支焦距在28—50mm范围的镜头，或者将变焦镜头的焦距设置为28mm、35mm或50mm。
- 使用这支镜头外出拍摄照片。通过镜头取景，努力记下镜头的视角，接着在一个新的场景观察，尝试估计镜头的涵盖范围，然后通过取景器对比取景范围和镜头实际取景范围的接近程度。
- 设置一定范围的包围曝光，观察景深有哪些变化。
- 使用不同的镜头完成这个练习，直到你对每支镜头的功能和特点都比较清楚。

你也可以在不同的位置，使用同样的焦距，以同样的物体为主体拍摄一系列照片。

你学到了什么？

- 如果更换镜头，透视效果可能保持不变，但是视角却会发生变化。
- 尤其在拍摄夜景时，采用曝光变焦法拍摄的照片具有动感和冲击力。

检查学习成果
评估拍摄的照片

一旦你完成了前文布置的任务，浏览拍摄的照片，选择你最喜欢的一张。浏览下面的清单，看看哪方面还可以提高。

照片中的垂直线对画面起作用了吗?
当你使用广角镜头俯仰拍摄时，景物会发生变形并产生汇聚线。你认为照片中出现一些垂直的汇聚线有必要吗?

照片的边角变形了吗?
使用广角镜头拍摄建筑物时，要保持建筑物与画面垂直，这样能避免建筑物的影像变形，尤其是建筑物在画面的边缘时要格外注意。

镜头耀斑明显吗?
镜头的耀斑是点光源造成的，因为光线会在镜头内部反射，就会像这张照片中显现的一样，重新形成光圈的形状。你可以通过使用镜头遮光罩，或者一块纸板遮挡阳光，以避免出现耀斑。

你能否避免相机振动?
你需要确保快门速度足够快，这样才能避免拍摄时相机振动对照片的影响。为了让这些鸟的照片非常清晰，你需要使用比镜头焦距倒数更快的快门速度。

内心和思想才是相机真正的镜头。

约瑟夫·卡什

对焦准确吗？

使用长焦镜头拍摄，对焦时你需要非常小心，因为照片的景深非常浅。这张照片你需要对焦到舞者的脚上。

距离主体太近了吗？

如果你使用标准镜头拍摄肖像，不要距离被摄主体太近，否则，拍出来的照片主体会变形，尤其鼻子比较明显。

照片有暗角吗？

这张照片使用大光圈拍摄，暗角就是很大的问题，在镜头前面安装了滤镜等附件也会产生暗角。

优化照片

校正镜头的问题

无论你拍摄照片时有多小心，画面还是会出现变形。幸运的是，软件可以校正镜头造成的变形。

照片边缘出现了暗角。
树边缘的紫边是色差造成的。

1 观察照片

在Photoshop中打开照片，近距离仔细观察镜头造成的任何变形迹象，主要留意透视变形、暗角和色差。这张广角镜头拍摄的森林照片，垂直的松树看起很自然，因此透视问题并不严重。

4 检查色差

近距离观察照片中主体的边缘，尤其是主体和背景之间反差很大的地方，要仔细观察色差的痕迹，色差可能会以彩色条纹的形式出现。

5 使用滑块

放大需要调整的区域到400%，这样可以更容易地观察调整的效果。在“镜头校正”对话框中，有三个参数可以控制相应颜色的色差。

6 最后检查

放大图像并检查整幅照片，如果你对校正的结果满意，单击“确定”按钮完成操作。

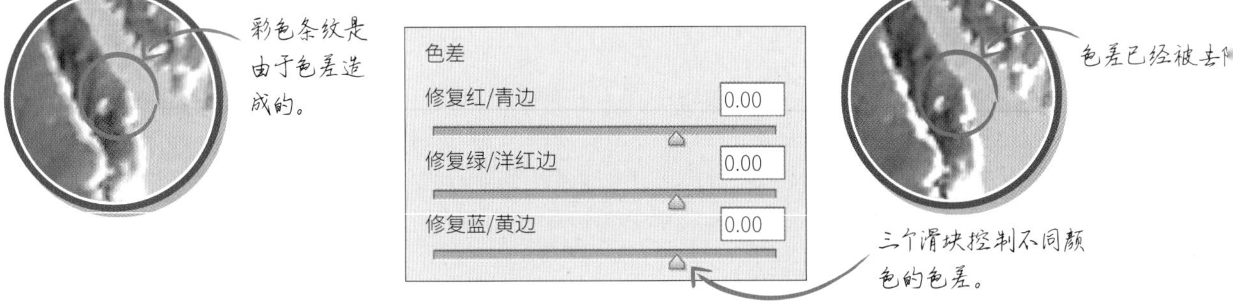

彩色条纹是由于色差造成的。

修复红/青边 0.00
修复绿/洋红边 0.00
修复蓝/黄边 0.00
色差已经被去
三个滑块控制不同颜色的色差。

专业提示：在你开始校正相机的拍摄问题时，要提前想好调整的顺序。通常在调整色差之前完成降噪处理效果更好，而锐化则要在最后一步进行。

专业提示：调亮黑白照片的边缘会制作出老照片的效果，如果是彩色照片，效果尤其好。

2 打开“镜头校正”对话框

执行“滤镜”→“镜头校正”命令，在弹出的“镜头校正”对话框中，选择“自定”选项卡。在“晕影”选项区域中可以调亮或压暗照片的边缘。如果需要将观者的视线吸引到被摄主体上，还可以为照片增加晕影（暗角）效果。

3 调整晕影

拖曳“数量”滑块去除照片中的晕影，或者为了特殊效果增加晕影。因为后期调整会放大照片的细节，这样也会放大噪点，增加晕影会增加照片边缘的噪点。

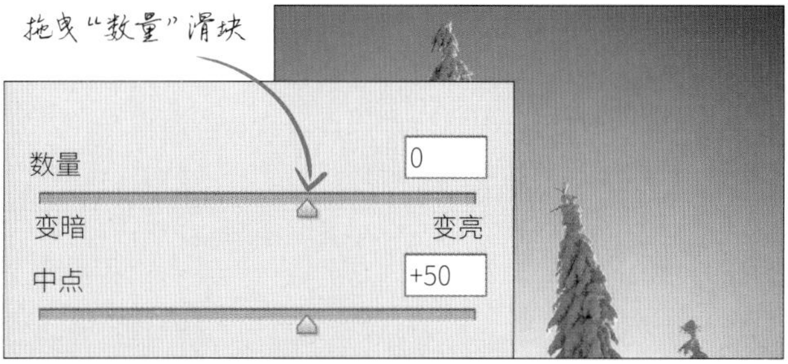

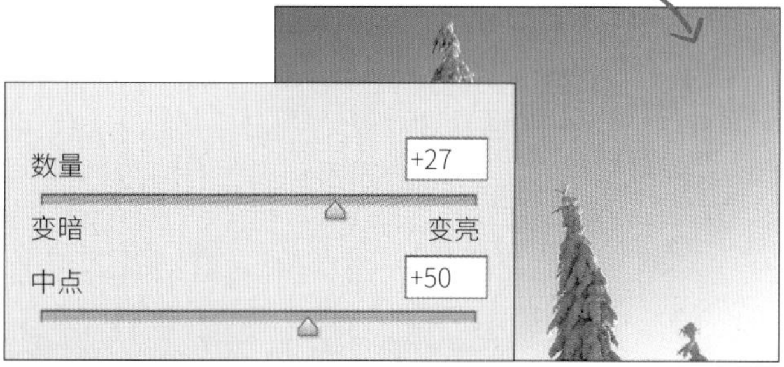

校正过的照片晕影部分被提亮，并且色差也去除了。

镜头配置文件

很多影像编辑软件都有自动校正功能，这些功能往往基于通用的镜头预设参数进行调整。你可以导入这些预设，软件会使用预设参数去除照片的变形和色差问题。

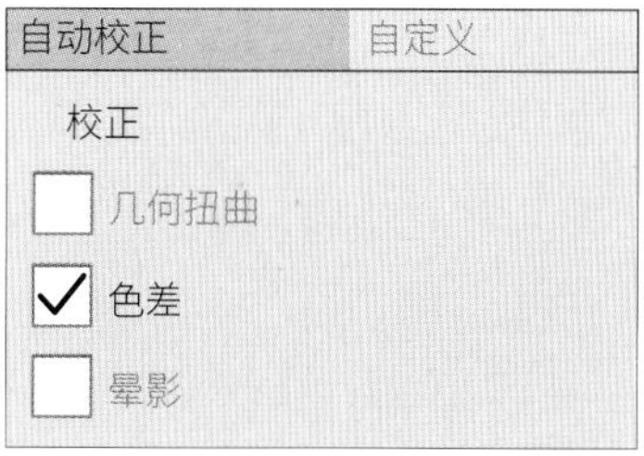

学习测试

掌握的知识

这一单元你学习了镜头对拍摄的照片产生的影响，以及针对拍摄场景，选择合适镜头的重要性。完成下面的小测试，看看你已经掌握了关于镜头的哪些知识？

1 镜头的最近对焦距离是什么？

A 镜头可以对焦的最远距离
B 镜头可以对焦的最近距离
C 照片清楚的地方

2 透视可以让物体呈现什么效果？

A 随着观看距离增加，透视效果更明显
B 距离观看距离增加，透视效果被减弱
C 观看距离增加，透视效果不变

3 微距镜头有什么作用？

A 拍摄远处的物体
B 拍摄运动的物体
C 拍摄极近距离的物体

4 超变焦镜头的焦段是多少？

A 16-300mm
B 24-50mm
C 80-200mm

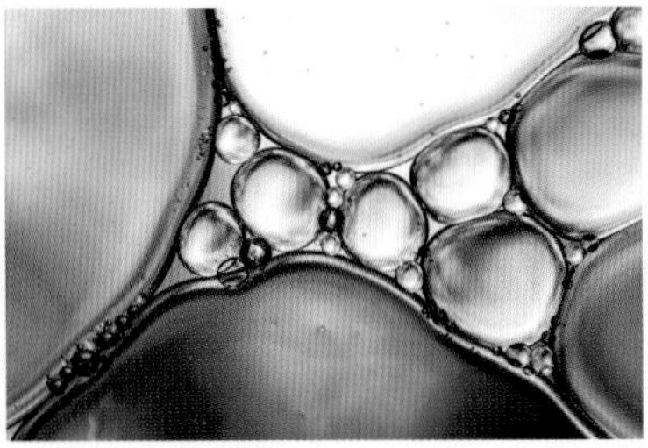

5 什么是桶形畸变？

A 直线条向外弯曲
B 直线条向内弯曲
C 直线条保持不变

6 与广角镜头相比，长焦镜头在特定的光圈下会产生什么效果？

A 更浅的景深
B 更深的景深
C 同样的景深

7 如何避免相机振动？

A 使用比焦距数值更慢的快门速度
B 使用小于1/30s的快门速度
C 快门速度等于镜头焦距的倒数

8 标准镜头的视角有什么效果？

A 比人眼的视角更广
B 比人眼的视角更窄
C 与人眼的视角相似

9 定焦镜头通常会如何？

A 对焦更快、质量更轻、更好的光学品质
B 对焦更慢、质量更重，并且光学品质很差
C 你购买的第一支镜头

10 鱼眼镜头具有什么样的视角？

A 非常窄的视角
B 非常高的视角
C 非常宽广的视角

11 使用什么方法可以修复机械晕影？

A 使用最小光圈拍摄
B 使用最大光圈拍摄
C 使用镜头光圈范围的中间值

12 色差出现时会呈现什么效果？

A 照片中间影调的颜色会改变
B 照片中会出现划痕
C 照片中清晰物体的边缘会出现色边

13 如何拍摄曝光变焦的效果？

A 在曝光的过程中转动变焦环
B 在曝光的过程中转动对焦环
C 在曝光的过程中将相机移向被摄主体

答案：1/B，2/B，3/C，4/A，5/A，6/A，7/C，8/C，9/A，10/C，11/A，12/C，13/A.

08 广角镜头

第八周

广角镜头能拍摄到比长焦镜头范围更广的场景，非常适合拍摄风景和室内建筑题材的照片，富有创意地使用广角镜头还能拍摄出动感十足的照片。

本周你将学到：

- 了解广角镜头的特点，并知道在什么时候该使用广角镜头。
- 广角镜头如何改变透视。
- 逐步学习拍摄风景照的基本技术。
- 完成一些指导性的任务，提升你的摄影水平。
- 常见拍摄问题的解决方法。
- 通过后期处理校正透视问题，并优化照片。
- 回顾本周学习的摄影知识，看看你是否准备好继续学习。

让我们开始吧！

知识测试

浏览用广角镜头拍摄的照片

1

2

3

4

你可以使用广角镜头拍摄出非常吸引人的照片。这里的7张照片展示了用广角镜头拍摄照片的可能性。你能将这些特征与相应的照片匹配吗？

A **空间感：**广角镜头能拍摄出场景宽阔的效果。

B **景深：**在一张照片中，前景和背景中的物体都非常清晰。

C **拓展透视：**靠近相机的物体看起来会更大，远处的物体看起来更小。

D **前景：**广角镜头可以让画面中的线条汇聚到远处，使照片充满活力。

E **变形：**距离被摄主体越近，其看起来变形越明显。

F **垂直仰拍：**相机朝上仰拍，垂直元素看起来向后倾斜，产生非常强烈的视觉冲击力。

G **晕影：**用广角镜头拍摄的照片，其边缘会变暗，从而吸引观者的视线集中在画面的中心。

答案

A/5：烈日暴晒的非洲草原
B/6：英国康沃尔的“婚约”台阶
C/3：尼泊尔的巴克塔普尔杜巴广场
D/2：以色列的马铃薯田
E/7：盯着镜头的马
F/4：英国伦敦的兰特荷大厦
G/1：西班牙巴塞罗那的海滩

5

6

7

须知

- 你并不需要一支专门的广角镜头来试验广角镜头的拍摄效果。
- 如果相机上安装的是套机的变焦镜头，这只变焦镜头的最广端足够拍出广角效果，你可以使用套机的镜头了解广角镜头的特性。
- 如果你购买了一支广角变焦镜头，那么会拓展你拍摄照片的可能性。
- 广角镜头不仅可以用于风景拍摄，在任何地方都可以使用，可以拍摄任何题材的照片。
- 广角镜头是拍摄风景或建筑物的理想镜头，一张照片就能够涵盖高大的建筑物或者局促的室内空间。
- 广角镜头也可以用来拍摄创意效果、独特的肖像和室内建筑，甚至是气氛强烈的照片。

回顾这些要点，看看它们是如何与这里展示的照片相对应的。

理论知识

广角透视

广角镜头可以拍摄到比标准镜头更大范围的场景。镜头的视角越广，拍摄的场景也越广。广角镜头的主要视觉特征是背景中的物体看起来比前景中的物体更小且更远。

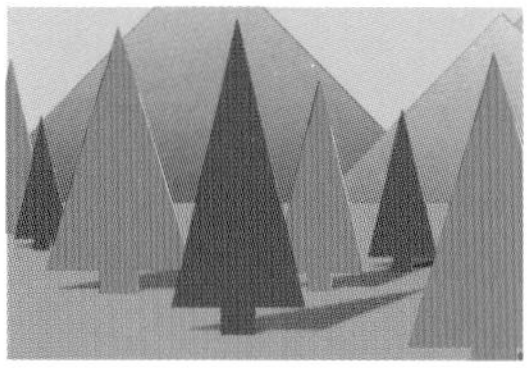

标准镜头

广角镜头

涵盖范围是更大还是更小

因为广角镜头具有更广的视角，在与被摄主体同样的距离拍摄时，广角镜头会比标准镜头拍摄到更多的场景。

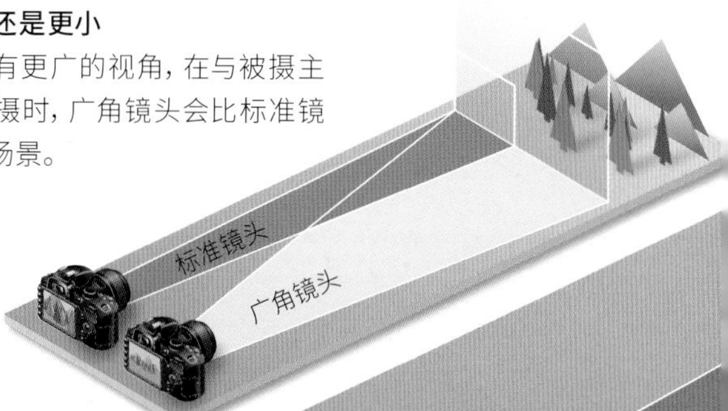

涵盖范围是更近，还是更远

我都知道广角镜头会夸大透视效果，但是这种效果仅在拍摄位置和被摄主体位置关系紧密时才能显现。因为用广角镜头拍摄的景物看起来很小，所以你必须站在离被摄主体非常近的位置拍摄，才能保证被摄主体在画面中的尺寸合适。

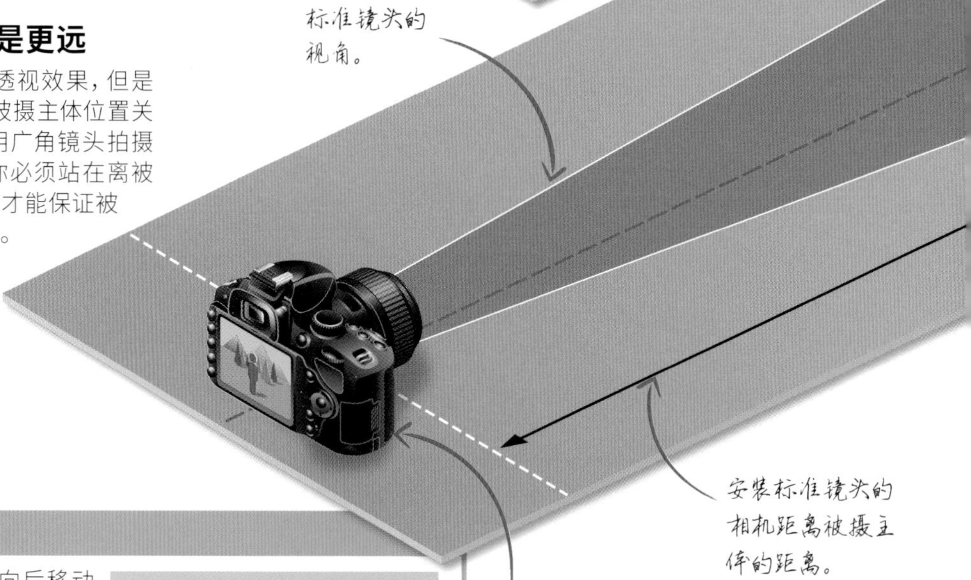

标准镜头

使用标准镜头时，你需要向后移动才能让被摄主体充满相机的取景器。在这样窄的视角下，背景中的物体看起来会相应变大，也更近。

专业提示：如果使用广角镜头的最大光圈拍摄，照片的角落往往会比中央暗。可以使用更小的光圈减少镜头晕影，或者在后期进行校正。

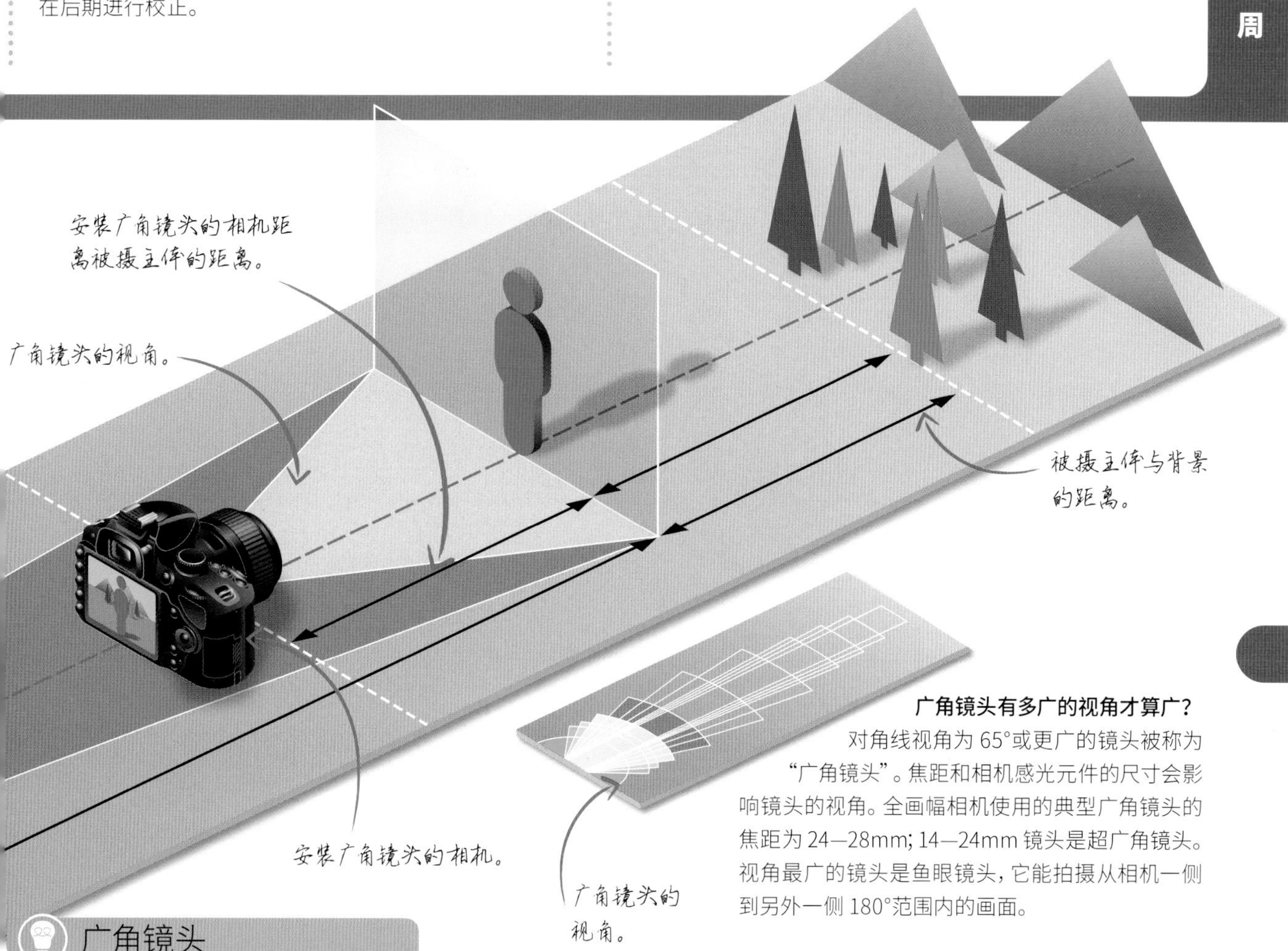

安装广角镜头的相机距离被摄主体的距离。
广角镜头的视角。
被摄主体与背景的距离。
安装广角镜头的相机。
广角镜头的视角。

广角镜头有多广的视角才算广？

对角线视角为 65°或更广的镜头被称为“广角镜头”。焦距和相机感光元件的尺寸会影响镜头的视角。全画幅相机使用的典型广角镜头的焦距为 24—28mm；14—24mm 镜头是超广角镜头。视角最广的镜头是鱼眼镜头，它能拍摄从相机一侧到另外一侧 180°范围内的画面。

广角镜头

使用广角镜头在被摄主体前近距离拍摄，与被摄主体和背景的距离相比，相机与被摄主体的距离非常小。这表示对背景中的物体而言，被摄主体在照片中会看起来更大。

垂直汇聚

如果你使用广角镜头在平行的位置拍摄如建筑物这样垂直的物体，照片中的建筑物的结构线条看起来是垂直的。这是因为相机与建筑物顶部到底部的相对距离是相同的。向上仰拍可以将建筑物全部拍摄进画面，这样的话，照片底部的建筑物就会被放大，而相机和建筑物的底部相对于相机到建筑物顶部的距离缩短了。如果倾斜相机拍摄，建筑物的线条汇聚，看起来好像建筑物向后倒下去了。

技能学习

拍摄风景

广角镜头非常适合拍摄风景，其宽广的视角非常适合烘托空间的氛围。拍摄时尝试将比较震撼的元素作为前景，这样的构图不会显得空洞。

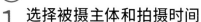

1 选择被摄主体和拍摄时间

光线是拍摄风景照片的关键。当太阳照射角度较低时，光线产生的阴影会增加照片的趣味。此时光线的色温最暖，所以称这段时间为“黄金时间”。要避免中午拍摄，因为那时光线的色温较冷。

风光摄影的黄金时间是日出和日落时，因为此时的光线照射角度比较低。

2 影像品质

将相机的画质设置为“JPEG格式最佳画质”，或者设置为后期有更大调整空间的RAW格式。使用相机可用的最低感光度，或者基础感光度拍摄。

使用低感光度的风险是增加曝光时间，导致因相机振动造成图像模糊的概率加大，但是使用三脚架就能解决这个问题。

6 设置曝光

选择F8~F16的光圈。相机距离被摄主体越近，需要的光圈就越小。如果使用的相机具有景深预览按钮，就按下该按钮查看照片是否清晰。如果相机没有景深预览按钮，那么就选择小光圈。

光圈越小，景深越深。

7 拍摄照片

使用快门线或者定时器触发快门。如果使用快门线，要确保线缆够长，不会因为意外而拉倒相机。

使用远程快门释放器（遥控器），那么释放快门时，就不必触碰相机了。

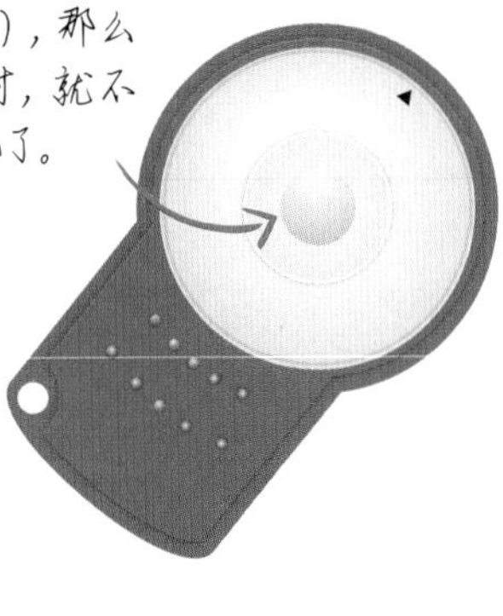

8 检查拍摄的照片

放大照片，检查照片的整个画面是否清晰。还要检查直方图，如果高光溢出，就使用曝光补偿功能减少曝光，然后重新拍摄。

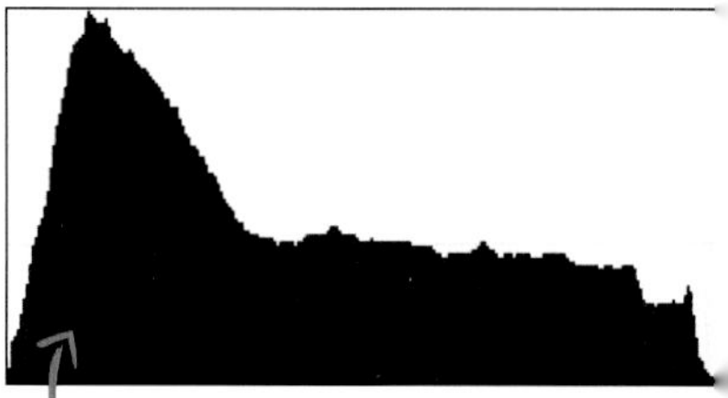

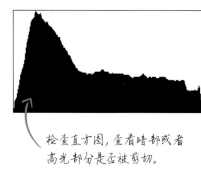

检查直方图，查看暗部或者高光部分是否被剪切。

开始: 寻找前景和背景比较有趣的拍摄场景。可以当太阳角度低到与地平线平行时拍摄，此时绚丽的霞光最吸引人。

你将会学到: 在拍摄风景的最佳时间，使用广角镜头拍摄前景细节的重要性。

3 固定相机

采用较低的角度拍摄，这样可以强调前景。将相机安装在三脚架上，使用水平仪调整相机，使其处于水平状态。

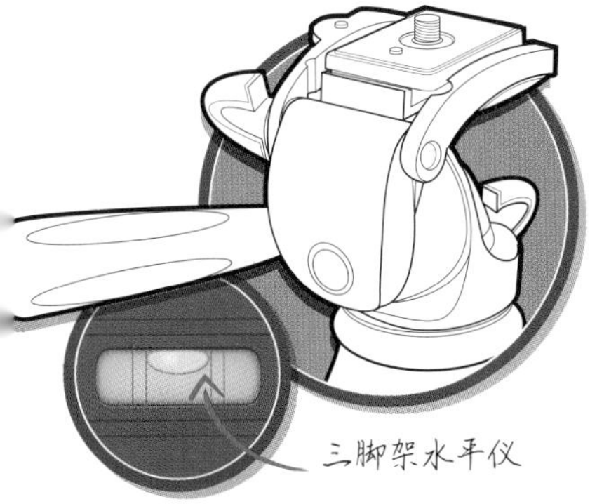

4 将相机设置为光圈优先模式

将相机设置为光圈优先模式，这样可以根据光线自由调整光圈。光圈决定照片从前景到远景的清晰程度，也就是景深。

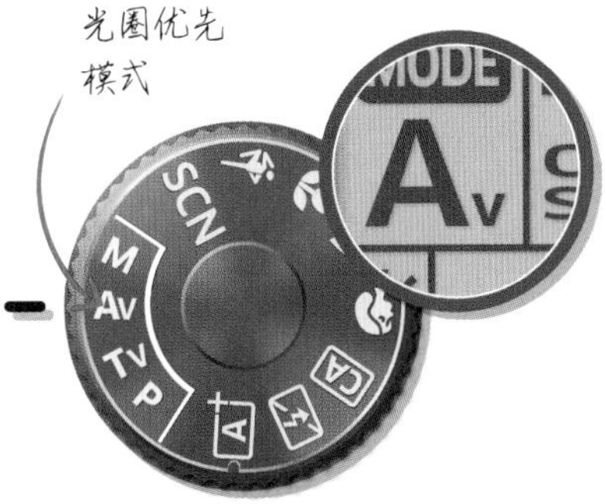

5 对焦主体

景深从对焦点向后的范围比向前的范围更大。风景照片要对焦到前景，所以一定要调整相机的自动对焦点，使其落到前景上。

对焦在前景上，景深会保证前景清晰。

使用小光圈拍摄，能保证画面从前景到远景都清晰。

你学到了什么?

- 拍摄风景照片要花费一定的准备时间，因此在拍摄的最佳时间前就到达拍摄地点。
- 你可能需要花费尽量多的时间在户外拍摄，而不是靠后期处理。
- 使用更小的光圈拍摄，能够增加景深，但是会增加曝光的时间，所以一定要使用三脚架。

练习与实践
使用广角镜头

广角镜头适合拍摄很多类型的主体。广角镜头用途多样，花费一周时间仅使用广角镜头（或者变焦镜头的最广一端）拍摄任何东西。遵循这些规则，或者打破这些规则拍摄，你将会拍摄到很多令人惊叹的照片。

留意两个物体的相对尺寸。

桌面拍摄

简单　室内

15分钟　桌面上两个较大的物体

相机+三脚架

这个简单的拍摄练习，可以展示广角镜头是如何影响透视和景深的。使用光圈优先模式拍摄，可以由你随意控制光圈大小。

- 在相机上安装一支广角镜头（或者将套机镜头转动到最广的一端）。将相机安装在三脚架上，并在拍摄桌前调整好位置，然后选择镜头的最大光圈。
- 将选好的两个简单物体放置在拍摄桌上。
- 将第一个物体放置在距离相机镜头50mm的位置，并对焦在物体上。将第二个物体放置在第一个物体的后面，然后拍摄一张照片。
- 第二个物体向后移动大约50mm，然后拍摄第二张照片。重复这样的操作，直到没有足够的空间摆放物体。
- 浏览拍摄的照片，查看随着两个物体之间的距离越来越远，两个物体之间的关系会发生哪些变化。
- 使用不同光圈完成练习。思考将两个物体都对焦清晰，你需要多大的光圈才能实现。

对焦到前景中的物体上。

专业提示：使用广角镜头需要靠近主体拍摄照片，要比拍摄肖像照片时相对舒适，拍摄距离也更近。在这样的距离拍摄的照片往往并不漂亮，但效果却很震撼。

专业提示：拍摄肖像并希望展示人物所处的环境时，广角镜头就是非常理想的选择。因此，纪实摄影师也经常使用广角镜头。

外出街拍

简单
户外
1小时
城市街道或者市场
相机+28mm镜头（相当于全画幅）

将相机安装在三脚架上，使用相对较慢的快门速度拍摄运动的场景。

广角镜头非常适合拍摄街景，其较广的视角能涵盖更广的场景。

- 选择活动多、有意思的拍摄地点。
- 使用光圈优先模式，并将光圈设置为F8或F11。如果选择的快门速度太慢，拍摄时会造成相机振动，此时就需要提高感光度。
- 走近被摄主体，使其充满画面构图，选择相对较小的光圈，这样能让相机具有足够深的景深，将环境也拍摄清楚。

室内

适中
室内
1小时
室内环境
相机+广角镜头+三脚架

广角镜头非常适合拍摄室内建筑。

- 寻找可以放置三脚架和相机的室内空间。
- 将相机安装在三脚架上，构图并拍摄照片。使用三脚架的水平仪（或者相机的电子水平仪）调整相机的水平。
- 在房间内移动相机，并尝试不同的拍摄角度，例如，以比人眼更高或者更低的角度拍摄，分析不同角度拍摄效果之间的差异。

城市建筑

简单
户外
1小时
城市或者较大的小镇
相机+三脚架

拍摄城市并不容易，因为建筑物通常比较高大，所以拍摄空间往往会比较局限。利用广角镜头很容易拍摄出漂亮的建筑照片。

- 花些时间寻找令你满意的构图，如果可能，可以从更高的位置观察街景。
- 寻找一排建筑物，或者有人造景观的建筑群。
- 尝试改变构图，将相机水平放置并拍摄几张照片，然后相机朝上拍摄建筑物垂直汇聚的状态。

树木可以让空旷的天空包含丰富的元素。

朝天空拍摄可以突出高耸的建筑物。

这张照片使用了鱼眼镜头，这样就产生了极端的变形和吸引力。

深焦

适中
室内或户外
1小时
近处和远处都有有趣元素的场景
相机+三脚架

广角镜头可以拍摄无限景深效果，这种效果被称为“深焦”。

- 将相机安装在三脚架上，并调整好位置，保证被摄主体能够充满画面的一半。
- 移动相机的自动对焦点到被摄主体上，或者使用手动对焦调整焦点。
- 选择光圈优先模式，使用最小光圈拍摄。
- 拍摄一张照片，再将光圈设置为最大光圈并拍摄一张照片，比较两者结果的差异。

相机距离被摄主体越近，越难保证所有元素都清晰，除非使用超广角镜头。

打破规则

简单　　室内或户外
1小时　　有意思的场景
相机

当你了解了广角镜头会改变透视特点后，你就可以利用这个特点拍摄色彩鲜艳且吸引人的超现实构图照片。

- 在镜头最近对焦距离允许的范围内，尽可能靠近被摄主体拍摄，这样被摄主体就会主导整个画面。镜头的视角越广，物体的变形就越严重，这也是使用广角镜头拍摄有趣的一面。
- 尝试以不同的视角拍摄，可以将相机朝上，让垂直线条夸张地汇聚到一起。

对焦在距离相机最近的物体上。

附件：热靴水平仪

相机上的电子水平仪能帮助你拍摄画面水平的照片，但往往还是会出现一些小问题，而且并不是所有的相机都有电子水平仪。解决的方法就是在相机热靴上安装一个物理水平仪。这种水平仪上的几个水平球可以显示相机水平和垂直的状态。

通常来说，只有当相机安装在三脚架上时，才需要使用水平仪。拍摄海景，或者画面中的水平线需要非常完美地保持水平时，又或者希望避免画面中出现汇聚的垂直线条时，才需要使用水平仪。

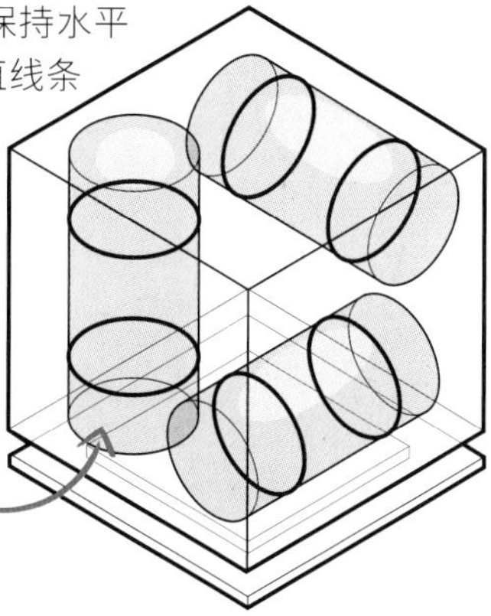

热靴水平仪提示了三个维度的大概倾斜角度。

你学到了什么？

- 使用任何光圈，广角镜头都会比长焦镜头有更深的景深。
- 使用广角镜头拍摄的物体会发生变形，这会增加拍摄者到被摄主体的距离感。
- 使用广角镜头拍摄物体变形的特点，可以增加照片的特殊效果和兴趣点。

检查学习成果

评估拍摄的照片

在使用广角镜头拍摄了一周的照片后，选出你认为拍得最好的照片。仔细地浏览拍摄的每张照片，看看它们在哪方面比较好，哪方面还需要提高。下面的清单能够帮助你解决常见的拍摄问题。

照片边缘的构图杂乱吗？

照片很容易将观者的注意力吸引到画面的中央，避免将画面边缘的树枝、人物或者阴影拍进画面，因为这会将观者视线引导到照片中无用的元素上。这张热闹的街景照片效果很好，因为你的视线被吸引到了画面中央明亮的区域。

你的照片具有明确的主体吗？

广角镜头能够拍摄很大的范围，包括可能不需要的细节，因此要尽量接近被摄主体拍摄。这张照片中的很多细节都排除在了前景中岩石、地平线和天空之外。

你很好地利用线条了吗？

照片中的线条会引导视线，尤其照片中的线条斜着进入画面时，对角线比水平线，甚至垂直线更有动感和力量感。接近地面拍摄，可以让画面中的线条夸张地消失。

“外出拍摄时要有较强的目的性。”

威廉·克莱因

调整相机的位置，让这张照片的水平线位于画面中央。

你的构图好吗？

如果相机的位置太高或者太低，这张照片的视觉感就不平衡了。与被摄主体相关的元素即使很少移动，使用广角镜头也会对拍摄照片的视觉平衡感产生很大的影响，因此在拍摄照片之前，要花时间在取景器中仔细构图。

照片的边缘变形了吗？

广角镜头（特别是消费级产品）的光学性能导致拍摄照片的边缘产生严重的变形。对于这张照片来说，如果被摄者靠近画面的中央，其面部的变形就没有那么明显了。

你的照片曝光准确吗？

使用广角镜头拍摄风景照片，意味着经常需要处理明亮的天空和更暗的前景。如果照片的反差太大，不可能兼顾两者的曝光。这张照片使用了ND 渐变滤镜，从而平衡前景和天空的亮度。

拍摄的照片清晰吗？

使用广角镜头采用相对小的光圈拍摄，仔细地对焦就能将场景中近处和远处的物体都拍摄清楚。景深的拓展范围，从焦点向后要比向前的范围大。这张照片对焦精确，从前景到远景都非常清晰。

修正透视

很多建筑物的体积庞大，只有广角镜头能够将其全部拍摄进画面。当你将广角镜头朝上拍摄时，建筑物看起来会向后汇聚并向后倒。虽然你通常希望建筑物看起来是垂直且自然的，但你可以创意性地利用这个特点进行创作。相机有很多方式可以避免透视变形，而且还可以通过后期处理进行微调。

1 开启构图辅助线

执行“滤镜”→“镜头校正”命令，照片就会在一个新的对话框中打开。单击“自定”选项卡，然后在对话框的底部选中“显示网格”复选框。无论被摄主体是否包含直线元素，网格依然是非常好的构图参考工具。

4 选中“预览”复选框

选中“预览”复选框，可以观察照片调整后的效果。

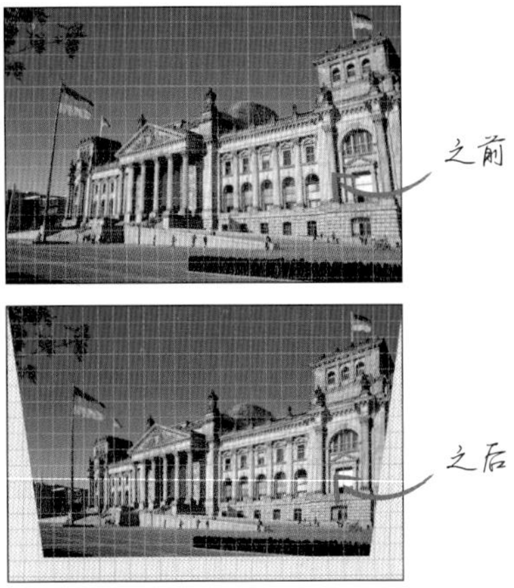

5 保存调整透视后的照片

一旦对调整后的透视效果满意，即可单击“确定”按钮，保存所做的调整。

任何调整都会复制到一个新的图层。

6 裁剪空白区域

使用“裁剪工具”删掉照片边缘空白的部分，这样你就得到了垂直元素看起来垂直的长方形照片。

专业提示：在相机的实时取景模式下，很多相机的屏幕可以显示构图参考线。将画面中的垂直元素与参考线对齐，是确保相机垂直非常好的方法。

专业提示：当需要保持建筑物的主体垂直时，三脚架几乎是必需的装备。尤其当使用即时取景模式手持拍摄时，保证垂直几乎不可能。

2 调整垂直透视

拖曳“垂直透视”滑块，确保建筑物侧面与参考线平行。

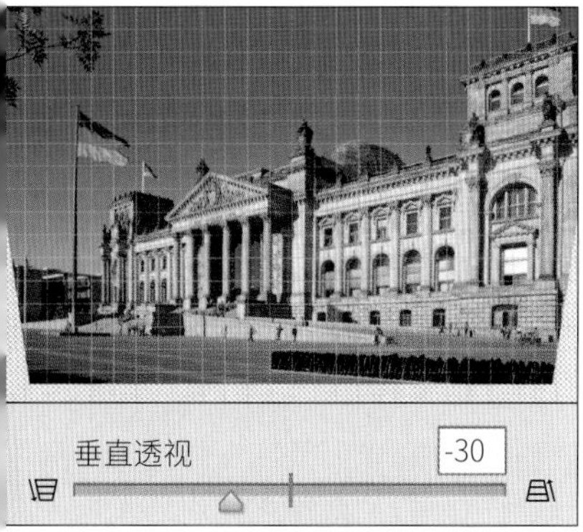

3 调整比例

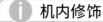

当改变了“垂直透视”，或多或少会损失一些画面。拖曳“比例”滑块可以恢复损失的画面。

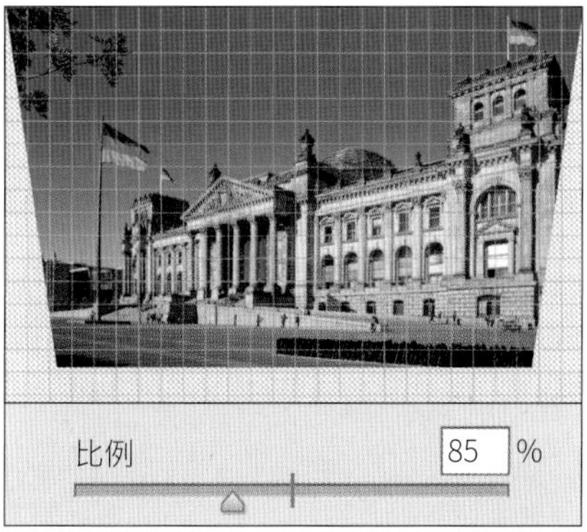

比例
85
%

照片中垂直元素的线条被修正了。
但损失了照片边缘的细节。

机内修饰

退后拍摄

后期校正透视会不可避免地降低照片的分辨率。更好的选择是在拍摄时将透视变形减到最小。从被摄主体的位置向后移动，从更远的位置拍摄，这样就可以将更多的元素拍摄进画面，而不需要相机朝上拍摄。

移轴镜头

如果空间有限不能向后移动，使用移轴镜头可以让镜头与相机感光元件平面平行向上或者向下移动。当建筑物与感光元件平面平行时，画面中的垂直元素看起来是直的。虽然移轴镜头都比较昂贵，但可以拍到标准镜头无法拍到的画面效果。

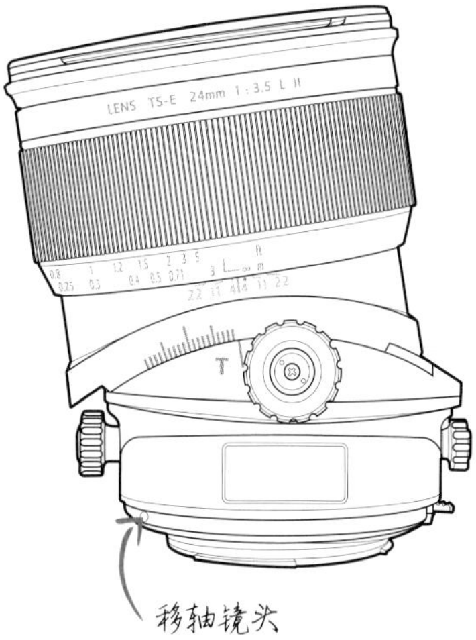

学习测试

你学到了什么？

你已经了解到广角镜头可以让你看到并拍摄到与人眼观看的完全不同的世界，在广角镜头的“眼”中，物体看起来要比真实世界更小且更远。接下来回答以下问题，看看你掌握了哪些知识。

1 在照片的哪些部分会看到暗角？

A 照片的边缘
B 照片的中央
C 整幅照片

2 什么样的镜头能够拍摄180°的视角范围？

A 长焦镜头
B 移轴镜头
C 鱼眼镜头

3 什么类型的变形会造成直线朝向照片边缘弯曲？

A 桶形
B 枕形
C 透视

4 哪种附件可以帮助相机垂直摆放？

A 快门线
B 热靴水平仪
C 偏振镜

5 什么视觉效果会导致建筑物向后，或者向前“倒”？

A 糟糕的水平方向
B 垂直汇聚
C 明显的斜线

6 广角镜头和哪种类型的摄影相关？

A 自然摄影
B 风光摄影
C 运动摄影

7 “黄金时刻”的阳光的颜色是哪种类型的？

A 最冷的
B 最暖的
C 最中性的

8 什么按钮能检查照片的清晰范围？

A 景深预览
B 快门线
C 感光度

9 照片中什么类型的线条最具动感？

A 水平线
B 垂直线
C 斜线

10 当使用广角镜头时，远处的物体比人眼看起来有什么变化？

A 更小
B 倾斜
C 更大

11 透视主要受什么影响？

A 被摄主体到背景的距离
B 相机到被摄主体的距离
C 使用的镜头

12 相比黄金时刻的光线，中午的光线属于什么光？

A 暖光
B 软光
C 冷光

13 当拍摄风景照片时，需要将什么调整到最大？

A 从前到远的清晰度
B 光圈大小
C 快门速度

14 小光圈导致需要更慢的快门速度，会造成什么风险？

A 曝光不足
B 不准确的白平衡
C 相机振动

15 在确保拍摄建筑物的主体垂直时，即时取景的什么功能非常有用？

A 曝光模拟
B 参考线
C 影像放大

16 广角镜头使用哪些类型的滤镜时，需要非常小心？

A ND渐变滤镜
B UV滤镜
C 偏振镜

17 让景深无限远的一种拍摄技巧的名称是什么？

A 深焦
B 深曝光
C 影深

答案：1/A，2/C，3/A，4/B，5/B，6/B，7/B，8/A，9/C，10/A，11/B，12/C，13/A，14/C，15/B，16/C，17/A。

09 长焦镜头

第九周

长焦镜头有很多用处，不仅可以让你拍摄远处的物体，使其充满画面，还可以聚焦场景中很小的细节。长焦镜头的景深非常浅，可以创意性地将被摄主体与背景，或者邻近的前景分离。最后，长焦镜头还可以压缩空间，让场景中的元素看起来距离镜头更近。

本周你将学到：

- 长焦镜头可以用于拍摄从特写到远处物体的细节等，很多让人吃惊的场景。
- 了解长焦镜头是如何工作的，针对其特点该如何使用。
- 逐步学会拍摄野生动物的方法。
- 尝试用长焦镜头拍摄肖像和远处的物体。
- 浏览拍摄的照片，看看你是否完全掌握了长焦镜头的使用方法。
- 通过拍摄和拼接，将风景照片合成为令人印象深刻的全景照片。
- 回顾本周学习的摄影知识，看看你是否准备好继续学习。

让我们开始吧！

知识测试

评估长焦镜头拍摄的照片

1

2

3

4

5

长焦镜头的视角比较窄，焦距较长，其也能放大感光元件上记录的影像，与使用广角镜头或者标准镜头拍摄的景物相比，使用长焦镜头拍摄的远处的物体在画面中看起来更大。

A **野生动物摄影：** 长焦镜头拍摄野生动物不会打扰它们，因此，用长焦镜头拍摄野生动物非常理想。

B **体育：** 长焦镜头是拍摄快速运动题材的理想镜头。

C **舞台摄影：** 长焦镜头可以用来拍摄音乐会上激情投入的演奏者的特写。

D **肖像：** 中长焦镜头拍摄的照片具有漂亮的透视效果。

E **抓拍：** 长焦镜头能够在人群中抓拍人物面部的特写。

F **微距：** 长焦镜头能够限制景深，可以让被摄主体成为照片中唯一清晰的部分。

G **风景：** 长焦镜头具有强大的空间压缩能力，能够将不同影调层的风景变得平淡，从而强调视觉反差，而不是景深。

H **图案：** 被摄主体可以和有趣的细节分离，拍摄出抽象的影像。

答案

A/4：长颈鹿特写
B/2：摩托车比赛
C/7：主吉他手特写
D/6：年轻男子的肖像
E/3：人群中的一张脸
F/1：火柴
G/8：挪威斯瓦提森冰川
H/5：门和生锈铰链的细节

6

7

8

须知

- 焦距长于85mm的镜头称为“短长焦镜头”；超过300mm的镜头被称为“超长焦镜头”。
- 因为光学品质的需要，长焦镜头在制造时会使用很多透镜，所以长焦镜头比标准镜头和广角镜头更重，而且更昂贵。
- 长焦镜头的景深要比标准镜头或者广角镜头更浅，所以使用长焦镜头对焦的时候要非常精确。
- “快长焦镜头”是指那些拥有大光圈的长焦镜头，多用于拍摄体育和野生动物题材。更大光圈表示可以使用更快的快门速度。

回顾这些要点，看看它们是如何与这里展示的照片相对应的。

理论知识

长焦镜头的透视效果

长焦镜头有两大特点。第一点是它的视角很窄，这表示它只能拍摄到非常窄的视角；第二点是投射到相机感光元件上的影像被放大了，从实践的角度来讲，这表示物体到相机的距离要比人眼真实看到的更远。镜头的焦距越长，放大的倍率越大。

透视

长焦镜头会让透视感变平。这并不是镜头的原因，而是由拍摄位置和被摄主体的距离所决定的——使用长焦镜头，表示你会在相对被摄主体较远的位置拍摄。与场景中的其他元素到被摄主体的距离相比，增加了相机到被摄主体的相对距离。

70mm　135mm　200mm

长焦镜头

在距离被摄主体较远的位置用长焦镜头拍摄，相机到被摄主体的距离要比被摄主体到背景的距离更远。相对于在背景前面的物体来说，被摄主体在照片中会显得更小。

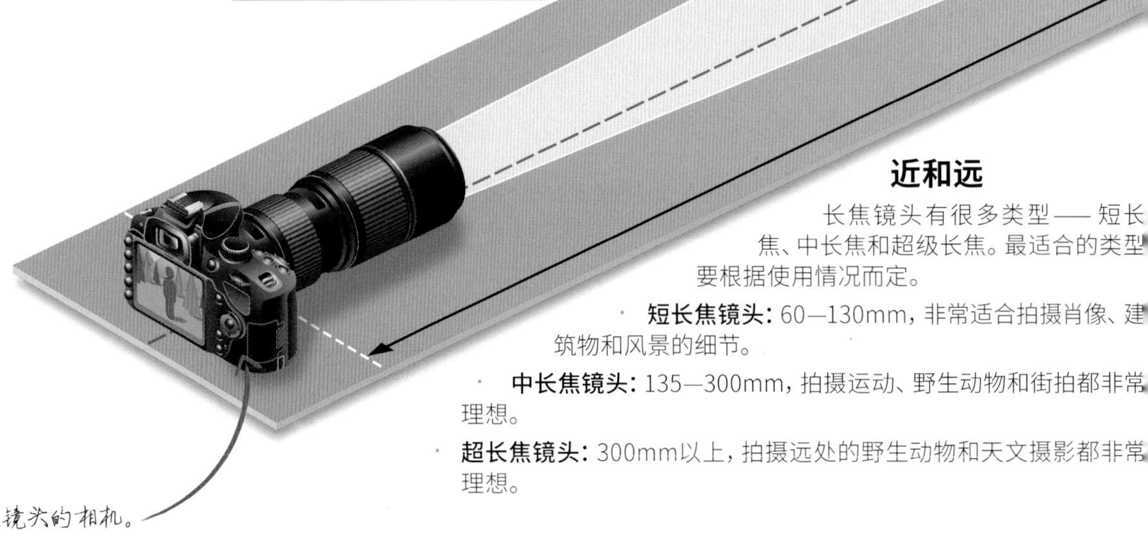

长焦镜头的视角。
安装长焦镜头的相机。

近和远

长焦镜头有很多类型——短长焦、中长焦和超级长焦。最适合的类型要根据使用情况而定。

- **短长焦镜头：** 60—130mm，非常适合拍摄肖像、建筑物和风景的细节。
- **中长焦镜头：** 135—300mm，拍摄运动、野生动物和街拍都非常理想。
- **超长焦镜头：** 300mm以上，拍摄远处的野生动物和天文摄影都非常理想。

专业提示：只有手持拍摄的时候才需要使用镜头防抖功能，使用三脚架时要关闭镜头防抖功能。要增加手持相机拍摄的稳定性，要使用左手支撑镜头的末端，而不是机身。

专业提示：长焦镜头的景深往往很浅。镜头的焦距越长，越难将画面中的所有景物都拍摄清楚。可以富有创意地利用这个特点，有选择性地让被摄主体后面的背景或者前景模糊，让被摄主体对焦清晰。

标准镜头

标准镜头的视角范围比长焦镜头更广。

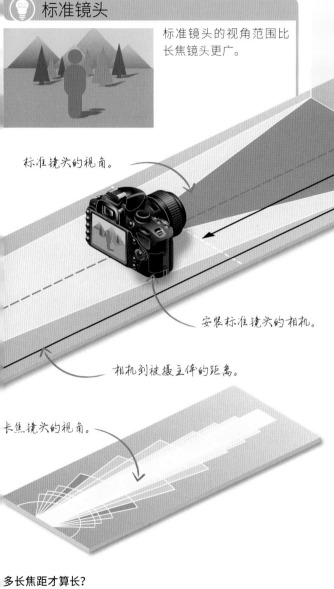

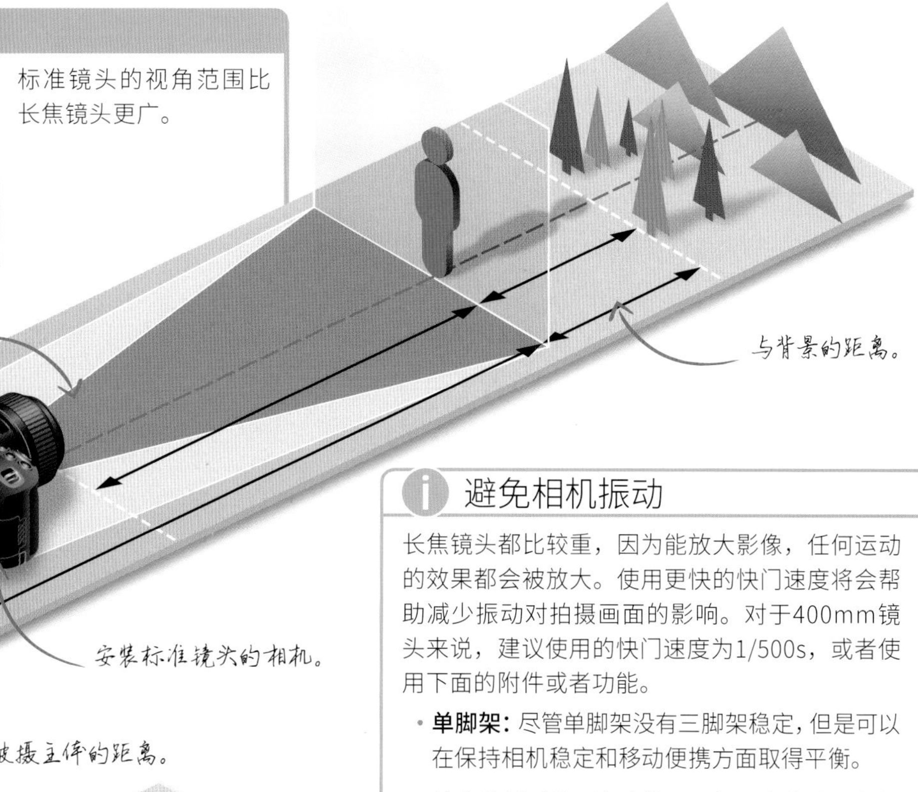

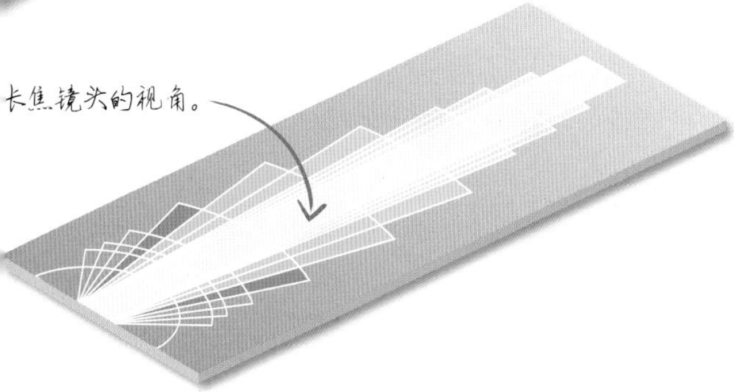

多长焦距才算长?

长焦镜头被称为“长焦镜头”也是因为其物理特性。当一支镜头的焦距比感光元件的对角线长时，则被认为是长焦镜头。对于全画幅镜头来说，任何焦距比 60mm 更长的镜头都称为“长焦镜头”或“远摄镜头”。

避免相机振动

长焦镜头都比较重，因为能放大影像，任何运动的效果都会被放大。使用更快的快门速度将会帮助减少振动对拍摄画面的影响。对于400mm镜头来说，建议使用的快门速度为1/500s，或者使用下面的附件或者功能。

- **单脚架：**尽管单脚架没有三脚架稳定，但是可以在保持相机稳定和移动便携方面取得平衡。
- **镜头防抖功能：**该功能可以在曝光的过程中抵销镜头的轻微振动，但该功能需要一秒的时间才能达到理想的效果，因此不能瞬间使用。

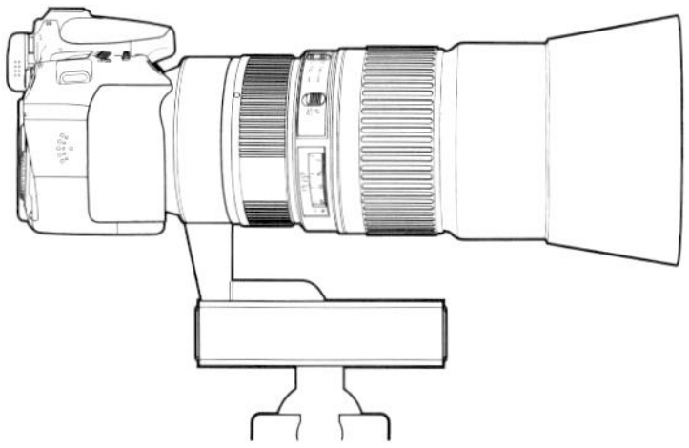

三脚架底座
长焦镜头的重量会导致相机前倾，使用三脚架底座可以让相机更稳定。

技能学习

拍摄野生动物

野生动物都比较难以接近拍摄，但使用长焦镜头就能保证动物在画面中以理想的构图拍摄。例如在动物园中拍摄，即使在受限制的范围，使用长焦镜头采用大光圈拍摄，也可以让杂乱的背景简洁。

1 寻找地点

要拍摄野生动物肖像，就不能将人工元素拍摄进画面。花时间到处走走，看能否找到吸引人，但是看起来又很自然的背景。

2 使用光圈优先模式拍摄

将相机设置为光圈优先模式，这样就可以使用光圈来控制景深。开始时先使用镜头的最大光圈拍摄，但也要用更小的光圈试一试拍摄效果。

环尾狐猴是群居动物，在很多动物园都可以看到。

6 要有耐心

了解动物行为知识对于预测动物一天都会做什么非常有帮助。然而即使对于专业人士来说，拍摄野生动物也需要很长时间的等待。观察并等待，这样你就学会了如何发现和预测动物的习性。

7 拍摄动物

当动物表现出有趣的行为，例如直接看着镜头时拍摄。避免仓促拍摄，要时刻保持轻按快门的状态，以尽可能避免相机振动。

8 检查拍摄的照片

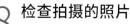

检查拍摄照片的清晰度和曝光。如果感觉使用的参数不适合，那就尝试调整后继续拍摄。照片的品质不错，但是在相机屏幕中观察往往看起来并不好，而真实的效果还是不错的。

开始: 在公园或动物园中，也可以拍摄看起来真实的野生动物照片。

你将会学到: 通过充分的准备，并耐心等待拍摄动物自然的状态，掌握如何使用长焦镜头成功拍摄动物肖像照片的方法。

3 选择连续对焦模式

动物不能像人类一样被引导，选择连续对焦模式就可以抓拍到很多动物快速运动的瞬间。

4 检查曝光

半按快门按钮激活相机的测光功能，检查快门速度是否足够快，可以避免相机振动导致的画面模糊。手持相机拍摄时，长焦镜头比广角镜头需要更快的快门速度，如果有必要还可以提高感光度。

5 对焦到被摄主体

使用同样的光圈，长焦镜头的焦距越长，镜头的景深越浅，对焦就需要非常精确。使用手动对焦模式，选择距离动物眼睛最近的对焦点进行对焦。

连续对焦模式可以让你只需按住快门按钮，就能连续拍摄一系列照片。

从ISO100这样的低感光度开始尝试。

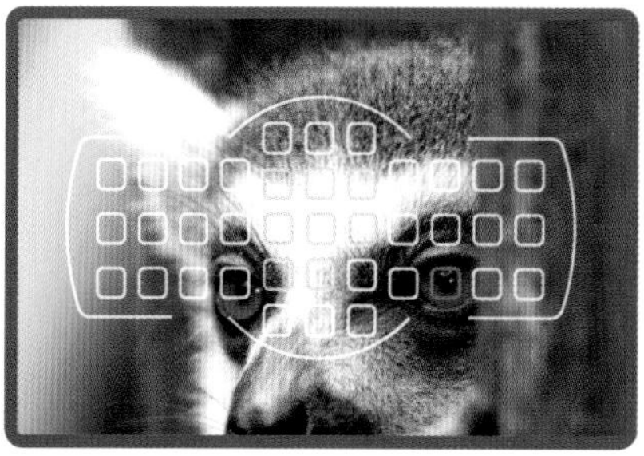

你学到了什么?

- 学会预测动物的动向是成功拍摄野生动物的关键。
- 拍摄成功的另外一个因素是准备。在拍摄之前，将相机设置到需要的拍摄模式非常重要，
- 需要对相机和设备尽可能熟悉，这表示你可以快速更改相机的功能设置，这样不会错过转瞬即逝的拍摄机会。

练习与实践

使用长焦镜头

开始使用长焦镜头拍摄时，能预想出长焦镜头的拍摄效果可能并不容易，然而当你了解了长焦镜头的特性，尤其是透视压缩和景深限制之后，你用摄影观察世界的方式就开始了。一个练习的好方法就是用自己的大拇指和食指组成一个长方形的构图框。通过这个构图框，以一臂的距离模拟长焦镜头的取景范围并进行观察。

用长焦镜头拍摄肖像

简单　　室内

1小时　　模特

相机+长焦镜头

短长焦镜头非常适合拍摄肩部以上的肖像特写照片，因为你需要在一定的距离拍摄人物，最终的透视效果会更自然、漂亮。

- 让模特找到一个合适的姿势准备拍摄。水平放置相机并调整好位置，这样可以在画面的左半部分构图。
- 拍摄模式设置为光圈优先，选择镜头的最大光圈。
- 对焦到人物的眼睛上。拍摄几张照片，在拍摄的过程中让人物变换眼睛凝视的方向，以及面部朝向的角度。
- 利用取景器的右半部分重新构图拍摄。
- 浏览拍摄的照片，观察人物的哪种姿势最吸引人。

尝试不同的光圈设置和姿势。

专业提示：使用长焦镜头拍摄风景，三脚架是必不可少的工具。小光圈可以加深景深，那么快门速度就要变慢。

专业提示：长焦变焦镜头通常具有可变的最大光圈，这表示变焦镜头的最大光圈，在焦距最长的一端比最短的一端小一到两挡。

长焦镜头拍摄风景

简单

户外

2小时

漂亮的风景

相机+长焦镜头+三脚架

这张冷色调照片是在日出之前的10~20分钟，以俯视角度拍摄的。

长焦镜头并不是传统概念认为的，只适合拍摄风景照片。事实上，它展现的景物细节也非常完美。航拍强调场景透视时，长焦镜头可以让风景照片画面柔和，另外，蓝色调看起来更蓝。

- 从高处拍摄，穿过起伏的山峦，充分利用天气条件，在朦胧或有雾的日子中最容易拍到航拍的效果。
- 选择早晚的时段拍摄，此时物体的投影最长，可以突出风景中物体形状的细节。
- 改变相机的方向，采用横向构图拍摄宽广的全景照片；竖构图可以拍摄例如树木这样强调主体高度的景物。

抓拍

简单

户外

2小时

热闹的场景

相机+长焦镜头

抓拍是指在被摄者没有注意到时被拍摄，从而抓取人物自然的动作。

- 在拍摄之前花些时间进行观察。
- 拍摄性格外向的人，他们在极端情况下做出的夸张动作，会使照片非常吸引人。
- 如果使用长变焦镜头拍摄一群人或一个人，那么就需要使用不同的焦距。

抓拍夸张的姿势，例如一群人高举手臂。

掌握的知识

- 人物的眼睛应该是照片中最清晰的部分。
- 采用抓拍的方式，能够拍摄到更自然的人物照片。
- 对于风景照片来说，长焦镜头非常适合突出细节。

拍摄月亮

难　户外
1小时　无云的月夜
相机+长焦镜头+三脚架

月亮是非常具有挑战性的题材，但是使用长焦镜头却有可能拍到非常吸引人的照片。全月或者新月的时刻都很讨人喜欢，此时光线的阴影让月面的细节更明显。

- 查找月历确保拍摄当天天空会出现月亮。你可以在网上查询，或者使用专门的手机App查找。
- 如果可能，将相机安装在三脚架上远离市区拍摄。
- 使用手动模式，设置相机的光圈为F11，快门速度为1/125s，感光度为ISO100。
- 将对焦模式切换为手动模式并对焦到无限远。
- 将月亮安排在画面中，并拍摄一张照片。
- 浏览拍摄的照片。如果月亮太亮，使用更小的光圈拍摄；如果光线太暗，使用更大的光圈拍摄。

全月时月亮最亮。

器材：增距镜

增距镜是安装在相机和镜头之间的一种附件，用来增加镜头的焦距，通常倍率为1.4X、1.7X或2X。增距镜可以延长镜头的焦距，而且花费相对较少。并不是所有的镜头都是适合使用增距镜，如果强行使用，镜头可能会损坏，因此在使用之前必须仔细阅读说明书。

使用增距镜会减少到达感光元件的光线数量。在拍摄的时候，需要使用更慢的快门速度，或者更高的感光度。使用1.4X增距镜，镜头会损失一挡光圈，2X增距镜会损失两挡光圈。使用增距镜后的影像品质要比同样焦距的长焦镜头差很多。

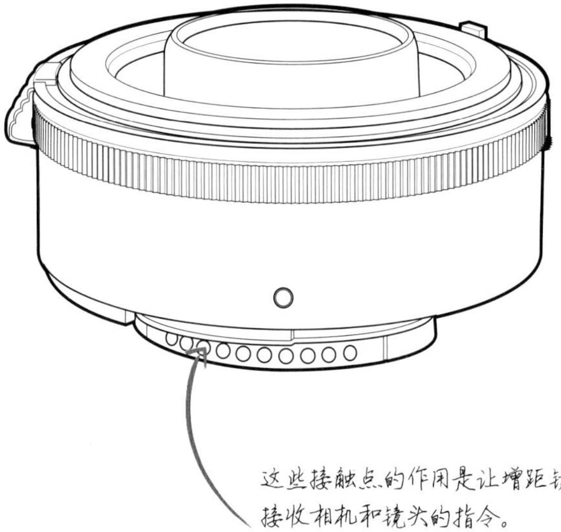

这些接触点的作用是让增距镜接收相机和镜头的指令。

使用差别对焦

适中　　室内或户外

1小时　　主体和空间分离的场景

相机+长焦镜头

照片并不一定需要从前到后都清晰。差别对焦就是选择专门针对哪部分对焦清晰，哪部分失焦的技术，焦外的影像会和对焦清晰部分一起为照片增色。

- 将相机设置为光圈优先模式，选择长焦镜头的最大光圈并进行拍摄。
- 在场景中来回走动，尝试对焦拍摄场景中的不同物体。仔细观察被摄主体旁边的焦外区域是增加，还是削弱了照片的吸引力。也可以尝试对焦到被摄主体之外的区域，这样可以增加景深效果。

焦外人物的姿势仍然可以辨识。

创意模糊

适中　　室内或户外

1小时　　恒定的弱光场景

相机+长焦镜头

在长时间曝光的过程中，慢慢调整焦点让被摄主体失焦，这样可以制造一种柔焦效果，这种效果尤其适合使用长焦镜头拍摄。长焦镜头的景深浅，这样就可以很容易地拍摄出失焦的效果。

- 将相机设置为光圈优先模式，光圈为F8，选择尽可能低的感光度。
- 理想的快门速度是一秒或者更长的时间。等待环境光足够暗，例如在日落时拍摄，或者使用ND渐变滤镜拍摄，可以获得理想的效果。
- 设置镜头为手动对焦模式，并对焦到无限远（或者被摄主体上）。
- 按下快门按钮开始曝光。慢慢地从无限远开始转动对焦环，计算好时间，这样你就能在曝光结束时，使对焦点刚好能在最近对焦距离处。

在曝光的过程中使用失焦技术，照片中的光线和细节都清晰、柔和。

学到哪知识？

- 拍摄月景照片时需要很好的计划，例如知道月亮的形状，以及何时、何地月亮会升起来或者落下去。
- 焦外可以成就或者毁掉一张照片。
- 在长时间曝光的过程中，使用失焦技术可以拍摄出漂亮的柔焦效果。

检查学习成果

评估拍摄的照片

一旦你完成了本周的学习，仔细浏览拍摄的照片。选择拍摄成功的10张照片，你认为还可以就行，并不需要非常好。下面的6个要点可以帮助你评价和判断哪些操作合适？哪些方面你还需要改进。

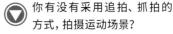

你有没有采用追拍、抓拍的方式，拍摄运动场景？

长焦镜头非常适合拍摄运动场景。由于运动模糊，使用较慢的快门速度跟随运动对象，采用追拍技术就能拍摄出速度感。

你有没有很好地使用长焦镜头的压缩功能？

长焦镜头看起来会缩短场景中元素之间的距离。这张照片压缩了空间，让小镇的建筑物看起来相互紧密地挨在一起。

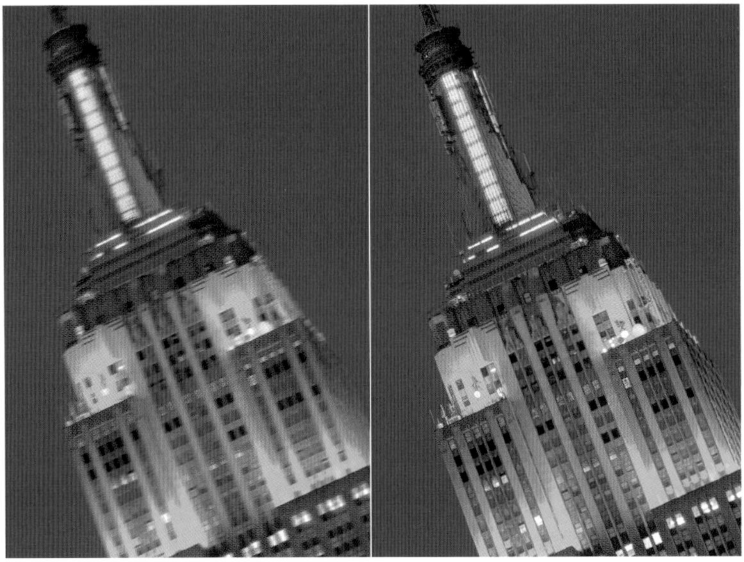

相机有没有振动？

使用至少和镜头的焦距的倒数相等的快门速度拍摄，这样能降低相机振动导致画面模糊的风险。即使这样，每个人手持相机稳定的程度不同，为了确保万无一失，尝试使用焦距长度双倍于快门速度的倒数拍摄。

开启快门之前一定要观察和思考。

约瑟夫·卡什

你有没有将重要的细节分离出来？

长焦镜头非常适合夸张地展现场景中的细节。这张跑步者腿部肌肉的动态特写照片，充分展示了其力量感，方法很简单，效果却很好。

你有没有思考过景深问题？

长焦镜头与生俱来的浅景深效果，会让画面更简洁。这张照片焦外的背景引导观者的视线到了蜘蛛身上。

你的对焦准确吗？

当使用长焦镜头拍摄时，景深范围非常小，因此要非常精确地对焦。这张照片的成功受益于在被摄主体移动的时候，使用了连续对焦模式追踪拍摄。

合成全景照片

有时，一张普通照片并不能充分展示风景的气势，但一张全景照片往往却能更好地烘托气氛。将标准照片裁剪为一张全景照片虽能得到类似的视角，但会大幅降低照片的画质。一个更好的解决方案就是从场景的左边向右边移动拍摄一组有重叠部分的照片，然后将这组连续的照片拼接起来，得到一幅真正的全景照片。

1 拍摄连续的照片

在拍摄连续照片时，要尽可能保持相机水平。拍摄的每一张照片要让场景有1/3的重叠。寻找明显的地理标志作为参考点，可以帮助你判断重叠的位置。

2 排列照片

在Photoshop中按顺序打开拍摄的照片。先大概在屏幕上排列好这些照片，确保照片涵盖了整个场景。

按照正确的顺序排列照片。

6 合成全景照片

单击“确定”按钮开始合成。当你拼接很多高分辨率的照片时，这一过程可能需要花费较长时间。

7 合并图层

将合成的照片裁剪为长方形并去除不整齐的边缘。

8 最后的调整

将照片放大到100%，观察照片中是否有任何拼接错误，如果有可以使用“图章工具”消除这些错误。

当拍摄移动的物体时，在特定的情况下，例如水面，有可能会出现拼接错误。

专业提示：垂直方向拍摄一组适合合成全景的照片，这样你在后期裁剪的过程中就会有更多的选择余地。

专业提示：拍摄每组合成照片时，保持拍摄每张照片时的设置一致，例如曝光、对焦和白平衡等。

3 打开Photomerge对话框

执行“文件”→“自动”→“Photomerge”命令，在弹出的“Photomerge”对话框中没有照片可以拼接。单击“添加打开的文件”按钮，将照片导入“Photomerge”对话框中。

4 选择拼接方式

在“Photomerge”对话框中会出现选择拼接全景照片的选项。最简单的方法就是“自动”，该单选按钮会根据序列照片的内容选择最适合的拼接方式。

5 混合图像

选中“混合图像”复选框，软件会尽可能拼接无缝的全景照片。如果不选中“混合图像”复选框，可以使用其他的纠正工具，调整拼接过程中出现的错误。

你也可以通过单击“浏览”按钮，将已保存的照片添加到对话框中。

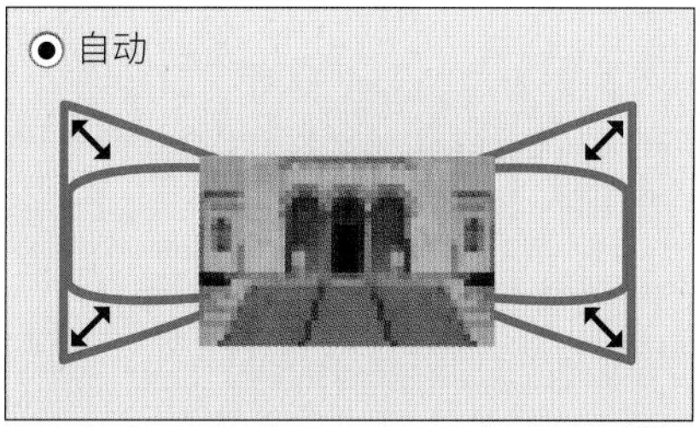

由5张照片拼合而成的全景照片。

利用照片之间的重叠部分，合成为无缝的全景照片。

机内合成

很多相机都提供了“快速合成全景照片”模式，使用该功能你可以慢慢地移动相机，涵盖整个场景进行拍摄，最后相机会直接合成全景照片。在这个全景横扫拍摄的过程中，相机会拍摄很多张照片，用于合成最终的全景照片。尽管采用这种“横扫”全景拍摄模式，相机会自动合成全景照片，但也有一些缺点，例如拍摄的照片尺寸和格式会有一些限制，无法使用RAW格式拍摄，导致后期处理有一定的限制。

学习测试

你学到了什么？

使用长焦镜头具有一定的挑战性，镜头的尺寸和重量让它难以掌控，而且景深很浅，你需要更仔细地对焦。当然不要因为这些原因就放弃使用它，因为无论怎样，长焦镜头拍摄的场景会增加照片的空间感。完成下面这些选择题，测试针对长焦镜头你掌握了哪些知识？

1 当使用长焦镜头时，如何避免拍摄时相机振动导致图像模糊？

A 使用最小的光圈
B 使用最低的感光度
C 使用最快的快门速度

2 长焦镜头有哪些特点？

A 较长的焦距
B 具有伪装功能
C 有三脚架底座

3 在透视方面长焦镜头有哪些特点？

A 增加场景中物体之间的距离
B 没有别的效果
C 缩短场景中物体之间的距离

4 Photoshop的全景拼接工具的名称是什么？

A 照片合成
B Photomerge
C Photostitch

5 短长焦镜头的焦距范围是多少？

A 85—135mm
B 200—600mm
C 400—600mm

6 选择照片哪部分清晰，哪部分在焦外的技术名称是什么？

A 差别对焦
B 单次拍摄对焦
C 连续对焦

7 当手持400mm镜头拍摄时，什么样的快门速度能够减少相机振动对照片的影响？

A 1s B 1/125s C 1/500s

8 增距镜安装在长焦镜头上会出现什么效果？

A 将镜头变为广角镜头
B 增加对焦距离
C 让最大光圈更大

9 在长时间曝光的过程中，脱焦会产生什么效果？

A 柔焦
B 曝光过度
C 增加色彩饱和度

10 当拍摄一系列照片用于合成全景照片时，你需要如何做？

A 保持拍摄设置的连续性
B 在拍摄不同照片的过程中重新对焦
C 在拍摄的过程中改变焦距

11 相比更短焦距的镜头，长焦镜头有哪些特点？

A 增加视角
B 更轻
C 更窄的视角

12 当使用1.4X的增距镜时，光线会损失几挡？

A 1 B 2 C 不损失

13 航拍风景照片中，远处的影调有什么效果？

A 照片更蓝
B 颜色更鲜艳
C 色彩更暖

14 相比广角镜头，长焦镜头的景深有什么特点？

A 更深的景深
B 更浅的景深效果
C 同样的景深

答案：1/C，2/A，3/C，4/B，5/A，6/A，7/C，8/B，9/A，10/A，11/C，12/A，13/A，14/B

10 微距摄影

第十周

当近距离观察物体时，我们会更加留意物体的质感、结构和细节。拍摄微观的世界，需要耐心、技术以及强烈的好奇心，一旦你掌握了微距摄影的基本方法，你就会用新的视角迷恋于观察身边的物体。

本周你将学到：

- 了解近距离摄影和微距摄影的区别。
- 学习微距摄影需要掌握的主要技术。
- 在拍摄的过程中尝试微距摄影。
- 尝试拍摄微距照片。
- 浏览拍摄的微距照片，了解哪些技术对摄影有帮助，及其原因。
- 通过调整色彩和影调，优化并精细调整拍摄的照片。
- 回顾本周学习的摄影知识，看看你是否准备好继续学习。

让我们开始吧！

知识测试

多近才是微距?

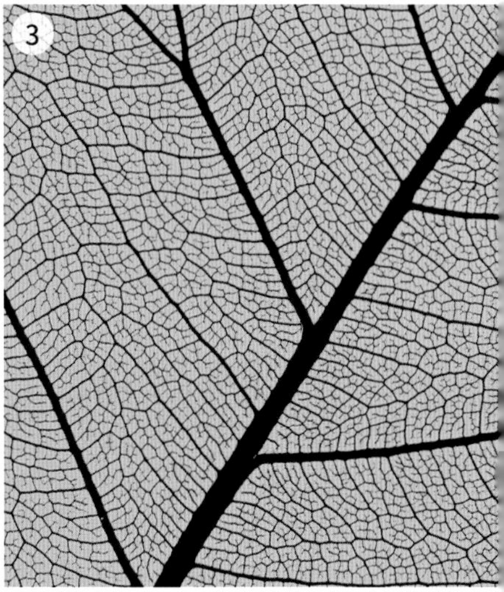

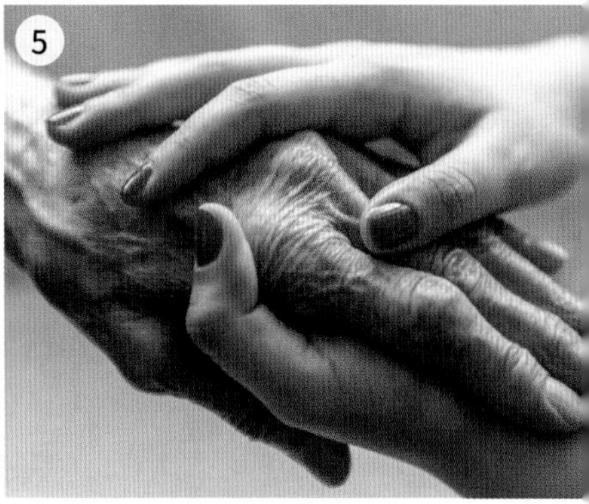

微距照片即被摄主体在感光元件上以原物大小（或者更大）的比例被记录。而近距离摄影的被摄主体的尺寸比真实物体的尺寸小。使用以下信息检查哪些照片是微距摄影，哪些是近距离摄影。

A **微距:** 印刷品中展示很小的细节。

B **近摄:** 强调设计细节，将物体转变为无法辨识的抽象图案。

C **微距:** 让很小的机械部分看起来比现实中大。

D **近摄:** 相机与警觉或者危险的物品或动物之间保持一定的距离。

E **微距:** 吸引观者视线到画面中很特殊的区域，而画面的其他部分在焦外。

F **近摄:** 让背景模糊，但被摄主体附近的景深范围仍然清晰。

G **近摄:** 用来展现不同的食材。

H **近摄:** 强调物体的图案和重复的纹理，而不会让它们难以分辨。

I **微距:** 需要富有创意地使用光线，被摄主体可能需要逆光照射。

J **近摄:** 保留一些背景信息，将被摄主体安排在情景中。

答案

A/1：美元纸币上的细节
B/8：红色汽车的前灯
C/9：手表的机械结构
D/6：雄狮
E/10：花蕊
F/5：握在一起的手
G/7：木桌上的比萨
H/2：成熟的李子
I/3：半透明的叶脉
J/4：秋天的跑步者

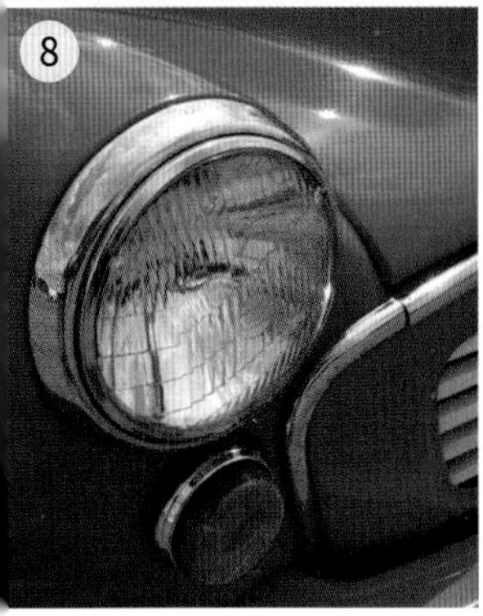

须知：

- 当一个物体在感光元件上以真实（或者更大）的尺寸出现，这样的照片则被定义为微距照片；放大的倍率没有真实尺寸大，则被称为近摄照片。
- 为了获得最佳的拍摄效果，微距摄影师需要使用很多特殊的附件，例如可以拆卸的中轴，可以在距离主体几厘米处对焦拍摄的专业微距镜头。
- 相对来说，近摄摄影师往往只用可以拧在镜头上的近摄附件和倒装环，就能拍摄出吸引人的微距照片。

回顾这些要点，看看它们是如何与这里展示的照片相对应的。

理论知识

近摄与微距

对于微距照片来说，被摄主体的影像需要在感光元件上以原尺寸或者更大的尺寸展现，任何比原物体影像更小的照片被称为近摄照片。为了在感光元件上获得实物大小或者更大影像的照片，则需要使用微距镜头，或者安装附件，也可以使用标准或者长焦镜头拍摄微距照片。知道了这两者之间的区别就能帮助你获得相应的效果，如果使用这样的镜头不能获得想要的效果，你需要知道后续应该购买哪些设备。

放大倍率

放大倍率是物体的尺寸和物体呈现在感光元件上的尺寸之间的比例关系，真实尺寸 1/5 大小的比率为 1:5，真实尺寸 1/2 大小的比率为 1:2，与真实尺寸大小一样的比率为 1:1，比真实尺寸大 5 倍的比率为 5:1。放大倍率为 1/5 则表示为 0.2 倍，1/2 尺寸为 0.5 倍，原尺寸为 1X，原尺寸的 5 倍为 5X，等等。

距离

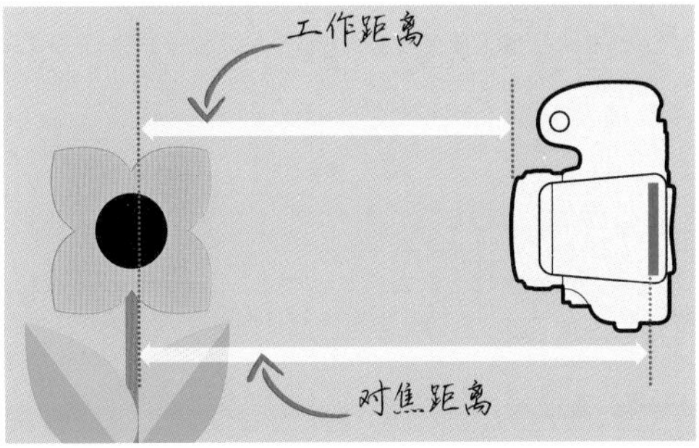

一个常见的错误认识是对焦距离是从镜头的前端到被摄主体的距离，但是这个距离实际上是工作距离。对焦距离是从对焦平面（感光元件的平面）到被摄主体的距离。具有较长焦距的微距镜头放大倍率更大，这样就可以让被摄主体充满整个画面，在更近的工作距离拍摄，因此，非常适合昆虫摄影。

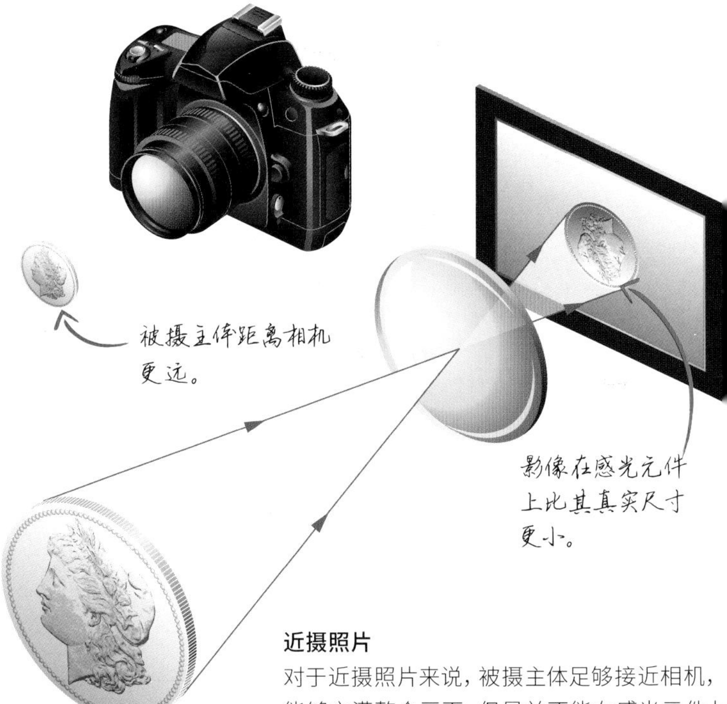

被摄主体距离相机更远。
影像在感光元件上比其真实尺寸更小。

近摄照片

对于近摄照片来说，被摄主体足够接近相机，能够充满整个画面，但是并不能在感光元件上将影像放大到原物大小或者更大。有些变焦镜头具有微距功能，使用这些镜头拍摄的照片并不是真正的微距照片，相比真正的微距镜头拍摄的照片来说，缺乏很多细节。

专业提示：“近摄”和“微距”的区别在于，物体在现实生活中的大小与其在感光元件上成像的比例不同。

专业提示：人们很容易认为，离被摄主体越近，拍摄效果就越好，但工作距离短并不总是什么好事，因为容易打扰到你要拍摄的主体（例如野生动物）。

设备：微距镜头

很多变焦镜头都具有“微距”功能，但是大多数都不能拍摄实物大小的照片。要想获得1:1比例的照片，而不使用附件，需要一款微距镜头。微距镜头的焦距长度范围在50~200mm。对焦距离更短，可以让你以非常近的距离拍摄照片。

相机振动

如果你使用微距镜头或者近摄附件放大被摄主体，无论是被摄主体还是相机的任何移动（振动）都会被放大。很多镜头的影像稳定系统会补偿相机的振动，但是拍摄时要确保所有的被摄元素都尽可能静止不动，而且你需要使用可靠、稳定的三脚架。微距摄影的另一个小技巧就是使用道具，让你在保持稳定的状态下进行拍摄。

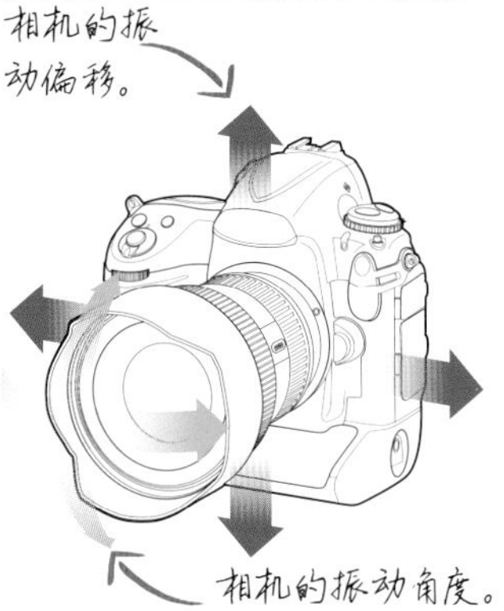

相机的振动偏移。
相机的振动角度。

浅景深

距离被摄主体越近，景深就越浅。此外，当被摄主体被放大时，背景模糊效果也会被放大，从而产生景深变浅的效果。这意味着高放大率和短对焦距离，通常用于微距和近摄摄影，从而导致极浅的景深。

微距照片

真正的微距镜头可以在非常近的距离对焦在被摄主体上拍摄，像这样的影像的放大倍率为 1:1 或者更高。

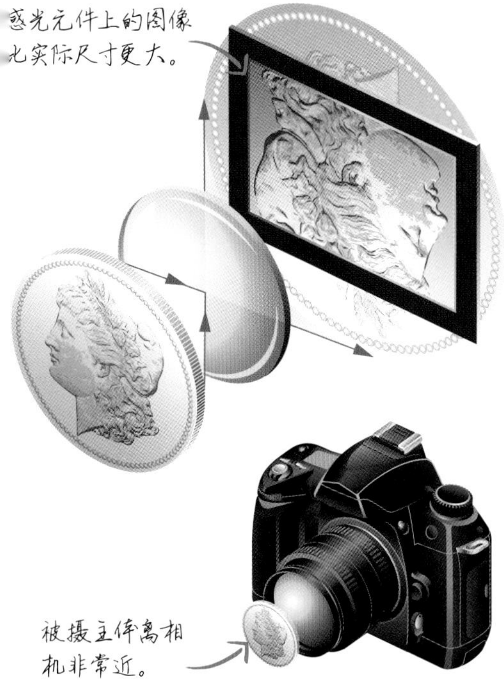

感光元件上的图像比实际尺寸更大。
被摄主体离相机非常近。

感光元件的尺寸

裁剪画面或者使用更小的感光元件会增加镜头的焦距，让被摄主体在画面中看起来更大。这个特点对于近摄来说非常有用，因为这样就可以在镜头和被摄主体保持距离的情况下，仍然能保证被摄主体充满整个画面。在现实中，镜头的视角会减小，这样就只能看到更小范围的场景。

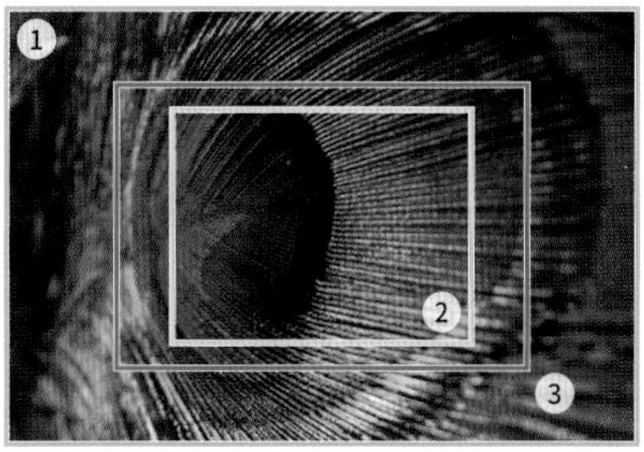

感光元件大小

1. 全画幅
2. 4/3s
3. APS-C

技能学习
近摄

当你让被摄主体充满整个画面时，你将面对很多挑战。在你按下快门按钮时，要确认场景的光线充足、对焦非常精确、相机特别稳定。使用最基本的设备按照这些步骤就能拍摄到吸引人的近摄照片。

1 安装标准或者长焦镜头

选择镜头要根据希望距离被摄主体多远拍摄照片。缺乏专门的附件，大多数的标准镜头和长焦镜头都不能真正做到微距摄影。对于近摄来讲，即使便宜的套装镜头也能很好地完成拍摄。

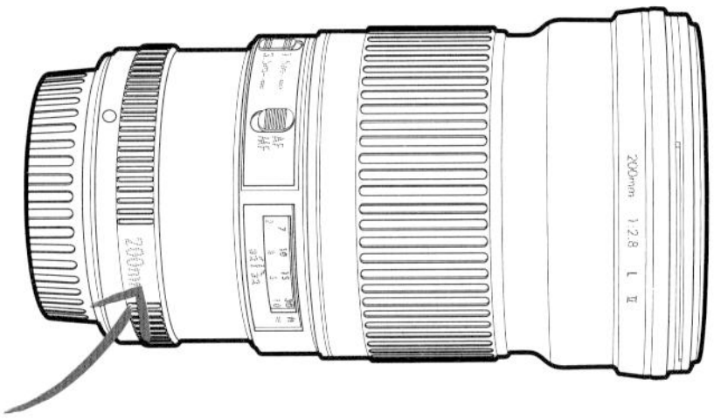

长焦镜头可以让你不需要距离被摄主体太近拍摄照片，因此就不会打扰它们。

2 减少相机的振动

将相机安装在三脚架上，并使用快门线或者定时功能拍摄。单反相机的反光镜会将光线反射到取景器中，反光镜在快门开启之前会升起，这样就会造成相机发生轻微振动，可能会造成拍摄的照片模糊。有些单反相机能够锁定反光镜，从而减少相机的振动。

反光镜锁定功能在快门打开之前就让反光镜暂时升起。

6 选择拍摄模式

如果你选择光圈优先模式，让相机来匹配快门速度，但是你仍然需要其他方面的控制。如果使用近摄模式，相机会设置感光度、光圈、白平衡、自动对焦模式、测光模式和连拍模式。

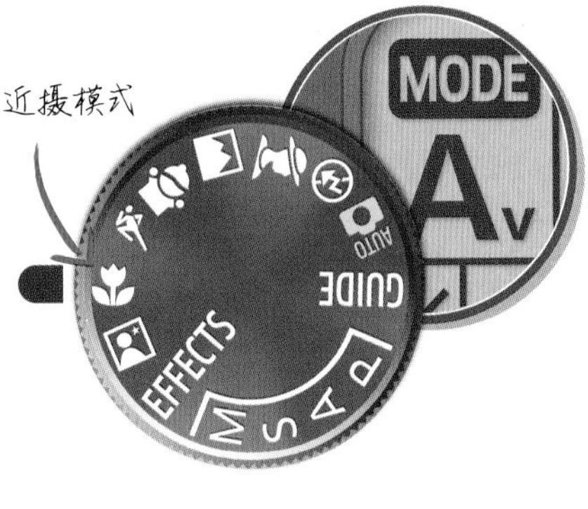

7 设置为手动对焦

开启即时取景模式。将镜头上的开关拨到M挡，转动对焦环粗略对焦。调整取景放大框到你需要的对焦位置，然后放大这块区域。再次转动对焦环，重新对焦。最终让相机显示屏恢复到正常状态。

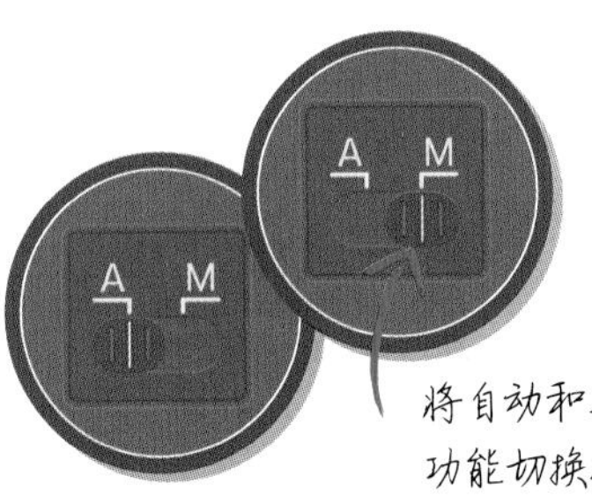

A M
将自动和手动对焦功能切换按钮调整到M（或者MF）挡。

8 拍摄并预览拍摄效果

拍摄几张照片并浏览拍摄效果。检查照片边缘，确保任何不需要的元素没有拍摄进画面。

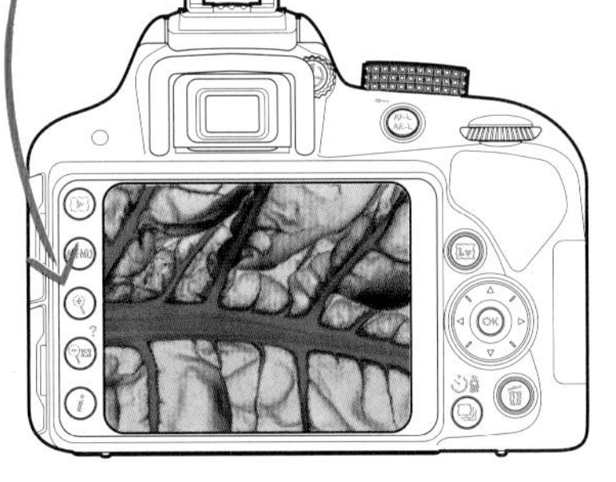

放大显示照片，确保对焦点对焦准确。

开始：在一个天气晴朗的日子出门，选择一个合适的主题，从各个角度考虑，确保你可以完成主题的拍摄。

你将学习到：使用近距离模式的利弊、何时使用反光镜、使用手动对焦模式的好处，以及何时使用反光镜锁定功能。

3 确保被摄主体光照良好

当被摄主体充满整个画面时，光照程度可能非常低，因此可以使用反光板反射阳光到阴影区域。相机内置的闪光灯也非常有用，但是如果闪光灯距离被摄主体不足一米，你就要检查是否会在画面中产生阴影。

4 调整测光和驱动模式

根据被摄主体决定是否使用点测光、分区测光或者中央重点平均测光模式。同样，无论拍摄单张照片还是连拍，都需要根据被摄主体是否移动来决定，如果是移动的，还要考虑移动的速度。

5 选择更高的感光度

当你使用小光圈拍摄，希望获得最深景深效果时，如果选择最快的快门速度仍然不能凝固运动的画面，此时你可能需要使用更高的感光度，通常不高于ISO800就可以。

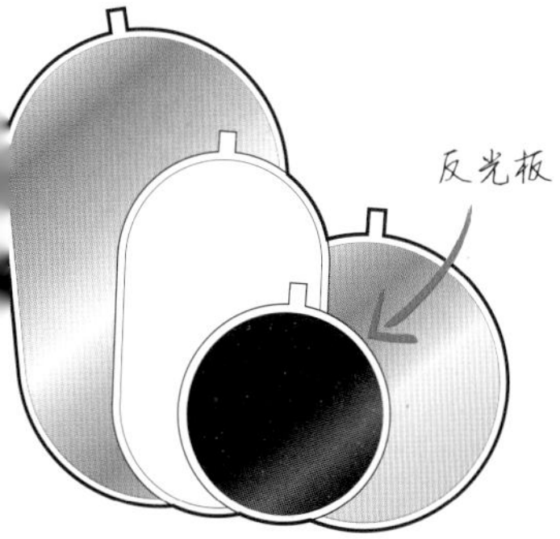
反光板

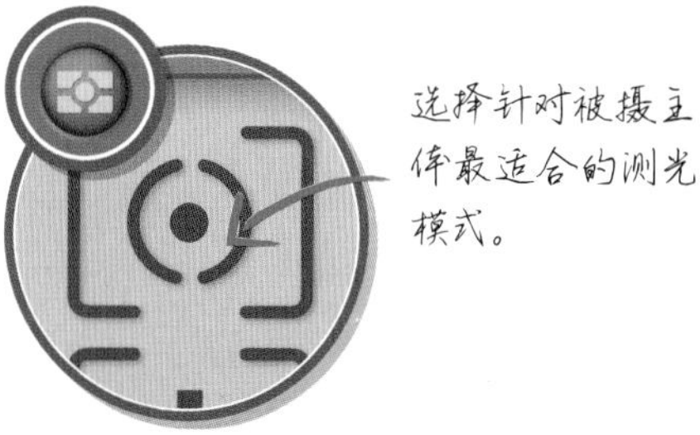
选择针对被摄主体最适合的测光模式。

使用比ISO800更高的感光度，可能会造成细节损失。
ISO
800

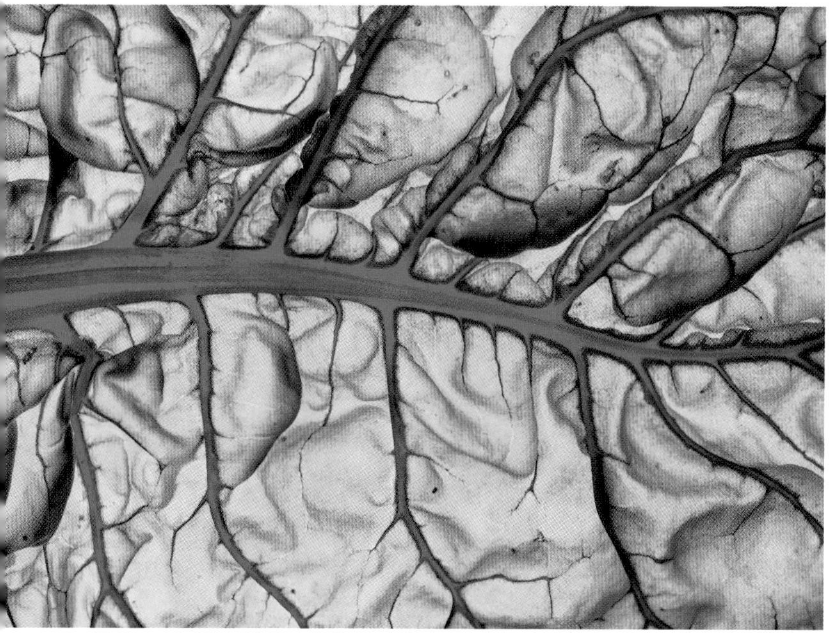

你学到了什么？

- 相机的振动和被摄主体的移动，在近摄时会非常明显。
- 当被摄主体充满整个画面时，光线的强度可能会非常弱，此时你可能需要使用闪光灯或者反光板辅助拍摄。
- 如果你选择了相机的近摄模式，相机会替你完成大多数的决定。如果需要更多的控制权，可以选择光圈优先或手动对焦模式。

练习与实践

探索微距摄影

微距摄影可以展现微观的世界，每个物体会成为抽象图案，很小的细节也会变得非常重要。现在你已经了解了微距摄影的基本知识，是时候完成一些拍摄了。

模糊

简单　室内或户外

45分钟　花

相机+具有手动对焦模式的镜头+天光镜+凡士林+三脚架

你可以利用接近相机的物体作为前景，拍摄柔焦效果的照片，花卉就非常适合拍摄这种效果。

- 相机镜头接近作为前景的花朵，并切换到手动对焦模式，将镜头对焦到远处的花朵。
- 练习这项技术，然后尝试其他柔焦效果——在镜头前面安装一支便宜的天光镜并构图拍摄。
- 在镜头需要柔焦的区域抹一点儿凡士林然后拍摄，一定要在拍摄完毕后，将滤镜擦干净。

前景中的花朵呈现柔焦效果。

设备：近摄附件

近摄接环安装在镜头和相机之间，用于增加对焦平面和镜头后组之间的距离，它可以缩短最小对焦距离。安装近摄接环可以让镜头更接近被摄主体，从而拍摄出被摄主体在画面中更大而且更清晰的照片。皮腔是安装在镜头和相机之间，与近摄接环起同样作用的附件。不像近摄接环是固定的，皮腔是可以活动的，因此可以让你更精确地控制相机并完成拍摄。

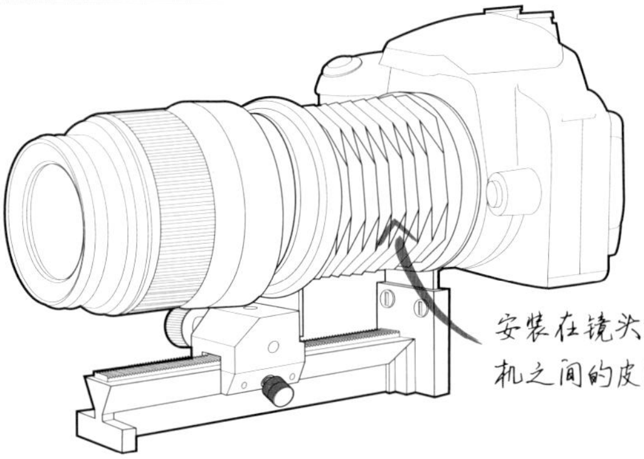

安装在镜头和相机之间的皮腔。

专业提示：当你拍摄花朵或者树叶时，要早点儿出发，因为早上的风比较小。明亮多云的天气非常理想，适合拍摄色彩鲜艳、饱和的照片。如果开始下雨，不要马上就收拾离开，可以去能避雨的树林拍摄。

专业提示：利用自己的身体或者较大的反光板遮挡，防止娇弱的被摄主体被风吹倒。

拍摄抽象物体

简单　　室内

45分钟　　日常物品

相机+三脚架

如果近距离观察每天使用的日常物，你就会发现这些东西会呈现完全不同的景象——叉子尖端看起来像金属雕塑、白菜的叶子看起来像褶皱的皮肤、剪刀的刀刃像鸟的喙。

- 选择3个日常物品并近距离观察。
- 拍摄之前，将这些物品拿在手里变换每个角度仔细观察。

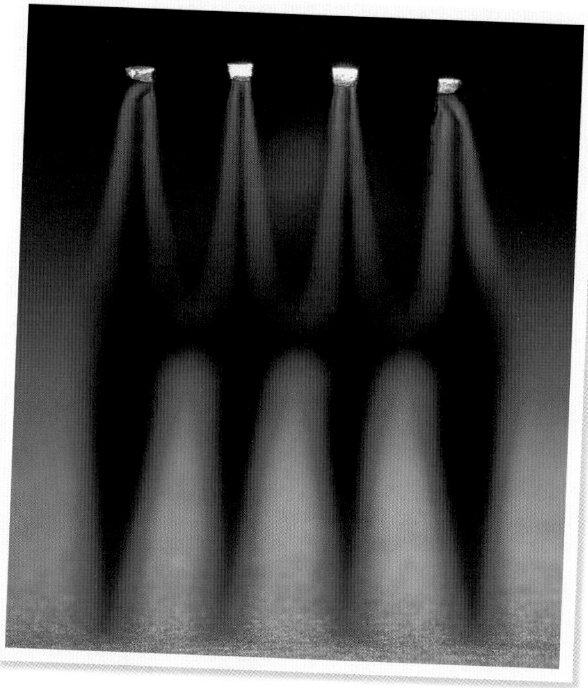

普通的叉子通过巧妙地布光可以拍摄出非常吸引人的抽象效果。

保持稳定

适中　　户外

1小时　　树叶

相机+鳄鱼夹+线+挡风篱+三脚架

当需要照片的景深非常浅时，保持被摄主体稳定非常关键。在实际拍摄中有很多顺手的工具可以使用——鳄鱼夹用来紧紧地夹住植物的茎；线可以固定分散注意力的树叶；专门设计的挡风篱可以放在物体的旁边挡风。

- 在多云的天气，当风速为8km/h或者更低的时候，可以外出拍摄。
- 选择带叶子的小树枝，用上面列出的工具固定叶子，并在风静止的时候拍摄照片。
- 移除道具，接着拍摄第二张照片，然后比较拍摄的效果。

使用各种不同的道具，可以稳稳地固定小树枝。

你学到了什么？

- 你可以透过前景物体，拍摄柔焦效果的照片。
- 很多工具都可以用来固定被摄主体。
- 当近距离观察时，每天都使用的日常物品会让你眼前一亮。

焦点偏移

简单　　室内或户外

45分钟　　部分遮挡的物体

相机+具有手动对焦功能的镜头+三脚架

如果你使用自动对焦功能透过例如围栏、花瓣、织物或者窗户这样的物体拍摄，相机的对焦系统会锁定在前景的遮挡物上，而不是被摄主体上。下面的一些办法可以避免这种情况的发生。

- 切换到手动对焦模式。
- 将相机安装在三脚架上，打开即时取景模式，然后放大视图。
- 使用对焦环微调焦点。这样可以让你精确地控制照片中哪部分清晰。
- 尝试对焦到被摄主体不同的位置，观察快速转动对焦环后构图的改变，以及视线会先留意哪块区域。

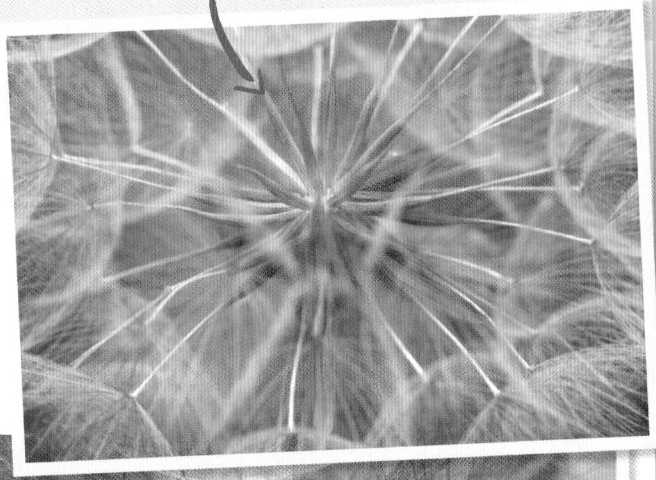

手动对焦模式可以让你穿过前景中的元素，对焦到花朵的中央。

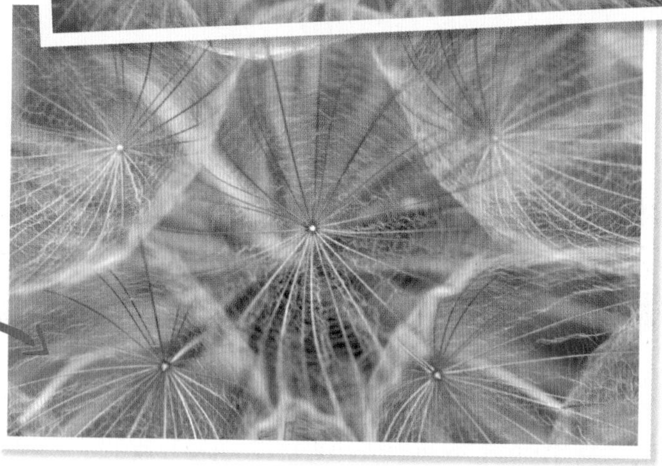

手动对焦可以对焦到前景上。

设备：更多近摄附件

安装在镜头上的近摄接环，能够缩短最近对焦距离。不同规格的近摄接环具有不同的近摄能力，数值越大，表示物体放大的倍率越大。倒装接环可以让你将镜头倒装在单反相机上，从而将镜头变成一个高品质的放大镜。

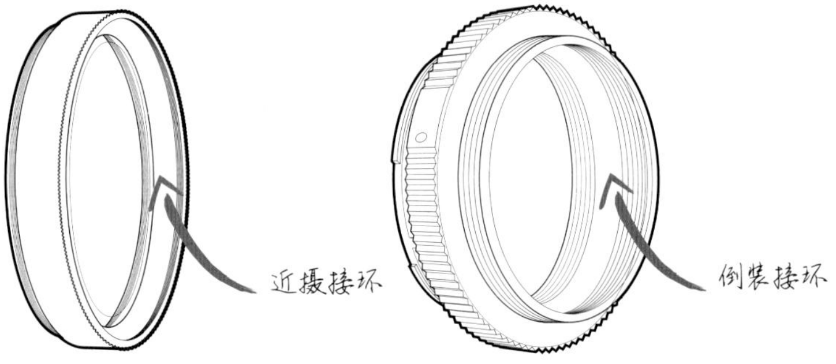

极端微距摄影

难　室内或户外

45分钟　长1cm或者更短的物体

相机+倒装镜头+广角镜头

有了倒装接环，就可以让任何镜头在更近的距离对焦拍摄，然而要拍摄比1X放大倍率更大的照片，你需要广角镜头（或者变焦镜头使用最广的一端）。倒装接环也需要与镜头匹配，并且需要接环与镜头具有同样的螺口尺寸。安装倒装接环后，镜头和相机之间不会有电子信息传递，因此，使用具有光圈环的老镜头也可以。

- 使用倒装接环后的工作距离会非常短，这样你就需要选择不会被前景遮挡的被摄主体。
- 将镜头安装在倒装接环上，然后将镜头安装在相机上。
- 选择光圈优先模式，这样相机会根据光线亮度匹配合适的快门速度。如果镜头带光圈环，就设置需要的光圈。
- 慢慢地向后或向前移动相机，并对焦在被摄主体上。

即使当你使用小光圈拍摄，景深也会受限制，因此，必须精确地对焦。

低角度拍摄

难　户外

1小时　放在地上的物体

相机+三脚架+防潮布+豆袋

我们脚下有无数的近摄主体，从植物、鹅卵石到沙子，低角度并能保持足够长的时间拍摄，经常具有挑战性。趴在潮湿的地面上并不舒服，因此要准备一块防潮布。

- 将防潮布铺在地面上，要注意不要压到任何植物或昆虫。
- 使用豆袋支撑相机。如果仍然不舒服，检查相机是否具有折叠屏，如果有，你就不用再将下巴挨着地面取景拍摄了。
- 尝试上述方法，看看你能在多低的角度拍摄。

拍摄地面上的主体，可能相对比较困难，但能够拍摄效果非常好的照片。

掌握了哪些知识?

- 切换到手动对焦模式，能够让你更自由地调整构图。
- 可以使用各种工具，实现近距离拍摄。
- 使用倒装接环，可以将广角镜头变成放大倍率超过1X的微距镜头。

检查学习成果
评估拍摄的照片

现在你已经将日常的物品拍摄成了抽象艺术照片，并能屈膝寻找地面上的主体拍摄。选择你拍摄的最喜欢的照片并核对下面的清单，看看你做到了哪些。

你使用三脚架和快门线了吗?
近摄主体，例如这张拍摄地面上的叶子的照片，手持相机在不舒服的角度拍摄，很可能会造成相机振动。要降低振动的风险，将相机安装在三脚架上，并使用快门线释放快门。

你应该使用手动对焦吗?
如果光照比较弱，拍摄这张玫瑰照片时，相机对焦可能会存在困难。确保焦点在需要的位置，切换到手动对焦模式，打开即时取景功能，放大观察你需要对焦清晰的地方。

背景和主体相匹配吗?
检查照片背景中的任何色彩和形状，看看是否和前景中的关键元素相匹配。这张照片中粉色的垂花飞廉，在黄色的背景中非常漂亮。

被摄主体是在最佳状态吗?
破损的花瓣或者树叶会毁了微距照片，因此需要选择你能找到的最完整的植物。这朵郁金香花瓣上没有任何影响画面的斑点，如果有，还可以使用笔刷或者镊子去除任何脏东西。

如果你拍摄得**不够好**，那是因为你离得**不够近**。

罗伯特·卡帕

景深足够涵盖被摄主体吗？

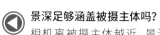

相机离被摄主体越近，景深就越浅，这样你需要小心地选择光圈和对焦点。观察这张照片，我们的视线会落到大蟒的脸上，而身体的其他部分完全在焦外。

你干扰到被摄主体了吗？

当你尝试拍摄一张充满画面的小动物照片时，例如这样的青蛙，如果靠得太近，很容易惊吓到它。保持一定距离并更换一支更长焦距的镜头，而不要冒着会惊吓到它们的风险拍摄。

主体的光照够吗？

微距摄影时，光照经常受限，因此使用反光板或离机闪光灯照亮主体就是非常好的方法。这张照片能够使用大光圈拍摄，完全是利用了环境光的亮度。

主体移动了吗？

即使微风也会造成照片模糊，因此要提前查看天气预报。选择在不影响被摄主体的无风状态下拍摄，像这张照片就非常清晰。

优化照片

调整画笔工具

前文讲到的很多修饰工具都是全图调整工具，这样所做的调整会影响整张照片。在实际操作中，你也会遇到针对照片的很小范围进行调整的情况。当你使用Camera RAW或Lightroom软件导入拍摄的RAW格式照片文件时，可以使用“调整画笔工具”对照片进行细致的调整。

深阴影

1 使用画笔

在工具栏选择“调整画笔工具”，这样你就可以调整照片中的任何区域。不同类型的调整通过滑块控制，拖曳滑块就会改变照片的影调范围、色彩饱和度和锐度。

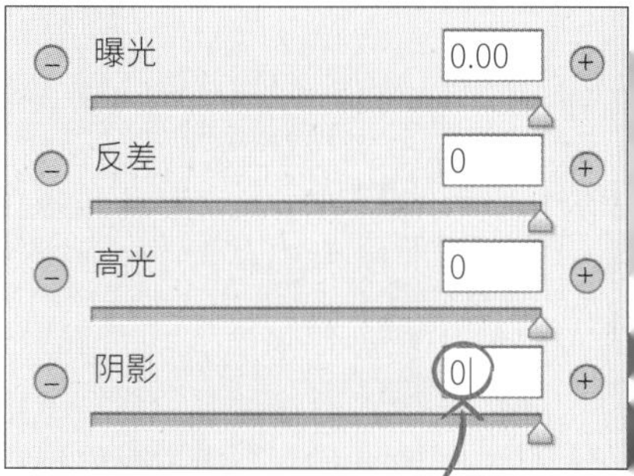

在开始调整之前，设置数值为0。

5 改变流量

“流量”滑块控制画笔在绘画过程中画笔的效果，取值范围从0到100，数值很小时，流量就非常少，在你看到调整效果之前，你需要重复在某个区域涂抹，如果“流量”值大，调整效果就会即时呈现。

6 设置自动蒙版

设置自动蒙版和调整画笔命令，能够在调整的时候让软件检测调整的边缘。如果软件检测到边界，蒙版就会阻止你超过这个区域进行调整。

7 调整浓度

拖曳“浓度”滑块控制“调整画笔工具”修改后的最大透明度。你可以在一块区域重复涂抹，但是涂抹的强度永远不会超过浓度的限制。数值为0表示无任何效果，而100表示最大效果。

使用大“流量”值，调整效率更高，可以很快看到效果。

调整操作并没有影响到天空。

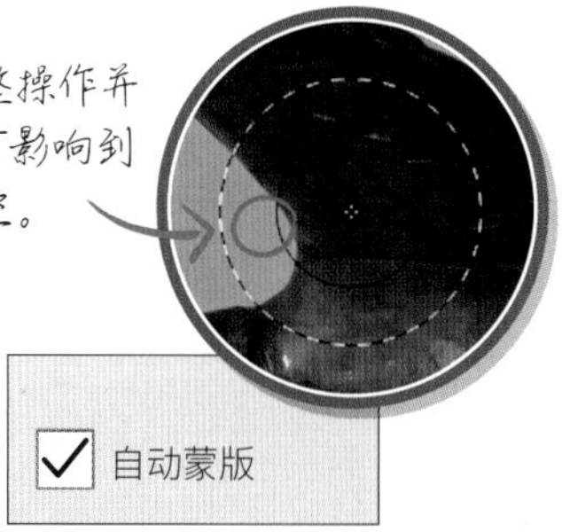

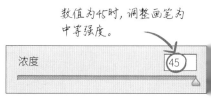

数值为45时，调整画笔为中等强度。

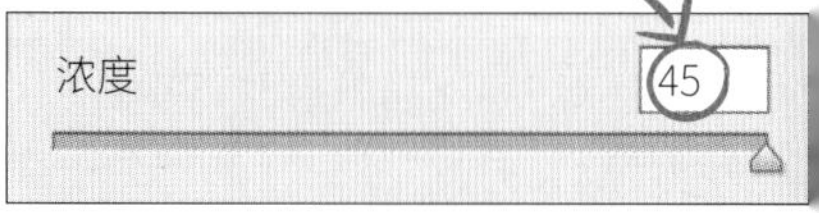

专业提示：调整照片的时候并不局限于每张照片只使用一个调整画笔工具。你可以通过选择“新建”选项使用多项调整。每次画笔调整的结果就会重叠在之前调整的图层上，因此后续可以移动或者删除。

专业提示：使用 Lightroom 软件中的调整画笔工具，可以让你在照片上增加一个操作蒙版，并通过按下 0 键，控制开（ON）和关（OFF），这时照片上会增加一个彩色的图层，显示使用画笔涂抹了哪些区域。

2 调整滑块

根据需要调整的类型，拖动相应的滑块，例如，将“反差”滑块调整到最小值，此时用画笔涂抹的区域反差就会降低，设置为正值就会增加反差。

滑块可以调整阴
部分的亮度。
阴影
+51

3 改变画笔大小

根据需要调整的精细程度改变画笔的大小。将“大小”滑块向左拖曳，画笔会变小，向右拖曳画笔会变大。

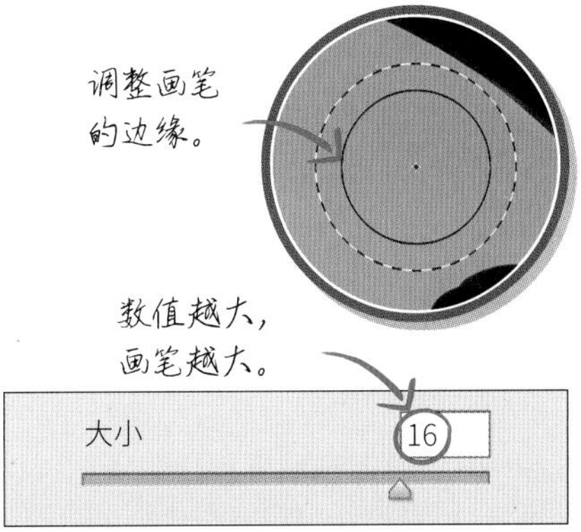
调整画笔
的边缘。
数值越大，
画笔越大。
大小
16

4 羽化

使用“羽化”滑块控制画笔的柔和程度。画笔的“羽化”值为0时，就只有很硬的边缘，而“羽化”值为100时，画笔边缘会非常柔和。

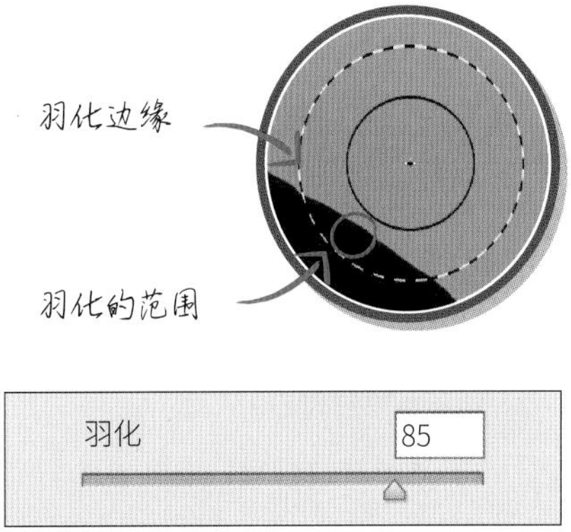
羽化边缘
羽化的范围
羽化
85

8 橡皮擦

选择“橡皮擦画笔工具”修复画面中的瑕疵。你可以改变“橡皮擦画笔工具”的尺寸、羽化和流量，也可以根据需要调整为粗画笔或者细画笔。

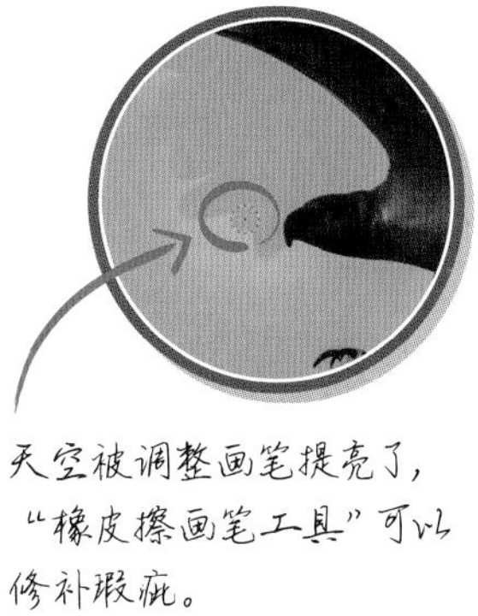
天空被调整画笔提亮了，
“橡皮擦画笔工具”可以
修补瑕疵。

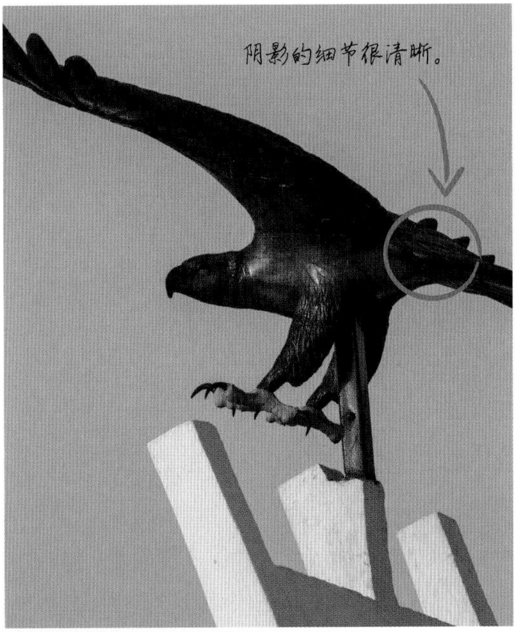
阴影的细节很清晰。

其他工具

Photoshop软件中与“调整画笔工具”最相似的工具就是“加深工具”和“减淡工具”。与“调整画笔工具”一样，可以使用“加深工具”、“减淡工具”和“海绵工具”在照片上涂抹来修改图像。“减淡工具”调亮照片中涂抹的区域，而“加深工具”会使调整的区域变暗。“海绵工具”可以用来去饱和度，从而减少色彩的鲜艳程度，或者提高饱和度，用来增加照片的鲜艳程度。

学习测试

你学到了什么？

微距摄影和近摄摄影可以呈现放大的昆虫，或者让花朵充满整幅照片，这需要基本了解放大、对焦和景深等内容。通过完成下面的测验，检查你掌握了哪些知识。

1 当被摄主体以原尺寸在感光元件上呈现时，被称为什么？

A 近摄 B 微距 C 小

2 专门的微距镜头，具有哪些特点？

A 较长的最小对焦距离
B 较短的最小对焦距离
C 中等的最小对焦距离

3 近摄时，如何获得最深的景深？

A 使用小光圈（更大的F值）
B 使用更大的光圈（更小的F值）
C 移至距离被摄主体更近的位置拍摄

4 在多数的情况下，为什么光圈优先模式要比相机的微距模式更好用？

A 更容易找到模式按钮
B 模糊背景
C 可以让你控制光圈、感光度和测光模式

5 对焦距离是从哪里开始测量的？

A 镜头的前端
B 对焦平面（感光元件）
C 镜头的中间

6 高倍放大和近距离对焦会有什么效果？

A 极浅的景深
B 极深的景深
C 拥有极端细节的景深

7 标准镜头和长焦镜头最不擅长拍摄什么？

A 真正的微距摄影
B 使用特殊微距附件
C 近摄（比实物更小）比例的复制

8 为了减少相机的机械振动，你需要做什么？

A 打开内置闪光灯
B 降低感光度
C 使用反光镜预升

9 使用什么附件能帮助阳光反射到阴影区域？

A 手电
B 反光板
C 闪光灯

10 什么时候镜头会努力寻找焦点？

A 在明亮的阳光下，或者拍摄方形的物体
B 在弱光环境，或者低反差时
C 紫外线或高反差光线下

11 近摄照片的背景会如何？

A 为了吸引观者的注意力与前景中的物体竞争
B 不再注意前景
C 帮助凸显前景物体

12 如何让照片具有柔焦效果？

A 透过前景拍摄物体
B 让镜头对准前景
C 关掉自动对焦模式

答案：1/B，2/B，3/A，4/C，5/B，6/A，7/A，8/C，9/B，10/C，11/C，12/A.

11 第十一周

运动摄影

富有运动感的照片能够展现被摄主体的力量感和动感。凝固运动的画面能够夸张地传递力量，而运动模糊能展示速度感。

本周你将学到：

- 判断哪种技术能够最好地传递希望展示的运动效果。
- 掌握拍摄和创意技法控制运动效果的理论。
- 通过完成拍摄任务逐步掌握平移拍摄和凝固运动拍摄的技术。
- 使用软件增加模糊效果，以提升照片效果。
- 回顾本周学习的摄影知识，看看你是否准备好继续学习。

让我们开始吧！

知识测试

观察运动照片

1

2

4

3

有很多种获得运动效果的方法。你能分辨出这些照片采用了哪种方法表现运动效果吗？将相应的照片和描述匹配吧。

A **使用三脚架长时间曝光：**静止物体周围出现光带轨迹。

B **摇摄：**使用相机快速跟随运动的被摄主体，拍摄动感照片。

C **以非常慢的快门速度拍摄：**能让画面中除被摄主体外的所有景物模糊。

D **快门速度为1/30s：**拍摄静止的物体会清晰，而移动的背景会模糊。

E **移动过程中长时间曝光：**可以制造运动的抽象效果。

F **摇摄过程中使用闪光灯：**使用较慢的快门速度，这样闪光灯可以照亮被摄主体，得到凝固瞬间而背景模糊的效果。

G **保证被摄主体在画面中央时并追拍：**追焦功能可以在运动中追拍时，保证被摄主体清晰。

H **较快的快门速度：**可以抓拍到突发的运动画面。

答案

A/5：泰国曼谷的民主纪念碑处，车辆形成的光绘效果
B/6：跨栏比赛
C/1：在海滩上跑步的小孩
D/2：站在火车站月台的人
E/8：车内看到的光线轨迹
F/7：嘴里叼着球的小狗
G/3：骑自行车的男人
H/4：草地上跳跃的小猫

须知：

- 相机与被摄主体运动方向之间的关系，可以帮助展示运动效果。
- 快门速度可以凝固或夸大被摄主体的运动效果。
- 时机对照片的最终效果影响非常大。在相机运动的过程中，使用闪光灯能够凝固移动的物体。
- 当你尝试拍摄运动题材照片时，将相机的拍摄模式切换到快门优先模式，并选择合适的快门速度，这样就不容易拍摄失败了。
- 使用相机的追焦模式让被摄主体对焦清晰，这样会突出运动效果，并能将被摄主体从模糊的背景中分离出来。

回顾这些要点，看看它们是如何与这里展示的照片相对应的。

理论知识

凝固瞬间和模糊

要表现运动的兴奋状态，你需要考虑要拍摄的运动类型。例如，可以凝固赛跑过程中的关键瞬间，让背景模糊，从而拍摄出快速运动的效果，或者让相机和拍摄主体相对静止，而其他元素围绕被摄主体运动。

快门速度如何调整

快门是由一对被称为“幕帘”的装置构成的。第一块幕帘开启开始曝光，然后第二块幕帘打开直到曝光结束。快门打开的时间就是我们常说的快门速度，它决定了照片最终呈现的运动模糊程度。

凝固（清晰）还是模糊

凝固（清晰）

被摄主体在运动中凝固的瞬间，会记录一些可能被错过的细节，例如，极端运动中的姿势，或者动物毛发的质感。

模糊

照片中包含模糊的效果会突出运动的速度感。被摄主体或者背景都可以增加模糊效果。

体育运动

拍摄快速运动的体育项目，需要快门速度至少为1/500s。例如，摩托车比赛这样非常快的体育运动，需要更快的快门速度。

使用1/60s或者更慢的快门速度会增加模糊效果。追焦拍摄能让被摄主体清晰，但背景中的任何元素都会模糊。

野生动物

清晰的野生动物照片往往需要强调材质和典型特征，或者聚焦动物的行为动作，在实际拍摄中需要至少1/2000s的快门速度。

照片中动物的运动有些模糊，但却可以增加夸张的效果。1/125s或者更慢的快门速度，能将自然的场景拍摄出抽象效果。

风景

即使最平静的风景也会有运动的元素，无论是摇曳在风中的长长野草，还是天空中被风吹着飘动的云朵。1/1000s或者更快的快门速度都可以凝固这些瞬间。

1/8s或者更慢的快门速度可以让拍摄自然运动出现模糊效果，例如，将快速流淌的瀑布拍摄出丝滑的效果。

专业提示： 你可以在抓拍的过程中使用闪光灯凝固主体。突然触发的闪光，可以瞬间凝固相机附近的主体，从而帮助你将被摄主体从背景中分离出来。

专业提示： 使用广角镜头追拍的照片中，模糊的背景往往会出现弯曲的线条。长焦镜头的模糊效果看起来会更平、更直。

追拍

追拍就是移动相机跟随被摄主体的运动拍摄。追拍可以实现被摄主体清晰而背景模糊的效果。拍摄时，只需要被摄主体在到达需要拍摄的位置前慢慢按下快门，然后跟随被摄主体运动的方向，在转动腰的同时拍摄，这样你就能获得平滑的追拍效果。

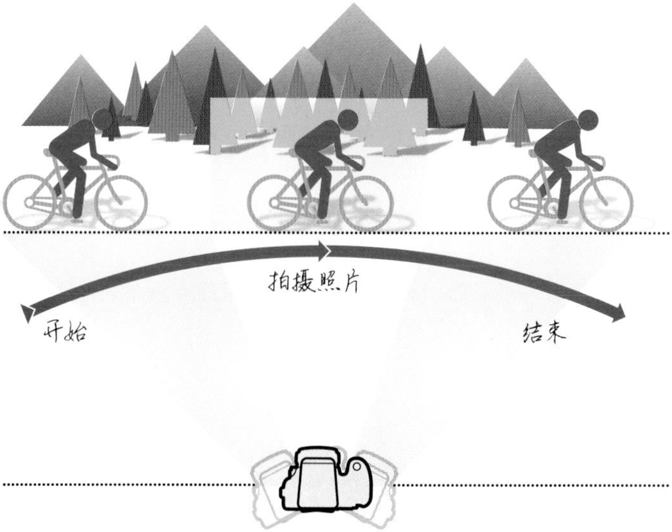

曝光时间

你可以改变在曝光中起关键作用的其他元素，以凸显你想捕捉的任何动作。

光圈： 使用快门优先模式，并调整光圈大小。将光圈大小调整到F8左右是比较稳妥的，这将保持被摄主体清晰，但浅景深可以增强背景的模糊效果。

低感光度： 在阳光明媚的户外，你可能要尽量降低相机对光的敏感度（感光度），这将使你在光圈为F8的情况下，获得稍慢的快门速度。

快门速度

你选择的快门速度就是感光元件开始记录到达芯片的光线持续的时间，它决定了照片显示的运动效果。曝光时间越长，就会记录更多的运动效果。采用更快的快门速度能够拍摄出非常清晰的照片，如果照片中有稍微模糊的效果则会传递运动氛围，或者让画面变为抽象的色块。

使用1/3200s的快门速度能够凝固运动，对实际拍摄来说，并没有建议适合的运动类型和运动的速度。快门在这么短的时间内开启，事实上被摄主体并没有任何明显的移动。

如果将快门速度降到1/30s，被摄主体看起来会更模糊。快门开启更长的时间，在快门开启的这段时间内，被摄主体移动的范围很小，你会注意到胳膊、腿或车轮会看起来模糊。

如果将快门速度放慢到1/15s，被摄主体会看起来很模糊，照片中只有很少可以辨识的细节。模糊的程度受被摄主体移动速度的影响，更快的移动速度则更会出现模糊的效果。

![camera icon]

掌握技巧
追拍

以被摄主体平行的方向移动相机追拍，能更好地展现速度感和动感。掌握这项技术并不容易，需要耐心和不断练习。找到被摄主体在前面，左右都可以移动的背景和拍摄位置就可以开始练习追拍了。

1 设置拍摄模式为快门优先

选择快门优先模式（模式转盘上的S或者Tv挡），这样你就能控制拍摄运动照片最重要的因素——快门速度了。

相机会控制光圈大小。

2 设置连拍模式

将相机的拍摄模式设置为连续拍摄模式，这样你就可以很快地连续拍摄一系列照片，而不需要不断地快速按下快门按钮。

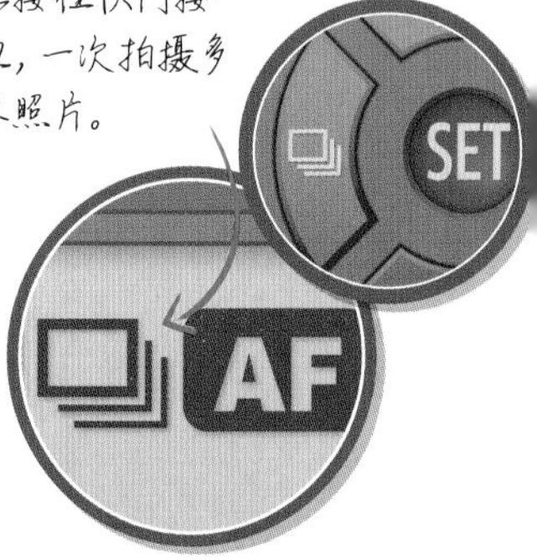

连续拍摄模式可以按住快门按钮，一次拍摄多张照片。

6 将被摄主体安排在画面中央

当被摄主体朝向你移动时，保持被摄主体大致在画面的中央，相机的追踪对焦功能会保持被摄主体对焦清晰。

对焦到被摄主体的头部。

7 拍摄照片

当被摄主体与你平行时，按下快门按钮连拍多张照片。一定要记住，在拍摄的过程中，相机要跟随被摄主体移动（转动）。

追拍的过程中，要稳定地手持相机。

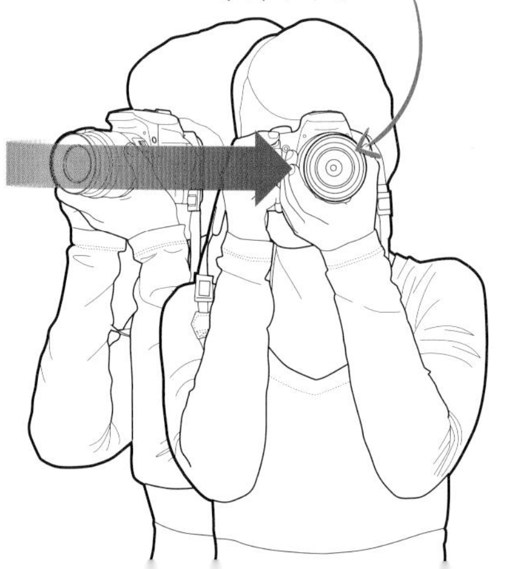

8 检查拍摄的照片

检查拍摄的照片，照片中的背景会模糊，而被摄主体应足够清晰，从而能被背景明显衬托出来。即使这样，仍然需要有足够的运动模糊才能体现运动效果。重复拍摄，直到你掌握了这项技术。

开始: 需要找到在你前面不介意很多次跑步或者骑车的运动员，再找到能够前后移动，但也不完全空旷的可以拍摄的地方。

你将会学到: 如何使用相机追拍。这次练习结束，你会了解如何控制相机、被摄主体、时间和快门速度等，以及这些元素如何结合，才能拍出运动感十足的照片的方法。

3 选择低感光度

低于ISO200的感光度会让拍摄的照片几乎没有噪点，而且质感平滑，还可以使用相对较慢的快门速度。

4 选择快门速度

设置快门速度为1/60s，这样足够慢的快门速度使拍摄的照片具有一定的模糊效果，但并没有慢到让整幅照片都模糊，相机会根据光线选择合适的光圈大小。

5 调整焦点

如果相机具有追焦模式，就开启该模式。如果没有，则将相机朝向被摄主体可能经过的位置，并半按快门按钮锁定对焦。

设置适合拍摄条件和场景的感光度。
ISO
200

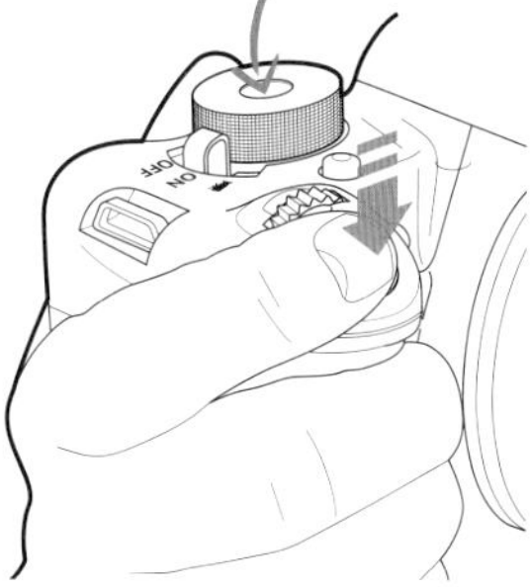
半按快门按钮，直到开始拍摄。

平移追焦拍摄很成功，被摄主体的面部非常清晰。
使用平移追焦技术，获得了模糊的背景效果。

你学到了什么？

- 要掌握这项技术，需要在快门速度、被摄主体的相对位置，以及跟拍速度之间取得平衡。
- 需要多加练习才能真正掌握追拍技术。
- 选择合适的快门速度非常关键，因为照片需要一定的模糊效果，才能得到动感。

技能学习

拍摄运动中的主体

使用较快的快门速度可以凝固瞬间发生的事物，因此可以抓拍到动作爆发的瞬间。配合长焦镜头拍摄，你可以使用浅景深将被摄主体从背景中分离出来，从而提升整体的效果。

1 安装合适的镜头

为了获得最好的景深效果，需要使用长焦镜头，或者使用变焦镜头最长的一端。焦距更长的镜头可以将被摄主体和背景分离，尤其是当你使用大光圈拍摄时。

2 提高感光度

如果在晴天户外拍摄，将感光度设置为ISO400~ISO800，如果不是晴天或者在室内拍摄，需要使用更高的感光度。使用高感光度能增加相机感光元件对光线的敏感度，这样就可以使用更快的快门速度。

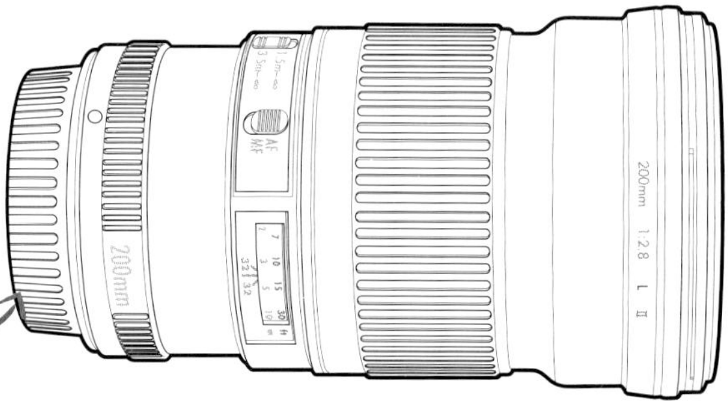
长焦镜头
200mm
AF
MF

使用比拍摄
静止主体更高
的感光度。
ISO
400

5 确定拍摄位置

选择被摄主体运动时可以拍摄的合适位置。考虑你是否需要夸张的低视角，或者更高视角来去除背景细节。将相机拍摄模式设置为连拍模式。

6 拍摄照片

当被摄主体朝向相机运动时，连续拍摄几张照片，争取拍摄出被摄主体从画面中朝向你冲过来的感觉。

7 浏览拍摄的照片

浏览拍摄的照片。如果你对拍摄的效果不满意，尝试重新拍摄。

选择连拍模式，按住快门
按钮会拍摄多张照片。
SET

尝试将被摄主体充满
整个画面。

浏览拍摄的照片。
MENU
INFO

开始: 你需要找到可以拍摄朝向你快速运动的主体，而且为了确保拍摄成功，你需要使用较高的感光度。

你将会学到: 如何抓拍运动中人物的动感和力量感。使用更快的快门速度完全可以凝固人物的动作，通过使用大光圈将人物和背景完全分离。

3 选择光圈优先模式

设置为最大光圈，这样就可以获得很浅的景深，相机会根据大光圈的进光量自动匹配合适的快门速度。

4 打开追焦模式

设置相机的对焦模式为追焦模式（或者连续对焦模式）。这样随着被摄主体朝向相机运动的时候，相机会将焦点锁定在被摄主体上并保持对焦清晰。

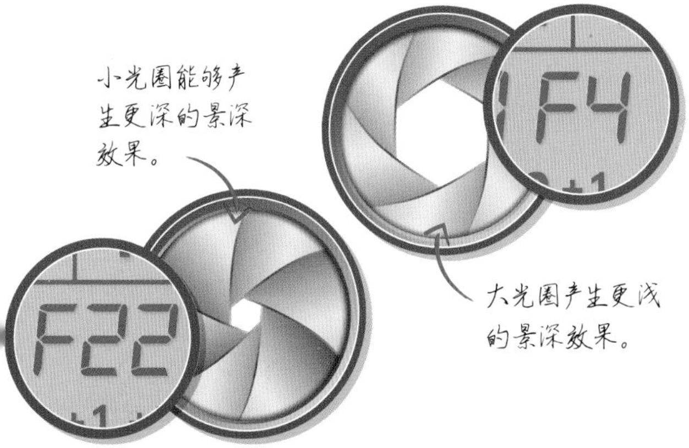
小光圈能够产生更深的景深效果。
F4
F22
大光圈产生更浅的景深效果。

确保对焦模式为追焦模式（或者连续对焦模式）。
AF-C

运动的被摄主体凝固在脱焦的背景前面，在脱焦的背景前凝固其动作。

你学到了什么?

- 使用长焦镜头和更大光圈拍摄，能获得被摄主体和背景分离的浅景深效果。
- 较快的快门速度能够凝固动作。
- 像相机设置一样，视点会对照片产生很大影响。

要保存拍摄得最好的照片。

练习与实践
凝固动作和追拍

为了更完美地展现运动状态，你需要不断地练习。当出现非常重要的体育比赛或者事件时，你就不会遗憾没有拍到好照片了。多次练习这里提到的技术，使用更快或者更慢的快门速度拍摄，这样你可以看到快门速度稍微改变会对拍摄出来的照片有多大影响。通过这些练习，你将会发现在选择时机和技巧方面你得到很大的提示。

凝固动作

简单　　户外

30分钟　　一项体育运动或者比赛

相机+三脚架

这项练习的目的就是练习判断在合适的时间凝固瞬间。

- 将相机拍摄模式调整为运动模式（或者光圈优先模式，并设置为最大光圈），并使用连续自动对焦模式和连拍模式。
- 随着被摄主体的移动，观察运动的高峰时刻。
- 在预测被摄主体要做出动作的瞬间拍摄。
- 尝试让被摄主体充满画面，如果其有小部分在画面之外也不用担心。

较快的快门速度能够凝固任何运动瞬间。

恰当时刻抓拍到了小女孩跳跃的精彩瞬间。

专业提示：一旦你拍摄了一些你认为满意的追拍照片，记下最适合的快门速度数值，这样下次拍摄时就能作为拍摄基础参数参考使用了。

专业提示：追拍的时候关闭镜头的影像稳定系统，如果具备垂直校正模式，将影像稳定系统设置为垂直校正模式。

慢速闪光同步

难　　室内或户外
1小时　　聚会等有人参加的活动
相机+闪光灯

使用这项技术能够拍摄出充足的光线照射被摄主体的效果，画面非常清晰，而背景模糊，这样就凸显了运动效果。

- 打开相机闪光灯，或者为相机安装热靴闪光灯，并使用广角镜头拍摄。
- 设置感光度为ISO200，如果场景明亮，则设置更低的感光度。
- 选择快门优先模式，设置快门速度为1/15s，相机会自动设置适合的光圈大小。
- 对焦主体，当被摄主体移动的时候相机也要移动。闪光灯会在凝固瞬间的同时，使用较慢的快门速度让背景模糊。
- 尝试使用非常慢的快门速度的同时，移动相机拍摄，这样更容易拍摄出理想的效果。

被摄主体的动作被闪光灯凝固，由于长时间曝光背景会模糊。

追拍

适中　　户外
1小时　　繁忙的道路或者街道
基本配置

你需要在与被摄主体运动平行的位置完成拍摄。

- 选择快门优先模式，开始时使用1/60s的快门速度，然后可以尝试更快或者更慢的设置。切勿使用运动模式。
- 在被摄主体运动经过的地点预先对焦，或者使用连续自动对焦模式拍摄。
- 相机设置为连拍模式，当被摄主体在完全相反的方向运动时，拍摄几张照片。一定要记住在被摄主体经过之前，保持抓拍状态，这样就能拍摄出背景模糊的效果。

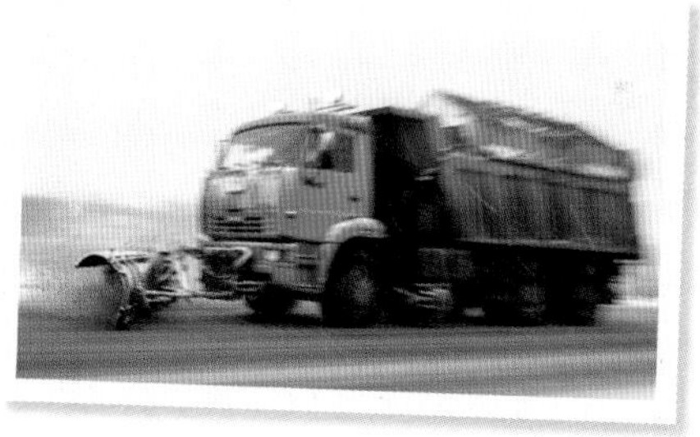

移动相机跟随扫雪车拍摄，能够拍摄出速度感。

你学到了什么？

- 为了抓拍到被摄主体运动的最佳瞬间，把握时机非常重要。
- 尝试以不同的快门速度拍摄出非常好的照片效果。
- 使用连续自动对焦模式和连拍模式就有更多机会拍摄出理想的照片。

检查学习成果

评估拍摄的照片

一旦你完成了本周的拍摄任务，掌握了抓拍运动过程的技巧，挑选出拍摄最好的照片，核对下面的检查清单，看看哪方面还可以提高？

是在合适的位置追拍吗？
要正确追拍，你需要以被摄主体同样的速度移动相机。如果画面中有很多主体，或者主体移动得太快，就会像这里展示的照片一样，最终画面出现模糊现象。

选择的快门速度是否太慢？
选择合适的快门速度经常需要不断试错。拍摄这张照片时的快门速度太慢，所以未能抓拍到自行车手理想的照片，其看起来有些模糊。

主体运动的时候移动相机了吗？
如果你并没有随着被摄主体运动移动相机拍摄，照片就会脱焦。拍摄这张照片时，相机并没有完全与马同步移动，因此轮廓模糊，但仍然展现了速度感。

快门速度足够慢吗？
这张照片采用非常慢的快门速度透过移动的车窗向外拍摄，展现了强烈的运动感。

摄影是瞬间的艺术，留住瞬间从而改变生活。

多梦西亚·兰格

快门速度足够快吗？
当跑步者踏过水坑时，较快的快门速度凝固了被跑步者激起的水花。

你考虑背景效果了吗？
逆光抓拍到网球手的剪影效果，而且也强调了其背后的围栏。

你是以合适的速度追拍的吗？
这张照片非常不错，使用了极快的快门速度拍摄，摄影师严密地跟随汽车的速度和方向移动相机，从而完成追拍。

是最佳视角吗？
这张照片的效果好，是因为将被摄主体安排在了更广的空间中，高视点也展现了运动感。

增加模糊效果

在实际拍摄中，有时候当照片拍摄完成后，你可能希望给照片增加一些模糊效果。后期处理软件让这种操作变得非常容易。拍摄时要选择具有典型前景，看起来移动的主体，但背景要非常清楚。在Photoshop软件中打开照片。

1 在主体边缘做选区

使用“套索工具”在主体边缘绘制选区，尽量绘制得精确一些。

在主体边缘做选区时要相对精确。

5 模糊图像

在弹出的“动感模糊”对话框中，拖曳底部的“距离”滑块，调整数值为10。

6 轻微调整

向右拖曳“距离”滑块，图像会变得模糊。如果调整得过多，整个画面会看起来非常模糊，记住，调整要适可而止，不要贪多。

拖曳滑块或输入数值。

调整“距离”值，直到得到满意的效果。

专业提示：当增加模糊体现被摄主体运动效果时，要尝试不同类型的模糊效果，使用“动态模糊”滤镜并不一定能获得最好的效果。

专业提示：你也可以改变“动态模糊”的角度，选择大致能够匹配被摄主体运动方向的角度即可。

2 增加羽化效果

在工具选项栏中设置“羽化”值，从而柔化被摄主体边缘的轮廓。这样可以避免在模糊与清晰过渡区域出现明显、清晰的边缘。数值为10~20应该就足够了，因为之后操作仍然可以更改。

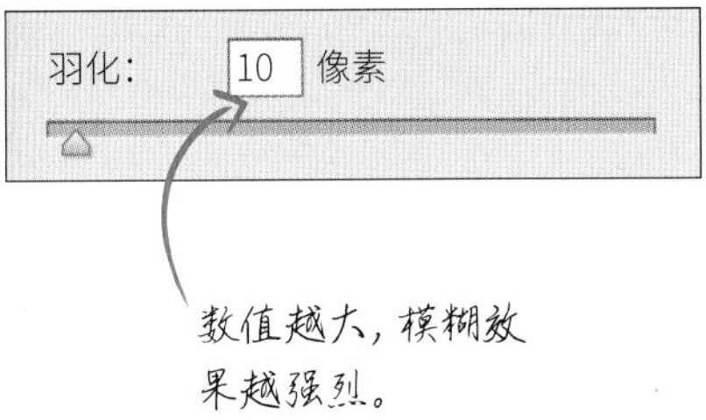

3 选择背景

执行“选择”→“反选”命令，让选区变为需要模糊的背景区域。如果希望主体模糊，可以忽略这一步。

4 选择动感模糊

执行“滤镜”→“模糊”→“动感模糊”命令。

尝试径向模糊

尝试不同类型的模糊效果，例如在第4步执行“径向模糊”命令，通常将数值设置为20~35，即可得到希望的运动效果。

学习测试

你学到了什么？

现在你已经完成了相关练习并浏览了拍摄的照片，你应该已经对如何展现运动效果有了充分的理解。尝试回答下列问题，检查你是否掌握了这些技术。

1 如果拍摄了被摄主体朝向你运动的照片，但最终拍摄的照片却是模糊的，你在哪方面做了错误的操作？

A 不正确的焦点
B 快门速度不够快
C 未选择光圈优先模式

2 当追拍时，哪种模式最适合？

A 光圈优先模式
B 运动模式
C 快门优先模式

3 使用较慢的快门速度拍摄时，灯光会出现什么效果？

A 灯光脱焦
B 灯光记录为轨迹或者灯带
C 灯光看起来像斑点

4 如何在照片中表现跳得高？

A 与被摄主体一起跳
B 在高于被摄主体的位置拍摄
C 在低于被摄主体的位置向上拍摄

5 长焦镜头如何展现动作？

A 更接近被摄主体
B 浅景深更容易将被摄主体和背景分离
C 进入更多的光线

6 如何锁定焦点？

A 半按快门
B 转动模式转盘，将拍摄模式设置为光圈优先模式
C 按下曝光补偿按钮

7 什么是追拍？

A 快速拉近或者拉远镜头
B 快速拍摄一系列照片
C 跟随被摄主体的运动移动相机

8 慢速快门同步的结果是什么？

A 主体模糊，背景清晰
B 主体清晰，背景模糊
C 完全模糊的照片

9 凝固动作最好的拍摄模式是什么？

A 光圈优先
B 夜景模式
C 运动模式

10 如果你希望在晚上拍摄汽车灯光的轨迹，而且建筑物看起来清晰，你需要使用什么技术？

A 使用闪光灯抓拍
B 将相机安装在三脚架上，并长时间曝光
C 高感光度，使用更快的快门速度

11 追焦的作用是什么？

A 从一个被摄主体快速切换到另一个被摄主体并对焦
B 对焦在更远的物体上
C 追拍运动元素时，保持主体清晰

12 如果快门速度比较慢，拍摄的照片会如何？

A 清晰
B 模糊
C 曝光过度

答案：1/B，2/C，3/B，4/C，5/B，6/A，7/C，8/B，9/C，10/B，11/C，12/B.

12 如何构图

第十二周

几个世纪以来，人们已经形成了一套影像的构图“规则”，然而过于死板地遵循这些规则，可能会导致构图缺乏新意，所以一定要将这些“规则”作为指导参考，而不是命令。

本周你将学到：

- 掌握构图的“规则”，包括奇数的运用、构图原则和引导线的使用。
- 使用“黄金分割”构图原则拍摄照片。
- 打破规则，完全颠覆传统构图原则。
- 检查照片，注意视点、观者的视线，以及照片的高宽比。
- 通过裁剪来优化照片。
- 回顾本周学习的摄影知识，看看你是否准备好继续学习。

让我们开始吧！

知识测试

思考构图

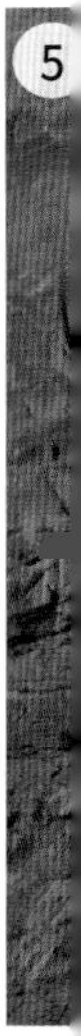

理解摄影构图的规则，可以帮助你更好地传递信息，并让照片更有冲击力。浏览这些照片，把照片和相关的描述匹配起来吧。

A **大小：**将一个可识别的物体放在一个特别大的物体旁边，有助于对比物体的大小。

B **奇数的运用：**画面中包含奇数个物体，能够帮助吸引观者的注意力。

C **确定地平线的位置：**将地平线安排在照片的黄金分割线上，可以让观者注意到照片的前景。

D **画中画：**使用天然的框架，可以将观者的注意力吸引到关键区域。

E **主体偏离中心构图：**将被摄主体安放在一个更有活力的位置。

F **合适的宽高：**选择一个适合被摄主体的画幅，例如拍摄风景的全景照片。

G **黄金分割构图：**用两条水平线和两条垂直线，将画面平均划分成九等份，帮助安排关键元素。

H **透视引导线：**使用透视引导线来引导观者，从顶部到底部有序地观看照片。

答案

A/3：山顶的徒步旅行者
B/6：碗里的沙丁鱼
C/2：苏格兰霍夫湾的鹅卵石
D/5：美国亚利桑那州的岩石拱门
E/1：骑自行车的女人
F/4：苏格兰的风景
G/7：盛开的黄花
H/8：道路两旁的树木

7

6

8

须知

- 构图的规则仅是一种拍摄参考，并不适应于每一张照片的拍摄，完全按照这些规则拍摄出来的照片往往会比较单调。
- 请记住达·芬奇对画面构图的看法——简单就是终极的高级。
- 杂乱和无序的照片会让观者很难理解照片的意义，因此，观者很可能放弃观看照片，而去做别的事情。
- 成功的构图可以让观者的视线按照设定的方向移动，并在感兴趣的地方停下来。
- 一定要记住，改变摄影构图最快的方法是移动你的脚步。

回顾这些要点，看看它们是如何与这里展示的照片相对应的。

理论知识
构图规则

拍摄一个构图均衡、令人愉悦的照片，经常是一个挑战。画家可以从画布的空白处开始，轻松地增加或减少画作中的元素，而摄影师不得不直接面对眼前的事物进行创作。许多艺术家声称构图需要一种“天生的眼睛”——一种与生俱来的感觉，知道如何安排主体，获得最大化视觉表达的效果。但实际上，这种能力可以通过研究他人的作品练成。如果你花时间观看艺术展览，分析为什么有的作品成功，有的作品失败，你就会发现许多成功的作品都遵循了一定的构图“规则”。

岩石将观者的注意力吸引到岩石的黄金分割线上。
前景和背景中的兴趣点。
引导线吸引了观者的视线。

形状的运用

为了拍摄能抓住观者视觉注意力的照片，你需要使用策略，吸引观者的视线。在实际拍摄中，一种有效的方法就是将这些元素按三角形或圆形排列，这样观者的视线就能被主要的元素所吸引，然后回到视觉起点。

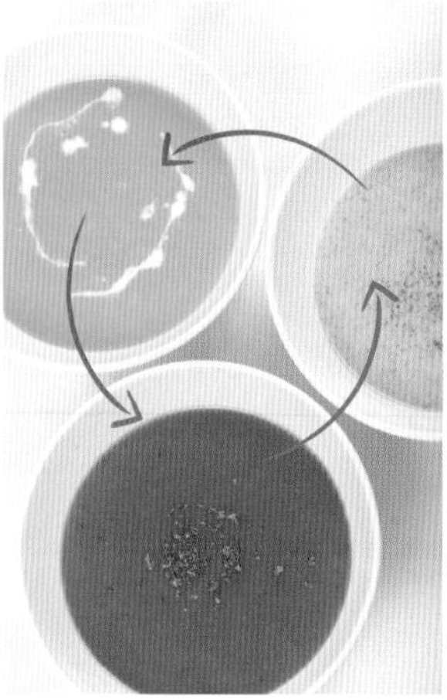

观者的视线会从照片中的一个主体上移到另一个主体上，最终回到开始的地方。

黄金分割法则

这种构图方法是用两条水平线和两条垂直线将画面划分成平均的九等份，然后在这些线条相交的地方安排视觉中心。许多相机取景器中都带有这种参考线，可以帮助拍摄者构图。

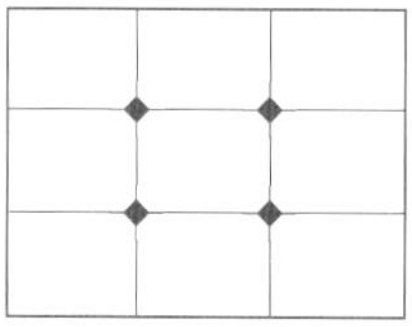

"摄影就是关于光、构图和情感的艺术。"

拉里·怀德

地平线位置

将地平线安排在画面中较高的位置，表明前景很重要，观者的视线会一直观察到天空的位置，这样照片会有很强的空间感。相比之下，将地平线安排在画面中较低的位置，表示天空是最重要的元素，这样的照片会传递孤独的情感。

使用自然界的景物边框构图

用树枝、岩石或桥梁等元素形成的自然边框帮助构图，这种方法很好用，可以将观者的视线引导到照片中的关键区域，同时也会隐藏任何干扰视线的元素。

奇数法则

当人的大脑面对偶数个物体时会自动将它们分类成对，然后视线会继续移动。如果物体并排放置，眼睛就会落在两者之间的空隙中。为了能让眼睛移至需要的地方，并停留一段时间，你需要在构图中包含奇数个物体。

打破规则

一旦你学会了构图的“规则”，打破这些规则就很轻松了。如果你想拍摄对称反射的画面，那么把水平线安排在画面的中心，效果就很好。还可以拍摄到被摄主体离开场景的画面，从照片中可以看到他们曾经去了哪里，而不是他们要去哪里。

理论知识

直线、曲线与对角线

当你在构图时，线条能引导观者的视线在照片中移动，同时这些线条还能唤起观者强烈的情绪。例如，垂直线条能将视线从画面底部移至顶部，从而传达一种稳定和永恒的感觉。在实际拍摄中，线条随处可见，从鸟脖子的曲线到曲折的乡村道路，这些线条都显而易见。但也有些不太明显的，例如海滩上的散落巨石。线条可以是连续的，也可以是间断的，还可以是长的或短的。当你使用线条构图时，一件重要的事情就是要认识到它们的美感和对情感影响。

引导线

引导线是观者视线进入照片的"入口"。通常是从照片的底部开始，引导观者的视线到画面的主体上。引导线可以是道路、墙壁、花朵和河流，以及任何能迅速、有效地引导视线的元素。

地平线

当你研究一幅有水平线的照片时，你会有平静与平和的感觉（具体取决于照片的内容）。海上的落日、静静的水面上的倒影，还有画面中倒下的大树，引导我们的是视线从左到右移动，从而很自然地让我们关注到画面的细节。

专业提示：一旦你掌握了黄金分割构图的方法，那么就可以了解更复杂的构图法则了，例如，那些基于12世纪意大利数学家莱昂纳多·皮萨诺设计的生命线与神奇的斐波那契数列。

专业提示：如果拍摄时不确定如何构图，那么先试拍一张，然后将照片上下颠倒看看，这是一种简单且客观的评估照片优劣的方法。

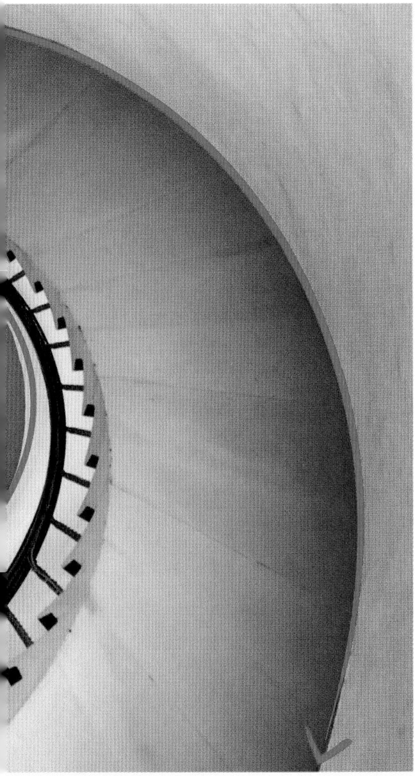

“之”字形线条

当一条道路或一条河蜿蜒穿过画面时，曲线则暗示着快速运动。在这种情况下，人们会从一边到另一边来回扫视，在每一个转弯，或者拐弯处停下来寻找感兴趣的地方。要注意锯齿状的线条，或者不规则的线条有时也会带来这种感觉。

曲线

海浪拍打着的海滩、螺旋状楼梯和沙丘都形成了一种独特的曲线，这些元素可以为构图增添优雅的气氛与动感。这些曲线也暗示着一种缓慢的美丽，鼓励观者花时间去探索照片的奥秘。

垂直线

铁塔、摩天大楼、树木和栅栏都可以形成引人注目的垂直线条，这些线条都可以带来稳定性和持久性。当你观察有垂直线条的照片时，你的视线通常会从底部移至顶部。

对角线

如果你拍摄照片时想强调被摄主体的速度感或动感，对角线构图是理想的构图方式。对角线条充满活力，能把观者的视线引向画面的边缘。人造对角线在拍摄中也很常见，你可以通过倾斜相机的方式，来创造对角线构图效果。

黑白照片

将彩色照片转换成黑白照片，照片的线条、形状和形式可能会被放大。许多人认为拍摄黑白照片的摄影师需要完全不同的图像理念，才能拍出好的黑白照片，但事实上，不断地练习就能获得出色的效果。

技能学习

黄金分割构图法的运用

黄金分割构图法是一种流行的摄影构图技巧，这种方法强调画面中的关键元素应该放在黄金分割线的相交处。相机制造厂商都知道这一规则，因此大多数相机都有显示黄金分割构图参考线的功能。

1 安装合适的镜头

你想拍摄的任何主体都可以使用黄金分割构图法构图，所以要根据你想达到的效果来选择镜头。为了展现房子和风景之间的紧密关系，你应该使用能够压缩透视效果的长焦镜头。

2 把相机安装在三脚架上

使用三脚架和水平仪，以确保相机的姿态与构图的水平线保持一致，从而可以让你集中精力专注构图。

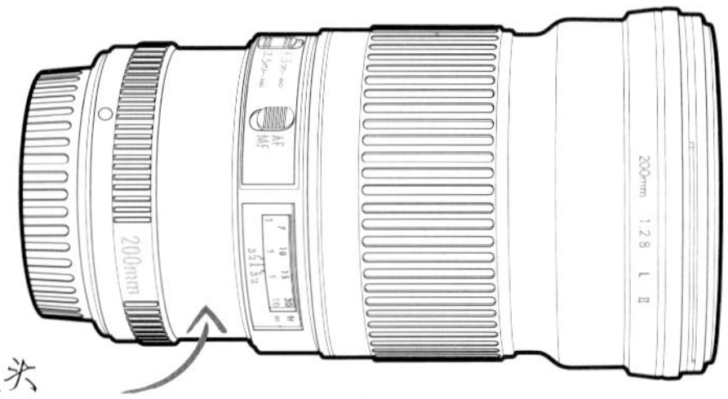
长焦镜头

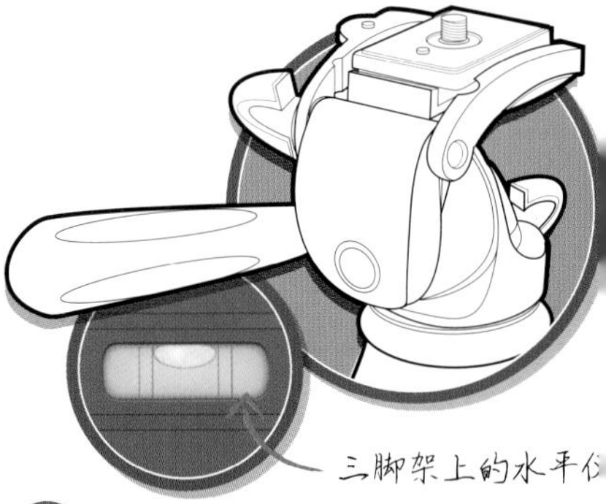
三脚架上的水平仪

6 显示参考线

如果你的相机有实时预览功能，开启该功能并显示黄金分割构图参考线。将照片中所要表现的关键元素放在黄金分割线条相交的位置。如果相机没有实时取景功能，就直接用眼睛构图。

7 选择对焦点

通过手动或自动对焦让被摄主体对焦清晰（手动选择对焦点，或者将被摄主体安排在画面中央，半按快门按钮锁定对焦，然后重新构图）。

8 拍摄并浏览照片

设置好相机后拍几张照片，查看这些照片中各元素是否均衡。如果不合适，可以考虑在后期制作中裁剪照片，从而重新构图。

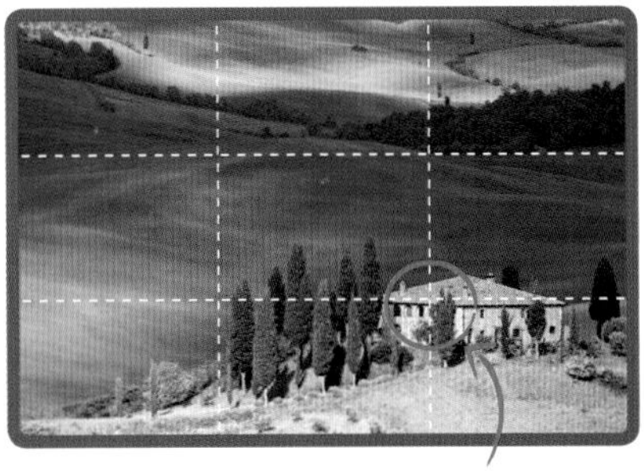
将被摄主体安排在参考线相交的位置。

选择对焦点。

在液晶显示屏上浏览拍摄的照片。

开始：黄金分割构图方法几乎适用任何拍摄题材，甚至一束光都可以安排在画面中黄金分割构图的参考线相交位置。尝试为固定的被摄主体，以及照片中不太明显的元素构图时使用这种方法，例如照片的暗部阴影和高光区域。

你将会学到：在使用黄金分割构图法时如何设置相机，如何设置并使用相机的黄金分割构图参考线，以及当被摄主体不在画面中心时如何构图。

3 调整测光模式

根据被摄主体和光线条件选择合适的测光模式。在这张照片中，强烈的光线照亮了房子，但后面的田野却很暗。这样大的反差可能会引起相机错误地判断曝光，并导致曝光过度。

4 设置最低的感光度

要拍摄平滑、无噪点的照片，就选择较低的感光度（如ISO200或更低）拍摄。当光线照度变低时，你可以提高相机的感光度，同时也要考虑使用更大的光圈，或者更慢的快门速度。

5 设定光圈与快门速度

选择适合被摄主体需要效果的合适光圈大小和快门速度组合。当你拍摄风景照片时，使用光圈优先模式拍摄，用小光圈拍摄，从而确保照片中的前景和背景都清晰。

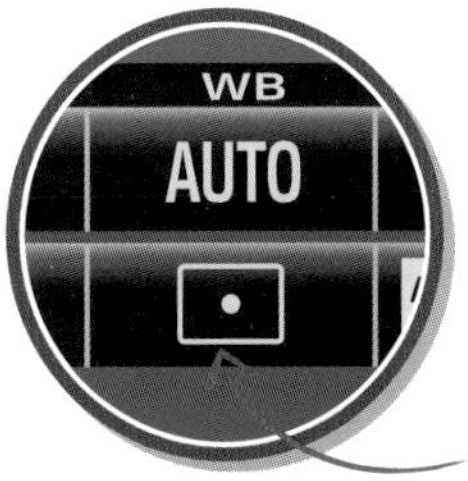

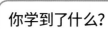

房屋被安排在照片中1/3偏低的位置。

你学到了什么？

- 当被摄主体不在照片的中心位置时，你需要帮助相机决定焦点在画面中的具体位置。相机中显示的参考线，将帮助你用黄金分割线进行构图。
- 使用三脚架不仅有助于避免相机振动，让照片保持水平，还可以让你更自由地构图。

保存拍摄好的照片。

练习与实践
摄影构图

照片的戏剧性构图很少是偶然拍摄到的，通常是摄影师视觉观察能力与精湛技艺结合的产物。为了掌握技能，你需要做一些相应的练习，下面的练习将帮助你学习如何将被摄主体安排在画面的中心，如何将被摄主体进行分组，以及进行横构图和竖构图的练习。

中心位置构图

容易
30分钟
相机+三脚架
室内或户外
适合在画面中心位置构图的主体

把被摄主体安排在取景框的中央，可能会打破常见的构图“规则”，但这个练习将这样做。

- 明智地选择被摄主体。当照片的视觉中心在画面的中心时，观者的视觉注意力将会被直接引导到那里，但你需要用其他的元素继续吸引他们的注意力。例如向外辐射的花瓣，或者沙滩上色彩鲜艳的沙滩球，都是理想的被摄主体。
- 使用相机上的构图参考线，确保被摄主体被安排在画面的中央。
- 要注意照片是如何打破这些构图“规则”，以及如何改变你对于被摄主体的感觉的。

使用横构图和竖构图拍摄

容易
30分钟
相机+三脚架
室内或户外
适合横构图的被摄主体

横构图反映了人们观看与认知世界的方式，所以我们经常用这种方式取景拍摄照片，但是将相机转动，就可以创造引人注目的、不寻常的构图。

- 找到一个适合横构图和竖构图的被摄主体。
- 将相机安装到三脚架上。
- 观察有多少空间没有被被摄主体占用，以及照片中的线条或形状，是如何相互作用和影响的。
- 旋转相机转为竖构图，注意观察照片的结构是如何改变的。

横构图拍摄的房屋照片。

竖构图拍摄的房屋照片。

专业提示：当你需要将被摄主体安排在画面中心之外的区域时，你有三种对焦方法可以选择——对焦锁定模式、手动选择对焦点模式和手动对焦模式。在实际拍摄中，这三种模式你都需要试一试，直到找到最有效的那种。

专业提示：当你在构图拍摄时，如果被摄主体的数量可数，那么构图的时候使用奇数个物体拍摄的效果会很好。如果被摄主体数量太多，构图效果就没有那么明显了。

照片中央的特技摩托车运动员吸引了观者的注意力。

构图参考线和水平仪

如果你的相机有实时取景功能，可以打开参考线观察构图在何时符合（或打破）黄金分割线的规则。许多相机还配有电子水平仪，这种基于屏幕的工具就像专业水平仪一样，能检测相机拍摄时有没有保持水平，而且线条也会相应地从绿色变为红色。

电子水平仪会告诉你相机是否保持水平。

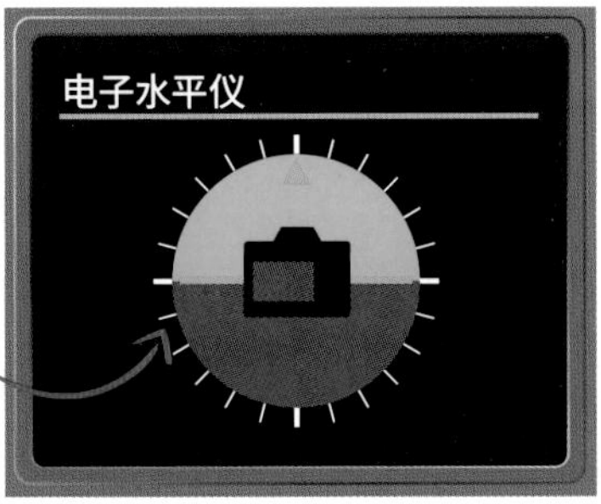

凑够数量

容易
室内或户外
30分钟
至少三个相同类型的主体
相机+三脚架

在实际拍摄中，包含奇数个物体的构图要比包含偶数个物体的构图更美观。

- 把偶数个碗放在桌子上，两个碗是很好的尝试起点。
- 注意你的眼睛如何从一个碗转移到另外一个碗上，在你失去兴趣之前，内心是如何将它们相互配对的。
- 再添加一个碗，思考大脑如何用更长的时间把碗分成令人满意的组。使用其他物体重复这一过程并拍摄。

奇数排列的物体容易吸引观者的注意力。

你学到了什么？

- 打破规则，例如把被摄主体放在画面的中央、让地平线倾斜、调整水平和垂直拍摄方向，或者抓拍一个从画面中走出来的被摄主体，这些方法都会让你拍摄到引人注目的照片。

评估拍摄的照片

现在你已经学习了基本构图的“规则”，是时候欣赏一下你拍摄的最喜欢的照片了。照片成败的关键在于你把构图的重点放在照片的哪个地方，以及观者的视觉注意力是如何被引导到构图的关键位置的。

你找到了最好的拍摄视点了吗?
尝试所有可能的拍摄视点。蹲在地面或爬上高处，这张照片让原本枯燥的照片变得更加有趣。

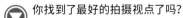

正负空间是否平衡?
照片空间中不包含任何内容的部分称为“负空间”，这些区域强调了照片的被摄主体并为观者的视觉注意力提供了休息的空间。这张米开朗基罗的雕塑照片拍摄得很好，因为有足够的空间让雕像“凝视”。

这张照片有纵深感吗?
照片是一个二维空间，所以要传达一种空间纵深感是很棘手的问题。可以通过元素的重叠来暗示空间深度。例如，在这张山脉的照片中，山峰呈现丰富的层次，从而将观者的视觉注意力转移到云层所在的部位。

你尝试过横构图和竖构图吗?
如果你只是在拍肖像时，垂直地握着相机，而在拍风景时水平地握着相机，你就可能会错失良机。这张照片采用横构图，将观者的注意力集中在人物头部，从而把观者的视线吸引到男子的表情上。

像专业人士一样学习规则，这样你就能像艺术家一样打破规则。

巴勃罗·毕加索

这张照片符合黄金分割构图的规则吗?

遵循黄金分割法构图，是让照片中的元素相互平衡的好方法。这只猕猴的位置也遵循了这个“规则”，但摄影师也留出了让动物往前看的视觉空间，这让观者注意到了背景中的另一只猕猴。

什么线条可以引导观者的视觉注意力?

引导线通常从画面的底部开始，引导观者的视线进入照片的关键区域。在这张照片中，河流的曲线引导观者的视线从左到右，然后再回到左边。规则就是用来被打破的。

照片的画幅比例适合你拍摄的主题吗?

在确定照片采用方形或全景照画幅之前，考虑一下照片中需要多少负空间。这张全景照片之所以成功，是因为它包含了广阔的海洋和海岸线，还有背景中的灯塔。你拍摄时会用这么多的负空间吗?

照片的焦点明显吗?

如果一张照片的焦点不清楚，那么观者将努力地去理解你拍摄的意图 。这张照片中的一切都表明，草莓更突出，而手则起到辅助作用。

优化照片

裁剪照片

裁剪照片是去除画面边缘不需要元素的好办法，裁剪可以用来改变照片的画面重点，也可以减少多余的负空间和应用黄金分割法为照片再次构图。虽然最好的解决方案总是直接拍摄出构图最好的影像，但拍摄后裁剪照片仍然可以解决许多问题。这张鹳巢的照片构图很好，但是大面积的多余空间会分散观者的注意力，通过裁剪把视觉注意力集中在雏鸟身上的效果会更好。

1 选择裁剪工具

单击“裁剪工具”按钮，将鼠标指针移至顶部的工具选项栏中，在下拉列表中列出了常见照片裁剪尺寸和比例的预设。

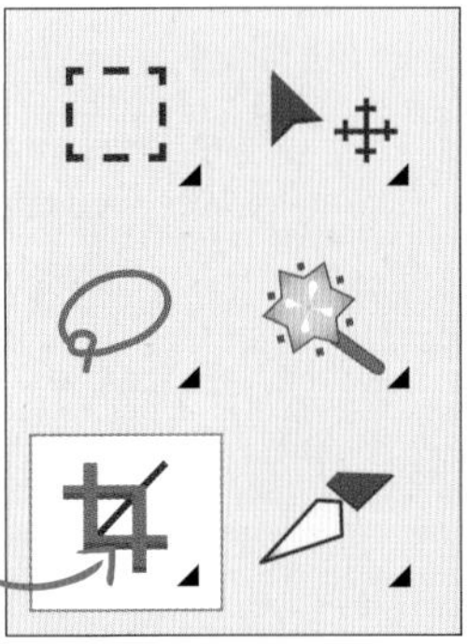

在工具箱中选择“裁剪工具”。

5 改变裁剪屏蔽区域

要查看其他选项，单击工具选项栏上的“裁剪选项”图标（由一个齿轮图形表示）。选中“使用裁剪屏蔽”复选框，并调整颜色和不透明度，使裁剪区域选框外的阴影区域尽可能明显。要查看被裁剪掉的区域，取消选中“使用裁剪屏蔽”复选框即可。

6 删除裁剪的像素

若要删除裁剪后的区域，可以在工具选项栏中选中“删除裁剪的像素”复选框。如果未选中此复选框，Photoshop将保留裁剪区域外的图像（图像需要保存为PSD格式文件）。再次选择“裁剪工具”可以恢复被裁剪的区域。

“使用裁剪屏蔽”复选框控制屏蔽区域的颜色和不透明度。

7 保存或舍弃裁剪操作

要接受当前的裁剪区域，按Enter键，或者单击“确认”图标（工具选项栏中的对钩图标）。要取消裁剪，按Esc键，或者单击“取消”图标（工具选项栏中带有斜线的圆圈图标）。

确认裁剪。

专业提示：要纠正地平线不水平的照片，可以将鼠标指针移到照片边角外围然后旋转照片。有些软件还允许用黄金分割参考线帮助你裁剪照片，这样你就能裁剪出视觉冲击力更强的照片。

专业提示：每次裁剪照片时，都会因裁剪而降低照片的分辨率。如果可能，可以在拍摄的时候使用变焦镜头来精确地构图。

2 添加自己的预设

可以在工具选项栏中选择预设选项，添加自己输入的预设裁剪比例，如“8英寸×10英寸”。再次打开下拉列表，单击旁边的小箭头按钮，选择“新建裁剪预设”选项，在弹出的对话框中单击“确定”按钮。

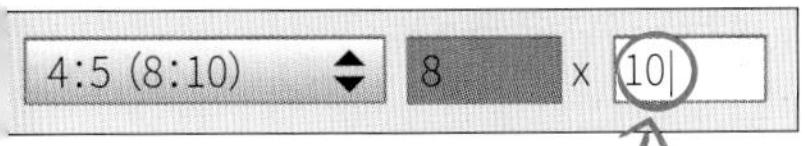

输入相应的尺寸数值。

3 裁剪边界

单击照片并将鼠标指针拖至想要保留的区域。照片中选中的裁剪区域之外的内容会显得更暗，这有助于查看你预想的最终结果。

要删除的区域将显示为灰色。

4 精细微调裁剪范围

拖动裁剪框的一个角点，以调整裁剪范围。你可以通过将鼠标指针移至边框的四个角外（鼠标指针会变成一个弯曲的双箭头），旋转边框从而进行后面的操作。

旋转照片边框会出现不同的裁剪效果。

观者将专注于小鸟。

透视校正

“裁剪工具”可以作为一种基本的方法来纠正照片中垂直的汇聚线。要做好这项工作要像往常一样绘制裁剪区域，然后选中工具选项栏中的“透视”复选框。单击左上角或右上角控制柄并向内拖动，直到画幅边缘与建筑物倾斜的边缘对齐。

这张照片中，教堂的尖塔似乎向后倾斜了。

使用“裁剪工具”修正构图歪斜的照片。

学习测试

你学到了什么？

成功的构图是敏锐的眼光和基本构图技能相结合的产物。通过研究其他艺术家的作品，你很快就会发现，你正在完善这项技能。完成下面的测试题，看看你掌握了多少构图知识。

1 构图指的是什么？

A 安排相机、镜头和被摄主体的方式
B 在按下快门前自己安排
C 画面中元素的安排

2 在可能的情况下，被摄主体应该如何安排？

A 按奇数方式安排
B 按偶数方式安排
C 按自然数方式安排

3 大多数情况下，地平线应该放在照片的哪个位置？

A 在画面中尽可能低的位置
B 在照片的正中央
C 在照片的上或下黄金分割线处

4 树、石头和拱门可以用来做什么？

A 阻挡阳光
B 形成一个自然的构图框架
C 支撑你的三脚架

5 构图成功的照片有什么效果？

A 以你想要的方式引导观者的视线
B 迷惑观者，让他们花更长的时间观看照片
C 尽可能快地引导观者视线进入和离开照片

6 改变一张照片最快（最好）的构图方法是什么？

A 移动你的脚
B 移动你的拍摄主体
C 移动你的镜头

7 什么情况下，会使用小型水平仪？

A 当你要检查太阳的位置时
B 当你想修理你的三脚架时
C 当你想保持照片中的地平线水平时

8 构图使用水平线时，会给观者怎样的感觉？

A 激动与烦躁不安的感觉
B 冷静、平和的感觉
C 充满活力和灵感的感觉

9 引导线的主要用处是什么？

A 改善构图不好的照片
B 隐藏一些潜在的干扰因素
C 引导观者视线进入画面

10 当使用黄金分割法构图时，你应该在参考线的什么地方放置主体元素或对象呢？

A 在直线相交的地方
B 在中心位置
C 在方格里

11 为什么你会把一个小东西放在一个大得多的东西的旁边呢？

A 给人一种比例感
B 确保构图的框架是满的
C 遵循黄金分割法构图

12 画面中的曲线会让视线如何？

A 围绕画幅运动
B 慢慢地探索画面
C 尽快将视线移出照片

13 大多数人拍摄风景照片时都如何使用相机？

A 上下颠倒
B 垂直持机
C 水平持机

14 手动选择自动对焦点可以帮助相机做些什么？

A 对偏离中心的主体聚焦
B 判断使用多大的光圈
C 决定快门的速度

答案：1/C，2/A，3/C，4/B，5/A，6/A，7/C，8/B，9/C，10/A，11/A，12/B，13/C，14/A.

13 专业构图

第十三周

在实际拍摄时，决定在照片中包含什么内容需要认真思考。如果允许不必要的细节出现，照片构图信息就可能会被稀释。如果照片中包含的信息太少，观者可能很难理解它。

本周你将学到：

▶ 判断画幅中应该包含和排除的内容。

▶ 研究视觉对比理论在构图中的作用。

▶ 尝试运用反射原理，拍摄对称构图的照片。

▶ 使用不寻常的视角、阴影和图案进行构图实践和探索。

▶ 浏览照片，看看如何去除干扰画面的高光溢出，为运动的被摄主体留出空间，以及让被摄主体充满画面。

▶ 使用专门的调整工具作为智能快捷方式修饰照片。

▶ 回顾本周学习的摄影知识，看看你是否准备好继续学习。

让我们开始吧！

知识测试
评估构图

1

2

3

4

5

为了拍摄能持久吸引观者的照片，你需要考虑在照片构图中到底需要包含什么。浏览这些照片，看看你能不能找到与描述相符的照片。

A **填充画面：**在照片中排除所有不必要的元素。

B **允许可移动的空间：**给快速移动的元素留出可以移动的空间。

C **有效地使用阴影：**让阴影在构图中扮演主角。

D **玩转质感：**将粗糙和光滑的物体放在一起，形成鲜明的对比。

E **探索对称：**如果一张照片的一半是另一半的镜像，效果会非常令人满意。

F **利用大小对比：**小物体放在大物体旁边会产生夸张的效果。

G **传递情感：**裁剪被摄主体的顶部，可以让观者关注他们的情绪状态。

H **保持简单：**在构图时只需要一两个元素。

I **运用色彩：**记住明亮色调的美感和对情感产生的影响。

J **尝试新角度：**采用鸟瞰或俯视视角拍摄照片。

答案

A/4：花椰菜
B/5：雪道上的雪车
C/3：高人的投影
D/9：白木板上的枫叶
E/6：意大利那不勒斯的玻璃屋顶
F/2：穿大鞋的小孩
G/7：望着窗外的男孩
H/ 红色灯塔
I/8 鹦鹉的羽毛
J/1 巴西圣保罗的楼群

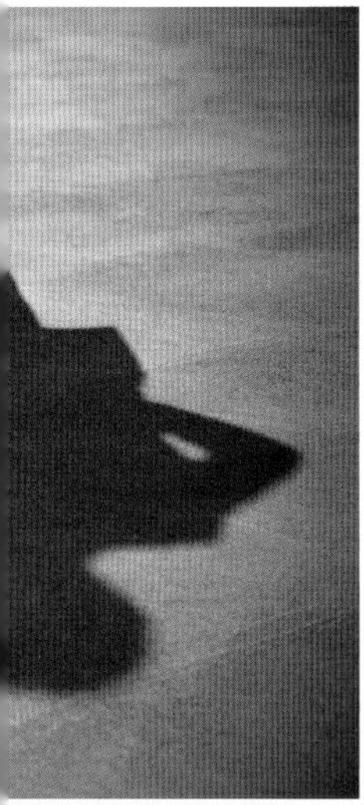

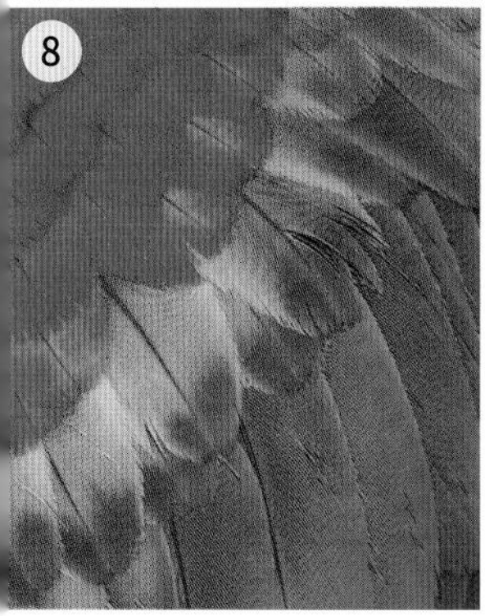

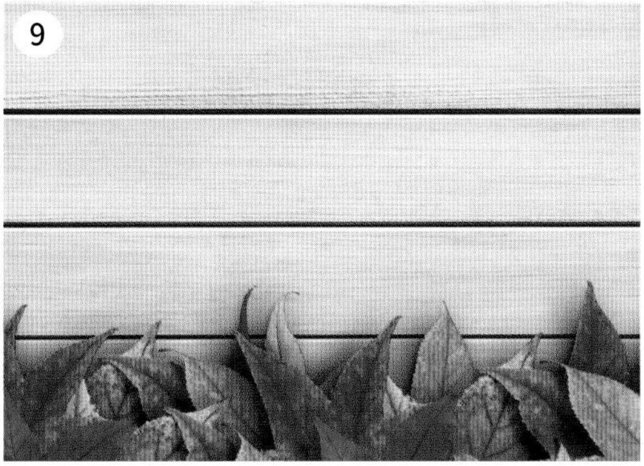

须知：

- 为了观察照片，你需要随身携带两张L形的卡片。把它们拼在一起组成一个取景框，在物体前面前后移动，并调整取景框的大小。
- 决定何时释放快门是一种技能，为了训练这种技能，你可以拍摄一组照片，分析为什么有些照片成功了，而拍摄的其他照片却失败了。
- 随着时间的推移，逐渐形成一种摄影风格，这需要你思考过去和文化的偏好，以及在未来可能会形成的照片风格。
- 你可以从音乐、舞蹈、绘画和诗歌等各种媒介的艺术家那里汲取灵感。

回顾这些要点，看看它们是如何与这里展示的照片相对应的。

理论知识

对比与构图

当两个具有相反性质的物体，如粗糙/光滑、暗/亮、大/小等类型的物体放在一起时，会产生较强的视觉冲击力。利用这种反差效果引导观者的视线，从而形成一种高度、大小或价值的对比效果，或者仅增加构图的兴趣点。一般来说，对比可以由构图中两个主要元素形成——视觉对比（如颜色、形状、大小、位置、空间等）和主体对比（如昼与夜的对比）。

美术作品中的对比运用

画家们早就明白在他们的作品中使用视觉对比手法。在1905年创作的《苹果桃子的静物》中，法国艺术家保罗·塞尚在他的工作室里摆放道具和物品时，一直要调整到出现大量对比的元素才满意。在这幅作品中，我们看到单调的纹理与图案相映衬，盘子和碗的硬边与柔软的水果相映衬，冷色与暖色相互碰撞，画面对比效果非常强烈。

尺寸

大小相同的物体并排放置时，我们的眼睛会努力寻找两者的不同点。如果没有不同点，我们很快就会对这个物体失去兴趣。然而，如果一个物体比另一个物体大，视觉神经就会忙于不断地比较。如果你能将大的物体放在小的物体旁边，观者将花费更多的时间试图解释这种对比关系。

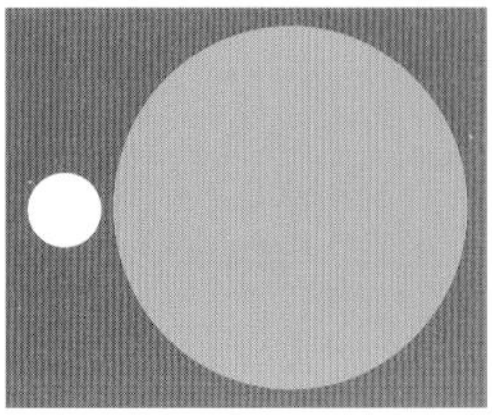

形状

形状可以描述为几何形状或有机形状。几何形状有清晰、明确的边缘，而有机形状则呈现柔和、自然的边界。例如圆形、三角形、正方形和矩形等几何形状是规则和精确的，在人造物体中经常会看到。有机形状在自然界中也可能见到，这些形状通常是不规则和不精确的。当两种形状结合起来时，对比效果会很强烈。

> 在我的摄影作品中，色彩和构图密不可分。
>
> **威廉·阿尔伯特·阿拉德**

色彩

在色轮上相对的颜色被称为“互补色”。强烈、充满活力的照片会利用红色和绿色、橙色和蓝色、紫色和黄色的对比来表达活力和稳定性。

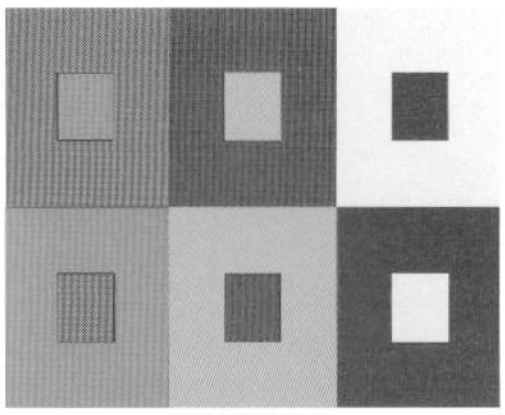

空间

画面中包含主体的部分叫作“正空间”；未被占用的空间为“负空间”。负空间有助于确定被摄主体，为眼睛提供一个休息的地方，也为运动对象提供一个可以移动的空间。改变两种空间之间的平衡，可以极大地改变照片的表达方式。

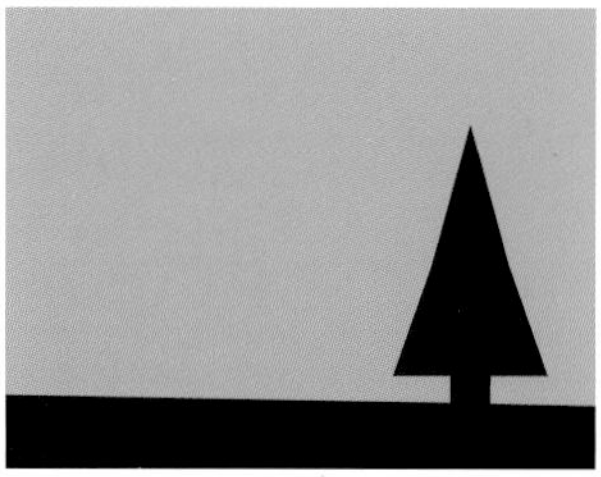

位置

将一个单独的、完全独立的物体放置在一组物体旁边，会产生巨大的视觉张力。通常情况下，孤立的对象会成为主要焦点。人类是社会动物，因此将同类物体中的某一个对象区分开，经常被视为一种惩罚。当我们把一个单独物体放在一组物体前面时，我们就会让观者感受到，这样的构图是特意安排的。

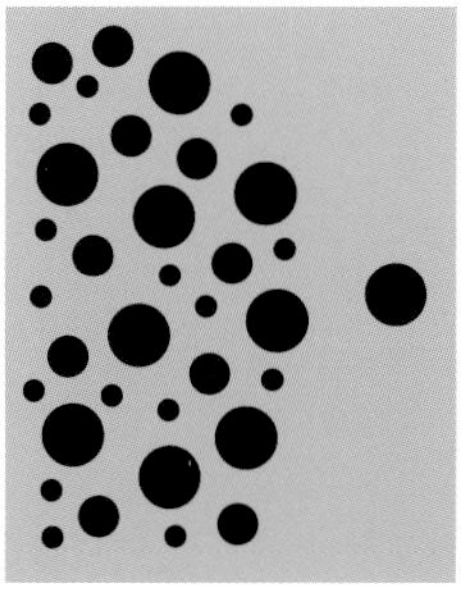

技能学习

拍摄倒影

在有水坑、湖泊、油漆、镜子、窗户等许多地方都可以看到倒影，但要拍摄倒影就需要耐心和毅力。例如，水面很容易被扰乱。在这种情况下，你的目标是拍摄拥有静谧、对称的完美倒影的风景照片。

1 调查

等待风平浪静的一天，使用可以查看日出/日落的App，计算太阳照射到被摄主体的时间。尽管让被摄主体沐浴在阳光下的效果会非常好，但你肯定不希望阳光直接照射在水面上，因为这样会让画面中出现眩光。

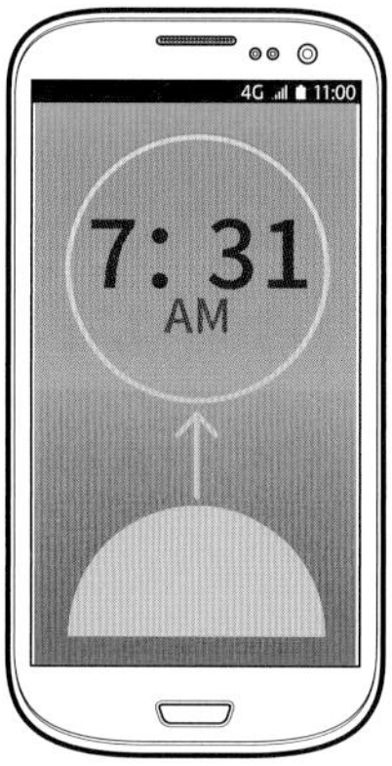

手机上可以查看日出/日落的App，会告诉你相应时间太阳的确切位置。

2 安装广角镜头

将相机安装在三脚架上，并安装一支广角镜头，这样你即可拍摄包括大量环境的风光照片。

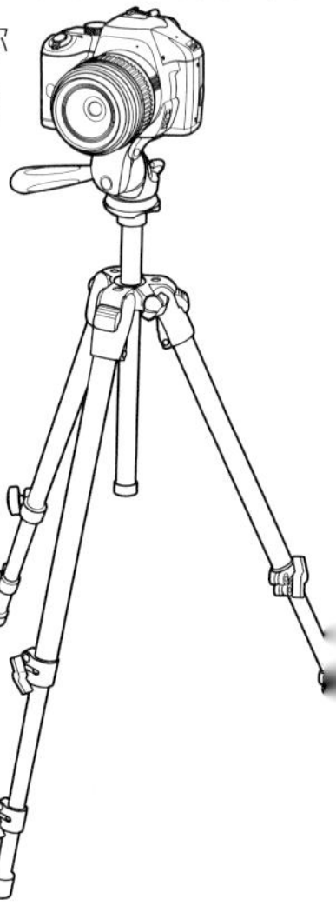

三脚架可以让你稳定地拍摄照片。

6 安装一支中性灰渐变滤镜

中性灰渐变滤镜用于平衡场景中两部分的亮度，经常用不同的强度系数——0.3（1挡）和0.9（3挡）。采用第5步中提到的能够满足两个读数之间的系数，并按照倒影的亮度设置曝光。

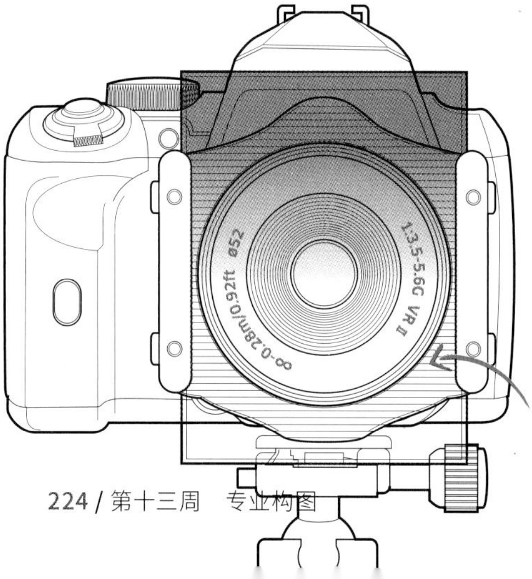

在镜头前面安装中性灰渐变滤镜。

7 拍摄并浏览效果

拍几张照片，然后浏览照片。如果倒影的光线亮度看起来比被摄主体的颜色深，也不要担心，因为眼睛感受到反射的光线会更深一些。

开始：了解天气预报，等待晴朗的日子拍摄。如果计划拍摄一片水域，选择一个有自然或人工景观的水域。

你将会学到：如何使用中灰渐变滤镜，平衡被摄主体和水面反射的光线，将地平线安排在画面中间，如何打破规则，以及相机在弱光环境与低对比度的条件下如何对焦。

3 打破规则

忘记你所学构图时关于将地平线置于非中心位置的所有知识，直接将其安排在画面中间。

4 运用小光圈拍摄，对倒影对焦

为了确保被摄主体和它的倒影都是清晰的，选择小光圈拍摄，如F11或F16。相机在对倒影对焦时可能会很难准确，所以要切换到手动对焦模式。

5 读取曝光数值

在被摄主体的中间影调区域和倒影的位置测光，倒影区域的曝光可能会比景物区域的亮度暗1.5~2挡，将这两个数值记录下来并比较。

将地平线安排在照片中间。

用小光圈拍摄的照片景深更深。

对比测光

将地平线安排在画面中间，形成了完美的对称构图。

你学到了什么？

- 为了拍摄完美的倒影，你需要在一个风平浪静的日子拍摄。在智能手机上使用可以查询日出、日落时间的App，查看相应时间的天气预报，以确保拍摄时的天气条件足够理想。
- 你需要使用手动对焦，因为拍摄反光面的时候，相机的自动对焦功能可能存在一定的困难。
- 倒影通常比被反射的物体暗，所以你需要一个中灰渐变滤镜来平衡光线的差异。

▶ 练习与实践

掌握构图

成功照片的构图有一个共同点——照片只包含讲述故事所必需的内容。完成下面这些涵盖不同主题的练习，以增强你的构图能力。

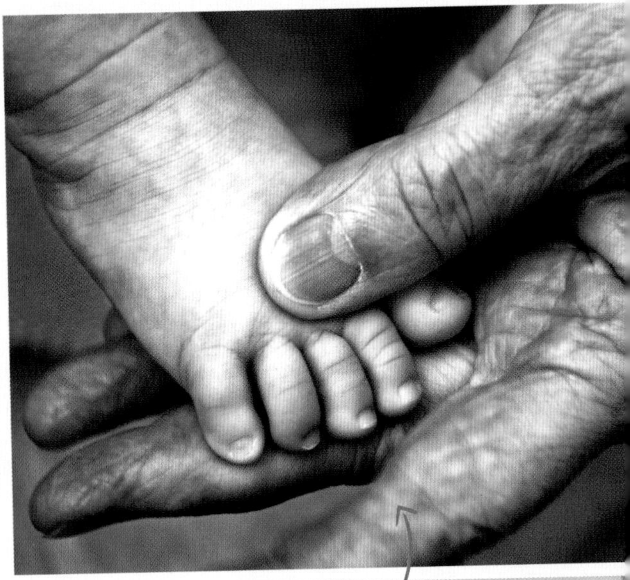

年迈沧桑的手和年轻小孩的脚，在大小和质感上形成对比。

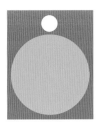

对比探索

- 容易
- 室内或户外
- 45分钟
- 对比强烈的主体
- 相机+三脚架

拍摄具有如高/矮，或者粗糙/光滑这样相对属性的物体，可以激发观者的情感，有时拍摄出来的照片也会非常有意思。

- 选择两个对比主题，如小/大、快乐/悲伤、快/慢或新/旧。
- 怎样完美地展现对象之间的差异，试着把它们并列或层叠。
- 始终保持构图的简洁，排除任何与想要表达的观点无关的内容。

器材：航拍无人机

当使用无人机低空拍摄时，你会很容易发现不寻常的拍摄视角。根据相机型号的不同，特别设计的无人机（或飞行器）可以让你在距离地面120m的高空拍摄。但是在无人机升空之前，一定要熟悉当地有关无人机使用的规则和法律。

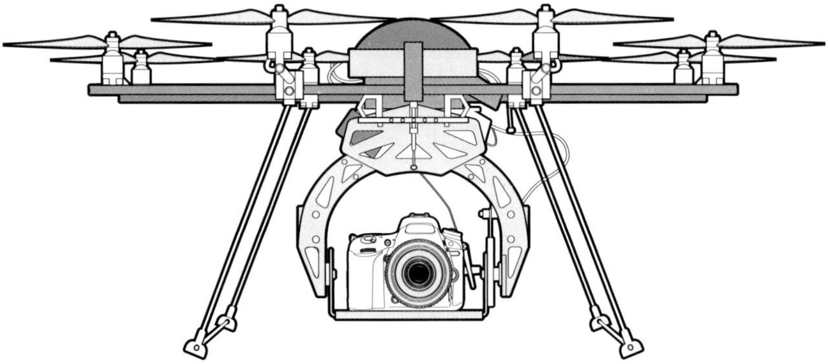

专业提示：在拍摄的时候，考虑一下被摄主体背后的情况。你是要背景对焦清晰，还是对焦模糊？如果要模糊，到底要多模糊呢？

专业提示：在拍摄一处热门的旅游景点时，早些到达拍摄地点，在人群开始增多、聚集之前就要开始拍摄。

非常规视角

- 适中
- 户外
- 1小时
- 地标建筑物
- 相机+三脚架+梯子或防潮布

独特视角下的法国埃菲尔铁塔。

当你发现一个有吸引力的被摄主体时，你可能想从站立的位置拍摄，但为了找到最好的视角，你需要把设备放一边，到处走动，寻找最合适的位置与角度。

- 寻找当地的地标建筑物（注意，不一定要像埃菲尔铁塔那样宏伟的建筑物）。
- 通过查看明信片，或者在网上搜索，看看其他人都是怎么拍摄的。
- 用全新的视角，尝试以新的构图拍摄。

寻找形状

- 适中
- 室内或户外
- 1小时
- 食品
- 相机+三脚架

圆形和方形等几何形状不仅会引导观者的视线，并且会强化元素之间的关系。这些令人满意的形状可以是真实的，也可以是隐晦的。

- 在构图安排元素的时候，要充分利用任何自然产生的形状。
- 不仅要用实物来形成形状，还可以借助阴影、颜色和纹理形成的形状。

马卡龙盒的两边与照片的边框形成了明显的三角形。

你学到了什么？

- 为了充分利用视觉对比，你需要保持构图简单，并找到强化画面中差异的方法。
- 通常情况下，你可以通过改变自己的拍摄位置，寻找最好的拍摄角度。

为运动物体预留运动的空间

适中　　户外
1小时　　宽敞环境中的运动对象
相机+三脚架

当你在画面中定位快速移动的物体时，给你一条建议——给它们留出移动的空间。

- 使用平移的方式保持主题鲜明，同时让背景尽量模糊。选择相对较慢的快门速度（如1/30s），将自动对焦模式设置为连续，用相机跟随拍摄对象，轻轻按下快门。
- 记住要在你的拍摄对象前面留一些“移动”的空间，以避免它“撞”到画框的边缘。

构图时在被摄主体前面预留负空间，暗示着其运动的方向。

器材：三脚架云台

为你的三脚架配置一个设计精巧且坚固的云台，这样你就有信心对相机进行上下左右的转动。这种云台有两种类型可供选择——平移俯仰云台和球碗云台。平移俯仰云台在两个或者三个轴的方向可以转动，向前和向后俯仰调整，全景平移从左到右转动；球碗云台可以向各个方向转动，为摄影师提供了更大、更灵活的调整空间。

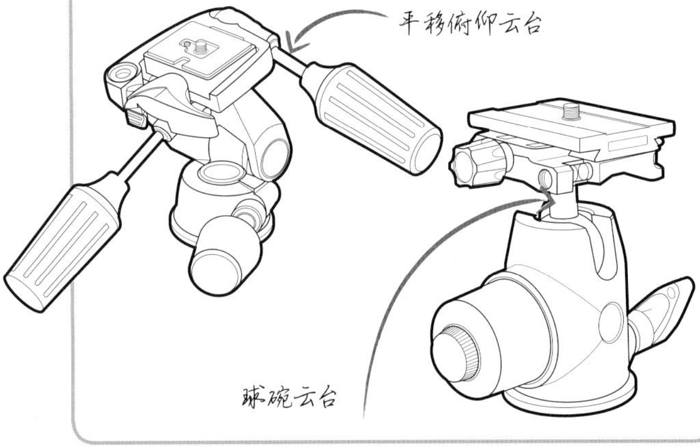

无人机摄影

难　　户外
1小时　　有趣地形的开放空间
无人机

无人机可以让你具有传统摄影设备无法实现的，从上往下俯拍的能力。

- 在阳光明媚的早晨或晚上，当影子最长的时候拍摄。此时拍摄将有助于展现地形的纹理和形状。
- 拍摄风景照片时，寻找有趣的图案或线条作为抽象照片的元素。
- 操作无人机时，请遵守当地的法律和政策。

直接向下拍摄抽象效果的照片，利用场景中的线条和图案，增加画面的视觉冲击力。

打破一个模式

适中　　室内或户外

1小时　　一个可以被打破构图模式的场景

相机+三脚架

重复的视觉图形随处可见，但一些最美丽的图案总是存在于自然界中的。可以预测的视觉形式让观者内心感到平静，但这样的照片却显得单调，所以在这个练习中，你需要引入一些变化。

- 寻找自然或人工的图形，这些图形可以是一排围栏或蝴蝶翅膀的漂亮图案等各种形式。
- 选择一个拍摄角度来强调图形，使这些图案看起来具有无限延伸和拓展的感觉，确保排除了不必要的元素。
- 找到打破这种从视觉寻找图形构图的方法，让画面不再单调。

从画面看，篱笆的木桩被马头分割了。

你学到了什么？

- 无人机可以让你从一个不寻常的角度拍摄风景。
- 照片的图案很吸引人，但如果以某种方式分割开，往往会产生更好的效果。
- 你可以在运动的物体前面使用负空间的方法（留白空间）表现动感和速度感。

检查学习成果

评估拍摄的照片

在学习了如何使用色彩、形状、位置、大小和空间来完成清晰、均衡的构图之后，是时候选择一些你最喜欢的照片来核对这个清单了。看看每一张照片，问问自己为什么要以某种方式安排这些元素。

被摄主体充满整个画面了吗？

让被摄主体充满画面，将观者的注意力吸引到画面的中心。这张照片的画面焦点是玫瑰花的中心，展现了复杂的花瓣结构。

所有的元素加强了故事性吗？

将被摄主体置于自然环境中，可以提供关于其生命的额外信息。这张照片告诉了你关于翠鸟的哪些信息？

高光和阴影效果好吗？

高光和阴影可能会分散观者的注意力，但不要完全避开它们。女孩手臂上的高光，展现了沐浴阳光时的气氛。

构图可以更简洁吗？

拥挤、杂乱无章的照片会让人感到不安，所以一定要将构图内容减少到只有关键元素。这张拍摄于希腊圣托里尼的教堂照片，用色彩传递了阳光照射下温暖的氛围。

对于摄影来说，最微小的事物也可以成为伟大的主体。

亨利·卡蒂埃·布列松

你是否为运动物体留出了足够的空间？

运动物体留出足够的空间会加强运动物体的速度感，因为观者的视线将会移至被摄主体出现的下一个地方。

色彩运用得好吗？

纯色往往会主导整个画面，而中性色往往不那么明显。在这张照片中，鲜艳的蓝色引导观者的视线沿着水手的队伍向远方延伸。

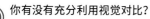

你有没有充分利用视觉对比？

如果照片中的被摄主体包含了相反的元素，那就充分利用其能够提供的任何视觉对比效果。这块冰与冰岛炽热的日出形成完美的对比，从画面看，日出的热和冰的冷形成了完美的对比。

你的照片有主色调吗？

这里的互补色调营造了一种平静、祥和的氛围。如果照片只有一种颜色，无论照片中的形状、色调，还是阴影都可以形成一种张力，从而压倒其他元素。

▶优化照片
目标调整

刚开始听到“目标调整”这个词，可能会让人感到陌生且觉得烦琐，但Photoshop中的“曲线”工具是调整照片影调范围最有用的工具。该工具有一个便捷的操作方式称为“目标调整”，可以使调整更直观、方便。它允许你在照片中单击和拖动，以更改照片的影调。同样的功能，你也可以在Lightroom和Camerar Raw中找到。

4 压暗和提亮

要将画面变亮，单击并按住鼠标然后向上拖动；要使画面变暗，单击并按住鼠标然后向下拖动。照片中所有类似的影调也会随之发生变化。

5 进一步调整

如果需要更改另一个区域的影调，单击照片的相关区域，并重复第4步的操作。调整完成后单击“确定”按钮即可。

6 增加反差对比

增加反差有一个简单的方法，就是把高光调亮，把阴影压暗。这样的调整会使曲线形成S形。

单击并按住鼠标然后向下拖动，选中的区域会变暗。

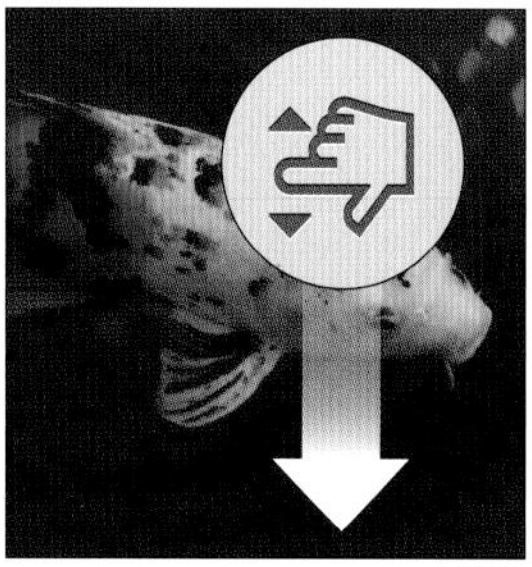

单击并按住鼠标然后向上拖动，选中的区域会变亮。

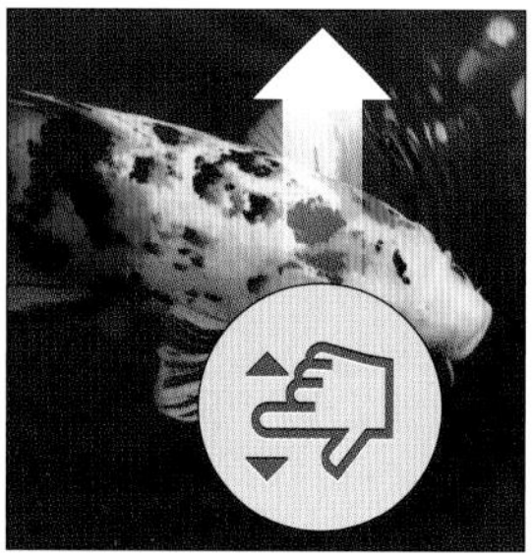

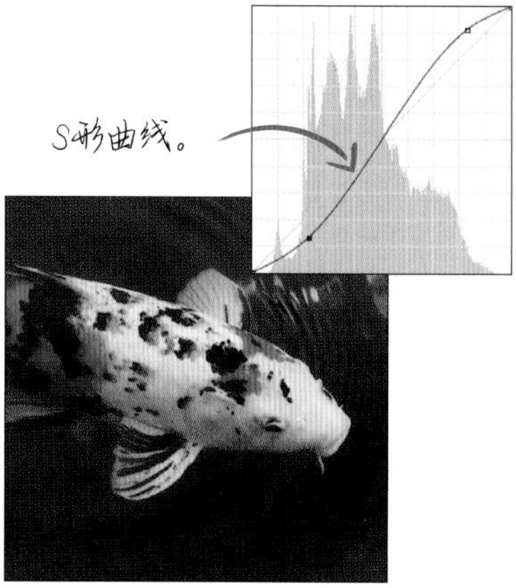

专业提示：使用“目标调整”功能，当将鼠标指针移至照片上时，在直方图上会出现一个可以上下移动的小圆圈，显示当前鼠标指针下像素的影调数值。

专业提示：在 Photoshop 中对照片进行调整后，可以通过执行“编辑”→“渐隐”命令，来优化调整的效果。可以在100%~0% 调整渐隐值，执行“渐隐”命令调整的效果将明显减弱。

1 调整曲线

执行“图像”→“调整”→“曲线”命令，弹出“曲线”对话框，在该对话框中将显示直方图。

2 使用图像调整功能

单击“目标调整”按钮，在曲线上单击，此时鼠标指针变成吸管工具。

3 选择需要调整的区域

将鼠标指针移至照片上，首先要确定想要调整照片色调的范围，是暗部阴影、中间调，还是高光部分，然后将鼠标指针移至需要调整色调范围的大致区域。

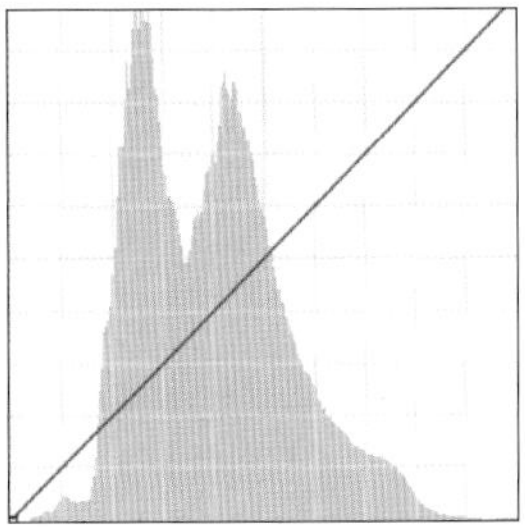

直方图显示了照片的影调范围。

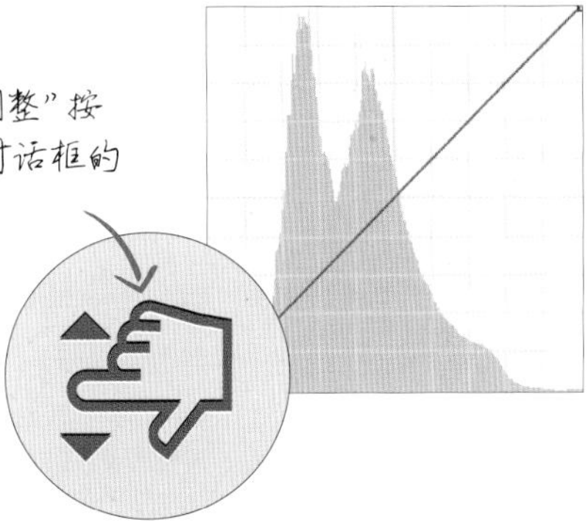

“目标调整”按钮位于对话框的左下角。

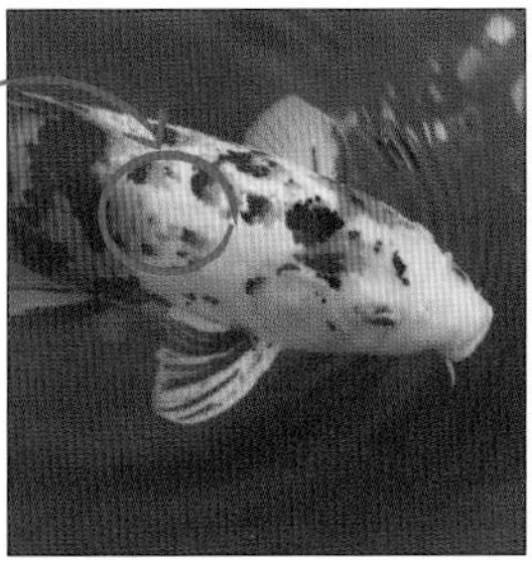

选择一个具有代表性的像素范围，例如这条鱼身上的图案。

深的暗部阴影。
明亮的高光。

更精准调整

Lightroom和Camera Raw都允许你使用亮度、色相、饱和度（HSL）参数，有针对性地调整颜色，以及色调范围。利用这些工具你可以精确地改变色相（例如，将照片中的红色更改为蓝色）、色彩的饱和度，或者颜色的明度。

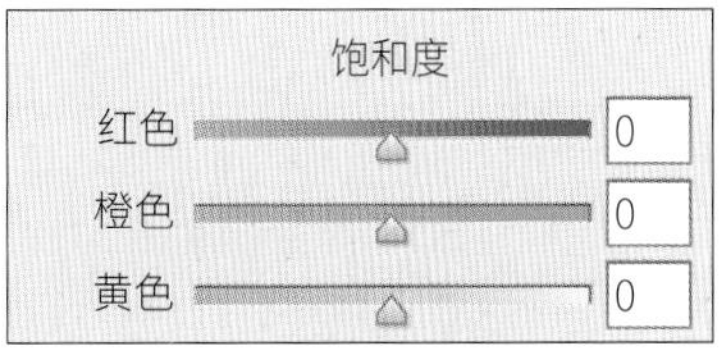

拖动滑块改变饱和度。

学习测试

你学到了什么？

尝试拍摄一张照片，如果照片中所有的元素都与照片的故事相关，需要耗费大量时间，但如果你仔细观察构图，可以检查每个元素都有它该存在的位置。完成下面的测试题，看看你学会了多少内容。

1 当对立的东西放在一起时，它们创造了视觉上的什么效果？

A 和谐的视觉效果
B 对比的视觉效果
C 精练的视觉效果

2 你需要做些什么来寻找新的视点？

A 移动拍摄位置
B 租用飞机拍摄
C 查阅地图

3 把被摄主体的头顶裁掉，会产生什么效果？

A 观者感到不舒服
B 关注被摄主体的情绪状态
C 构图失去平衡

4 除了相机，你还能用什么来练习构图呢？

A 两张黑卡纸
B 两张圆形卡纸
C 两张L形卡纸

5 什么样的滤镜对拍摄具有倒影的照片有帮助？

A 中灰渐变镜
B 偏振镜
C 暖色滤镜

6 如果相同大小的对象并排安排在一起会发生什么？

A 观者失去兴趣，视线很快离开
B 对象看起来倾斜
C 观者觉得相似之处很迷人

7 拍摄运动对象时，应该做些什么？

A 尽可能将其放大
B 在其后面留下空白空间（负空间）
C 在其前面留出空白空间（负空间）

8 把一组对象放在一个单独的对象旁边会产生什么感觉？

A 平和 B 张力 C 静止

9 空白空间（负空间）在你的构图中扮演着什么角色？

A 有助于确定被摄主体
B 什么作用都没有，既无内容又无主体
C 有助于充满画面

10 为什么直射光不适合拍摄倒影？

A 它会导致画面不对称
B 它会导致人被晒伤
C 它会引起眩光

11 什么样的图案对照片的视觉效果作用更大？

A 自然的
B 破碎的
C 不规则的

12 哪种类型的三脚架云台可以向各个方向转动？

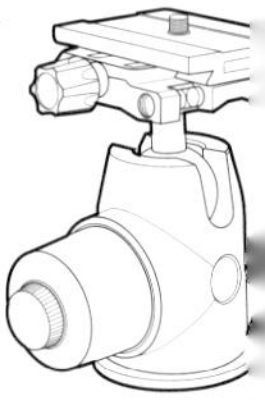

A 平移和俯仰云台
B 球碗云台
C 锁定云台

13 杂乱、混乱的构图会让观者有什么样的感觉？

A 乐观的感觉
B 内容为主的感觉
C 不安的感觉

14 大多数照片是从什么高度拍摄的？

A 站立的高度
B 坐的高度
C 蹲的高度

15 特别设计的无人机能让你做什么？

A 低空摄影
B 营造一个被摄主体从下面向上看的视角
C 人员拥挤地区，可以在高度150m内飞行

16 有机形状的边缘状态是什么样的？

A 锐利而明显
B 柔软而不规则
C 模糊不清晰

答案：1/B，2/A，3/B，4/C，5/A，6/A，7/C，8/B，9/A，10/C，11/B，12/B，13/C，14/A，15/A，16/B.

14 色彩运用

第十四周

了解了如何管理照片的色彩，你将掌握处理照片色彩和人类情感之间关系的方法，从而影响观者对被摄主体作出的反应。

本周你将学到：

▶ 了解为什么色彩对你的作品很重要，以及不同的色调如何改变作品的情绪。

▶ 学习六种主要的和谐色彩——互补色、类比色、三基色、分割互补色、矩形配色和单色。

▶ 尝试使用相机中的照片风格来控制照片的对比度、饱和度和色调。

▶ 在黎明和黄昏时拍摄，通过构建单色的图案，探索照片中只有一种关键颜色的表现方法。

▶ 浏览你拍摄的照片，学习如何使用色彩，从而让照片的视觉冲击力最强。

▶ 后期修饰照片时，调整照片的色相和饱和度的方法。

▶ 回顾本周学习的摄影知识，看看你是否准备好继续学习。

让我们开始吧！

知识测试

色彩的重要性

在摄影构图中，即使少量使用鲜亮的颜色，如红色，这些颜色也会倾向于主导画面，而中性的颜色，如米黄色，则呈现宁静和隐性的感觉。阅读这些关于色彩的描述，并将每一种颜色与相应的照片匹配起来。

A **强烈反差：**蓝色和黄色是互补色，两者在一起形成强烈的反差。

B **鲜艳的颜色：**多为互补色，如黄色和蓝色，充满活力，构图时特别容易抓住观者的视觉注意力。

C **纯色：**不与白色、灰色或黑色混合的颜色，更能刺激观者的视神经。

D **颜色数量少：**强烈的颜色，如红色，即使是在画面中占比很小，也能引起观者的注意。

E **中性色调：**因为中性色调可以突出强调质感，因此，室内设计师都喜欢使用中性色调。

F **低对比反差：**低对比的颜色非常适合展现完美的建筑物细节。

G **柔和色调：**柔和的中性色会给人以宁静与心旷神怡的感觉。

H **柔和颜色：**当柔和的颜色结合在一起时，颜色之间的过渡会很平滑。

答案

A/8 黄色和蓝色相间的热气球
B/2 亮橙色的菊花
C/7 彩色粉末
D/5 山脊上的登山者
E/6 放在布上的一壶牛奶
F/1 石拱门
G/3 熟睡的婴儿
H/4 杏仁糖

6

7

8

须知：

- 黑色并不是严格意义上的一种颜色，更多的是没有颜色，而白色是由所有颜色组成的。
- 中性色，如木兰花和石头的颜色，具有隐藏情感因素的特点，是室内设计师理想的简洁色。
- 互补色在色轮上彼此相对，而相似色则在色轮上彼此相邻。
- 色彩可以对观者产生强大的心理暗示。例如，蓝色表示宁静，而红色则被认为是充满活力的颜色。
- 有些颜色从视觉感受上被认为比其他颜色更浓重，例如黑色，通常被认为比白色“重”。

回顾这些要点，看看它们是如何与这里展示的照片相对应的。

理论知识

色彩关系

用棱镜可以把白光分解成五颜六色的彩虹色，由此产生的光谱可以用色轮来表示，主要分为原色（红、黄、蓝）、二次色（橙、绿、紫）和三次色（红橙、黄橙、黄绿、蓝绿、蓝紫和紫红）。我们对颜色的选择大多是直观的，但你通过更好地了解颜色关系及其影响，可以增强拍摄照片的效果。

色彩基础知识

1 三原色
红、黄、蓝是传统色轮中的原色。

2 二次色
由两种或两种以上的原色混合而成的二次色是橙色、绿色和紫色。

3 三次色
由一种原色与一种二次色，或者两种二次色混合而成的颜色。

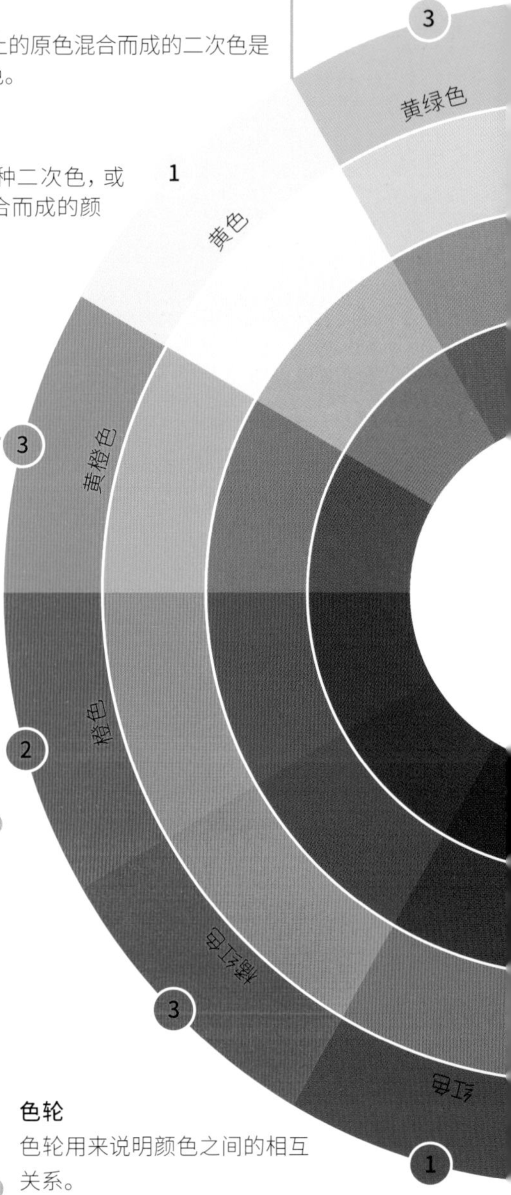

色轮
色轮用来说明颜色之间的相互关系。

互补色

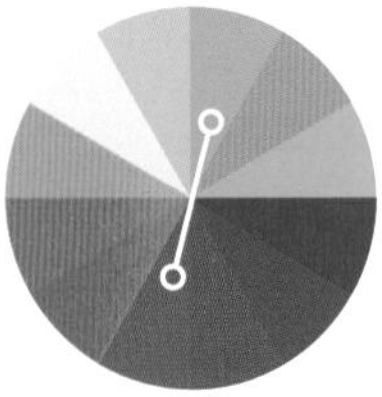

这些颜色位于色轮上相对的位置。如果色轮中的互补色是纯色调（不添加灰色、白色或黑色），它们会产生最鲜明的对比。当互补色陈列在一起时，每一种颜色都会使另一种色彩更强烈。

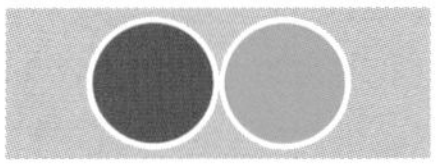

当大量使用互补色时，会使人产生视觉疲劳，因此要谨慎使用。

相似色

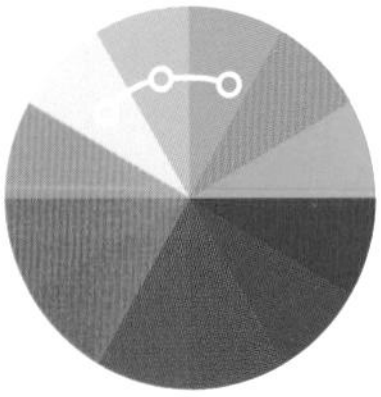

这些颜色在色轮上的位置相邻。使用少量相似色可以创造活泼可爱的色彩组合，但相似色相互之间的颜色非常和谐，这样的颜色组合在一起可以形成一种紧张感。

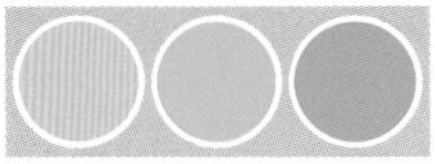

为了强化色彩构成，一般可以添加一种原色或使用一种颜色作为画面的主色调。一种颜色作为画面的支撑色，而用另一种颜色增强效果。

色彩能以各种不同的语言方式进行表达。

约瑟夫·艾迪生

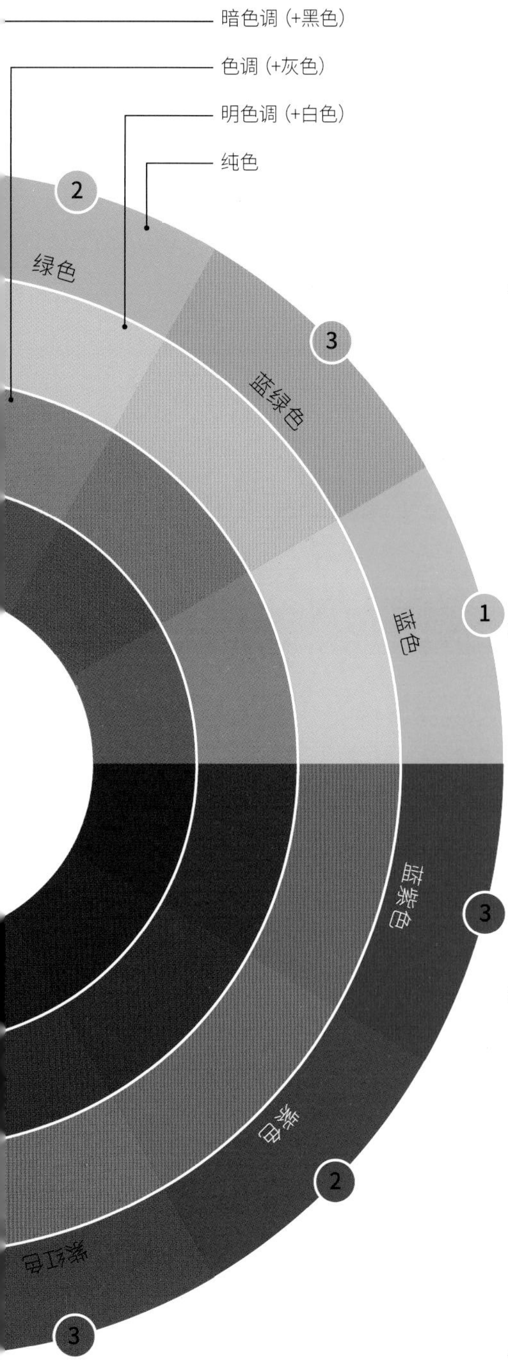

三色系

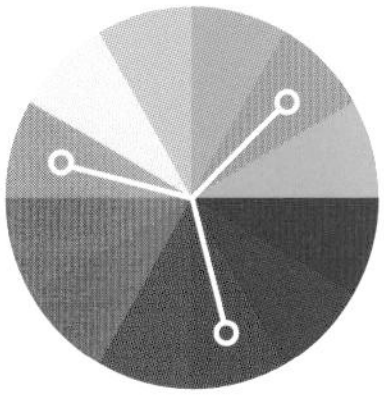

在色轮上，三种颜色之间的距离相等被称为“三色系”。三原色在产生了良好的对比效果的同时，仍然能保持一定的和谐效果。

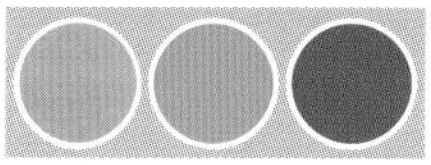

如果这三种颜色的数量相似，其结果可能是形成压倒性的鲜艳颜色，所以在一般情况下以选择一种颜色为主。

分割互补色

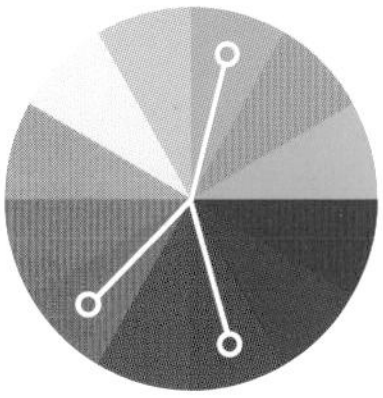

这种模式是通过使用一种原色（如绿色）和在其补色的两边的色彩（如果是红色意味着是橙色和紫色），从而形成互补色效果。

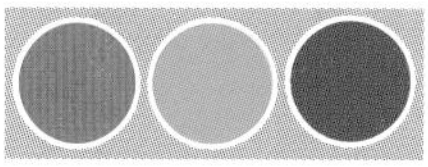

这种色彩混合方法会呈现强烈的对比，但视觉张力小于仅使用两种互补色的照片。

矩阵四色

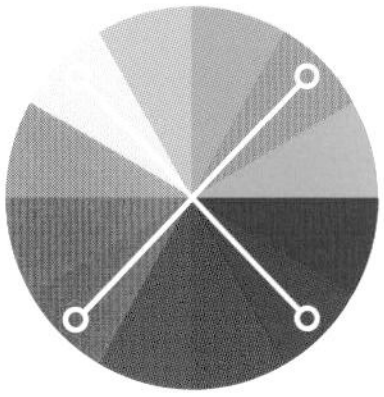

色轮上的四种颜色互补被称为“矩阵四色”。在实际应用中，要平衡四种对比强烈的颜色通常具有挑战性，但也提供了一种色彩变化运用的可能。

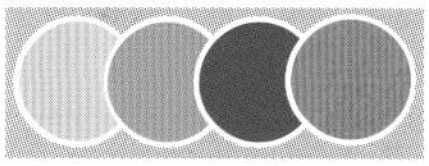

允许一种颜色占主导地位，或者通过使用明色调、暗色调和中性色调来抑制其他颜色。

单色

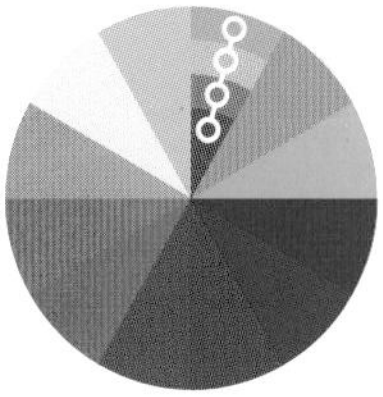

相同色相（颜色）的变化色被称为“单色”。明色调、暗色调和色调这三个词的意思有微妙的不同，“明色调”在色调中添加了白色；“暗色调”在颜色中添加了黑色；“中性色调”是一种加入了灰色的颜色。

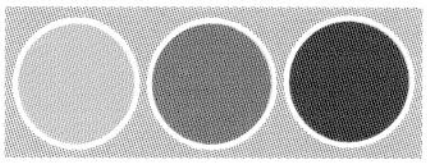

因为单色配色之间缺乏反差（包括明色调、暗色调和中性色调），那么呈现在一起的颜色会显得很平缓。

技能学习
优化色彩

有时候，相机直接拍摄的照片并不能直接出现你希望的色彩效果。为了减少后期调整照片的工作量，你可以使用相机内置的色彩预设来获得希望的色彩效果。例如，如果拍摄的风景照片缺乏明快的色彩，可以在你拍摄照片之前就通过选择相机色彩预设来增强照片的颜色。

1 安装适合的镜头

选择一款你所希望的适合任何被摄主体风格的镜头。如果拍摄风景照片，使用可以保证前景到远景都清楚的广角镜头。

2 选择拍摄模式

将相机安装在三脚架上，并选择合适的拍摄模式。选择光圈优先模式，并选择最小光圈，从而能获得最深的景深效果。

将石块和树木包含在画面中，可以让照片的构图元素更丰富。

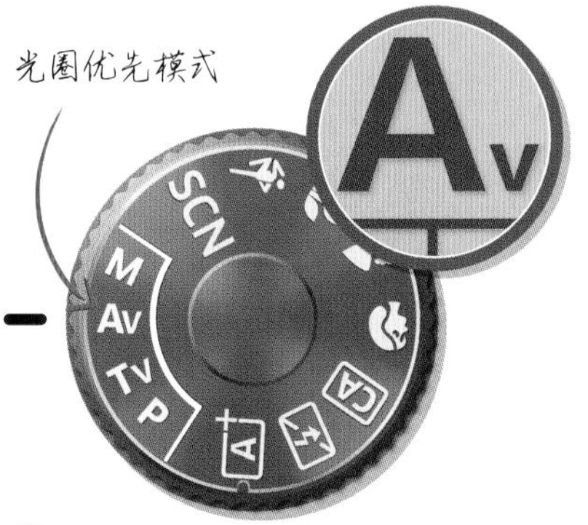

5 更改参数

调整每项参数值，可以增加或者减小照片的锐度、饱和度、反差。照片的颜色可以在偏红到偏黄之间进行色调调整。

6 保持照片风格

如果你会经常使用所选择的照片参数组合，可以在相机中保存这些参数，这样就可以方便你以后使用。有些相机甚至可以让你设置照片中的每一种颜色的数值。

7 激活即时显示功能

将相机的拍摄模式调整为即时显模式，这样你就可以看到所选择的照风格对照片效果的影响。如果显示的果并不是你所希望的效果，可以在拍更多照片之前进行调整。

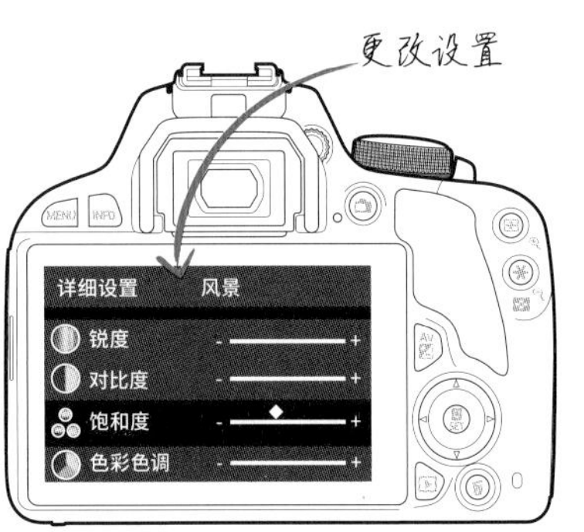

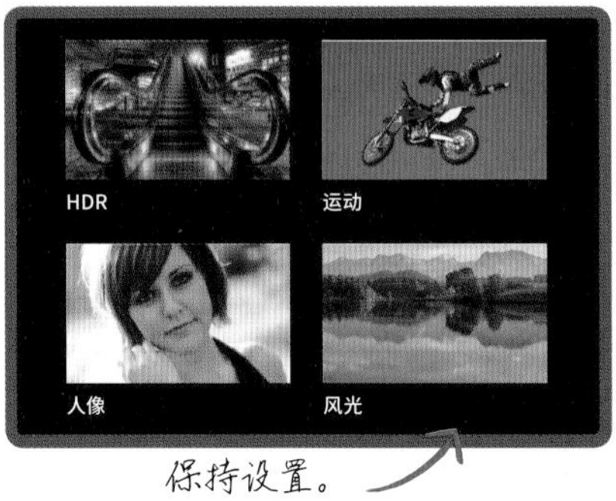

开始：找到一个拍摄场景，例如能够练习增强照片锐度、反差、饱和度和色调的风景区。

你将会学到：如何选择合适的照片风格，如何在相机的菜单中调整锐度、反差、饱和度和色彩，以及为了快速拍摄出希望的效果，如何自定义照片的风格。

3 检查测光模式和感光度

选择适合被摄主体和光线条件的测光模式。如果使用风景模式拍摄，照片中会有大量的中间影调，而且天空和前景之间的反差也比较小。在这样的场景拍摄，选择相机预设的测光模式即可。

4 选择照片风格

如果已确定好构图和曝光，接下来就在拍摄菜单中选择照片风格。如果选择风景模式，这样拍出的照片中的绿色和蓝色就会比较饱满且丰富。

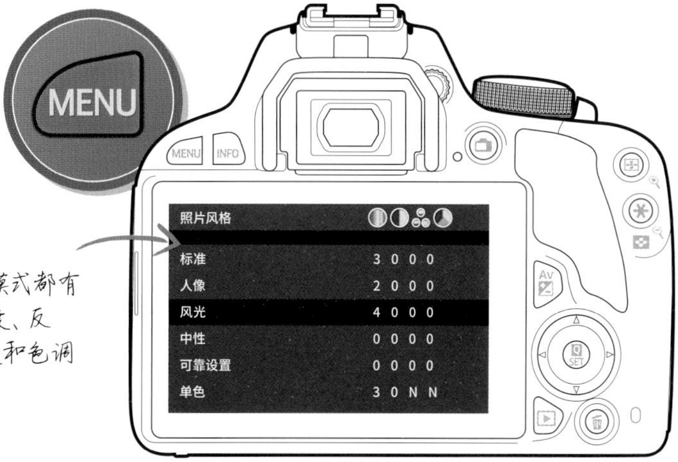

每种照片模式都有不同的锐度、反差、饱和度和色调数值。

置最低的感光度。

你学会了什么？

- 常见的照片风格包括标准、人像、风景、中性、可靠设置和单色。
- 每种照片风格都具有不同的锐度、反差、饱和度和色彩的预设数值。
- 在你拍摄照片之前，这些参数都可以调整。

保存拍摄好的照片，并在之后预览。

练习与实践

玩转色彩

接下来的一些练习会让大家尝试不同形式的色彩训练，包括使用互补色增加色彩之间的反差，将颜色鲜艳的物体安排在颜色柔和的背景前面。

相似色

使用相似色

简单

45分钟

相机+三脚架

室内或户外

具有相似色的物体

通过缩小使用的色彩范围（使用色轮上的相邻颜色），可以让你拍摄出的照片具有非常平静的气氛。

- 使用色轮选择相似的颜色，例如蓝色、蓝绿色和绿色。
- 在自然界中观察相似色，如果你选择秋天外出拍摄，在树林中很可能会发现橘色、黄色和绿色。
- 使用图像编辑软件降低照片的色彩饱和度和反差，在调整反差的时候要非常小心，否则，调整后的照片看起来就像褪色了一样。

完整练习

简单

45分钟

相机+三脚架

室内或户外

具有互补色的物体

设计师和画家都知道，使用互补色会让色调看起来更明快。使用色轮选择一对互补色，例如红色和绿色，或者黄色和蓝色，寻找自然界中具有这样互补色的物体。

- 通过使用相机上的色彩设置或者后期处理增强照片的颜色效果。
- 保证构图简单，将任何这两种颜色之外的元素都排除在画面之外。

红色和绿色是互补色。

专业提示: 你可以从摄影师和画家那里汲取灵感。文森特·梵高的作品被认为大量使用了互补色。如果你研究他的画作《星空》就会发现，黄色和橘色的月亮和星星在画面中会被安排在蓝色和紫色天空背景的前面。

专业提示: 橘色和蓝色作为一种互补色被艺术家和设计师频繁使用，但像绿色和紫色这种互补色在自然中却很少被发现。

突出颜色

适中

1小时

相机+三脚架

室内或户外

一个在色彩柔和的背景前，有特别突出颜色的物体

将明显的颜色安排在淡色或者浅色景物前面，就能突出这种颜色的物体。

- 寻找颜色单调或者中性色的景物，并在其前面安排像红色这样明快的颜色拍摄照片。
- 确保物体的颜色和场景中的其他元素相关。例如，这张照片中鲜艳的红色花朵，在成熟的麦穗前面就形成了一种新生的气氛。
- 如果鲜艳的颜色并不在画面的中心位置，那么选择相机的自动对焦点，或者将相机的对焦模式设置为手动对焦，从而确保观者的视线会被吸引到恰当的位置。
- 一旦拍摄完成，可以使用图像编辑软件加强画面中的主要颜色，或者降低画面中陪衬物体的饱和度。

这些红色的花在浅色麦穗中非常醒目。

器材：色彩校准

有时候你打印出来的照片的颜色、亮度和反差会和在计算机屏幕上看到的照片的颜色不太一致。要解决这个问题，需要校准你的显示器。色彩校准仪会将你的显示器校准为标准颜色，从而保证照片在不同设备之间显示的颜色一致。

学到的知识:

- 使用互补色的方法拍摄的照片颜色会显得更鲜艳，也更吸引人。
- 如果照片中的关键颜色是纯色，拍摄出来的效果会更夸张，但是在实际选择的时候，仍然要选择相关的颜色。
- 相似色会让构图更平淡，但是在调整的时候要尤其注意。

玩转色彩

适中　　室内或户外

1小时　　不同颜色或者影调的主体

相机+三脚架

一种颜色如果包含亮色调、中性色调和暗色调，照片看起来就会很和谐，也很漂亮。

- 不要认为单色调的照片看起来单调，或者是唯一的，相反，可以尝使用一套画笔，选择一种颜色做绘画试验，然后再增加白色、黑色或者灰色，这样你就会得到很多颜色。
- 使用每天见到的物体，例如铅笔、蔬菜、织物或者花朵等元素构成单色照片的主体。
- 因为使用单色系很难形成明确的对焦点，可以利用景深、对焦，或者引导线等构图方法，让画面中的元素突出显示。

暗色调、亮色调和中灰色调在色轮上相同区域的颜色是因为不同亮度形成的。

器材：日出和日落计算器

如果你希望在日出或者日落的时候拍照片，先做一些研究非常有必要。每天这段时间的光线变化得非常快，因此，在拍摄之前心里有一个明确的拍摄地点非常重要。为了帮助你拍摄到更好的照片，在你的手机上安装一款日落和日出计算器App，可以帮助你找到日出和日落的精确时间，更关键的是还有日出和日落的具体角度。

日出和日落计算器App中显示的指南针。

准备

难　　户外
2小时　　日出或者日落时拍摄风景
相机+三脚架

红色、橘色和黄色一般被称为“暖色”，因为日出和日落的时候太阳距离地平线很近，此时的直射光线并不是很强，所以我们经常会看到这些颜色。

- 根据拍摄场景选择适合的白平衡。如果你选择自动白平衡，照片中可能会出现黄色和橘色的偏色，此时相机就会尝试补偿这些偏色，而让照片的颜色显得更中性。
- 如果照片的颜色并不是很鲜艳，可以尝试设置不同的照片风格，直到看到不同的效果。
- 根据你需要的效果，按照前景或者天空来测量曝光——要拍摄剪影，用相机的测光表测量天空中最明亮的区域（但不包括太阳）作为曝光数值。

一抹橘黄色的光线，让照片具有暖色效果。

塑造怀旧风格

简单　　室内或户外
2~3 小时　　具有怀旧风格的主体
相机+三脚架

相机制造厂商都会花费很多工夫确保拍摄的照片具有鲜艳的颜色，但是在实际拍摄中，这种颜色往往并不适合你的被摄主体。

- 使用相机的预设也可以降低相机拍摄照片的色彩饱和度，从而制造出怀旧效果。
- 将相机照片风格设置为中性，并向左拖曳饱和度滑块，让相机的色彩不那么鲜艳。
- 使用照片编辑软件降低照片的饱和度，这样你就可以更精确地调整照片的饱和度、色调和反差了。

原始照片

同样的照片，将饱和度值减少50后的效果。

你学到了什么？

- 你可以通过控制一种颜色的明色调、暗色调、中性色调之间的平衡，获得漂亮的照片颜色效果。
- 为了防止相机自动将暖色调中性化，不要将白平衡设置为自动白平衡模式。
- 降低照片的饱和度会让照片拥有一种怀旧的效果。

检查学习成果

评估拍摄的照片

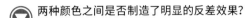

在我们了解了色彩如何影响照片的情感、增加反差，以及营造和谐的气氛之后，是时候通过选择你拍摄的最好的照片来核对下面的清单，看看你掌握的情况了。试着检查每张照片中的色彩是如何影响照片中主体的情感的。

两种颜色之间是否制造了明显的反差效果?

色轮上相对位置（或者几乎相对）的两种颜色之间会形成非常醒目的反差效果。对于这张照片来说，蓝色的蝴蝶在橘黄色的叶子前面，颜色显得非常鲜艳。在现实中还有其他颜色之间会形成明显的互补关系吗?

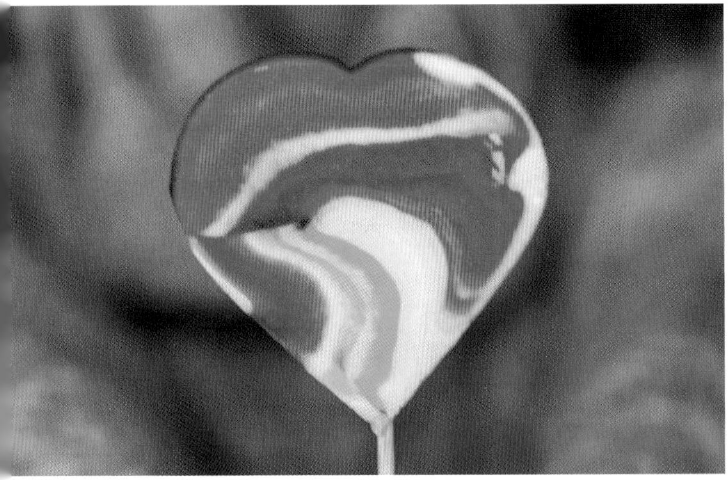

你能将鲜艳的颜色和中性色很好地结合在画面中吗?

中性颜色会成为鲜艳的色彩和理想的背景。在这张照片中，灰色的毛衣让这个棒棒糖看起来更明亮，颜色更鲜艳。

色彩是画面中的主导元素吗?

纯色会主导整个画面，在使用的时候一定要小心。这张照片中的汽车占据画面中的很小部分，但是我们的眼睛却被很自然地吸引到了汽车上。

你会意识到颜色心理学的问题吗?

绿色会让人联想到自然和平静，因此，如果绿在画面中所占的比重比较大，例如在这张照片中，终的照片看起来会非常平静。

照片色彩的主要功能应该是表达。

亨利·马蒂斯

是否选择了和谐色？

从视觉上讲，色轮上位置接近的颜色会让人具有非常和谐的感受。这张照片中的紫色和蓝色放在一起很匹配。

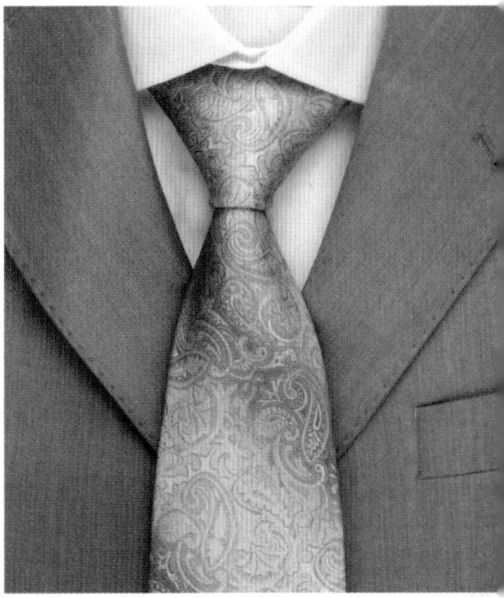

你能限制照片中的色彩种类吗？

这张照片使用了不同的暗色调和中性色调，让整幅照片看起来具有一种简洁感和流畅感。

你发现画面中分散注意力的元素了吗？

在这张照片中，红色首先吸引了我们的视线，在看向蓝色的过程中，如果画面中使用了另外两种颜色，那么观者就不知道该将视线往哪里移动了。

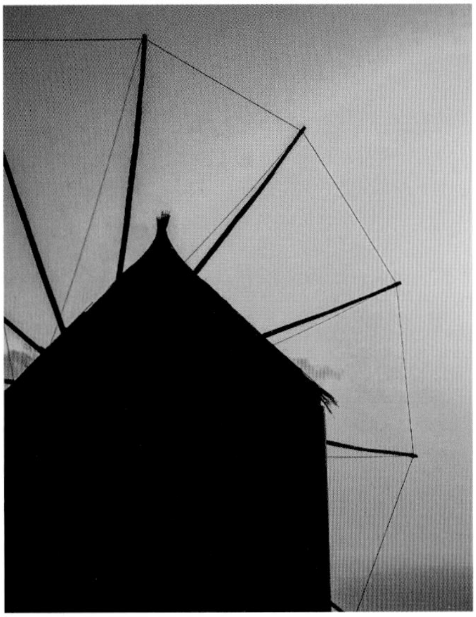

这张照片的影调是暖色调，还是冷色调？

我们经常将色彩看作暖色或者冷色。像这张在早晨漂亮的光线下拍摄的照片，看起来要比傍晚日落的光线显得更冷。

色彩调整

色相是对颜色强度的另外一种表示，色相的亮度表示照片中黑场、白场与色相混合后的数量。对很多照片来说，快速调整这两项后，照片效果就会非常好，但是也不要调整得过多。如果颜色调整得太明显，对于人像照片中的皮肤来说，就会显得不自然，且有些不干净。

1 创建新调整图层

在“图层”面板中单击“新建调整图层”按钮，在弹出的菜单中选择“色彩/饱和度”选项，创建一个新的调整图层。在“属性”面板的底部，有色彩/饱和度的色带。

上面的色带表示未调整之前的色彩；下面的色带表示所做调整之后的颜色变化。

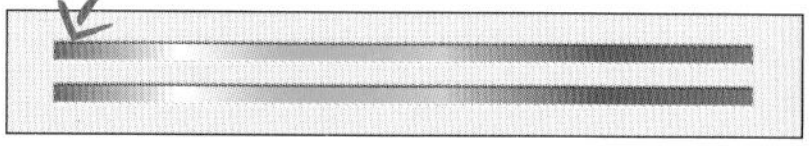

5 调整明度

拖曳“明度”滑块，向左可以让照片的色彩变暗，向右可以让照片的色彩更明亮。

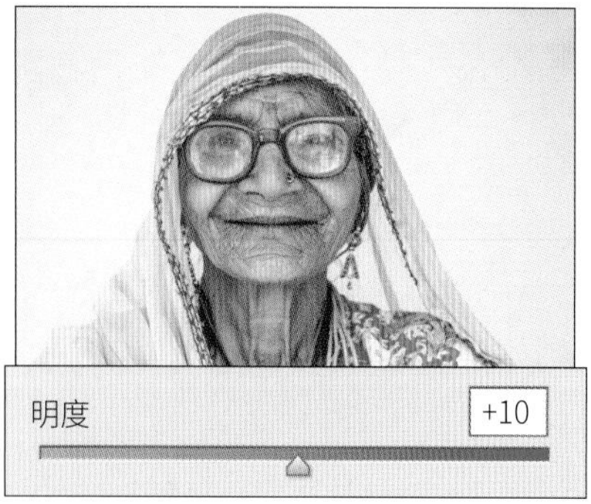

6 限定色彩调整范围

在“属性”面板的“调整范围”下拉列表中选择相应的颜色选项，可以调整特定色彩范围的颜色。在底部的两个色带上有四个标记点，中央的标记点会确定需要调整的范围，外侧的点表示调整时哪些颜色被调整了。

选中“预览”复选框，可以提前看到调整后的颜色效果。

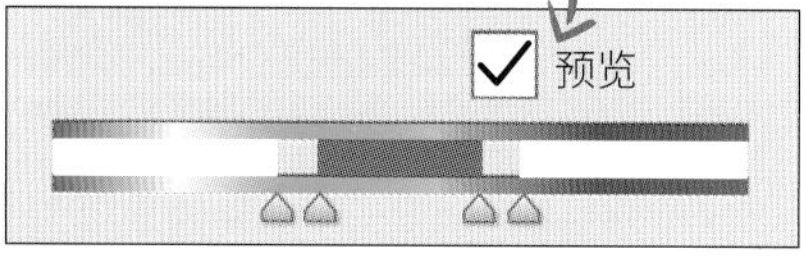

7 确认调整效果

当你对色相/饱和度调整的效果满意后，合并调整图层。如果你觉得以后还需要返回重新调整，那么就保留调整图层，这就需要你将正在调整的文件保存为PSD格式，或者TIFF格式。

单击“确定”按钮，保存调整的结果。

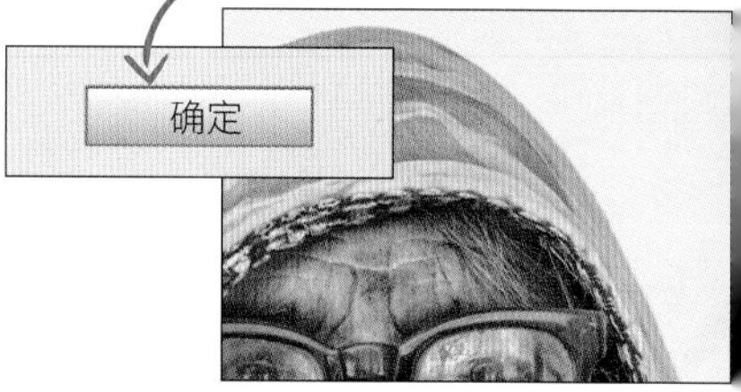

专业提示：你可以保存任何针对色相 / 饱和度的设置，使用时再次载入设置，并应用到类似的照片上即可。

专业提示：鲜明的色彩在计算机屏幕上看起来往往非常漂亮，而且也能在社交媒体上让照片更加凸显，让观者注意到，但要打印出同样精确的颜色，就需要下一番功夫了。

2 选择所有颜色或者预设范围的颜色

在“属性”面板的“调整范围”下拉列表中选择不同的选项，可以一次调整所有的颜色，或者仅调整如红色这样特定的颜色。

3 改变色相

拖曳“色相”滑块，或者输入需要调整的数值，可以改变照片的色相。

4 改变色彩饱和度

拖曳“饱和度”滑块，向左可以降低饱和度，向右可以增加饱和度。过度增加饱和度会增加照片中的噪点。

照片中的颜色增强了，同时明度却稍微降低了。

突出色彩

保持照片中的一种颜色不变，而将其他颜色转为黑白色调，照片看起来会非常有意思。在后期处理过程中，红色的伞与画面中其他颜色明显分离开，因为其他颜色的伞都被调整为黑白色了。

学习测试

你学到了什么?

了解了色彩如何影响情感，会帮助你拍摄出更好的照片。某些色彩会表达平静、安静的情感，而有些色彩却会展现力量感和动感。通过完成下面的测试题，检查你到底学会了哪些内容?

1 色轮上相对位置的颜色是什么?

A 悲惨色
B 互补色
C 四色

2 下面哪一项描述了色相中增加了白色的颜色效果?

A 明色调 B 色调 C 暗色调

3 下面哪种颜色的“分量”更“重”?

A 蓝色 B 黑色 C 白色

4 橘色和黄色是哪种类型的颜色?

A 互补色 B 相似色 C 四色

5 下面哪一项描述了色相中增加了黑色的颜色效果?

A 暗色调 B 中性色调 C 亮色调

6 中性色在构图中有什么作用?

A 反射 B 消退 C 折射

7 照片风格可以用来调整锐度、反差、色调和什么?

A 景深 B 构图 C 饱和度

8 哪种颜色在画面中使用很小一部分就会主导整个画面?

A 黄色 B 红色 C 绿色

9 相似色在色轮上处在什么位置?

A 在每种颜色之后
B 相对位置 C 相邻

10 四色在色轮上是什么关系?

A 长方形 B 三角形 C 六边形

11 包含了明色调、中性色调、暗色调的同样色系的颜色被描述为什么?

A 单色 B 分离互补色 C 次色

12 如何确保打印出的照片颜色和计算机屏幕上显示的颜色一致?

A 将打印照片对着屏幕看 B 校准显示器
C 更换打印机的墨水

13 降低饱和度会让照片出现什么样的效果?

A 怀旧 B 现代感 C 和谐

14 日落之前和日出之后的这段时间被描述为什么?

A 傍晚 B 暮光 C 黄金时刻

15 红色和黄色混合在一起会出现什么样的颜色?

A 橘色 B 蓝色 C 品色

答案: 1/B, 2/A, 3/B, 4/B, 5/A, 6/B, 7/C, 8/B, 9/C, 10/A, 11/A, 12/B, 13/A, 14/C, 15/A.

15 光线的颜色

第十五周

作为摄影师，你需要了解不同的光源和光线是如何影响照片的最终颜色的。尽管这些听起来会让你有些困惑，但是学习起来却非常容易。通过本周的学习，你就能非常熟练地运用光线的色彩了。

本周你将学到：

- 观察不同的光源。
- 光线的色彩含义。
- 实践新学习的知识并尝试使用白平衡设置。
- 在不同光源下拍摄的同时，学会选择不同的白平衡设置。
- 浏览拍摄的照片，观察光线是如何影响这些照片的。
- 通过改变白平衡和色调，增强照片的效果。
- 回顾本周学习的摄影知识，看看你是否准备好继续学习。

让我们开始吧！

知识测试
光的品质

思索光线的运用是准备拍摄照片的关键部分。重要的是要认识到照亮场景的是哪种类型的光。你能将这里列出的光源与相关的照片相匹配吗?

A **烛光照明:** 火焰发出的光,呈现明显的橘色。

B **白炽灯:** 大多数家用灯泡都发出偏向橙色的光。

C **荧光灯照明:** 荧光灯管或灯泡发出的光会有轻微的绿色调。

D **日光照明:** 在摄影中,日光大多是指正午太阳发出的中性色光。

E **日出/日落:** 太阳靠近地平线,光线明显偏红色。

F **阴天:** 多云天气的阳光柔和,阴天的阳光稍微偏蓝色。

G **阴影:** 场景由环境光照亮会产生柔和的阴影,非常适合拍摄肖像。

H **黄昏:** 黄昏时的自然光会呈现明显的蓝色。

答案

A/3 持烛祈祷
B/7 现代宾馆的房间
C/6 乘坐电梯的人
D/1 意大利加尔加诺的钟楼
E/4 晨雾中的鹿
F/2 美国基奈峡湾国家公园
G/5 在吊床上玩耍的男孩
H/8 美国俄勒冈州的海滩

5

7

6

8

须知：

- 我们通常不会注意到光线会偏色，因为我们的大脑会修正感知到的光线颜色，所以光的颜色看起来是中性的。只有当一种色彩明度强烈时，或者当两盏不同的灯光产生不同的偏色时，我们才会注意到。
- 光的颜色可以大致分为两组——偏红、橙色的暖色光；偏蓝色的冷色光。而中性光则不偏色，也被称为“白光”。
- 阳光的颜色在一天中会发生变化。“黄金时刻”指的是日出后、日落前的一小时，这段时间的阳光是橘红色的。这是因为太阳在天空中的角度很低，大气层散射了阳光，使其呈现橘红色。一旦太阳落山，自然的光线在暮色中会变得非常蓝。

回顾这些要点，看看它们是如何与这里展示的照片相对应的。

理论知识

颜色与白平衡

光的颜色很少是中性的，它通常会有色彩偏差，即偏色，从而影响拍摄的照片。偏色并不一定是坏事，因为它可以被创造性地用来烘托照片的氛围。关键是要知道什么时候需要纠正色彩偏差，什么时候不必纠正。

波长

可见光是电子光谱中很短的一段。它从波长为750nm 开始，具有一段相对波长，这段波长与人眼看到的波长相对应。当波长朝向 380nm 方向时的光线波长就比较短，人眼能看到的最短的可见波长是紫色。当光线由不同波段的相同数量的光线混合在一起时，这样的光线被称为“白光”或者“中性光”。如果照片中一种光线的颜色主导画面，照片中的光线的颜色就会明显地出现偏色。

色温

现实中最常见的偏色是红色和蓝色，红色和蓝色偏差的程度用开尔文数值表示，就是用数值表示光线的色温。

烛光是一种色温非常暖的光，开尔文值约为1850K。色温值从0开始，数值越小表示光线越偏向红色。

烛光

1850K

日落

2000K

白炽灯

3000K

荧光灯

4000K

白平衡

相机的白平衡（WB）功能用来校正光线的色差。例如，场景中物体的白色表面在光线照射下不会呈现中性的白色。白平衡是相机为了消除偏色，用来校正照片颜色的一种功能。

自动白平衡（AWB）是白平衡设置中最简单的预设，相机会自动计算需要校正的偏色数值。

白平衡预设是在自动白平衡基础上更进一步控制白平衡的功能，但没有自定义白平衡那么先进。该功能是在特定类型的光线下拍摄为获得准确的色彩而设计的功能。

钨丝灯

荧光灯

专业提示: 你通常会为特定的光源设置正确的白平衡。然而，有一些类型的光（如烛光或日落）你通常会想要其保留诱人的颜色。

专业提示: 如果你不想调整颜色，就可以设置白平衡预设为日光，因为这是一个中性的设置，它不会对光线进行任何校正。

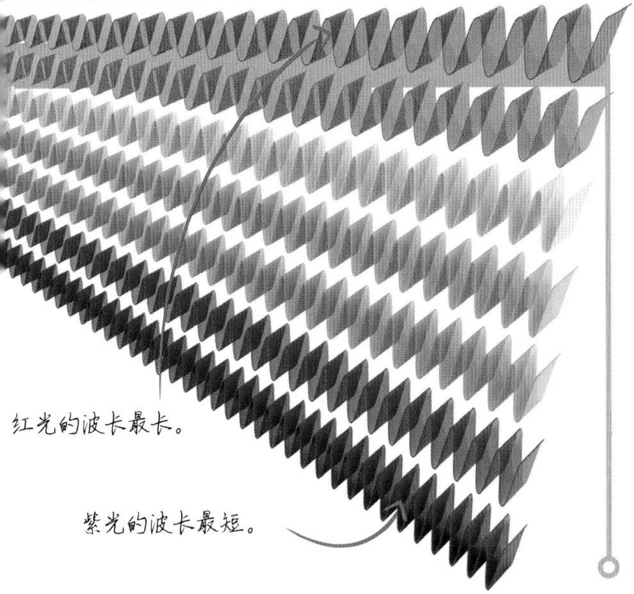

校正偏色

要校正某种偏色则需要增加另外的颜色。如下图展示的效果，要校正橘红色的偏色，需要为照片增加蓝色。要校正照片中的绿色偏色（例如在荧光灯下拍摄的照片）需要增加品色。使用彩色滤镜也能获得同样利用白平衡校正的效果。

照片中偏红色。

要校正偏红色，需要在照片中增加蓝色，让颜色倾向更中性。

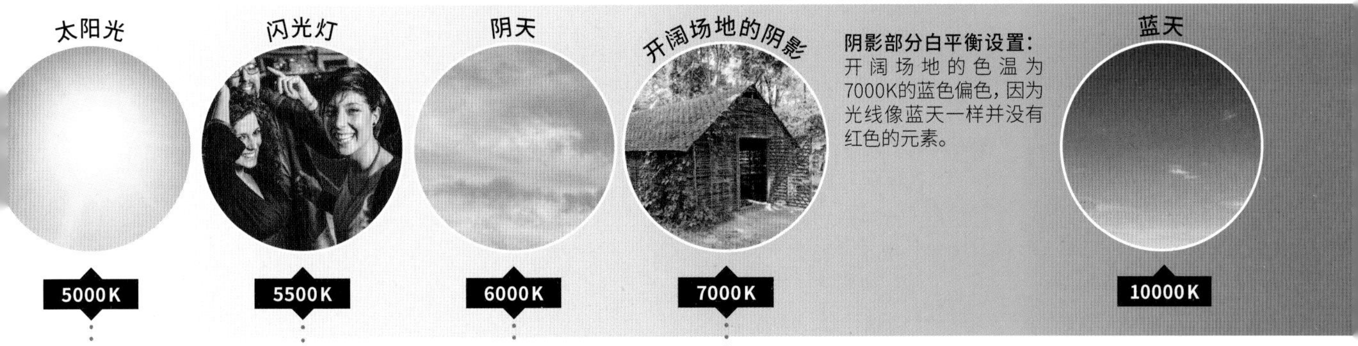

阴影部分白平衡设置: 开阔场地的色温为7000K的蓝色偏色，因为光线像蓝天一样并没有红色的元素。

闪光灯提供中性光，既不偏红色也不偏蓝色，开尔文值为5500K。当开尔文值为5000K以上时，光的红色逐渐减少，颜色变得更加中性。

自定义设置

自定义设置要比自动白平衡更精确地控制照片的颜色。这种模式下可以让你针对拍摄时的光线设置合适的白平衡。有些相机可以让你根据一定的光源情况直接设置开尔文数值。

技能学习

设置白平衡

设置正确的白平衡,将对你的照片产生很大的影响，照片的色彩可能显得更加准确和令人愉悦。对于被摄主体而言，尤其是以人作为对象时，这一点非常重要。冷色调的皮肤并不讨人喜欢，甚至会让被摄者看起来显得有点儿不健康。

1 评估拍摄位置

看看你拍摄的位置是如何被照亮的，是被自然光源照亮的，还是被人工光源照亮的？如果是自然光，那么太阳在哪个位置，那里有什么类型的光源？

雪天

海洋和沙滩

日落

正午

2 使用三脚架

把相机安装在三脚架上，这将会使相机稳定地待在相同的拍摄位置，从而让你更容易地拍摄照片。

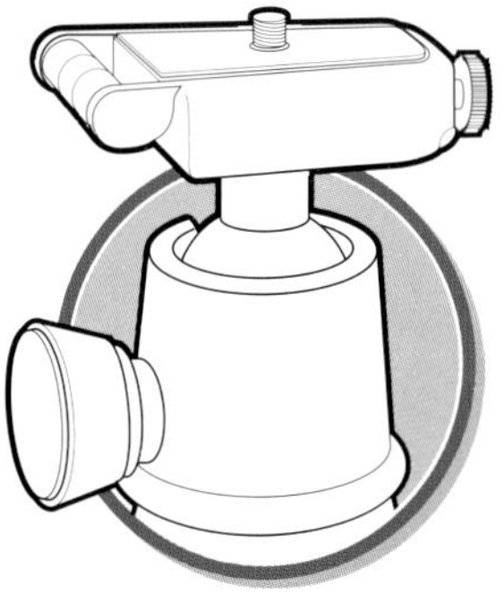

6 选择白平衡预设

选择你认为与照亮场景的光源最匹配的白平衡预设。

这张照片使用自然光拍摄，并使用日光白平衡，效果就很好。

7 再次拍摄

如果你对预设白平衡效果满意，在这个场景再拍摄一次。拍摄时改变白平衡并不会影响照片的曝光，照片的曝光应该与上一张照片完全相同，除非两张照片之间的光照情况发生了变化。

在预览模式下，比较使用不同白平衡拍摄的两张照片。

8 照片比较

浏览拍摄的两张照片，看看它们在颜色上有多相似。两张照片越相似，你就越有可能找到相机的最佳白平衡设置。

开始： 在室内拍摄一幅肖像照，并用白平衡预设来调节照片的色温 。

你将学习到： 使用自动白平衡和预设白平衡的区别，以及不同的设置对照片的影响。

3 设置拍摄模式

使用除自动曝光外的曝光模式，可以选择程序曝光、光圈优先，或者快门优先。

4 设置白平衡

将相机白平衡模式设置为自动白平衡（AWB）。自动白平衡设置是让相机选择白平衡，从而节省操作时间。

5 拍摄照片

使用光圈优先或者快门优先模式，并选择合适的快门速度，针对被摄主体对焦完成拍摄。

M
A
S
P
EFFECTS
AUTO
U2
U1
SCENE
如果使用相机的全自动模式，
你将不能调整相机的白平衡。

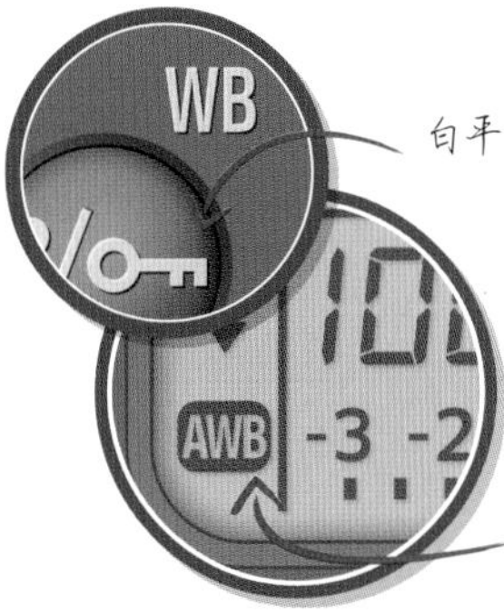
WB
白平衡按钮
AWB
-3
-2
自动白平衡通
常是相机的
默认选项。

应用了不同白平衡预设的效果。

你学到了什么?

- 评估照射到被摄主体上的光线类型很重要。
- 如果要改变相机的白平衡设置，相机应该设置为程序曝光，而不是全自动模式。
- 除非拍摄期间光线发生了变化，你可以只改变相机的白平衡，而不用改变相机的曝光设置。

练习与实践

白平衡的运用

我们从情感上对照片的颜色会有明显的反应。控制白平衡是影响照片颜色的有效方法。在这些练习结束时，你将会更好地理解光线和颜色，以及如何创造性地运用它们。

阴天光线是偏蓝的，阴天白平衡的设置会让照片的色温变暖。

使用白平衡设置

- 容易
- 户外或室内
- 2小时
- 不同光源的场景
- 相机+三脚架

白平衡设置功能提供了一个简单调整白平衡的方法。

- 从室内人工照明开始，把相机装在三脚架上，完成构图并拍摄一张照片。
- 选择自动白平衡，对焦然后拍照。用所有的白平衡选项，针对同一个场景拍摄一张照片。
- 把相机移至以阳光照亮的户外，像之前的操作一样，更改白平衡设置拍摄照片。
- 浏览拍摄的照片，注意颜色的变化。

在光线变化较大的地方，如果想要拍摄的照片颜色准确，选择正确的白平衡很重要。

选择暖色调或冷色调？

- 适中
- 室内
- 1小时
- 人工光线照明的室内
- 相机+三脚架

一般来说，大多数情况下，使用白平衡设置拍摄的照片都是准确的，然而使用自定义白平衡却会让你拍摄的照片颜色更加精确。

- 将相机安装在三脚架上，在室内设置人工照明。
- 设置白平衡为“色温值”（或K值）。如果室内是用白炽灯照明的，则设置色温值为2800K；如果是用荧光灯照明的，设置色温值为4000K。
- 拍摄并浏览照片，评估根据设置的白平衡拍摄的照片，查看是否准确。增加色温值到5000K并重新拍摄，将色温值减小到1000K，然后再次拍摄，看看哪种设置最能反映场景本身的真实色彩。

专业提示: 当你在相机的液晶显示屏上观看照片的细节时，白平衡效果会在屏幕上显示出来。

专业提示: 如果拍摄时采用 RAW 格式，你即可在后期处理时，在不影响照片品质的情况下，重新调整照片的白平衡。

特殊白平衡设置技巧

容易
30分钟
相机+三脚架
室内或户外
明亮的场景

根据光源选择正确的白平衡，将使照片的颜色更准确，然而你也可以通过故意选择不正确的白平衡，获得更多有趣的色彩效果。

- 将相机安装在三脚架上拍一张照片。研究拍摄场景的灯光，然后选择你认为正确的白平衡。
- 设置曝光、对焦并拍摄。如果在人工光源下拍摄，选择阴影白平衡；如果在户外拍摄，选择钨丝灯白平衡。
- 用不同的白平衡拍一张照片，并比较前后拍摄的照片。

使用钨丝灯白平衡设置拍摄的照片，树林呈现蓝色调。

你学到了什么?

- 白平衡设置提供了改变照片整体色彩的多种方法。
- 选择白平衡没有对错之分。在实际拍摄中，有时候选择的白平衡可能是“错误的”，但却会产生令人惊叹的或赏心悦目的效果。
- 通过输入色温值改变照片白平衡的方法，比选择预设的白平衡具有更大的调整范围。

自定义白平衡

难　　室内或户外
30分钟　　光线明亮的场景
相机

自定义白平衡让你针对特定光源可以更精确地设置白平衡。

- 拍摄一张白平衡参考照片，这张照片应该与你接下来要拍摄的照片具有同样的光线效果。
- 将白平衡标板放在镜头前，使其充满整个画面。
- 设置照片的曝光，使白平衡标板接近纯白色。你可能需要增加1~2挡曝光补偿。
- 拍摄照片，从而让相机记录和分析白平衡，然后在相机上设置自定义白平衡的数值。

照片底部的展示柜的色温，与女人身后的灯光的色温完全不同，需要通过自定义白平衡获得理想的效果。

控制气氛

容易　　室内或户外
1小时　　模特
相机+三脚架

我们经常把温暖的颜色，如红色与快乐和活力联系起来。看到较冷的颜色，如蓝色，我们经常会联想到如悲伤这样的负面感情，因此，白平衡也可以用来影响照片的情绪。

- 让模特坐在椅子上，将相机安装在三脚架上，让模特摆出一种伤感的姿势。
- 设置较低的白平衡数值，使相机的实时预览呈现非常冷的蓝色调，然后设置曝光、对焦并拍摄。
- 提高色温数值后重新拍摄照片，使照片的实时预览呈现一种非常温暖的橘黄色调。
- 让模特摆出开心的姿势重新拍摄。
- 比较四张照片，判断哪一张照片的情感更强烈。

淡蓝色的水面和天空暗示着一种消极的情绪。

混合光线下拍摄

适中　户外

30分钟　黄昏的城市街景

相机+三脚架

当你拍摄的场景中出现两个或更多的不同色温的光源时，就会出现混合光源照明的情况。这种情况经常出现在城市的黄昏，此时，天空的蓝色环境光会与黄色和橘色的街灯的光线相混合。

- 在日落后25~35分钟，光线充足的街道上，使用三脚架和低感光度拍摄照片，以保证照片的品质。
- 将白平衡设置为钨丝灯，设置曝光，对焦并拍摄照片。
- 设置白平衡为日光，然后再拍一张照片。比较这两张照片。
- 试验相机的其他白平衡设置，看看这些设置对黄昏照片的影响。

相比普通的家庭照明，城市灯火看起来呈现明显的橙色暖色调。

使用钨丝灯（左）和日光（右）白平衡分别拍摄照片。

你学会了什么？

- 照片的色彩精度取决于在拍摄时的白平衡是否设置得精确。
- 在混合光源下拍摄时，白平衡的设置没有对错之分。
- 对于肖像照片来说，颜色有助于强化被摄主体的肢体语言。

工具：白平衡标板

为了创建自定义的白平衡，你需要拍摄一张纯白（或灰色）物体表面的照片，这就是所谓的“白平衡标板”。你的相机将分析这张照片，从而计算出需要的白平衡校正数值。标板的颜色必须是完全中性的，表面如果有任何颜色都会使自定义白平衡不准确。当最终照片的颜色精度要求非常高时，使用白平衡标板校正颜色非常重要。

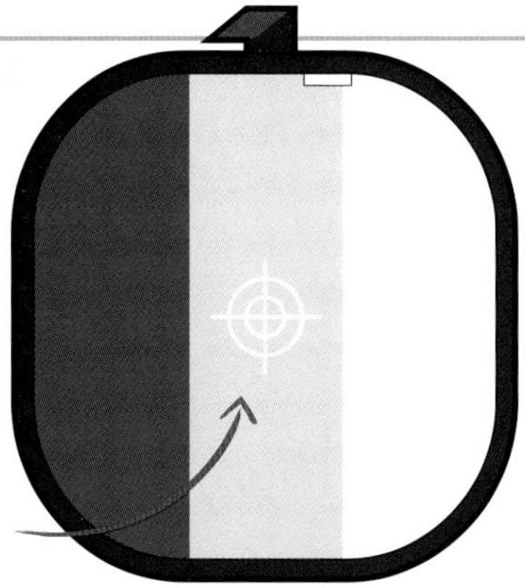

检查学习成果

评估拍摄的照片

一旦你完成了拍摄练习，花些时间仔细浏览你拍摄的照片，挑出你觉得最有趣的画面，根据这里提出的观点来判断这些照片。

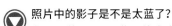

照片中的影子是不是太蓝了?

在无云的日子，一些环境光会投射到阴影中。就像这张照片一样，因为天空是蓝色的，这就意味着暗部阴影通常会呈现蓝色调。要校正这种偏蓝的问题，通过选择一个稍微偏暖色调的白平衡选项即可。

你的白平衡设置合适吗?

设置白色平衡有两种方法，既可以是技术正确的方法，也可以是视觉好看的方法。这张照片是偏蓝的，虽然不是“正确的”，但照片让人看起来很舒服。

你的自动白平衡设置正确吗?

尽管相机默认的自动白平衡不会绝对准确，场景中强烈的主色调可能会误导相机的自动白平衡。这张照片中包含了两种光线，因此，需要自定义设置白平衡。

照片的色调是不是太“冷”了?

照片偏蓝本身并没有什么不对，只有当它不适你的被摄主体时才不合适。这张糖果的照片偏蓝，物照片的冷色调会让人食欲不振，因此，白平衡的置不准确。

只要有光，就可以拍照。

阿尔弗雷德·斯蒂格利茨

自定义白平衡准确吗？

如果你自定义白平衡，它只适用于特定的光源环境。这个针对某个场景创建的自定义白平衡，需要在天气变化时及时更新。

白平衡设置有助于传达情感吗？

你需要仔细考虑照片如何被理解、接受，然后选择一个合适的白平衡设定。这张照片特有的暖色调，有助于强调这对母女的亲密关系。

照片颜色是不是太暖了？

一张暖色调照片偏橙色并没有什么错，然而如果偏色太严重，照片中人物的肤色看起来会显得有点儿病态。你觉得这张照片的色调太暖了吗？

优化照片

色彩平衡工具

色彩平衡工具主要用来调整照片的色彩，你可以增加色彩的强度，例如通过添加黄色使照片变成暖色调，你也可以通过添加某一种颜色的补色来去除照片的偏色。

这张照片明显偏洋红色。

1 改变色彩平衡

“色彩平衡”对话框中会显示三个滑块——青色/红色、洋红/绿色和黄色/蓝色。

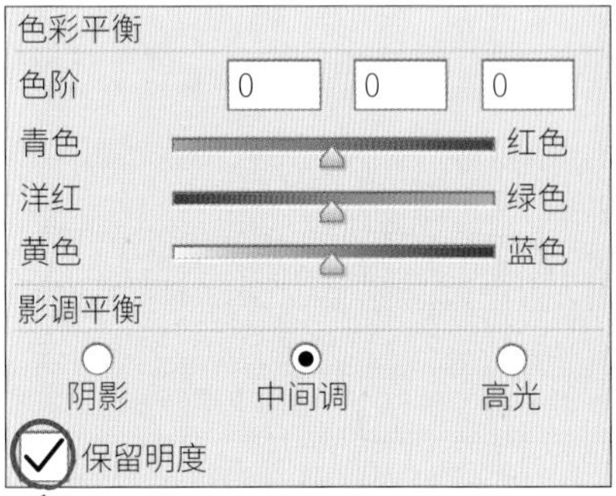

确保选中“保持明度”复选框，以便照片的色调范围不会改变。

5 调整暗部

选中“阴影”单选按钮，调整照片中最暗部分的偏色。

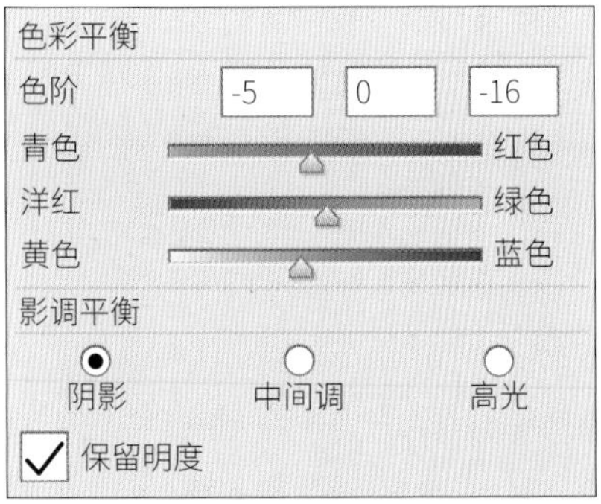

阴影部分经常会有些偏蓝，增加红色或者洋红色（或者两种颜色），让整幅照片变暖。

6 高光区域调整

选中“高光”单选按钮，可以调整照片中最亮部分的色调。单击“确定”按钮保存修改结果。

在高光中增加红色和黄色，会增加照片的暖色调。

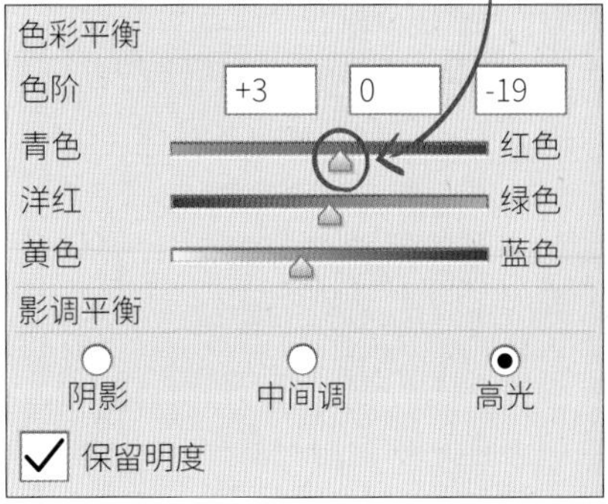

专业提示：查看照片偏色的一种简单方法是，将“高斯模糊”滤镜参数设置为一个非常大的值（400或以上）。观察后单击“取消”按钮，关闭“高斯模糊”对话框。

专业提示：在“色彩平衡”对话框中选中“预览”复选框，可以看到照片调整前后的变化，单击“确定”按钮保存修改的结果。

2 拖动滑块

如果想从照片中去除某种色调，拖曳相应的滑块，并将其拖向互补色的相反方向。

3 输入数值

你还可以通过直接输入数值，精确地控制颜色，最小值为-100，最大值为+100。

4 阴影、中间调与高光

“阴影”“中间调”和“高光”单选按钮，控制由滑块调整照片色调范围的哪一部分。

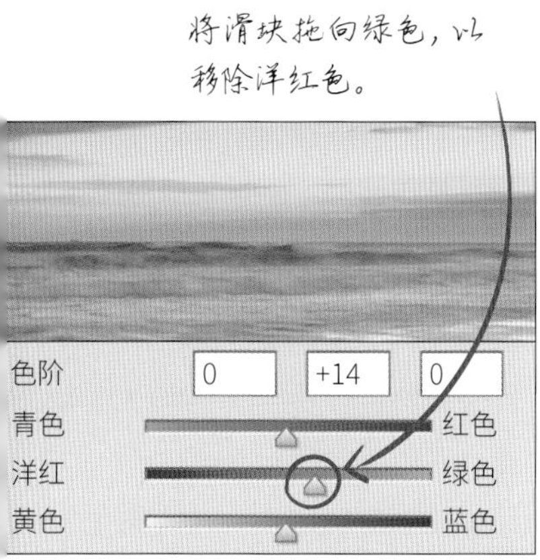

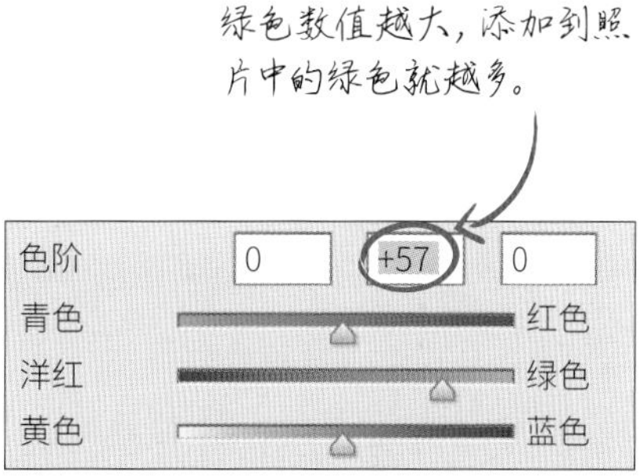

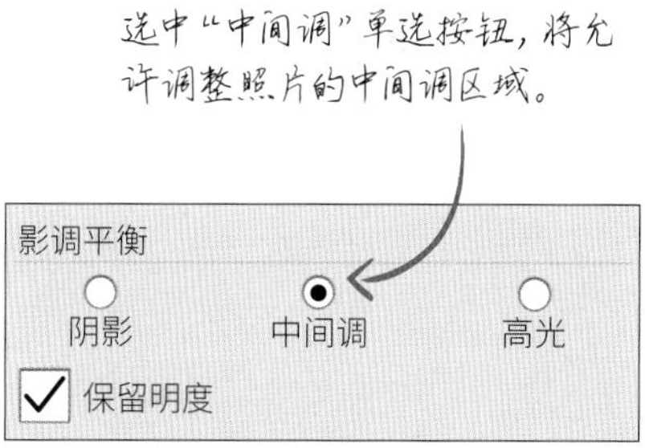

水中的暗部阴影和高光部分显得更温暖。

白平衡

如果你将RAW文件导入Camera RAW或Lightroom中，就可以根据需要非常精细地调整白平衡。可以使用预设白平衡（包括自动），也可以使用色温值直接调整色温。

色温值滑块可以在2000K~ 50000K调整，2000K增加了很多蓝色，50000K则会增加很多红色。然而在通常情况下，要使用2800K~7000K的数值。

学习测试

你学到了什么？

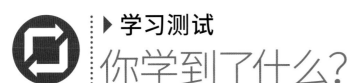

在这个单元中，你已经了解了不同光源的颜色对照片的影响。试着完成下列选择题，看看你学到了什么。在你继续下周的学习之前，你能都做对吗？

1 色温是用什么数值测量的？

A 摩尔
B 波弗特
C 开尔文

2 什么颜色与红色互补？

A 绿色 B 紫色 C 蓝色

3 什么类型的光线照明有助于传达快乐的感觉？

A 冷光 B 暖光
C 中性的白光

4 白炽灯使用什么样的白平衡设置？

A 日光 B 阴天 C 钨丝灯

5 烛光的色温值是多少？

A 1850K B 4000K C 5500K

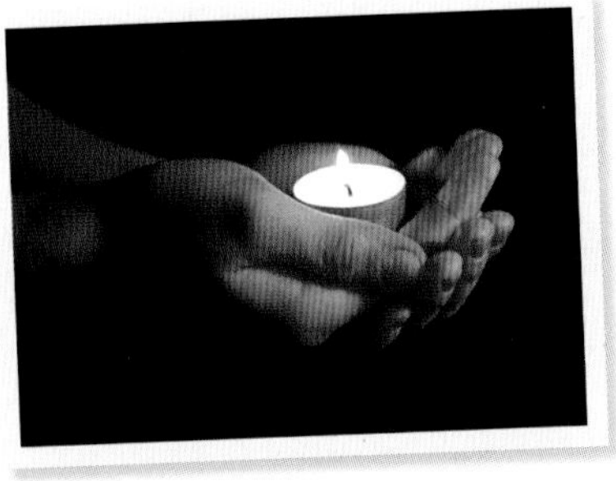

6 你要在照片上加什么颜色来去掉洋红色调？

A 绿色 B 蓝色 C 黄色

7 在阴天要使用什么白平衡设置？

A 阴天 B 多云 C 闪光灯

8 什么颜色与蓝色互补？

A 黄色 B 橙色 C 红色

9 下列哪一种光源颜色是暖色调并且最暖？

A 闪光 B 正午的太阳 C 烛光

10 红色的波长是多少？

A 750 nm B 500 nm C 380nm

11 什么颜色容易与悲伤的情感联系起来？

A 红色 B 黄色 C 蓝色

12 哪个色温值是冷色调的？

A 850K B 500K C 5000K

13 开放空间的阴影下的光线偏向哪种色调？

A 绿色 B 黄色 C 红色

14 哪一种光源的颜色最中性？

A 烛光
B 正午的阳光
C 开放空间的阴影区域

15 荧光灯一般是什么色调的？

A 绿色 B 黄色 C 红色

16 黄金时刻是指什么时候？

A 正午
B 下午早些时候
C 日出后/日落前

17 如果在白天拍摄，使用钨丝灯白平衡设置，你会看到什么样色调的照片？

A 红色 B 绿色 C 蓝色

答案：1/C，2/A，3/B，4/C，5/A，6/A，7/B，8/B，9/C，10/A，11/C，12/B，13/A，14/B，15/A，16/C，17/C。

16 使用自然光

第十六周

来自太阳的光线在一天中会有很大的变化。了解自然光的变化如何影响你想要拍摄的对象，这是成为全能摄影师必须要掌握的关键技能之一。

本周你将学到：

- 评估不同的光位，对照片的影响。
- 验证光影理论，看看不同的光线角度如何影响你的照片。
- 在逐步的拍照过程中，你可以尝试影像的光影效果。
- 通过六个指导性练习，探索照片中光线与阴影的可能性。
- 浏览照片，看看如何避免或纠正一些常见的用光问题。
- 使用水平仪调整照片。
- 回顾本周学习的摄影知识，看看你是否准备好继续学习。

让我们开始吧！

知识测试

你了解光线吗？

光源的位置对于拍摄照片有很大的影响。光线位置可以分为五种——顺光、逆光、低角度光、顶光和侧光。研究这里的照片，将光位与准确的描述匹配起来吧。

A **顺光：**投出较短的阴影，突出被摄主体的色调和色彩。

B **逆光：**剪影是逆光的常见效果。

C **低角度光：**以拉长被摄主体的阴影为特征。

D **侧光：**可以突出被摄主体的质感。

E **顶光：**经常会在地面上形成一些明显的阴影。

F **低角度光：**低角度阳光是暖色的，
从侧面照射时，在场景中会投射阴影。

G **逆光：**一个明亮的光晕经常出现在
和边缘的物体的一侧。

H **顶光：**升高被摄主体的位置，可以
其投射出明显的向下阴影。

I **侧光：**反差适中并能形成明显阴影。

J **逆光：**透明的被摄主体变得生动活
并会有一定的颜色。

答案

A/1 印度的寺庙
B/5 朋友们跳跃的剪影
C/4 美国的地铁站口
D/3 美国芝加哥文化中心
E/8 在泳池边休息的人
F/6 意大利的公路
G/2 傍晚的少女
H/7 防火逃生梯
I/10 古巴的乐手
J/9 阳光照耀下的树叶

须知

- 无云的日子里，暗部和阴影是最清晰锐利的。
- 暗部阴影增加了反差，有助于呈现被摄主体的形状。因此，阴天并不适合开阔的风光摄影或大型建筑物主题摄影。
- 阴天经常会没有阴影，这是因为来自太阳的光线被云层散射，使光线更柔和。
- 阴天很适合拍摄特写和如花这样有生命力的对象。
- 太阳升起和落下的方向和时间，在一年中是不同的。
- 夏季的太阳在天空中的位置比冬季高且远。

回顾这些要点，看看它们是如何与这里展示的照片相对应的。

理论知识
光与影

当太阳在天空移动时，地上的影子会变长、变短并不断改变方向。了解阴影对被摄主体的影响，对于拍摄出吸引人的照片至关重要。在这里，我们来了解一下在人像、风景和建筑这三个常见的摄影题材中，不同光线角度对照片的影响。请记住，这些信息仅是一个指南，你需要在不同的光线角度下拍摄和观察你最喜欢的对象，看看光线的方向是如何增强或削弱影像效果的。

顶光

肖像：顶光会在被摄者的面部产生阴影，眼睛会不容易辨识。

建筑：形成强烈的向下的阴影，可以在拍摄摩天大楼时获得很好的创意效果。

风景：大多数风景如果缺少长的阴影，照片会看起来非常平淡，但彩色会显得很鲜艳。

阴影的构造

当太阳照亮一个物体时，它所投射的光线形成的阴影会根据光线的方向而不同，显示出物体的轮廓、形状和纹理。光影的好坏可以成就或毁掉一张照片。

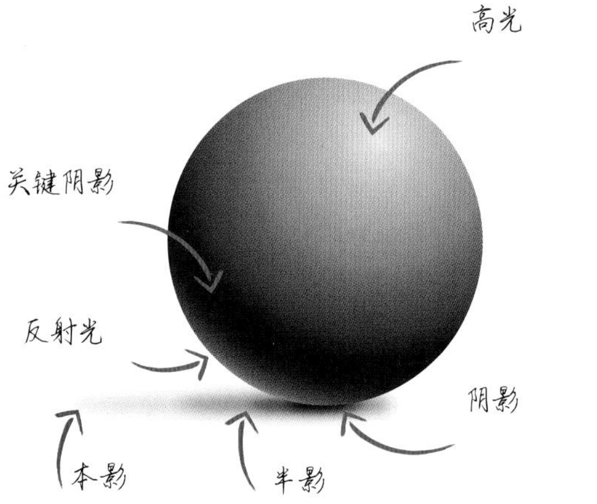

顺光

肖像：如果强光不会使被摄者眯眼，那么利用顺光就可以拍摄出吸引人的没有阴影的肖像照。

建筑：强烈的正面照明强调了建筑物的正面，并能展现建筑物的宏伟轮廓。

风景：由于只用很少的阴影可以表现物体表面的起伏质感，因此，照片中的风景会看起来平淡、单调。但是像山这样大的对象，在蓝天的映衬下会很突出。

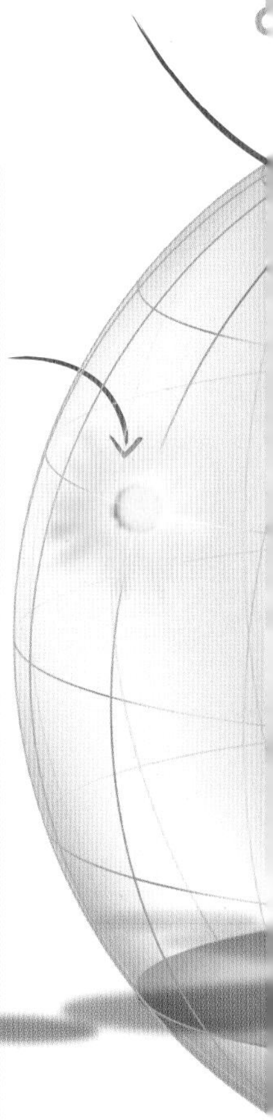

在合适的光线、合适的时间拍摄，一切影像都是非凡的。

亚伦·罗斯

逆光

肖像：逆光的效果经常并不理想，但是夸张的剪影却是一个例外。可以尝试在逆光下拍摄人物的侧面。

建筑：强烈的逆光非常适合拍摄天际线的剪影，但是要注意体现建筑物的清晰轮廓。

风景：逆光下物体的颜色很难辨识，拍摄时让阴影朝向镜头，可以突出景物的立体感。

侧光

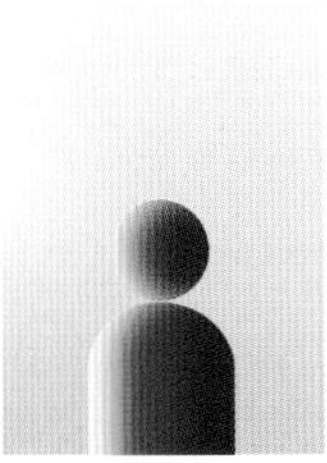

肖像：侧光会使被摄者一半的面部处于阴影中，如果想创造戏剧化的光效，侧光就是理想的选择。

建筑：利用强烈的反差吸引人，但是要注意不要让照片的暗部阴影难以分辨。

风景：明显的阴影有助于表现景物的形状和质感。光线充足的被摄主体的色彩会很鲜艳。

低角度光

肖像：当太阳照射角度很低，光线落在被摄者背后的一侧时，可以拍摄到逆光下头发上的光晕。

建筑：阳光会从建筑物的表面反射出来，而其他物体会在较深的暗部阴影中，这种效果的光线有利于形成反差和戏剧化效果。

风景：利用大气透视（远的物体似乎比近的物体更模糊）来创造一种纵深感。

技能学习
光影运用

在日出后一小时，或者日落前一小时，太阳的照射角度低，许多自然风景都非常漂亮。阴影在一天中的这个时候是最长的，能够帮助塑造场景中物体的形状和质感纹理，暗部阴影还可以为照片增添戏剧化效果。

1 评估拍摄位置

花些时间绕着你选择的被摄主体转几圈，找到一个能形成有趣的暗部阴影的位置。用三脚架和无线快门遥控相机，从而确保拍摄出清晰的照片。

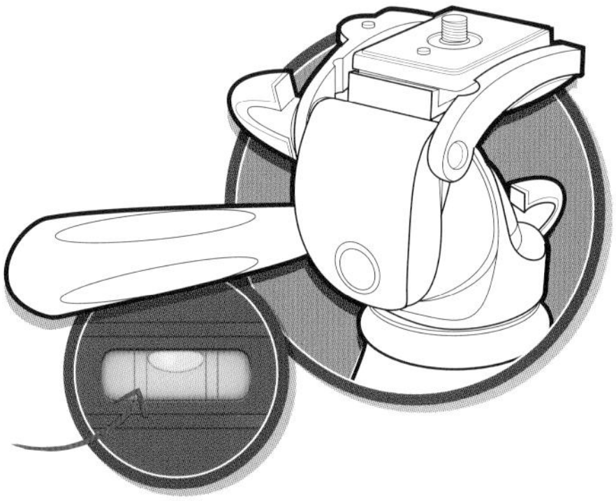
检查三脚架水平仪，将
相机调正。

2 使用广角镜头

拍摄时使用的镜头会影响照片的构图，如果想夸大暗部阴影的效果，那么就要使用广角镜头拍摄。

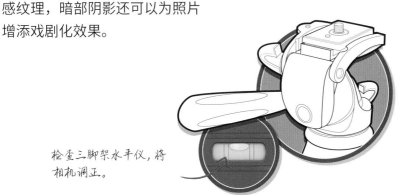

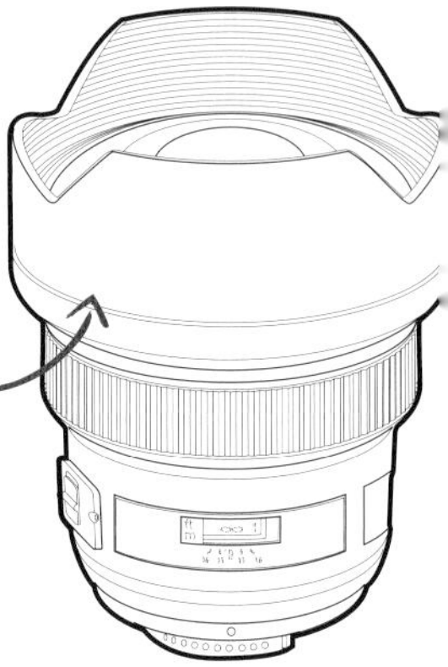
广角镜头

6 设置光圈与测光模式

使用小光圈可以获得最深的景深，选择评价测光模式，并半按快门按钮测光。

F16
使用小光圈就要使用较慢的
快门速度。

7 试拍

对焦然后拍照。使用相机的直方图检查曝光是否合适，如果直方图向左偏移，照片可能曝光不足；如果直方图向右偏移，照片可能曝光过度。

聚焦于前景，确保整幅照片是清晰的。

8 继续拍摄

尝试采用不同的构图方式继续拍摄照片。等待光线不断地变化，在同样的场景不同的光线条件下拍摄照片，直到太阳升到更高的角度不适合拍摄，或者太阳完全落山。

拍摄的过程中保证相机一直打开，随时准备进行动态抓拍。

开始: 寻找一个太阳角度低，可以产生长长的斜阴影的拍摄场景，这样你就可以探索拍摄阴影的效果。场景中的其他元素产生的阴影，也会增加照片的纵深感。

你将会学到: 如何准确地针对场景曝光，拍摄的照片暗部阴影细节丰富，同时高光不会因为过度曝光而溢出，以及通过镜头的选择影响阴影的效果。

3 使用长焦镜头

另外，如果你想压缩阴影覆盖的距离，也可以使用长焦镜头（如果使用长焦镜头，可能需要调整拍摄位置，要离被摄主体更远一些）拍摄。变焦镜头可以让你方便地既使用镜头的广角端，又可以使用镜头的长焦端拍摄。

4 使用低感光度

使用最低的感光度获得最佳的照片品质。如果使用ISO100的感光度，可能会导致使用较慢的快门速度，但如果将相机安装在三脚架上，就可以避免相机在曝光时振动对照片造成的影响。

5 选择光圈优先模式

选择光圈优先模式，这样拍摄时你就可以通过微调光圈来控制照片的景深，此时相机会匹配适当的快门速度。

当你使用变焦镜头的广角端时，你可能需要更靠近被摄主体拍摄照片。

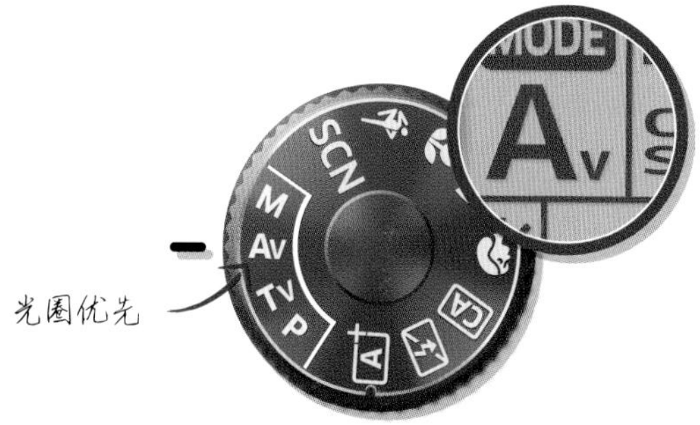

如果阴影主导了整个场景，因为相机会试图补偿其他区域曝光不足的问题，阴影的大面积暗部，可能会误导照片曝光过度。

你学到了什么?

- 相对于相机和被摄主体的位置，太阳的位置变化会改变照片暗部阴影的形状和可见性。
- 暗部阴影落在不同位置会影响被摄主体在照片中的立体效果。
- 你所使用的镜头会影响照片暗部阴影的长度。

练习与实践

玩转光线

接下来几页的练习将帮助你强化对明暗光影的理解。理解光线的关键是要在一天的不同时间拍摄，看看光线是如何变化的，相机相对于太阳的位置会对照片的成败起很大作用。相机的确切位置没有对错之分，在实际拍摄中，要明确什么方法是可行的，什么方法是不可行的，试验往往非常必要。

保存相机中最好的照片，之后可以浏览这些照片。

剪影肖像

- 容易
- 1小时
- 相机
- 户外
- 模特

剪影是逆光下拍摄照片时产生的效果。因为拍摄时相机通常无法应对如此极端的反差范围才产生了阴影，有了合适的被摄主体和背景，就能将剪影拍摄成有趣的照片。

- 在日出或日落的时候拍摄，让模特站着背对天空中最亮的部分。
- 让模特正面和侧面对着相机，拍摄不同的照片，看看哪种效果更好。
- 确保构图简单。避免场景中的其他元素重叠，导致遮挡被摄主体，因为这样会使剪影的轮廓形状看起来混乱。

将日落的天空作为背景拍摄剪影，会得到一张画面醒目、色彩绚丽的照片。

拍摄剪影的照片，背景需要比被摄主体明亮得多。

专业提示： 没有云的日子里，太阳高高挂在天空，你能看到很深、很清晰的阴影。天空的云就像巨大的反光板，可以照亮暗部阴影，从而降低照片的反差。

光晕

适中　户外
1小时　长发模特
相机+反光板或闪光灯

当逆光下拍摄一位满头秀发的模特时，你经常会看到她们的头发周围出现明亮的轮廓，这种光晕效果可以烘托肖像照片的气氛。

- 当太阳相对接近地平线时拍摄，安排模特在相机和太阳之间的位置。
- 为了让模特曝光正常，你可能需要使用反光板或闪光灯来平衡反差。
- 也可以尝试拍摄其他发型的模特，看看是否会产生不同的效果。

长发比短发产生的光晕更漂亮。

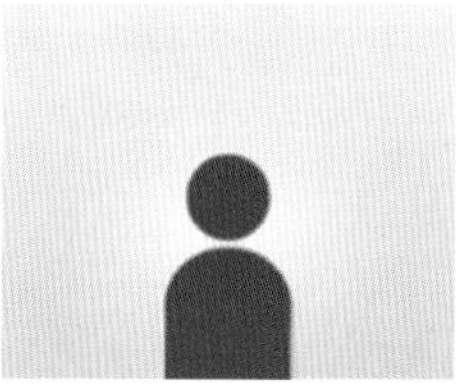

使用反光板将光线反射到被摄者身上，避免拍摄成剪影。

延时摄影

适中　户外
8~14小时　一处风景优美的地方
相机+三脚架+无线快门

从黎明到黄昏拍摄一系列照片，是观察一天中光线变化的好方法。

- 把相机安装在三脚架上，将三脚架放在一个不会被碰倒或容易移动的地方。为相机连接无线快门。
- 设置曝光模式为光圈优先，针对拍摄场景选择合适的光圈。感光度设置为较低的数值。
- 拍摄第一张照片并浏览，注意记录拍摄的时间。
- 在一天内不间断地拍摄。如果拍摄城市风景，在天完全黑下来之前一直拍摄，直到路灯亮起。

暮光是日落后，天还没完全黑之前的20分钟的光线。

你学会了什么？

- 当光源和相机处于同一水平线上时，很容易拍摄剪影效果。
- 短发不如飘逸的长发产生的光晕效果明显。
- 光与影在一天中会不断变化。

星形光斑

容易
户外
1小时
明亮的点光源环境
相机

在日常拍摄中，太阳与它所照亮的范围相比，其被看作是点光源。照片中的点光源可以产生吸引人的星形，以增加照片的兴趣点。

- 拍摄十张带有炫光的照片。
- 将相机对准你选择的光源拍摄，这个光源可以是太阳，也可以是日落后的街灯。
- 不要直视太阳，否则很容易损害你的眼睛。
- 调整光圈获得不同的效果，光圈越小产生的星形炫光越明显。

光芒的数量受相机镜头内光圈叶片的数量影响。

低角度光线效果

容易
户外
1小时
具有垂直元素的外景拍摄地
相机+三脚架

太阳离地平线越近，影子就越长。阴影有助于定义风景或城市街道的形状和轮廓。

- 寻找具有垂直元素的有趣场景，如树林或有成排柱子的建筑物。
- 在晴天日出的前一个小时，或者日落的最后一个小时拍摄一系列照片，包括垂直特征的元素和它们投下的阴影。
- 拍摄时不断变换拍摄角度，改变阴影的方向和拍摄的高度。比较拍摄的照片，看看更喜欢哪一张。

长的几何阴影，可以营造透视纵深感。

工具：反光板

反光板用于将光线重新定向到场景的暗部区域，从而减少照片的反差。商业用的反光板具有不同的形状、大小和表面质感，如白色反光板或银色反光板。反光板通常是用柔软的材料制成的，所以可以折叠起来放进背包。如果你想在购买反光板之前预览一下效果，可以尝试使用一张白色的卡片进行测试。当使用侧面或顶部照明拍摄肖像时，反光板很有用，金色的反射面增加了一种吸引人的温暖色调，这种效果在拍摄人像时非常有效。

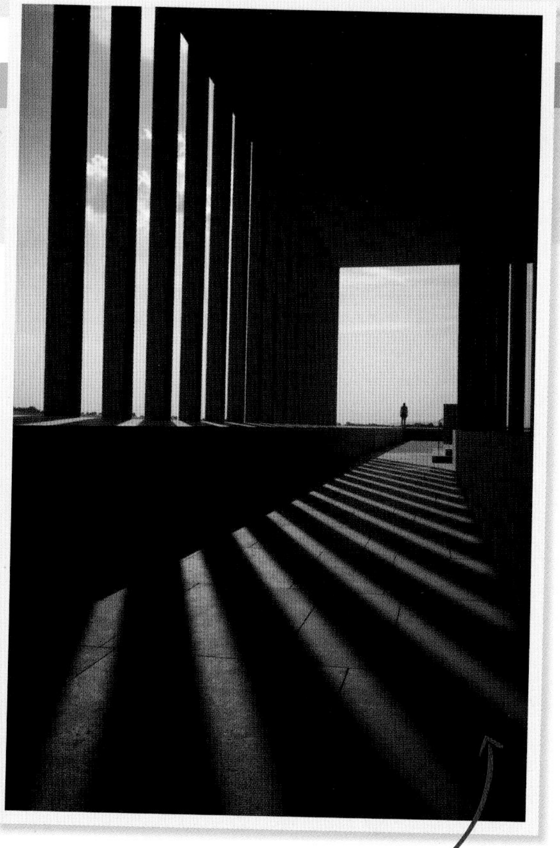

阳光通常会给平淡的前景增加一些兴趣点。

逆光

容易

2小时

相机

室内或户外

半透明的被摄主体

半透明物体的颜色，如树叶或彩色的玻璃窗，在逆光照射下颜色会更鲜艳。

- 拍摄由太阳逆光照射的半透明对象的一系列照片。
- 将被摄主体充满照片，以获得更大的视觉冲击力。
- 为了获得更抽象的影像效果，拍摄被摄主体的特写。
- 尝试使用相机的色彩控制功能，进一步优化照片的色彩。

逆光照射下的彩色玻璃，为周围的环境增添了色彩，这些颜色本身就是有趣的。

在阳光充足的情况下，帽檐会造成浓重的阴影。

反光板会改变光线的方向并柔化光线，使被摄主体的暗部阴影变亮。

你学到了什么？

- 日出后和日落前物体的影子最长。
- 色彩受照明方向的影响，半透明的物体受逆光的影响较大。
- 为了避免不必要的暗部阴影或剪影，可以使用反光板或闪光灯来降低被摄主体的反差。

检查学习成果

评估拍摄的照片

一旦你完成了光线部分的练习，就可以开始浏览你拍摄的照片了。首先挑出10张拍摄得最好的照片，批判性地看每一张照片，评述每张照片的优点是什么，还有什么可以改进的地方。

下面的问题，可以帮助你评估照片并排除一些常见问题。

低角度光线下拍摄的照片清晰吗？
太阳离地平线越近，太阳照射的光线就越柔和。薄雾或雾霾进一步降低了暗部阴影的锐度和厚度，为风景创造了一种浪漫的感觉。

剪影照片会让人困惑吗？
简单是拍摄好的剪影照片的关键。这张照片之所以能成功，是因为树的轮廓不会被场景中的其他元素遮挡。

逆光照片反差低吗？
太阳形成的耀斑会降低反差。把灯柱放在相机和太阳之间，可以避免太阳过亮形成的耀斑。

即使太阳被遮挡住，照片中还有炫光吗？
当太阳在画幅之外时，相机镜头前安装一支镜头罩可以减少炫光的出现。一定要知道运用炫光可以增加照片的吸引力。

在自然界中，光线创造了色彩。在照片中，照片的色彩成就了光。

汉斯·霍夫曼

照片中包含阴影吗？
当使用顺光拍摄时，很容易不小心把自己的影子也拍摄到照片中。这张照片就利用了这一点，把阴影变成了被摄主体。

照片的曝光合适吗？
通常最好的曝光设置，是要保留亮部高光的细节，而不是暗部阴影的细节。在这张照片中，两者之间的平衡是合适的。

人物的眼睛被隐藏了吗？
在顶光照明下，人物的鼻子、下巴或宽帽檐都能投射出难看的阴影，拍摄这张照片时使用了反光板，将光线反射到阴影中。

照片是否清晰锐利？
把相机安装在三脚架上，以避免相机振动，这一做法通常是必要的，特别是在拍摄需要深景深的风景时，例如这张照片。

优化照片

提升影像品质——色阶

无论你多么小心地设置曝光参数，拍摄的照片偶尔还是会看起来平淡或褪色，最常见的原因之一是多云的天气。这张拍摄于苏格兰，在傍晚朦胧的光线下用长焦镜头拍摄。相机和被摄主体之间的距离让光线质量变得很差，最终导致图像反差降低。幸运的是，你可以通过使用图像编辑软件来调整反差。

反差太小。
暗部缺乏细节。

曲线的作用

另一种调整照片影调的方法是使用“曲线”功能。曲线虽然只在专业的图像编辑软件中出现，但它却提供了比“色阶”更多的控制和调整选择。“曲线”对话框以直方图的形式显示图像的信息。直方图上面的对角线表示图像的影调分布情况，显示了从右上角的亮部高光到左下角的暗部阴影。

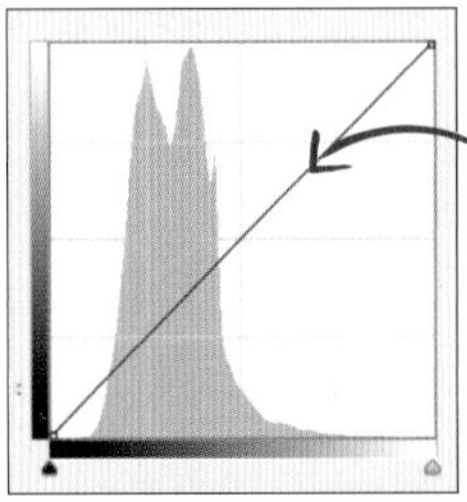

显示照片影调分布的斜线。

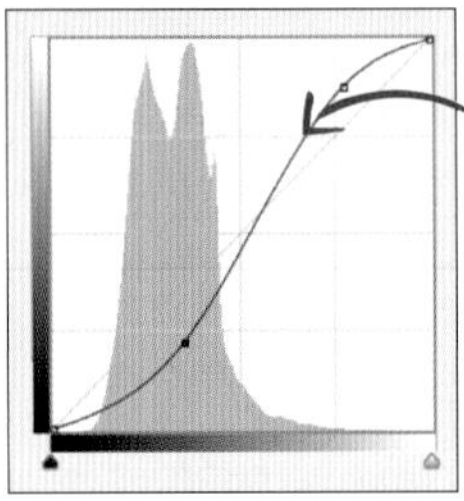

调整对角线，以形成S形曲线，会增加照片的反差。

1 使用“色阶”功能

为了增强图像的影调，在Photoshop中执行“色阶”命令，在弹出的“色阶”对话框中显示了图像的直方图。在这里，我们可以看出图像缺乏反差，因为直方图明显偏向中间色调的位置。

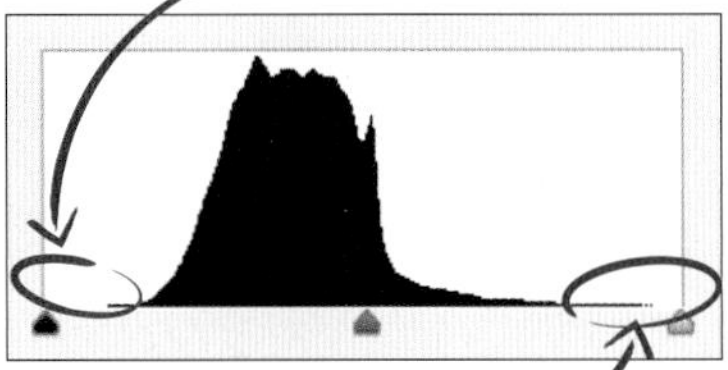

缺乏暗部细节。
缺乏亮部细节。

4 调整中间调，以获得更好的效果

将灰场滑块向左拖曳，以使中间色调变亮，向右拖曳使中间色调变暗。将中间色调滑块拖至右侧，图像看起来更明快了。此时反差得到了改善，照片整体变暗，使色彩更加鲜艳。

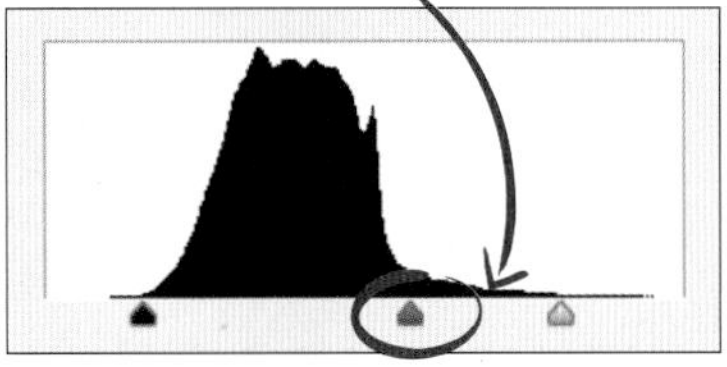

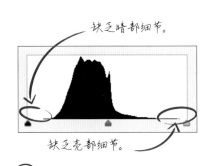

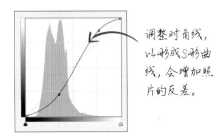

专业提示：不要对 JPEG 图像进行大量的色阶调整。例如，反复改变色调范围会导致色调分离，在照片中可以看到色调的突然变化。

专业提示：过度处理照片的另一个标志是，水平直方图呈现梳状条纹。

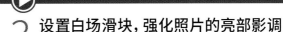

2 设置黑场滑块，丰富照片的暗部细节

要加深暗部阴影的细节，可以将黑场滑块向右拖曳，直到它到达直方图的左侧边缘，这种方法叫“设置黑场”。当你这样操作时，图像会变暗。设置了黑场后，阴影看起来就更暗了。

3 设置白场滑块，强化照片的亮部影调

通过将相反方向的白场滑块向左拖曳来设置白场。调整的时候要注意滑块的位置，虽然在画面中有几处纯黑色区域仍然可以接受，但是照片中出现纯白区域，看起来就没有那么吸引人了。因此，避免将滑块拖至最右侧边缘，导致出现高光溢出。

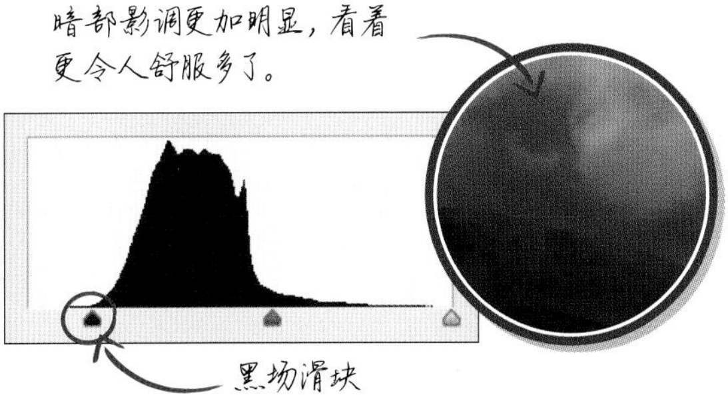

暗部影调更加明显，看着更令人舒服多了。
黑场滑块

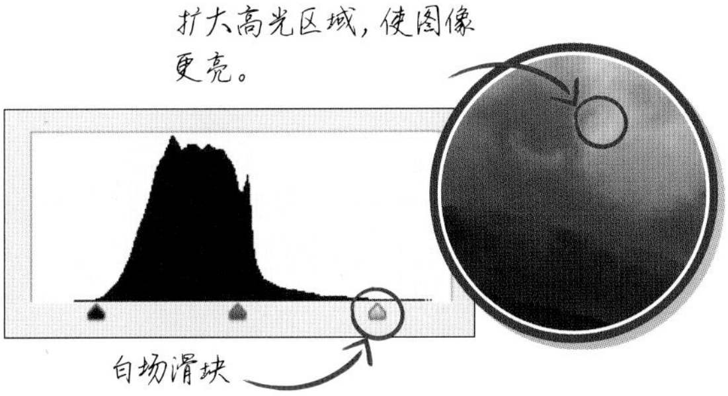

扩大高光区域，使图像更亮。
白场滑块

5 使用色阶工具校正偏色

“色阶”对话框中的“吸管工具”可以用来去除图像中的偏色。选择“吸管工具”，然后单击图像中你认为应该是中性灰色的区域。

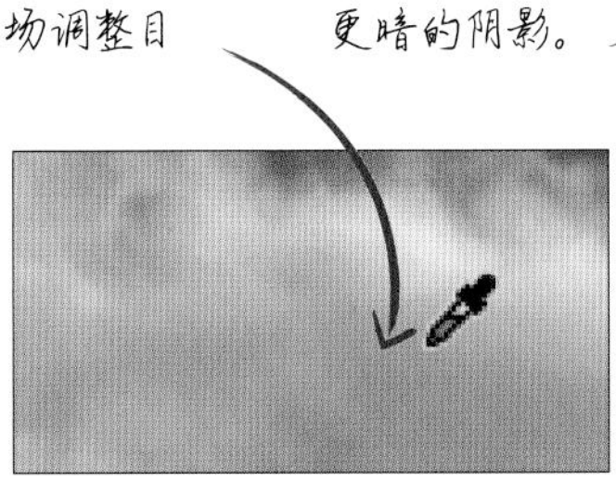

灰色的云是一个很好的灰场调整目标点。

天空中的云反差更大。
更暗的阴影。

学习测试
你学到了什么？

本周，你已经学习了光线如何影响被摄主体的阴影和质感的效果，以及如何让照片中的主体看起来具有立体感。尝试完成这些选择题，看看你还学到了什么。

1 你需要什么样的光线来拍摄剪影效果？
A 顺光
B 逆光
C 侧光

2 你会用什么附件将光线反射到阴影区域？
A 反光板 B 闪光灯 C 三脚架

3 你需要什么样的光源来产生星形耀斑效果？
A 亮光源 B 暖光源 C 点光源

4 什么天气条件会使场景中的阴影更柔和？
A 明亮的晴天 B 雾天 C 有风的天气

5 什么类型的光会对地面上的物体产生不明显的阴影？
A 测光 B 顶光 C 逆光

6 在昏暗的光线环境中，三脚架有助于避免什么风险？
A 垂直汇聚 B 景深 C 相机抖动

7 哪个方向的光线有助于强调质感？
A 测光 B 顺光 C 逆光

8 照片中最明亮的部分叫什么？
A 影子 B 高光 C 中间调

9 半透明的物体受什么影响？
A 侧光 B 顺光 C 逆光

10 什么颜色的反光板能增加反射光的暖色调？
A 银色 B 白色 C 金色

11 什么时候的影子最长？
A 中午 B 多云的日子里
C 日出之后和日落之前

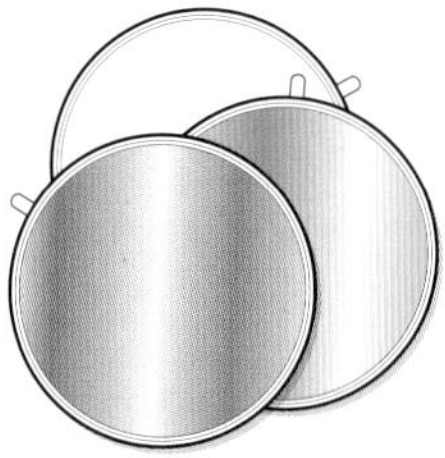

12 为了减少出现炫光，你会选用什么配件？
A 反光罩 B 镜头遮光罩 C 三脚架

13 当被摄主体被顺光照亮时，其阴影落在哪里？
A 在侧面 B 下面 C 后面

14 光线从后面照射头发，会出现什么效果？
A 光环
B 减少反差
C 光斑

15 阴影距离主体越远，则会出现什么效果？
A 更明显
B 更柔和
C 更清晰

16 逆光照射半透明物体，对照片有什么影响？
A 强化主题
B 没有影像
C 使物体更加单调

17 太阳在什么时候光线最强？
A 黎明
B 中午
C 午后

18 阴天的影子有什么特点？
A 更强
B 更长
C 更模糊

19 侧光照射被摄主体形成的阴影是什么样的？
A 在光源的对面
B 在主体的背后
C 在主体的前面

答案：1/B，2/A，3/C，4/B，5/B，6/C，7/A，8/B，9/C，10/C，11/C，12/B，13/C，14/A，15/B，16/A，17/B，18/C，19/A。

17 使用闪光灯

第十七周

大多数单反相机都配置了内置闪光灯，然而它的固定照射范围和位置会限制闪光灯的使用，但是一盏外接闪光灯或者说是闪光单元就可以让你有更多的可操作性。你可以将闪光灯安装在相机上发出直射的强光，补充光线不足的细节，或者离机引闪，以获得更柔和、方向性更强的光照效果。

本周你将学到：

- 如何使用闪光灯创造性地照亮场景。
- 学习闪光灯的工作原理，以及如何使用闪光灯反射闪光和布光。
- 掌握使用离机闪光灯的基本技能。
- 学习如何在弱光场景中凝固精彩的动作瞬间和创造戏剧性的光效。
- 使用图像编辑软件纠正红眼等不理想的效果。
- 尽可能创造性地使用闪光灯。
- 回顾本周学习的摄影知识，看看你是否准备好继续学习。

让我们开始吧！

知识测试

闪光灯有什么作用?

闪光灯可以作为拍摄场景中的主要光源，或者在明亮的阳光下作为补充照明光源。它还可以用来凝固运动的瞬间，或者有选择性地照亮被摄主体的某一部分。尝试一下，你是否能在下面的这些照片中发现闪光灯是怎样使用的。

A **闪光曝光过度：** 拍摄出非常明亮的照片。

B **环形闪光：** 用来为特写对象创造无阴影的照明效果，可以在眼睛中产生环形的高光点。

C **离机闪光灯：** 可以用来创造戏剧性的侧光效果。

D **柔光箱或反光伞：** 这些附件可以用来模拟射入窗户的自然光。

E **直接闪光：** 安装在相机热靴上的闪光灯，会在背景中产生强烈的阴影。

F **凝固瞬间闪光：** 能凝固快速移动的物体的运动瞬间。

G **闪光从天花板向下反射：** 用来提供大范围柔和的光线。

H **点光源闪光：** 允许你像使用手电筒一样使用闪光灯，照亮被摄对象的部分区域。

答案

A/7 留着小胡子的男人
F/3 沿着山脊奔跑的男人
C/6 金毛幼犬
D/4 地板上的猫
E/5 大提琴演奏家的雕像
B/2 女人的面部特写
D/8 坐在客厅里的女孩
H/1 蹲在小巷里的男人

5

7

6

8

使用须知

- 根据闪光的位置以及是直接闪光还是扩散闪光，可以获得从自然的效果到高度典型的风格等各种不同的光照效果。
- 光源越小，离被摄主体越远，其发出的光就越硬；相反，光源越大，离被摄主体越近，光线就会越柔和，越容易产生漫射效果。
- 直接闪光。无论是在相机上直接使用，还是离机使用，都会像阳光一样具有较大的反差，而经过反射的光线或漫反射闪光则像多云天气或阴天时的光线一样柔和。
- 在一天之内的不同时间拍摄同一个物体，是观察光线对场景影响的好方法。

回顾这些要点，看看它们是如何与这里展示的照片相对应的。

理论知识

闪光灯的使用方法

通过精确地控制光线的强度和方向，闪光灯能以你想要的方式照亮被摄主体。了解如何使用闪光灯，以及在场景中如何平衡环境光与闪光灯光线的效果，你就能预测闪光灯对照片效果的影响。

闪光灯

大多数闪光灯都是用普通电池供电的，但也有一些使用了外接的可充电电池组，这样可以更快地充电，每次充电后可以使用的闪光次数也更多。

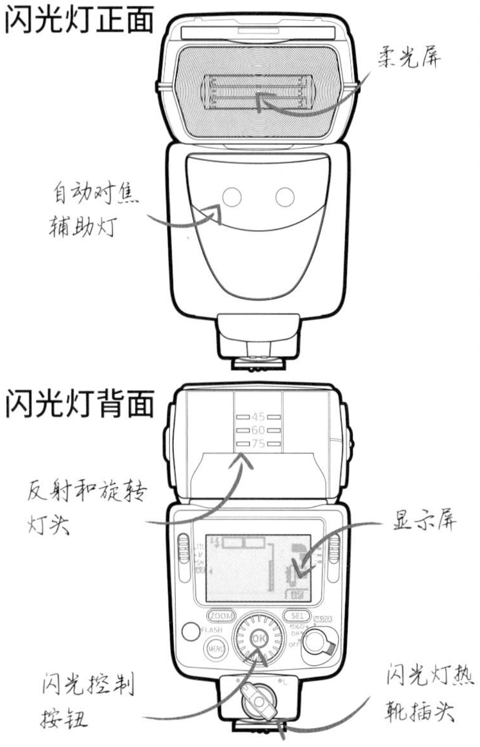

闪光灯的功率

随着拍摄距离的增加，闪光灯的强度会减小

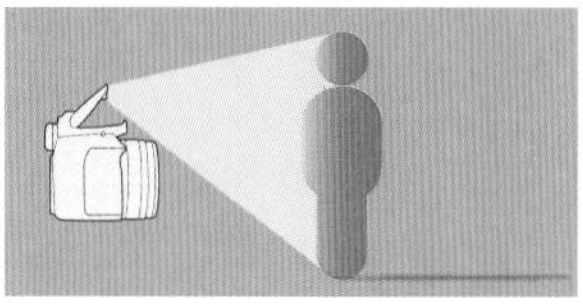

被摄主体距离相机近，使用较小的闪光数值拍摄的示意

被摄主体距离相机远，使用较小的闪光数值拍摄的示意

被摄主体距离相机远，使用较大的闪光数值拍摄的示意

不同型号的闪光灯的功率不同。通常闪光灯越小，它的功率就越小。闪光输出以闪光指数(GN)来表示，闪光指数越大，闪光功率就越大。

闪光灯发出的光线会随着被摄主体的距离增加而减少。闪光指数通常在使用感光度为 ISO100 时拍摄，用米来表示指数的强弱。如果闪光灯和被摄主体之间的距离加倍，那么只有 1/4 的闪光灯发出的光线能到达被摄主体。

为了计算一定距离针对被摄主体需要使用的光圈数值，可以采用拍摄距离除以闪光指数 (GN) 的方式计算。例如闪光灯指数为 40 的闪光灯，在距离 5m 的位置照射，那么所使用的光圈值为 F8。

光线的角度

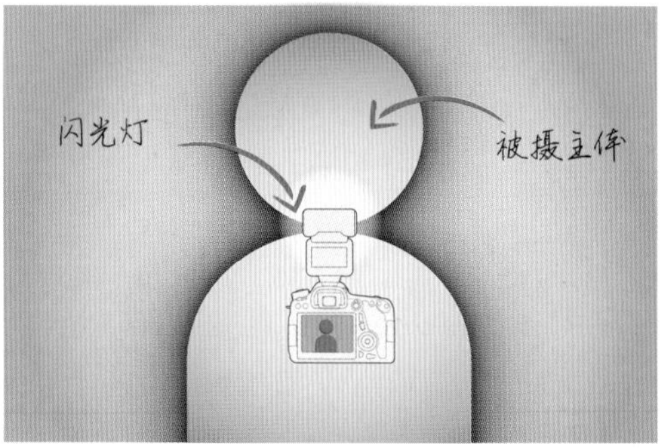

安装在相机上的闪光灯直接闪光，拍摄的照片景物的边缘会很生硬，而且反差很高，这样会让照射主体的光线显得平，并可能导致出现红眼现象。因此，直接闪光只有在没有其他光线可供选择的情况下使用，例如在狭小的空间里，或者距离被摄主体很远。

专业提示：一般高级的闪光灯都有变焦功能，可以匹配相机镜头和闪光灯头的焦距。这可以让你在远距离拍摄照片时，最大限度地利用闪光灯的功率。

专业提示：你可以为相机买一个无线引闪器，这样就不用使用闪光灯引闪线，将闪光灯和相机连在一起了。这个附件非常有用，可以让你不再使用引闪线，而且可以将闪光灯架在距离被摄主体很远的位置闪光。

扩散光线

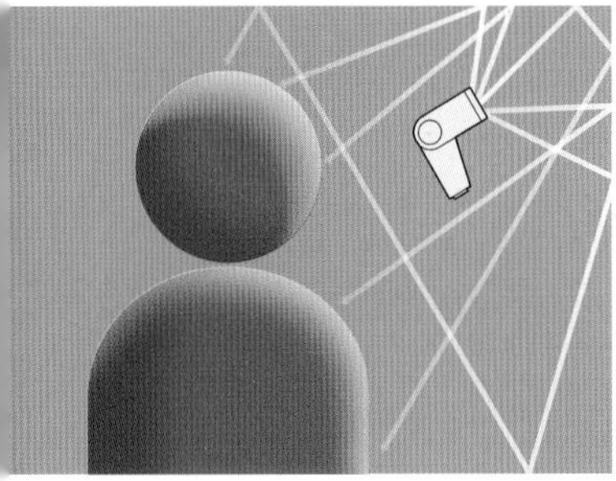

通过反射闪光灯的光线，例如让闪光灯的光线被天花板或墙壁反射，从而创造一个更大面积、更柔和、更均匀的光源。

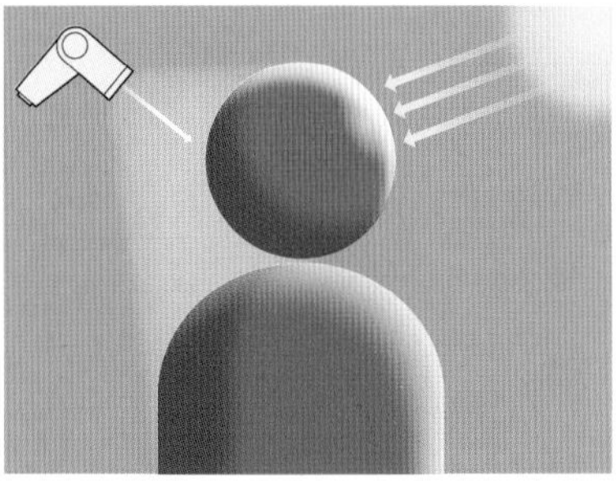

补充闪光

用来照亮背光主体的暗部区域，以便被摄主体和背景之间的反差更均匀。

闪光光比

闪光光比是闪光发出的光线与被摄主体光线之间的差异。例如，1:2 的比例，意味着闪光灯比场景的曝光低一挡。

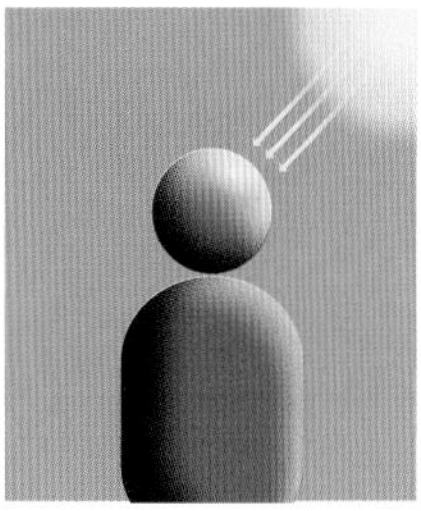

光比= 0
仅有环境光

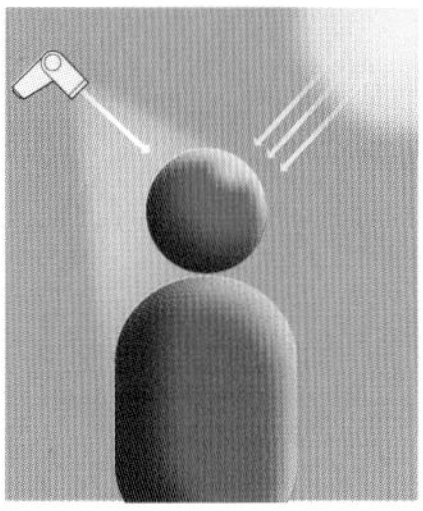

光比= 1:8 ~1:2
补充闪光

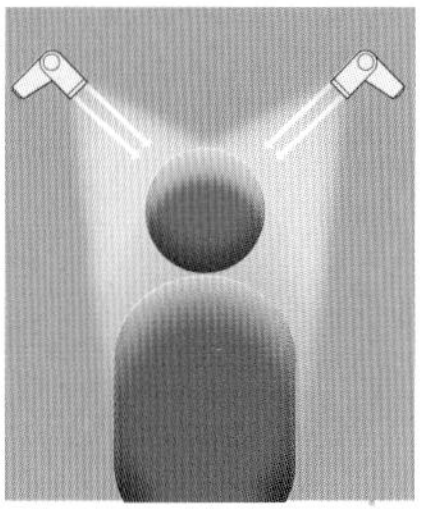

光比= 1:1
均衡闪光

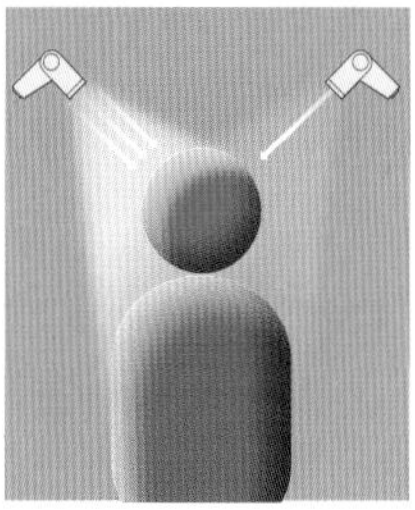

光比= 2:1~8:1
强闪光

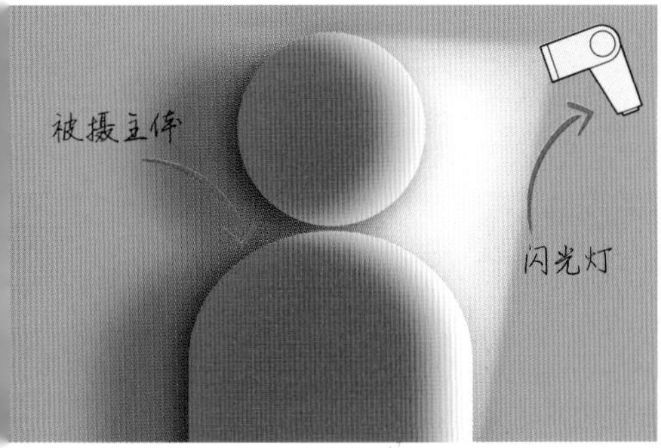

离机闪光

可以使用闪光灯从侧面或一个角度照射被摄主体，这种光线的方向性强，拍摄出的照片立体感也很强，可以使用引闪线连接闪光灯，从而可以将闪光灯从相机上拿下来使用。

曝光

当使用闪光灯时，你实际上拥有了两个光源，即场景中的现有光和闪光灯发出的光。大多数现代相机的闪光灯都会通过镜头测光（TTL）并相应地调整闪光灯的输出功率。这种情况下，当你按下快门按钮时，在快门打开之前，闪光灯会发出一束小的预闪光，相机会即刻读取相关数值，然后调整闪光灯的功率，当快门打开时，闪光灯就会发射闪光，从而完成曝光。

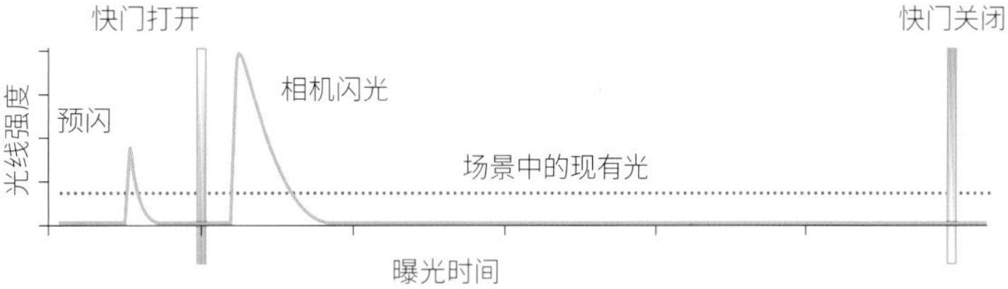

技能学习

离机闪光

把闪光灯从相机上拿下来，你可以用它来创造更有趣的光效，从而让被摄主体的立体感更强。在与被摄主体相关的不同位置尝试闪光，并尝试使用硬光与柔光来创造你想要的光照效果。

1 设置曝光

离机闪光灯的触发信号既可以通过相机内置的闪光灯发出，也可以通过相机热靴上的闪光引闪器发出。这种引闪方式采用无线光学的原理，所以离机闪光灯上的传感器必须能够“看到”闪光灯发出的光，这样才能引闪闪光灯。

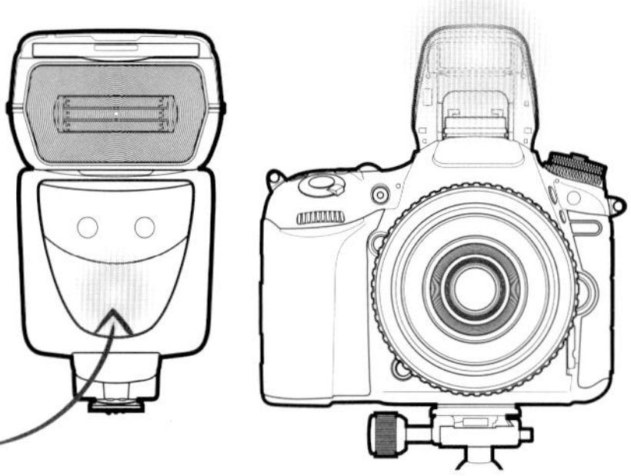
闪光灯的光敏触发
传感器。

2 调整闪光灯的位置

将闪光灯固定在支架上，并将其放置在被摄主体侧上方45°角的位置。这种方法是典型的双45°角的照明方法。这样的布光位置，可以用来模拟来自太阳的自然光。

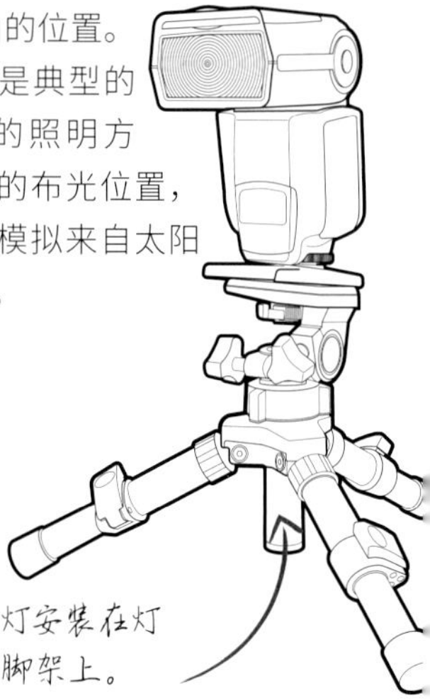
将闪光灯安装在灯
架或三脚架上。

6 制造漂亮的人像布光

将闪光灯靠近被摄主体并靠近相机和光轴的位置。用柔光箱或反光伞来制造一个非常柔和的光效，从而营造几乎没有阴影，而且非常讨人喜欢的柔光效果。这种布光也被称为“美人光”，经常用于时尚摄影中。

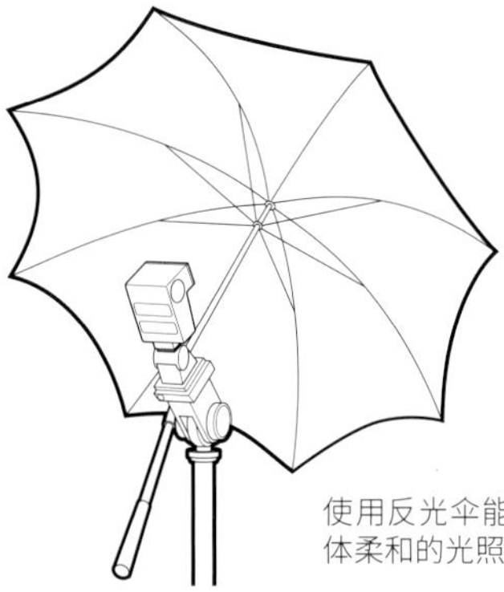
使用反光伞能获得整体柔和的光照效果。

7 增加第二盏闪光灯

你可以离机使用多盏闪光灯来创造更复杂的灯光效果。如果你不想让所有闪光灯的亮度一致，那么就需要调整每盏闪光灯的亮度。为了减弱第二盏闪光灯的光线强度与亮度，那么就需要调整闪光灯灯头的角度，让光线经过反光板反射到被摄主体上。

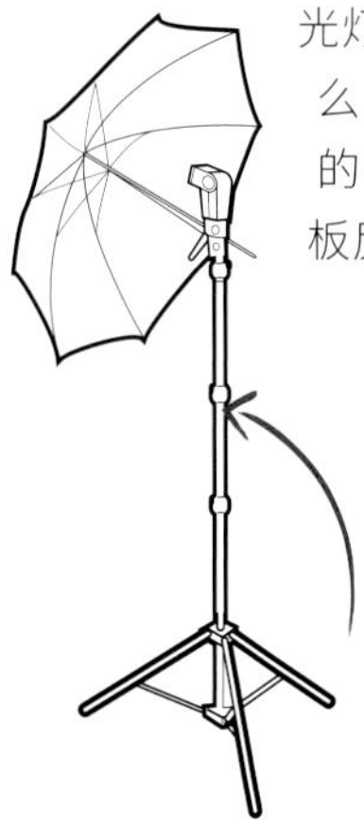
在闪光灯上进行曝光
补偿，从而改变被摄主
体的相对亮度。

8 检查照片

拍完照片一定要浏览。第二盏闪光灯作为补光，用来减少照片的反差。如果两盏闪光灯的曝光仍不平衡，以1/3挡的曝光数值来减少或增加第二盏闪光灯的亮度，直到你对曝光效果满意为止。

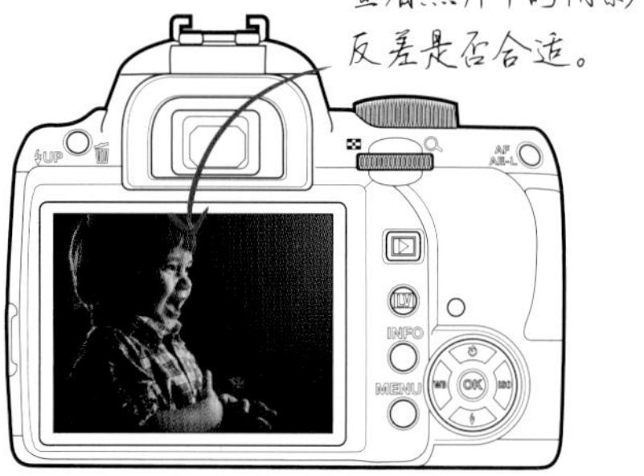
检查拍摄的照片，
查看照片中的阴影
反差是否合适。

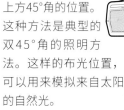

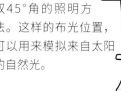

开始: 找一个室内环境，搭建一个临时的摄影工作室。你需要一位模特（或静物），一个闪光灯架，一盏兼容的闪光灯和引闪器，一只柔光箱 （或反光伞），一个用来改变光线效果的束光筒。

你将会学习: 如何搭建一个简单的拍摄人像和静物的摄影空间，如何使用反光伞改变光线的品质，以及如何使用第二盏闪光灯来缩小光比并照亮阴影。

3 闪光灯的位置

用闪光灯直接对准被摄主体拍摄照片，注意观察直接闪光是如何产生高反差的强光的。将闪光灯移至被摄主体侧面90°的位置，从这个角度看，阴影会更加明显。

4 柔光箱

在闪光灯上安装一个柔光箱（一种让光线变得柔和的装置），或者在闪光灯架上安装一把反光伞。闪光灯的灯头要朝向伞内照射，从而散射光线。拍摄几张照片，此时你会看到光线变得柔和了，反差也低了。

5 使用束光筒

在闪光灯上安装一个控制闪光灯照射范围的束光筒，然后对着被摄主体的某一部分闪光。束光筒会像手电筒一样用闪光照亮被摄主体的一小部分，从而获得戏剧性光效。你也可以用铝箔或卡片制作束光筒。

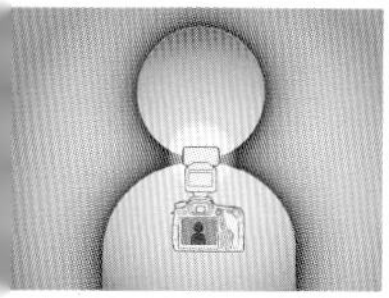

在正前方直接闪光

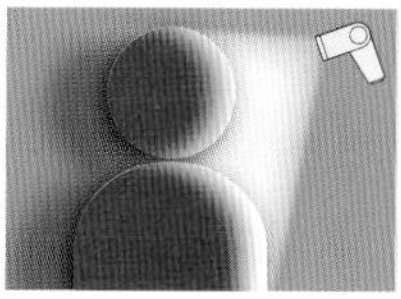

90°角侧面闪光

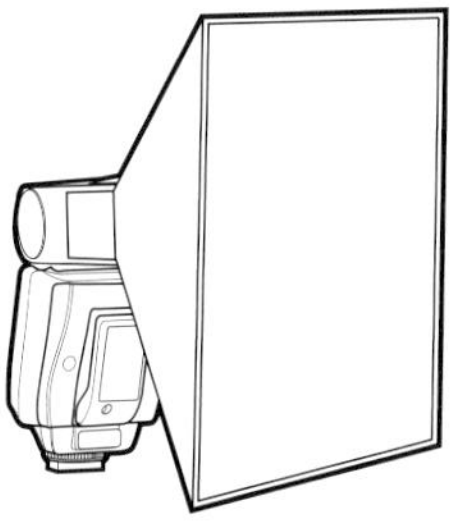

为闪光灯装上柔光箱，将产生漫射光。

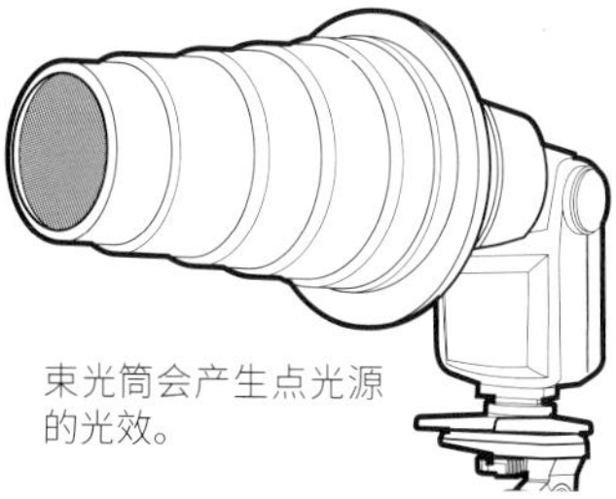

束光筒会产生点光源的光效。

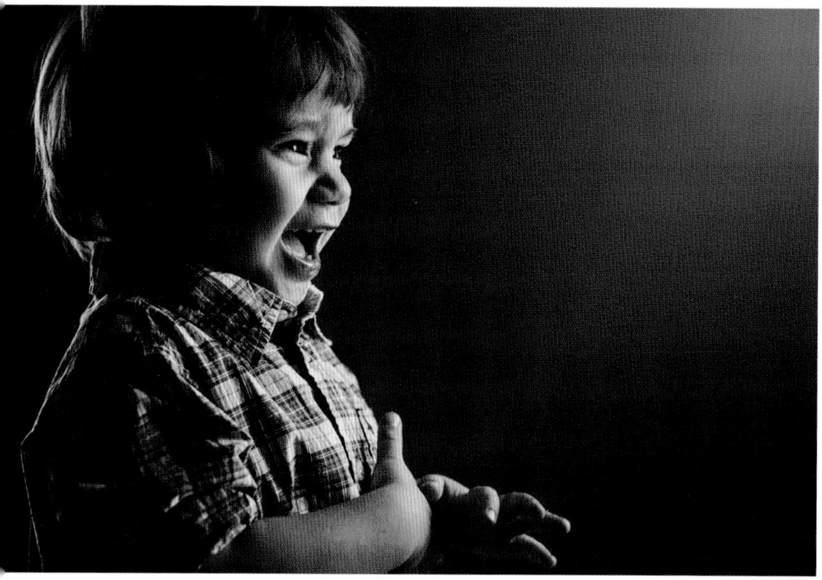

在被摄主体的两侧使用光线柔和后的闪光灯照射，此时光线会非常柔和，但还是会有一些阴影。

你学会了什么?

- 只需几个简单的配件，就可以为拍摄肖像和静物搭建好完备的照明系统。
- 在45°角上设置灯光，模拟下午太阳的光线。
- 使用像柔光箱和反光伞这样的柔光附件柔化光线。
- 可以在人物两侧都使用闪光灯，从而减少反差，照亮暗部阴影，使光线更讨人喜欢。

练习与实践

使用闪光灯补光

通过学习如何让闪光灯与现有光线亮度平衡，你将由此打开一系列创意用光的思路。这些练习与实践还将向你展示如何使用闪光灯让光线柔和、凝固瞬间，以及照亮暗部阴影区域的方法。闪光灯补光对于减少逆光照射下被摄主体的反差特别有用，也可以使用闪光灯更有创意地作为主要光源来创造戏剧化的效果，或者模拟从窗户照射进来的自然光的效果。你可以使用光圈优先或程序曝光模式结合使用闪光灯，但在大多数情况下，还是使用手动曝光模式更方便。

均衡光线

适中　　户外

1小时　　模特与晴天

相机+闪光灯

在阳光明媚的日子拍摄照片，会出现反差和曝光方面的问题。如果你按阳光的亮度曝光拍摄，人物的面部可能会很暗；如果你按照阴影曝光，那么场景的其他部分就会曝光过度。解决方法是可以尝试使用闪光灯与自然光线混合，巧妙地用闪光灯照亮照片中的暗部，这样就可以减少照片的反差。

- 在上午或下午太阳照射角度低时外出拍摄，让被摄主体背对太阳，这样他们的面部就会处于阴影中。
- 针对场景测光读数，设置闪光灯亮度比环境光低1/2~2挡，闪光灯的亮度越低，补光的效果就越不明显。

使用闪光灯作为主光

适中　　户外

1小时　　被摄主体和弱光照射的场景

相机+闪光灯

闪光灯的亮度可以调节到比现有光更亮，从而作为拍摄的主光源使用。这种拍摄方法可以将白天变成夜晚，从而创造戏剧化的夜间效果。

- 在日出或日落的时候外出拍摄，让被摄主体以天空为背景拍摄照片。
- 将闪光灯从相机上取下，利用离机闪光灯可以获得更好的光线品质。
- 针对整个场景测光。
- 设置相机的曝光，使背景比闪光灯照亮的主体低2挡。
- 拍摄一张照片，被摄主体应该被闪光灯照亮，而背景仍然很暗。

天空和背景曝光不足，这样就突出了前景中的被摄主体。

专业提示: 使用闪光曝光补偿功能校正因为主体太亮或太暗造成测光表测量的数值不准确的问题。如果被摄主体比较亮，增加大约 +1/2~+1½ 挡的闪光输出量；如果被摄主体比较暗减少-1~-2 挡的闪光输出量。

专业提示: 许多闪光灯发出的光线的色温比较冷，特别是新买的闪光灯。在闪光灯灯头前安装滤色纸，可以减弱光线的强度。淡橙色的滤色纸会让灯光的色温更暖。

如有必要，进一步调整闪光灯和环境光之间的光线比例。大多数现代闪光灯都允许以1/3挡调整闪光灯的亮度，这样就可以非常精确地调整闪光灯的亮度了。

通过不断试验，直到你获得一个满意的闪光灯亮度和日光的光比。使用闪光灯的目的是让闪光灯“照亮”所有的暗部阴影，这样闪光的光线看起来会尽可能清晰和自然。

器材：柔光板与柔光箱

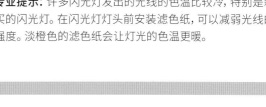

有一些摄影附件可以柔化闪光灯发出的刺眼强光。如果使用得当，可以几乎完美地模拟自然光线。在闪光灯前面使用一个小的塑料柔光屏，通过增大光源的尺寸来柔和光线。同样，你也可以使用柔光箱，通过其内部的光线反射，产生更加漫射且柔和的光线。

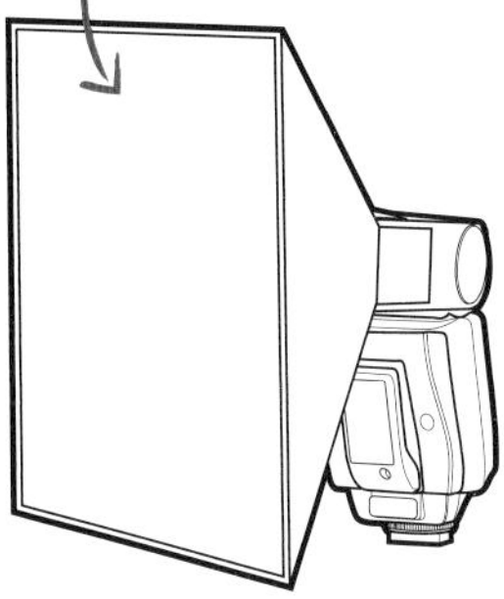

这种小型柔光箱适合安装在闪光灯的灯头上。

在黑暗中使用闪光灯补光

适中　户外或室内

1小时　模特和夜景

相机+闪光灯

在光线昏暗的室内或户外，也可以使用闪光灯补光，用来平衡闪光灯和现有环境光的亮度。

- 针对整个拍摄场景测量曝光数值。
- 使用闪光灯来照亮前景和被摄主体，同时使用长时间曝光来照亮背景，例如，如果测量的曝光数值是1/15s，可以将闪光灯的亮度调整为F5.6，让闪光灯照亮被摄主体。
- 尝试使用不同的快门速度,从而获得场景中理想的背景细节。较慢的快门速度会使背景更亮；较快的快门速度会使背景更暗。

闪光模糊

适中　　室内或户外
3小时　　模特和点光源
相机+闪光灯

闪光灯与慢速快门结合使用，可以凝固被摄主体。

拍摄照片时，可以将闪光灯与慢速快门结合使用，从而创造运动的视觉效果。较慢的曝光速度会产生“闪光模糊”效果，即被摄主体被闪光灯定格，而背景却变得模糊，从而拍摄出富有戏剧性和有趣的照片。

- 将F8作为闪光灯曝光的起点，快门速度为1/15 s。
- 当你连续拍摄照片时，让被摄主体在相机前面慢慢地移动。
- 从1s到1/30s，尝试不同的曝光时间，从而获得你想要的效果。如果有必要，调整光圈以获得合适的快门速度。一旦你对曝光数值比较有把握，试着让被摄主体运动得更快一些，并跟随他们不断地移动抓拍。

器材：环形闪光灯

环形闪光灯是一种适合安装在镜头周围的圆形闪光器材。由于位置接近相机镜头，因此可以拍摄出几乎没有阴影，且非常平的光线效果照片，这种灯具经常用于肖像和时尚摄影。通常环形闪光灯的功率相对较低，所以最好在靠近被摄主体的场景中使用。这种闪光灯非常适合拍摄微距摄影和特写，因为它能提供足够的照明，让你使用小光圈，从而获得较深的景深。环形闪光灯有一个小问题——它有时会在被摄者的眼睛中产生一种会暴露所使用器材的环形高光。

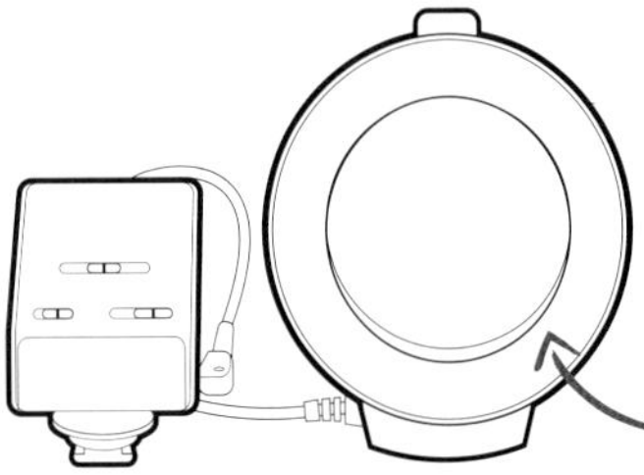

安装在镜头前的环形闪光灯。

前后幕帘闪光同步

适中　　户外
2小时　　移动的被摄主体
相机+闪光灯

前幕帘闪光同步模式是在曝光开始时触发闪光灯，这意味着在长时间曝光期间，当一个运动的主体被闪光灯照亮，其运动模糊效果就会被记录在主体的前面；后幕帘闪光同步模式是在曝光结束时触发闪光灯，在被摄主体后面产生运动虚化，这种效果看起来更自然。幕帘同步模式可以在相机的闪光灯设置菜单中更改。

- 晚上外出拍摄，安排被摄主体在一些点光源（如聚光灯或路灯）的前面拍摄。尝试以1/30s至1s以上的快门速度曝光拍摄。
- 调整光圈，让闪光灯的亮度与现有光亮度匹配，试着拍摄几张照片。

反射闪光的使用

容易　　室内
1小时　　有人的房间
相机+闪光灯

闪光灯发出的光线，可以从室内天花板或墙壁上反射到被摄主体上，从而让整个空间充满柔和、讨人喜欢的光线。

- 安排被摄主体在一个小房间的中心位置，理想情况下，要有白色的墙壁和天花板。
- 将闪光灯安装到相机上，并调整灯头的角度，使灯头背对被摄主体。
- 将闪光灯输出指数设置为F8，快门速度设置为1/60s作为起点，拍摄一系列的光线经过天花板和墙壁反射照亮被摄主体的照片。
- 记下每次拍摄时闪光灯的位置，这样你就能弄清楚当你移动闪光灯时光线是如何变化的。如果闪光灯有同步变焦功能，尝试不同的焦距并拍摄。
- 记住，天花板距离相机或被摄主体越远，闪光灯需要输出的闪光指数就要越大。
- 注意，闪光灯经过反射后的光线会呈现它反射的物体表面的颜色。

经过反射的闪光灯的光线，要比直接闪光更柔和。

尝试设置前、后幕帘闪光同步模式。让被摄主体在取景器范围内移动，看看两种模式下会发生什么变化。尝试拍摄移动的汽车，也是了解这种影像效果的好方法。

后幕帘同步，被摄主体后面的光线变得模糊。

你学会了什么?

- 通过控制闪光灯与现有光线的光比，可以创造性地控制照片的反差和暗部阴影，从而精确地获得你想要的效果。
- 可以用闪光灯戏剧性地隔离主体，从而使被摄主体从背景中脱颖而出。
- 反射闪光在室内使用时非常有用，可以提供无方向的整体柔和的光线，并照亮整个场景。

检查学习成果

评估拍摄的照片

在创造性地使用闪光灯一段时间后，选择你觉得拍得最好的照片并评估拍摄效果，看看哪张闪光效果好，哪里存在不足。看看光线是太硬朗，还是太柔和，暗部阴影有多暗。这里有一些关于如何评估影像和提高下次拍摄照片品质的建议。

特写照片中有暗部吗？
使用环形闪光灯拍摄，产生了几乎没有阴影的花朵特写。

闪光灯发出的光是否太硬？
如果你想柔化闪光灯发出的光，可以使用柔光箱或柔光板，也有可能是想要暗部具有明显的阴影效果。

你发现反射了吗？
拍摄具有光亮表面的物体时，被摄主体会将闪光灯的光线反射回相机，因此，可能会破坏构图，或者就像这张照片一样，可以用来强调被摄主体的光亮和纹理质感。

光线是不是太硬了？
通过使用安装在闪光灯灯头上的柔光箱，并闪光灯放置在被摄对象的一侧拍摄，这张照片中的线柔和，阴影也非常自然。

只要有光，就可以拍照。

阿尔弗雷德·施蒂格利茨

你使用后幕帘闪光同步了吗？
这张照片使用后幕帘闪光同步功能模拟被摄主体向前运动的效果，从而强调其运动感。

使用的快门速度合适吗？
在这张平行追拍的照片中，快门速度非常适合场景。如果快门速度太慢，被摄主体会模糊；如果快门速度太快了，照片的动感效果就不明显了。

闪光灯和环境光的光比合适吗？
在这个阳光明媚的场景中，精确计算闪光量，微弱的闪光补光效果几乎不会引起观者的注意，整体光线效果很自然。

与背景相比，主体是否曝光过度了？
为了避免这种情况，减少闪光和主体曝光的光比，这样闪光灯和环境光之间的光比就更均衡了。

优化照片

去除红眼

当闪光灯发出的光线被眼睛后部的视网膜反射回镜头时就会产生“红眼”现象。此时瞳孔是红色的，因为反射了眼睛中血管的颜色。相对于配有热靴闪光灯的相机，傻瓜相机的问题更大，因为闪光灯是安装在相机镜头附近的，所以光线会直接反射回来。大多数后期处理软件都有一个简单的去除红眼的功能。下面的操作就展示了在Photoshop中如何去除“红眼”。

1 在照片中找到眼睛

打开你想要修改的照片，放大眼睛部分，这样你就可以对照片中的眼部进行精细的处理了。

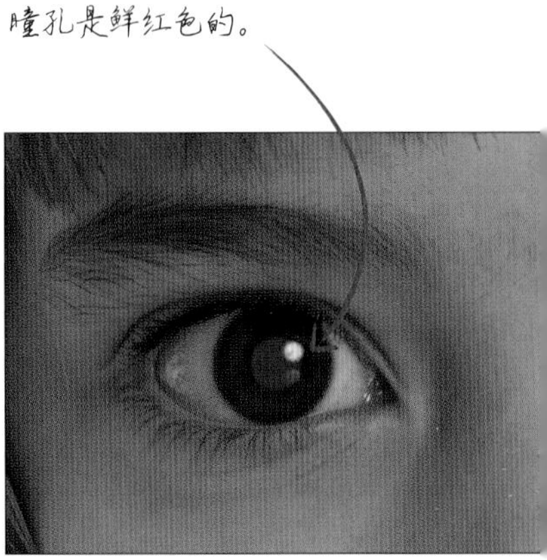
瞳孔是鲜红色的。

5 单击红眼区域

将鼠标指针放在想去除红眼的眼睛上并单击，软件会自动修复“红眼”问题。

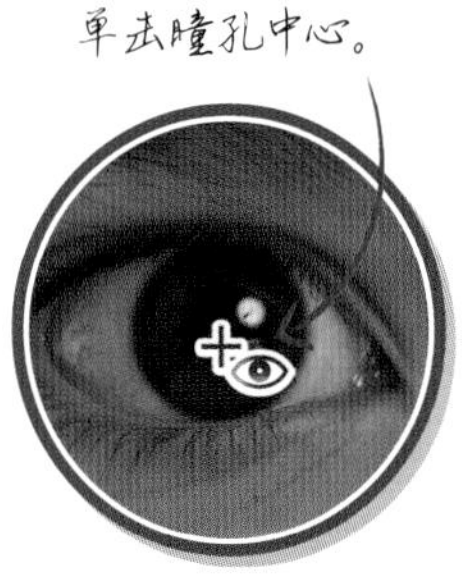
单击瞳孔中心。

6 在另一处红眼区域单击

“红眼工具”一次只能修复一只眼睛的红眼现象，因此还需要单击另一只眼睛的红眼区域。

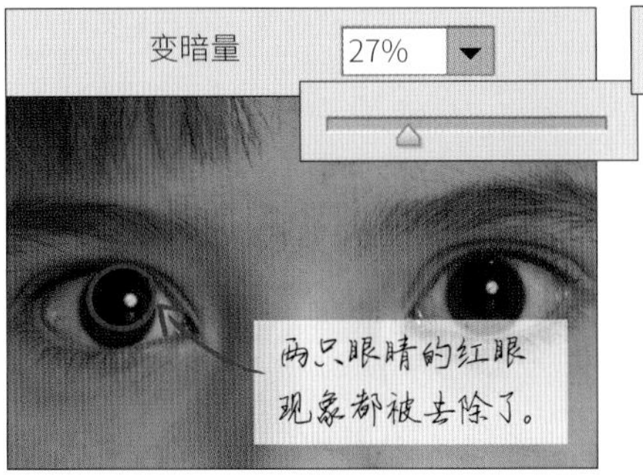
变暗量
27%
两只眼睛的红眼
现象都被去除了。

7 调整效果到你满意为止

如果选择的瞳孔大小不够大，眼球上可能会残留少量红色。如果出现这种情况，或者对结果不满意，可以重新更改参数进行调整，直到你满意为止。

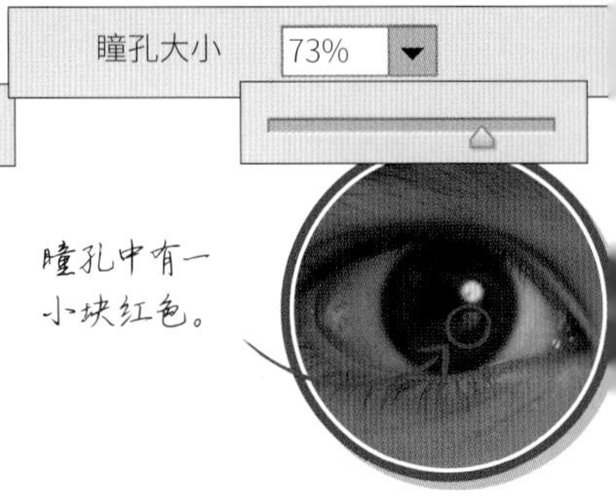
瞳孔大小
73%
瞳孔中有一
小块红色。

专业提示： 如果你不喜欢使用“红眼工具”处理的照片效果，或者认为效果不理想，也可以通过“颜色替换工具”手动去除照片中的“红眼”问题。

专业提示： 闪光灯的功率越高，每次闪光后需要等待回电的时间就越长。如果你打算连续拍摄很多张照片，可以考虑购买一块外接电池，这样可以让你一次拍摄更多的照片。

2 选择“红眼工具”

在工具箱中选择“红眼工具”。

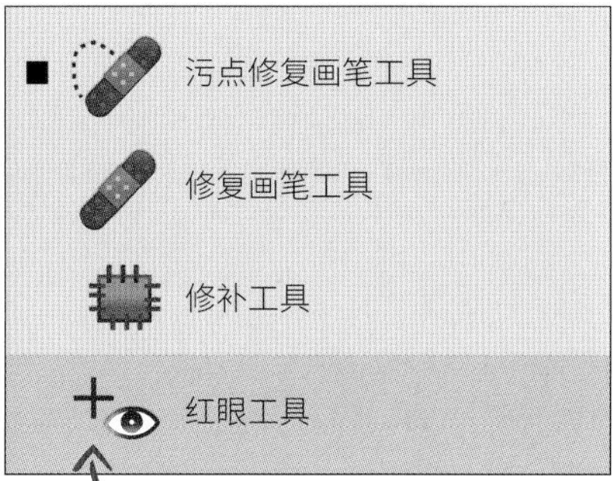

从工具箱中选择“红眼工具”。

3 调整瞳孔大小

在工具选项栏中拖曳“瞳孔大小”滑块，设置瞳孔的大小。如果设置的范围太小就不能覆盖整个瞳孔；太大又会覆盖眼睛的其他区域。先从50%开始设置，观察哪个数值处理的效果最好。

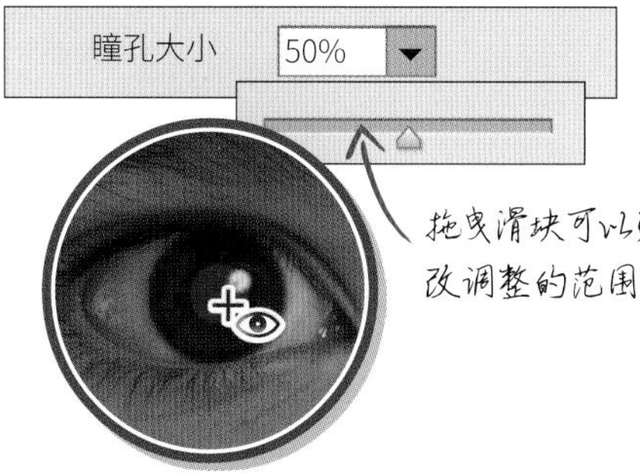

拖曳滑块可以更改调整的范围。

4 调整瞳孔明暗

拖曳“变暗量”滑块，控制让瞳孔变暗的程度。选择较小的数值只会消除眼睛中一部分红色，而较大的数值将会使瞳孔变得非常黑，看起来调整的效果非常明显。

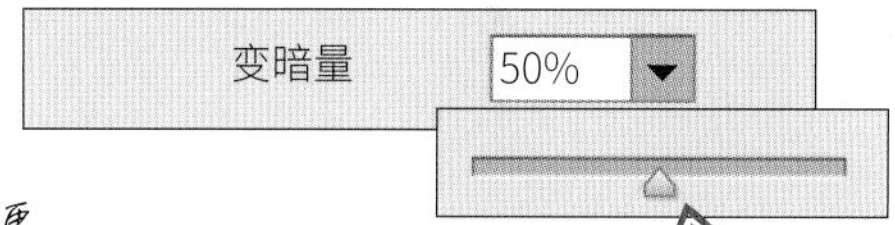

尝试从50%开始调整，从而获得最自然的效果。

孩子的瞳孔变黑了，看起来很自然。

修复红眼

有些傻瓜相机有去除“红眼”的功能，即在主闪光灯闪光前发射短暂的闪光，导致被摄者的瞳孔收缩，从而避免拍摄照片中出现红眼现象。你可以将闪光灯从相机上取下来，这样闪光灯照射的光线就不会直接反射到镜头中，从而避免出现“红眼”问题。

学习测试

你学到了什么？

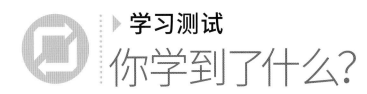

学习如何使用闪光灯是拍摄创意照片的一项基本技能。通过完成下面的选择题，测试你在本周学会了什么。

1 哪些因素会导致“红眼”问题？

A 闪光灯发出红光
B 光线反射了眼睛后部血管的颜色
C 被摄者在眨眼

2 你用什么器材模拟由窗户照射进来的自然光？

A 柔光箱 B 聚光筒 C 三脚架

3 双45°角照明是什么样的布光方法？

A 光源被安排在与被摄主体侧面成45°，并且在被摄主体上方成45°的位置
B 光源的位置离被摄主体45cm的位置
C 白光

4 闪光灯的闪光指数是什么意思？

A 闪光灯功率的数值
B 日落的颜色
C 前进色，即暖色

5 采用后幕帘闪光同步模式，闪光灯在什么时候开始闪光？

A 曝光开始时
B 曝光结束时
C 曝光中间

6 你能用什么装置把闪光灯变成聚光灯？

A 柔光箱
B 聚光筒
C 反光伞

7 模特眼中独特的圆形光是由什么类型的闪光器材形成的？

A 凝固动态闪光
B 反射闪光
C 环形闪光

8 使用什么样的闪光技术能拍摄出非常亮的影像？

A 曝光过度的闪光
B 曝光不足的闪光
C 凝固动态的闪光

9 什么样的闪光是像阳光直射一样的硬光？

A 反射闪光
B 点光源闪光
C 直接闪光

10 用哪一种闪光技术可以捕捉到快速运动的物体？

A 凝固动态闪光
B 直接闪光
C 环形闪光

11 你可以用哪种数据线连接闪光灯和相机？

A USB B TTL C SCART

12 TTL代表什么？

A 通过镜头测光
B 达到极限
C 晶体管逻辑

13 你会用什么样的闪光技术照亮逆光对象的暗部阴影？

A 凝固动态的闪光
B 曝光过度的闪光
C 闪光灯补光

答案：1/B，2/A，3/A，4/A，5/B，6/B，7/C，8/A，9/C，10/A，11/B，12/A，13/C。

18 弱光摄影

第十八周

从某种意义上说，所有的摄影师都必须学会在弱光条件下拍摄照片的方法。无论是在夜晚给朋友拍摄快照，或者在昏暗的大厅里拍摄婚礼派对，还是在黄昏时拍摄风景，在不依赖闪光灯的情况下，了解光线不充足的情况下拍摄的基本知识非常重要。

本周你将学到：

- 尝试调整相机参数，适应弱光拍摄环境。
- 掌握弱光摄影的基本知识，进入一个充满创意的新世界。
- 学习如何调整感光度，使用大光圈慢速快门拍摄。
- 练习如何在光线较暗的条件下获得最好的拍摄效果。
- 发现一些常见的弱光拍摄问题，并找出解决弱光拍摄问题的方法。
- 回顾本周学习的摄影知识，看看你是否准备好继续学习。

让我们开始吧！

知识测试

什么时候进行弱光摄影？

在光线有限的情况下拍摄，你可能会遇到很多问题与困难，但弱光环境也给了你使用各种光线和高超技术拍摄的机会。你能把这里描述的弱光环境与正确的图像匹配起来吗？试着选择最匹配的答案吧。

A **高感光度、大光圈：**可以拍摄仅被烛光照亮的物体。

B **大光圈：**利用一切可用的光线，以在昏暗的街道中拍摄。

C **高感光度：**你可以拍摄一个正在运动的物体，而不需要使用闪光灯。

D **高感光度、大光圈：**拍摄舞台灯光，烘托气氛。

E **高感光度：**可以利用单一的弱光光源拍摄。

F **三脚架、慢速快门：**可以在光线较弱的户外记录被摄主体的细节。

G **长曝光、小光圈和三脚架：**即使在弱光环境中，长时间曝光加小光圈，再使用三脚架拍摄，你也可以获得较深的景深效果。

H **不使用闪光灯：**用高感光度拍摄一张低照度下的室内灯光闪烁的照片。

答案

A/7 烛光女郎
E/1 玩电子游戏的男人
B/4 古巴的街景
F/6 英国伦敦的塔桥
C/8 弹吉他的男人
G/5 英国的海滩
D/3 看演出的女人
H/2 拜占庭地下水宫殿

6

7

8

拍摄须知

- 不要因为光线逐渐变暗就把相机收起来，你可以使用一些技术手段提高相机的感光能力。现代相机都具有在弱光条件下拍摄的能力，但是要拍摄出好的照片，需要使用一些方法提升相机的表现能力。
- 使用大光圈拍摄，让更多的光线通过镜头进入相机的感光元件。
- 使用更慢的快门速度拍摄，但是切记，曝光时间越长越要保持手持相机的稳定性。
- 如果使用的快门速度太慢，无法稳定地手持相机，可以使用三脚架拍摄。
- 提高感光度使相机对光线的敏感度提高。
- 随着光线的逐渐减弱，也值得探索光的颜色是如何变化的。

回顾这些要点，看看它们是如何与这里展示的照片相对应的。

▶ 理论知识

环境光线

当你在光照有限的环境中拍摄时，照片往往会呈现一定环境光的颜色。在这种情况下，可以将普通的照片提升为能传达环境氛围，或者事件的情绪和情感的戏剧性瞬间的好照片。

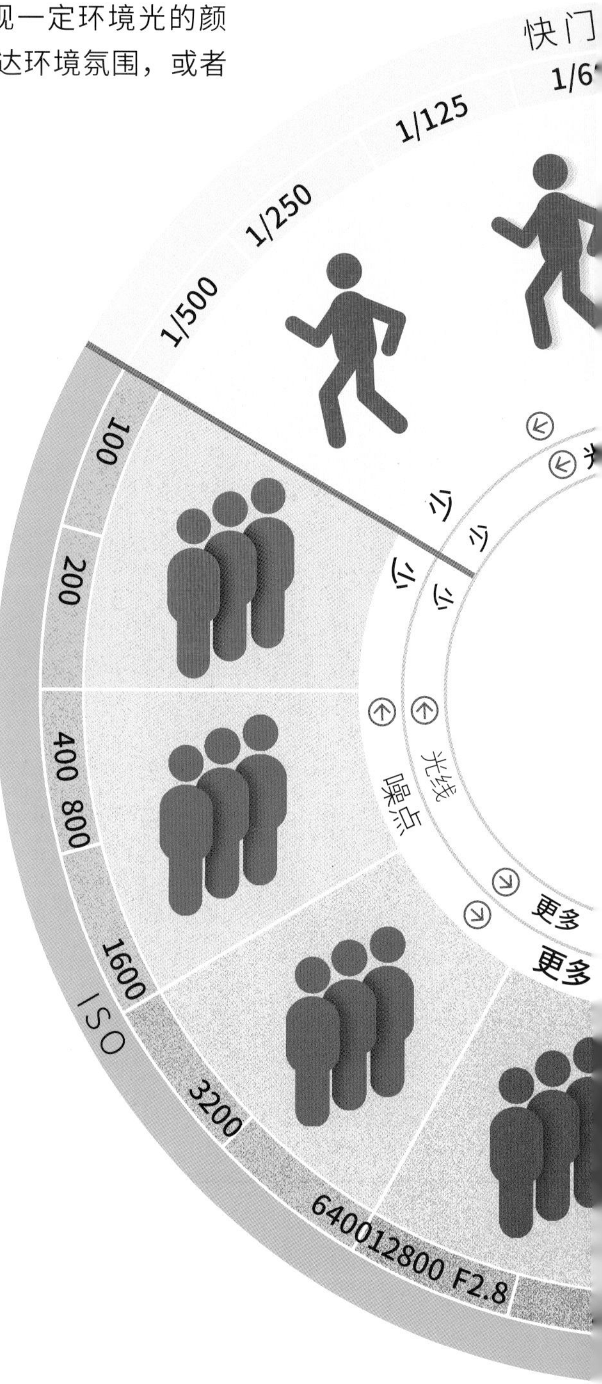

捕获光线

摄影师会使用各种各样的技术，在弱光条件下获得最佳的拍摄效果。然而，这些拍摄方法也容易导致景深过浅，从而使正在运动的物体产生模糊，或者增加照片的噪点。右边的圆形图表显示了哪些设置可以确保让更多光线进入相机，以及弱光所造成的负面影响。

慢速快门

- 快门打开的时间越长，记录到的光线信息就越多。
- 使用慢速快门时，相机的振动可能会导致影像模糊。镜头焦距越长，拍摄时相机抖动造成的影响就越大。
- 使用三脚架，或者具有防抖功能的镜头，可以在较慢的快门速度下消除相机振动产生的影像模糊问题。

提高感光度

- 使用高感光度拍摄时，相机的传感器会对光线更加敏感。在弱光环境下拍摄，理想的感光度范围是ISO800~ISO6400。
- 一些相机还支持更高的感光度，但是正如右侧图表显示的，照片的噪点可能会非常明显，这将成为一个严重的问题。
- 在后期修图时，你可以在一定程度上去掉因使用高感光度拍摄而产生的噪点。如果使用RAW格式拍摄，后期修图会有更大的灵活性。
- 照片中适当的噪点可以改善整体效果。影像的颗粒感可以让肖像照片变得柔和，或者提升黑白照片的质感。

摄影师要善于抓住稍纵即逝的瞬间。

亨利·卡蒂埃·布列松

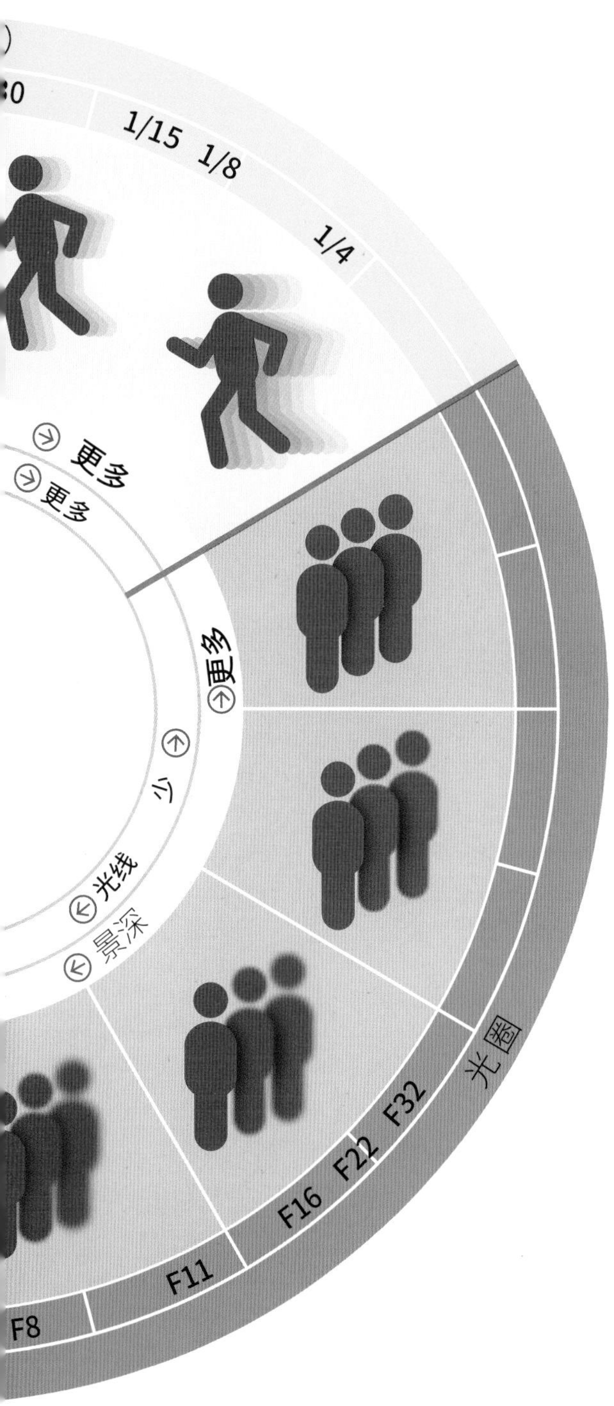

避免直接闪光

直接闪光会使照片变得平淡，从而分散观者的注意力。在实际拍摄中还有很多方法，可以在弱光环境中拍摄引人注目的照片。

- **慢速快门模式：**可以使你以较慢的快门速度使用闪光灯。这样闪光灯能充分照亮被摄主体，而较慢的快门速度可以让相机记录更多的影像背景细节。

- **使用离机闪光技术：**光线以一定的角度照射被摄主体，而不是直接在被摄主体正面闪光。使用反光板和柔光工具，可以让光线变得柔和。

- **连续光源：**有策略地使用连续光源（如带有柔光灯罩的钨丝灯）辅助环境光，这样你就可以在不牺牲环境光线效果的前提下尝试补充照明。

大光圈

- 运用大光圈，更多的光线可以进入镜头。使用F5.6的光圈拍摄比用F18的光圈拍摄的影像要亮得多（光圈数值越小，光圈就越大）。
- 当用大光圈拍摄时，照片景深就会变浅，因此，对焦需要非常精确。

技能学习
使用大光圈

使用大光圈拍摄，可以让你在光线开始变暗时能够继续拍摄。但要注意，光圈越大，景深就会越浅，所以对焦也要更精确。

1 设置拍摄模式

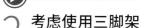

选择光圈优先模式，从而控制景深。相机会自动匹配快门速度，这样你可以专注于对焦和构图。

光圈优先模式

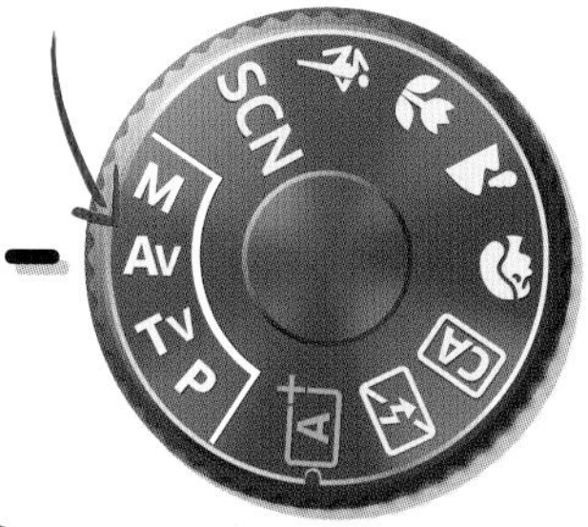

2 考虑使用三脚架

使用三脚架的目的是确保相机的稳定性，影像不受相机抖动的影响。如果在一个相对拥挤的地方拍摄，可以手持相机，这样构图会更自由。

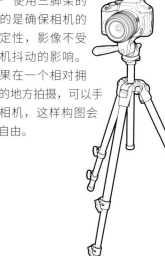

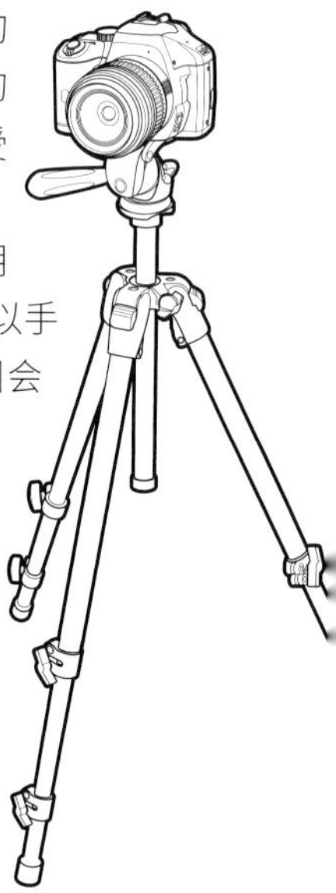

6 构图与拍摄

仔细安排构图，如果使用三脚架，就使用无线快门控制器来拍摄。

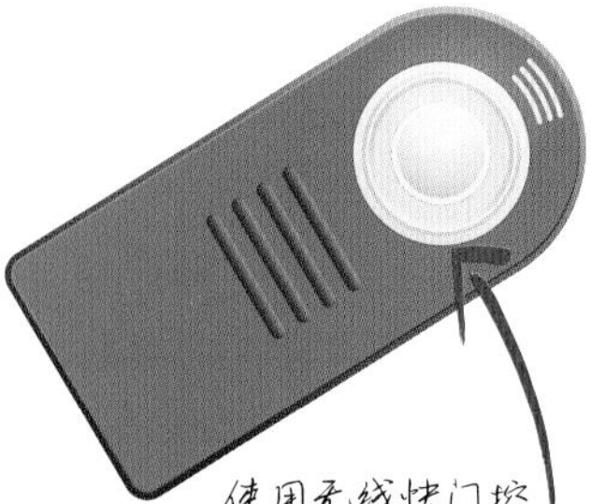

使用无线快门控制器，可以减少相机振动。

7 持稳相机

如果手持相机使用大光圈拍摄，意味着你将选用较慢的快门速度拍摄，这时一定要保持相机稳定，或者将相机放在可以作为支撑的物体上拍摄。

8 浏览照片

使用大光圈拍摄，准确的对焦非常重要。如果对焦不准确，重新对焦、构图，一定要多试几次。

浏览照片检查焦点以及图像是否清晰。

开始: 选择光线较暗，而且光线会移动或者有斑驳光点的地点拍摄，这样被摄主体就能从背景中凸显出来。在灯光昏暗的酒吧里拍照，就是一个不错的选择。

你将会学到: 如何改变相机光圈的大小，发掘相机在弱光条件下拍摄的优势，以及为了获得最好的影像效果，精确对焦和测光的重要性。

3 调整镜头的光圈数值

选择数值最小的光圈，实际上光圈最大。

选择F2的光圈可以让更多的光线进入相机，但会使照片的景深变浅。
F2

4 针对被摄主体聚焦

使用大光圈拍摄的照片景深会变浅，因此精确的对焦变得至关重要。如果是拍摄人像，用手动对焦或自动对焦模式时，选择被摄对象离相机近的那只眼睛作为对焦点，这样才能精准地对焦。

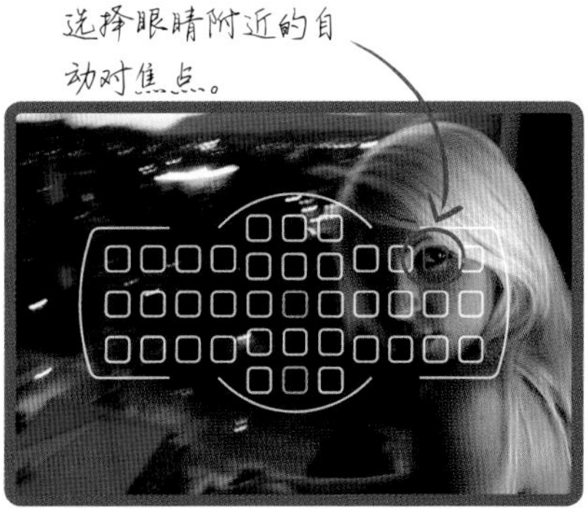

选择眼睛附近的自动对焦点。

5 针对被摄主体测光

选择合适的测光模式，测量场景中最关键的区域，换句话说，对于这张照片而言，焦点就是人物的皮肤部分。

这张照片，主体与背景分离，同时还原了现场的气氛。

你学会了什么?

- 即使在弱光条件下也能拍出好的照片。
- 使用大光圈，不用闪光灯也可以拍摄。
- 光圈越大，对焦和测光等操作就显得格外重要。
- 在弱光环境下拍摄，有助于提高你对相机的操控能力。

技能学习

使用连续光源

在弱光环境拍摄时，技巧性地使用连续光源（如装有柔光罩的白炽灯或钨丝灯），可以在保证理想的环境光源照射效果的情况下，不牺牲环境光的氛围。

1 选择拍摄模式

在暗光环境拍摄，选择光圈优先模式，你来选择光圈，让相机控制快门速度。拍摄时要选择镜头的最大光圈。

2 设置感光度

由于光线不足，需要增加相机对光线的敏感度。试着把感光度调到ISO1600拍摄。一旦相机设置好后，将被摄主体安排在合适的位置。

6 重新构图

你可能需要移动相机来检查对焦和曝光，所以花些时间来重新构图，并使照片的构图看起来均衡。

7 拍摄照片

虽然你可以手持相机拍摄，但在某些情况下，可能需要使用三脚架或者稳固的东西支撑相机，从而保持拍摄时相机的稳定性。尤其是在相机会振动的情况下，使用高感光度拍摄也可能会导致拍摄的照片模糊。

8 浏览拍摄的照片或重拍照片

当光源是一盏台灯时，你可能会发现照片的颜色会变成红色或橙色。为了解决这个问题，你可能需要调整白平衡设置，选择“自动白平衡”、“日光”或“钨丝灯”（小白灯泡图标）模式，此时照片将会增加一些蓝色。

你可以用一张纸或卡片，将光线反射到被摄主体上。

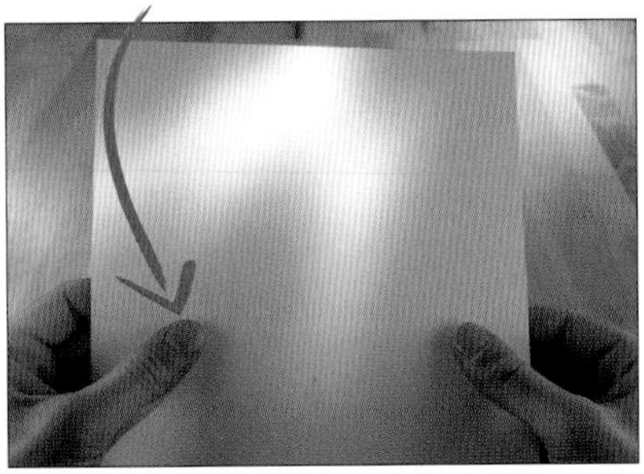

按快门时，双手要保持稳定。

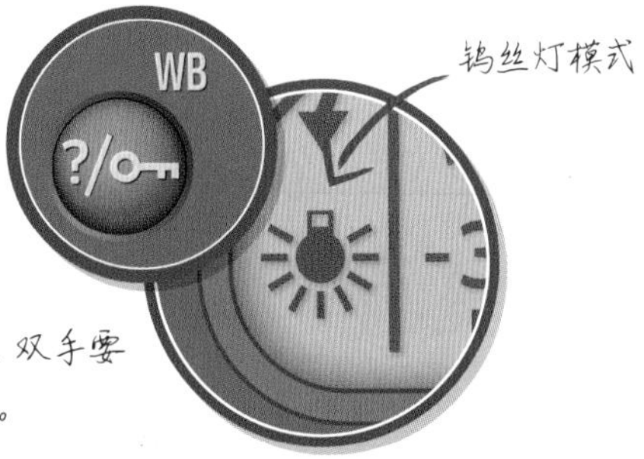

开始: 在家里或办公室里尝试在连续光源下拍摄是一个不错的选择，因为计算机、灯和电视机这些光源都会让你有更多的选择。通过仔细测量被摄者面部的曝光，可以拍摄到环境气氛很好的照片。

你将会学到: 如何选择光圈、感光度和连续光源，在弱光环境中有效地拍摄照片，以及如何改变光源的位置，从而极大地影响照片的氛围。

3 调整灯光位置

移动台灯（或者其他柔和的光源，如平板电脑），通过上下左右移动光源来不断尝试，使光线漂亮地照射在被摄主体上。

4 聚焦被摄主体

因为你使用的是大光圈，所以照片的景深会非常浅，因此，精确对焦至关重要，需要确保被摄主体的特征清晰可见。

5 检查曝光

使用点测光模式测光，这样可以精确地测量对焦的区域，从而忽略其他阴影区域。使用中央重点平均测光，或者评价测光模式（矩阵）会被被摄对象周围较暗的区域欺骗，而出现曝光错误。

平板电脑提供了一种漂亮、柔和的光线。

聚焦到例如面部这样重要的特征上。

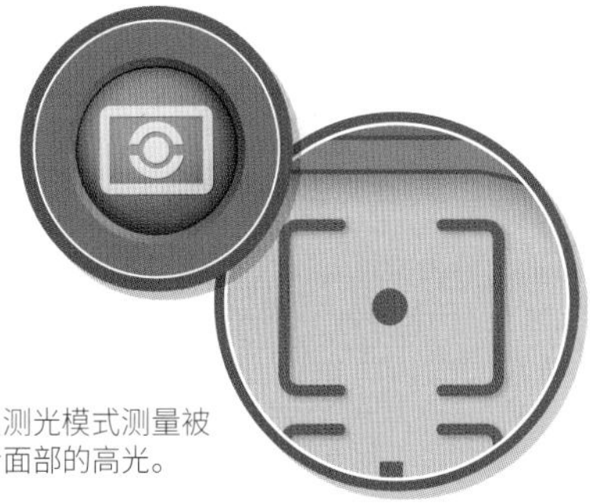

用点测光模式测量被摄者面部的高光。

灯光营造出柔和的光线氛围。

你学会了什么?

- 你不需要使用昂贵的灯光设备来获得高端的照明效果，可以用日常灯具作为光源。
- 让被摄主体与光源建立联系，如手持平板电脑，可以形成有趣的构图。
- 要想拍出最好的照片，需要仔细控制光圈和感光度。
- 可以调整相机的白平衡，为照片添加更多蓝色调。

练习与实践

弱光环境拍摄训练

以下三个拍摄训练将帮助你练习在弱光环境中的拍摄技能。这些技术理论很简单，但需要花些时间和耐心才能得到最好的结果。就像生活中做任何事情一样，优选的学习方法就是通过不断的练习和试错来提升你的技能。

拍摄光线的轨迹

容易　　户外

1小时　　有流动灯光的城市

相机+三脚架

用三脚架让相机保持稳定，使用慢速快门捕捉城市夜间的灯光轨迹。

- 在太阳落山后，寻找能俯瞰繁忙街道，或者能够拍摄高速公路的好位置。
- 把相机安装在三脚架上。
- 选择较低的感光度（如ISO200），然后将拍摄模式设置为“快门优先”。选择相机能达到的最慢的快门速度。对大多数相机来说，可以设置为30s左右。
- 按下快门按钮拍一张照片，然后提高快门速度再拍一张，不断更改快门速度并拍摄。注意灯光轨迹是如何变长的，快门速度越慢，记录的细节就越少。

暗光环境摄影

容易　　室内

30分钟　　弱光环境的建筑物

相机+三脚架

提高相机的感光度，可以让相机对光更敏感，这样不使用闪光灯就能在光线昏暗的建筑物内拍照。

- 在同一位置拍摄一组照片，每次都将感光度调高一些，直到感光度的最大值。
- 注意随着感光度的增加，照片中噪点的数量也会增加，从而使照片的颗粒感看起来更明显。
- 反复调整参数并尝试拍摄，直到找到完美的感光度。如果使用三脚架拍摄，你将可以选择比没有用三脚架更低的感光度。

教堂是进行弱光摄影练习的绝佳地点。

专业提示： 虽然这些练习主要是关于捕捉光线的练习，但也不要忘记照片的构图。学会在任何条件下，尤其是在弱光环境下使用光线与构图的方法，是拍摄优秀摄影作品的关键技能。

在这张照片中，你可以看到灯光的轨迹，却看不到制造灯光的车辆。

使用10挡中性灰滤镜

难　户外

1小时　运动的场景

相机+三脚架+中性灰滤镜+无线快门控制器

即使在明亮的日子里，10挡中性灰滤镜也可以模拟弱光环境。使用这款滤镜可以让你用较慢的快门速度拍摄，从而产生如流云般运动模糊的效果。

- 将相机安装在三脚架上，然后开始拍摄。
- 将对焦模式设置为手动对焦，一旦安装了滤镜，相机的自动对焦功能就可能出现误差。
- 选择光圈优先模式，根据场景设置所需的光圈，选择一个较低的固定不变的感光度。将无线快门控制器连接到相机上拍摄，然后浏览照片。如果有必要，使用曝光补偿调整曝光并重拍。

如果快门速度慢于30s，请选择手动曝光并使用B门曝光。

器材：柔性三脚架（八爪鱼）

在某些弱光环境下，往往不可能使用三脚架，也可能场景太拥挤，或者拍摄的位置太危险，这就是柔性三脚架可以派上用场的地方。这是一种小型的三脚架，灵活性强，具有可弯曲的脚，可以在不平坦的表面上保持平衡，或者用来缠住物体，从而保持相机的稳定性。

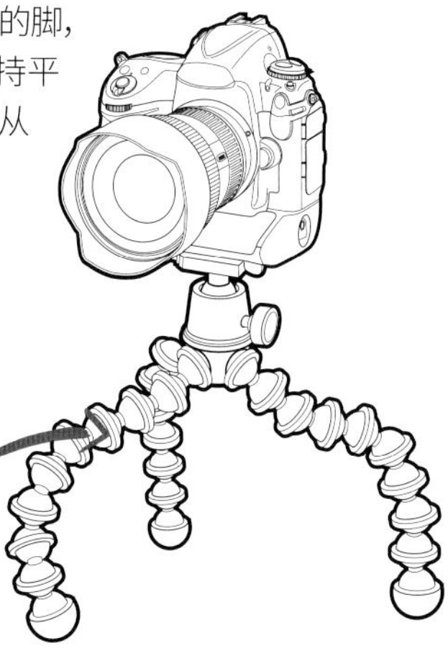

三脚架的腿能抓住树干、杆子和栏杆。

你学到了什么？

- 在弱光环境下不使用闪光灯拍摄，为摄影提出了一系列新的挑战。
- 中性灰滤镜可以用来模拟弱光环境，这样就可以使用较慢的快门速度拍摄了。
- 你可以调高感光度来增加相机对光的敏感度。

检查学习成果

评估拍摄的照片

本周你花了一些时间探索弱光环境下拍摄的可能性，并拍摄了大量的照片。用批判的眼光再审视一遍你认为拍摄得不错的照片，并结合下面的清单看看你是否还有可以提升的空间。

曝光时间够长吗？

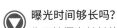

为了拍摄出长长的汽车灯光轨迹效果，需要长时间曝光。拍摄这张照片的想法很好，但曝光时间不够长，无法获得理想的灯光轨迹效果。

光源的位置正确吗？

在这张照片中，连续光源被安排在最佳位置，拍摄出的照片气氛也很好，小光圈保证了现场的一切都能被清晰曝光。

曝光时间过长吗？

这张摩天轮的照片是用慢速快门拍摄的，照片的光影很漂亮，更快的快门速度会记录更多的影像细节。

摄影的主要原料是光和时间。

约翰·伯格

设置的感光度是否足够高？
如果拍摄时使用闪光灯，可能会毁掉场景的气氛。这张照片用高感光度拍摄，充分利用了可用的光线，拍摄出一幅很自然的肖像照。

照片曝光正确吗？
这张猫的照片使用小光圈结合较高的快门速度拍摄。如果在更亮的环境中，照片是否看起来也会很漂亮？

拍照的时候相机振动了吗？
弱光环境与慢速快门，以及过多的相机振动可能会拍摄出抽象效果，从照片来看，很难确切地说出照片的内容以及意义。

使用三脚架了吗？
将相机安装在三脚架上拍摄了这张照片，捕捉到了道路中行驶的汽车与建筑物灯光交织产生的灯光效果，建筑物也很清晰。

提亮照片中的关键区域

如果图像的某些部分太暗，在计算机上调亮这些区域很简单，这样就能把观者的注意力吸引到照片的关键部分，而保持其他区域不变。

女孩的面部需要后期提亮，从而体现平板电脑发出的光线。

1 选择“套索工具”

在Photoshop中打开你想要修改的照片，评估你认为需要提亮的区域，然后在工具箱中选择“套索工具”。

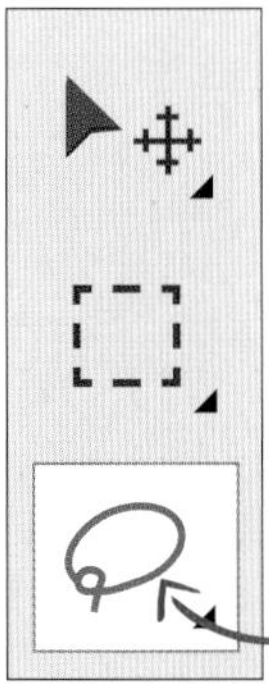

选择“套索工具”，而不是“多边形套索工具”或“磁性套索工具”。

5 调整曲线

单击曲线上的某一点，缓慢向上拖动。照片中选中的部分开始微微变亮了。当你对效果满意时，单击“确定”按钮。

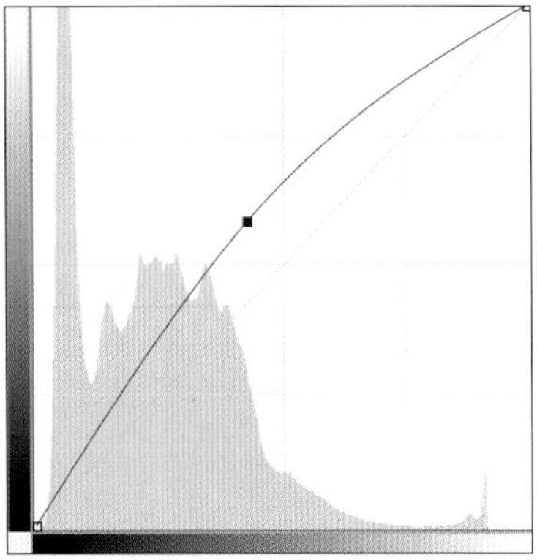

6 反选

如果需要平衡背景和被摄主体的亮度，执行“选择”→“反选”命令，然后执行“图像”→“调整”→“曝光”命令。在弹出的对话框中拖曳滑块提高或降低背景的亮度，直到对效果满意为止。

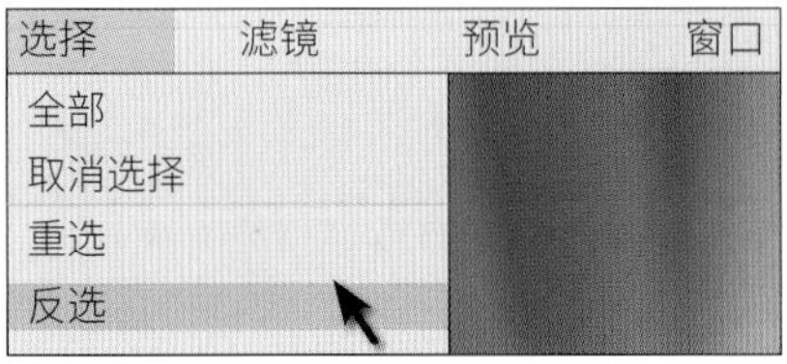

7 检查照片的效果

按组合键Ctrl（Command）+D，取消套索选择的区域。仔细检查照片，如果仍然对效果不满意，重新进行前几步操作，增加或减少曝光，直到照片反差合适为止。

专业提示：可以通过在照片的边缘添加晕影效果来压暗照片的边角，这样就会把观者的注意力吸引到被摄主体上，但是也不要调整得过多，否则照片看起来会显得不自然。

专业提示：在调亮皮肤时一定要小心。调整太多会导致照片调整的痕迹很明显，如果调整的主体不是人物，调整的幅度可以更大一些。

2 选择你要修改的区域

使用“套索工具”在你想要变淡的区域周围画一条大概的线。

画出的线条不需要特别精确。

3 设置羽化数值

在工具属性栏中设置“羽化”数值，这样选区的边缘就会过渡得很自然，照片看起来就不像被人为修改过的。

设置“羽化”值为80 px，过渡会显得很自然。

4 打开“曲线”对话框

执行“图像”→“调整”→“曲线”命令，在弹出的“曲线”对话框中会显示照片的直方图。

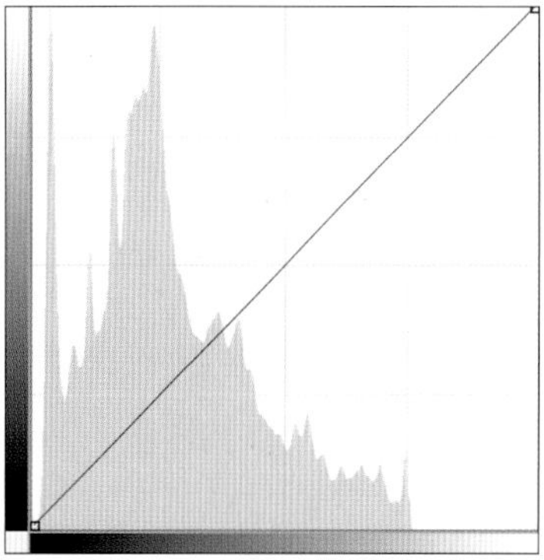

现在的照片效果更加均衡，从女孩面部的光线到背景的过渡都非常自然。

提亮局部区域

你可以做出比这里所描述的通过提亮照片的局部区域来强调光线更自然的效果。为了实现这些效果，执行“图像”→“调整”→“色彩平衡”命令，在弹出的对话框中拖曳滑块进行精细的调整。

要记住，拍摄照片时也可以通过调整曝光补偿来改变相机的曝光效果，这样就不必进行后期调整了。

学习测试

你学到了什么？

本周探索了在弱光条件下摄影所带来的各种挑战和可能性。试着完成下面的选择题，看看你掌握了多少技能。

1 如果拍摄时提高了相机的感光度，你会在照片中看到什么变化？

A 运动
B 噪点
C 浅景深

2 弱光环境下什么变得至关重要？

A 曝光
B 对焦
C 闪光灯

3 当你开大光圈时会发生什么？

A 景深变浅
B 景深变深
C 看到更多的噪点

4 当你调慢快门速度时，需要注意什么？

A 感觉相机很沉
B 相机振动
C 对焦

5 当你在室内拍摄时，如果照片过于偏橘色或红色，你能做些什么来纠正这一点？

A 调整光圈
B 调整快门速度
C 调整白平衡

6 你能用什么把光线反射到被摄主体上？

A 闪光设备
B 一张白色的卡片或一张白纸
C 明亮的台灯

7 当用慢速快门拍摄时，可以使用的关键设备是什么？

A 三脚架
B 闪光灯
C 柔光箱

8 当你开大光圈时，快门速度会发生什么变化？

A 快门速度会变慢
B 快门速度保持不变
C 快门速度会变快

9 你能够同时使用慢速快门、高感光度与大光圈拍摄吗？

A 能
B 不能
C 有时能

10 如果你在光线暗淡的建筑物内拍摄，并且把光圈开得很大，你还能用什么方式增加曝光？

A 提高相机的感光度
B 降低相机的快门速度
C 使用三脚架
D 以上都可以

11 对焦、曝光，还有什么方法可以让你的照片显得更加赏心悦目？

A 景深
B 构图
C 长焦镜头

12 如果你要用平板电脑的显示屏照亮被拍摄者的面部拍照，你会使用什么测光模式？

A 点测光
B 平均测光
C 程序模式

13 你应该使用什么样的感光度来捕捉光线的轨迹？

A 高感光度
B 低感光度
C 无所谓

14 哪两个因素结合在一起才能获得完美的曝光？

A 快门速度和光圈
B 数字影像的噪点大小和景深
C 光圈和景深

答案：1/B，2/B，3/A，4/B，5/C，6/B，7/A，8/C，9/A，10/D，11/B，12/A，13/B，14/A。

19 黑白照片

第十九周

在黑白摄影时代，我们别无选择，只能拍摄黑白照片。尽管彩色摄影替代了黑白摄影，但黑白照片仍然颇受欢迎，并且黑白照片具有彩色照片难以匹敌的永恒品质与特殊魅力。

本周你将学到：

- ▶ 理解不同颜色的照片是如何转换为黑白照片的。
- ▶ 通过逐步创作，亲身体验黑白摄影的魅力。
- ▶ 练习拍摄不同题材的黑白照片。
- ▶ 浏览黑白照片，看看成功之处在哪里，并排除一些常见的问题。
- ▶ 使用后期处理软件，将彩色照片转换成黑白照片，并增强照片的影调和层次。
- ▶ 回顾本周学习的摄影知识，看看你是否准备好继续学习。

让我们开始吧！

知识测试

黑白照片效果好吗?

1

2

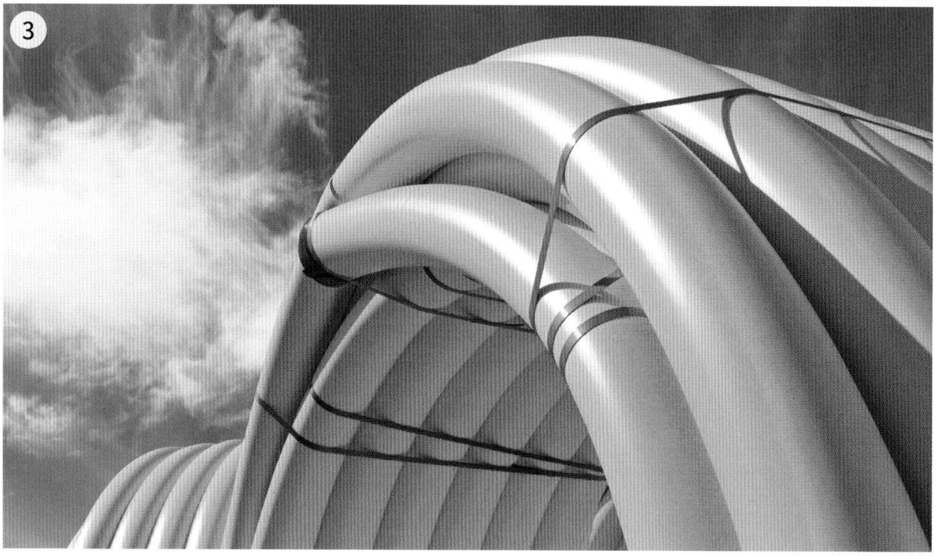
3

4

5

任何彩色照片都可以转换成黑白照片，但有些题材则更适合拍摄黑白照片。你能找出这七张照片中哪些有转换黑白的潜力，哪些没有吗?

A **色彩鲜艳:** 如果一张照片纯粹依靠色彩来产生视觉冲击力，那么转化为黑白照片的效果就可能不理想。

B **高反差:** 深色的阴影和明亮的高光，在黑白照片中的效果很好。

C **戏剧效果:** 黑白照片适合表现多变的天气。

D **相似的颜色:** 相对有限的色彩，通常不适合用黑白照片表现。

E **图案和质感:** 通过光影来表现被摄主体独特的形状、图案或纹理，通常黑白照片具有很好的表现力。

F **光影平淡:** 低对比度与柔和的颜色，不适合转换成黑白影像。

G **色彩互补:** 色轮上彼此相对的颜色的组合转换为黑白照片效果会比较理想。

答案

A/4 挪威北部的日落
B/1 男性模特的肖像
C/6 海浪
D/5 各种各样的糕点
E/7 西班牙巴塞罗那古埃尔公园的马赛克建筑景观
F/2 乌克兰的秋季风景
G/3 蓝色天空映衬下的黄色塑料管

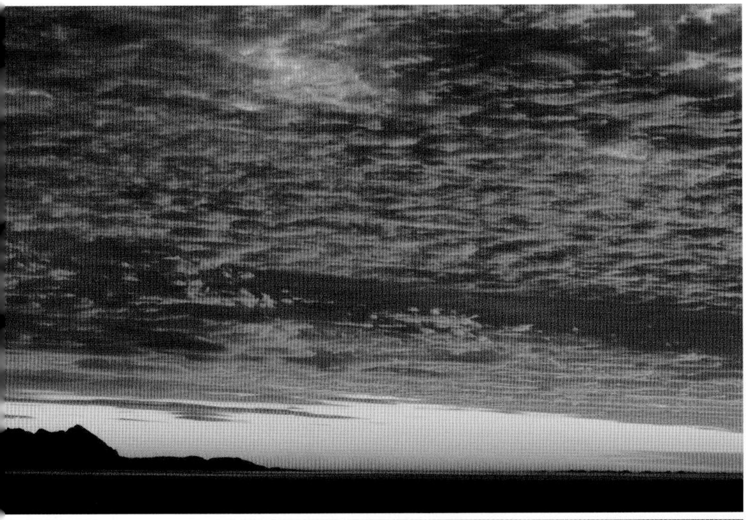

须知：

- 不是所有的照片都适合转为黑白照片。通过练习你很快就会知道哪些照片可以转换为黑白照片，哪些不行。
- 有两种拍摄黑白照片的方法。你可以直接用相机拍摄，大多数相机都有黑白（或单色）色彩模式；也可以把拍摄的彩色照片在后期处理软件中转换成黑白照片。
- 如果你拍摄时选择了JPEG格式的黑白照片模式，一旦你按下快门按钮，就无法更改了——生成的照片将是黑白的。如果后期你觉得当时拍摄彩色照片更适合，那么就太晚了。
- 如果你采用RAW格式拍摄黑白照片，可以在后期调整时更改照片的参数，并将黑白照片恢复为彩色照片。

回顾这些要点，看看它们是如何与这里展示的照片相对应的。

理论知识
将彩色照片转换为黑白照片

拍摄黑白照片不仅是去除照片的颜色，事实上，我们有必要了解将彩色照片中的颜色转换成灰色的不同方式，你所强调的颜色将决定最终照片的色调和品质。

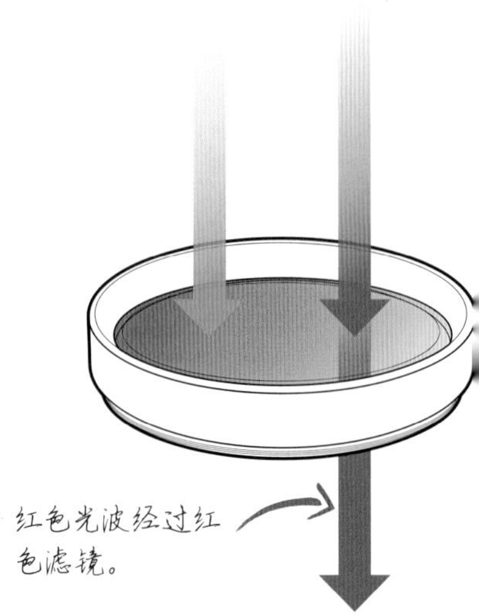

过滤和通道

数字技术出现前，彩色滤镜是改变黑白图影调范围的唯一方法。滤镜通过阻挡互补色的波长（见右图）会使自身的颜色变亮，同时使互补色变暗。

单色模式的数码相机通常可以让你达到模拟使用彩色滤镜的效果，然而后期制作中将彩色转换为黑白，可以让你有更多调整照片色调的选择。

反射率

较明亮的物体可以反射更多的光线，当彩色照片转化为黑白照片时，会影响转换成黑白照片时的效果。在修饰照片时，知道这一点很有用。

- 黑色：平滑的黑色物体会吸收大部分照射到其表面的光线，因此，物体看起来非常黑且很暗。
- 灰色：带有中性灰色调的物体的反射率约为18%。
- 白色：白色物体能反射大部分照射在其表面的光，从而产生明快、亮丽的视觉效果。

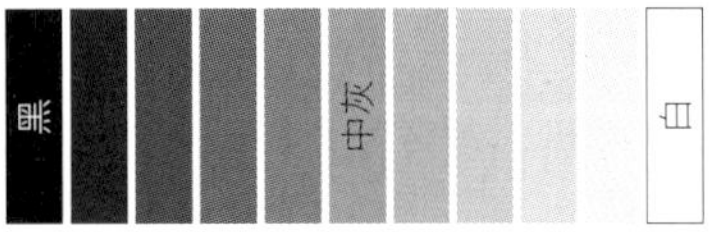

彩色

拍摄彩色照片时，人们很容易区分红色、绿色和蓝色的球体。事实上三者的亮度都是一样的。

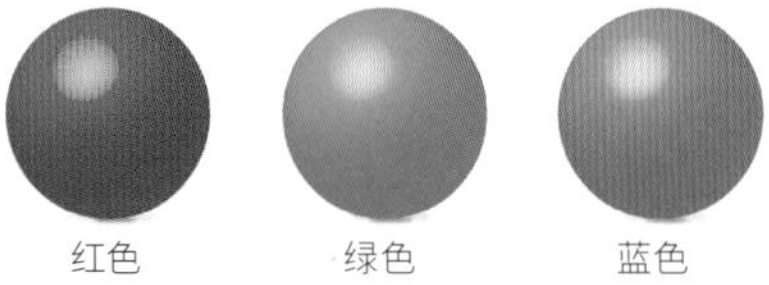

彩色照片中，物体之间很容易区分。

单色

简单地转换成黑白色，使每一种颜色都变成一个统一的中性灰色调，没有色调分离。三个不同颜色的球的区别就消失了。

在黑白照片中，不同颜色的物体可能具有相同的中性灰色调。如果转化为黑白照片，将使它们难以区分，结果会成为一张单调、没意思的黑白照片。

专业提示：拍摄黑白照片时，经常使用红色、绿色、蓝色、黄色和橙色滤镜，其效果与绿色和红色滤镜相似，但效果相对弱得多。

专业提示：因为使用蓝色滤镜后，蓝色的天空会非常苍白，人物的皮肤色调也会变得非常暗，所以很少用于风景或肖像摄影，但却可以用来降低照片的反差，从而让照片产生朦胧的效果。

色彩与影调

物体的反射率很重要，因为反射率定义了彩色物体转换成黑白照片时的影调。反射率高的物体表面会比反射率低的物体表面更亮。

这意味着，尽管两个物体可能有不同的颜色，但如果它们反射的光线相同，在将它们转换为黑白照片时仍然可以呈现相同的影调。

对于彩色照片来说，很容易区分一个蓝色物体与另一个蓝色物体，例如这个场景中的天空、山脉和河流。

在黑白照片中，天空和河流的灰色值相同，从而让照片的影调变得平淡。此时就需要使用滤镜对照片的反差进行补偿。

红色滤镜

红色的球体明显变亮了，绿色的球体仍然是中灰色的，蓝色的球体现在更暗了。

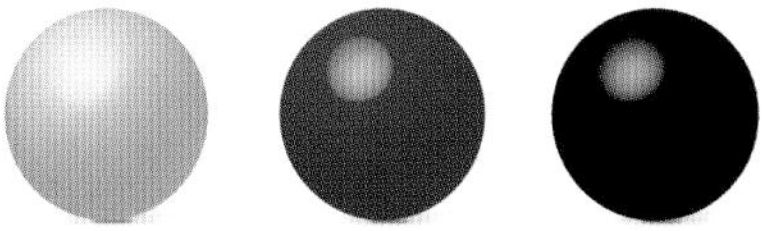

红色　绿色　蓝色

肤色苍白，头发变亮了。

蓝天变暗了，云层更加突出，雾的影响减少了。

绿色滤镜

绿色的球体最亮，而红色的球体保持中灰色，蓝色球体较暗，但没有使用红色滤镜时那么暗。

红色　绿色　蓝色

肤色加深。

绿叶变得更亮了，蓝天微微显得黯淡。

蓝色滤镜

蓝色的细节部分最亮，绿色和红色的球体都比中性灰色调的球体颜色深，红色的球体比另两个球体的颜色深。

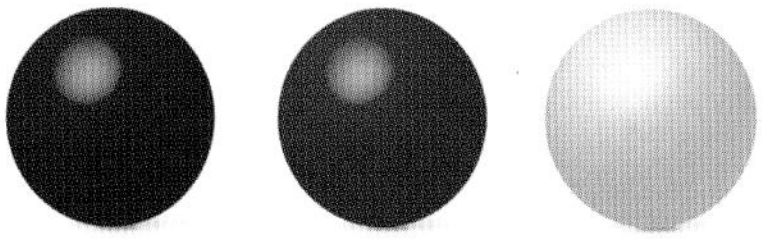

红色　绿色　蓝色

不自然的深色皮肤，头发变黑。

天空显得很苍白，云的层次细节丢失，薄雾的效果增加了。

技能学习
用黑白模式拍摄照片

当你不依靠照片中的颜色来增加照片的视觉冲击力时，就必须考虑黑白影调了。对于黑白摄影来说，影调范围是通过光线的品质和反差来确定的。颜色如何转换成黑白效果也会影响物体的影调范围，包括物体是否变亮、变暗，或者保持与彩色照片相同的相对亮度。

1 评估拍摄场景

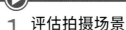

仔细观察镜头前的场景，注意光线如何照射，场景中的阴影帮助提高了反差吗？再看看颜色范围，相似的颜色是不是太多了，还是颜色太多了？

2 选择拍摄模式

将相机设置为适合拍摄场景的曝光模式。不要使用全自动模式，因为你可能无法让相机切换到黑白模式。

这台蒸汽机车上醒目的颜色是拍摄黑白照片时的很好主体。

如果需要控制景深，选择光圈优先模式。

如果为了强调动感，可以使用快门优先模式。

6 更改为黑白模式

进入相机的照片参数设置菜单，选择“黑白”（或“单色”）选项。如果使用三脚架，将相机的光学取景器切换到实时取景模式，这样就可以在液晶屏上预览拍摄的照片了。

7 在同一场景重新拍摄

用黑白模式拍摄并不会改变照片本身的曝光。保持曝光设置不变，采用彩色模式在同样场景重新拍摄。

8 检查照片

在相机屏幕上查看彩色和黑白照片，特别要注意观察黑白照片，了解彩色照片是如何被渲染成灰色的。

在拍摄菜单中寻找“单色”图标。

检查照片中的颜色。

开始： 选择一个你认为适合拍摄黑白照片的场景，可以在室内或户外拍摄，但需要确保色彩和光线适合拍摄黑白照片。

你将会学到： 如何评价一个场景是否适合拍摄黑白照片，以及在相机的菜单中找到拍摄黑白照片设置的位置。

3 设置白平衡

即使拍摄时不使用彩色模式，也要设置正确的白平衡。白平衡越不准确，彩色照片转换成黑白照片时，相机能使用的色彩就越少。

4 构图

调整好相机的位置，选择适合构图的镜头。看看阴影会落在哪里，以及如何表现特定的细节。

5 曝光与拍摄

如果不使用三脚架，检查选择的感光度是否能避免相机振动造成的影响。相机对焦准确后拍摄，拍摄结束后检查照片的直方图，以确保曝光准确。

钨丝灯白平衡偏蓝色，不适合这个场景。

确保构图紧凑，排除任何会分散观者注意力的元素。

检查直方图，查看阴影或高光部分是否被剪切。

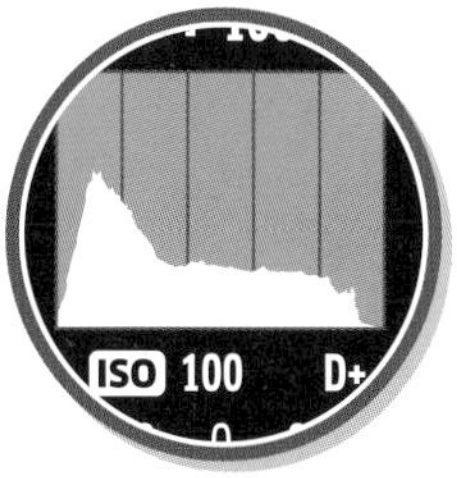

照片中有趣的阴影能够帮助提升黑白照片的整体质感。

你学会了什么？

- 一般来说，在一个场景拍摄黑白照片，而在另外的场景拍摄彩色照片，要比在同一个场景来回切换拍摄模式更方便。
- 相机的实时预览模式会即时显示黑白效果，并帮助你了解该场景是否适合拍摄黑白照片。
- 如果你认为一个场景不合适拍摄黑白影像，那就坚持用彩色模式拍摄。

保存两个版本的照片，并在拍摄后浏览。

练习与实践

去除色彩

为了培养你的影像感觉，即了解哪些主体在没有色彩的情况下，照片的效果仍然很好，请尝试以下几页的黑白摄影练习。记得将相机的拍摄风格设置为单色，同时以RAW+JPEG格式拍摄照片。

使用彩色滤镜

适中　户外

1小时　各种颜色的物体

相机+三脚架+彩色滤镜（可选）

彩色滤镜可以帮助你控制彩色转换成黑白过程中的影调。

- 将彩色物品放在桌子上。
- 将相机安装到三脚架上，拍摄一张照片，让所有的物体都在构图的画幅内。
- 对焦并设置好曝光，使用小光圈拍摄，这样画面中所有的被摄主体都是清晰的，最后拍摄照片。
- 在照片风格菜单中选择黄色滤镜效果（如果有），使用此设置再次拍摄。
- 重复使用其他可用的滤镜效果，并浏览拍摄的照片。

质感与细节

适中　室内与户外

1小时　有质感的物体

相机+微距镜头

黑白图像看起来更抽象，表现纹理和细节的黑白特写照片的效果很好。

- 如果有必要，选择合适的滤镜改变被摄主体的影调。
- 针对场景构图，让被摄主体充满整个画面。
- 使用小光圈拍摄，从而使整个被摄主体对焦准确。如果最终使用的快门速度太慢，可能需要使用三脚架或提高感光度。
- 尝试使用灯光。用侧面、顶部和正面的灯光照射被摄主体，看看这些灯光是如何影响照片的反差的。

侧光可强调物体的质感，如照片中叶子的叶脉。

专业提示：如果使用 RAW 格式拍摄，不要使用彩色滤镜。用 RAW 格式拍摄的目的是保留所有颜色的信息，以便在后期调整时容易转换。

专业提示：用长焦镜头拍摄特写，可以帮助你去除那些可能会分散观者注意力的多余元素。

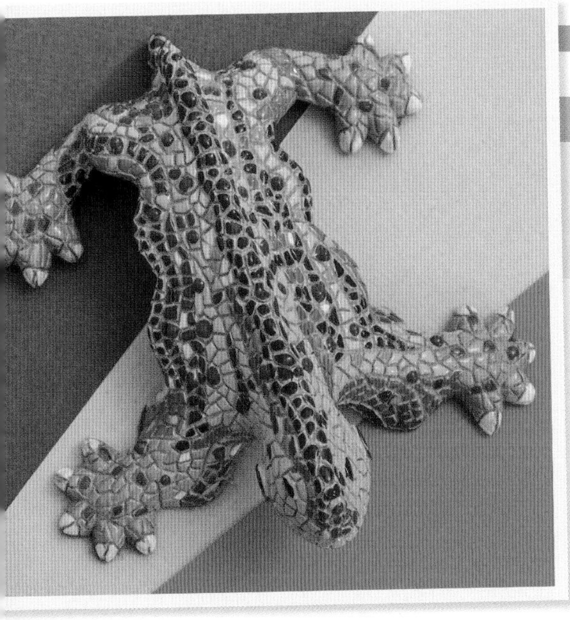

互补色的景物拍摄为黑白照片后很容易区分。

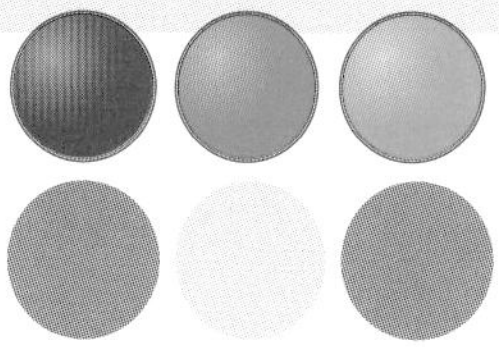

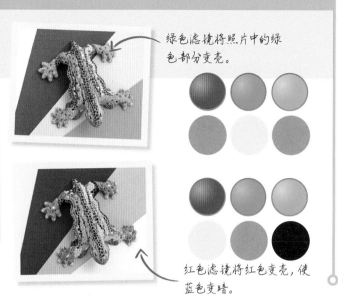

绿色滤镜将照片中的绿色部分变亮。

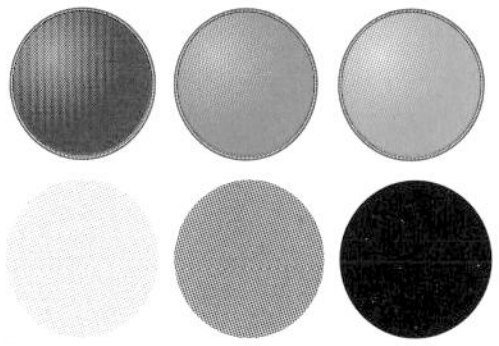

红色滤镜将红色变亮，使蓝色变暗。

黑白肖像

适中

2小时

相机+三脚架

室内和户外

模特

历经沧桑、饱经风雨的面孔往往是黑白肖像中最吸引人的部分。

黑白照片特别适合人像摄影，照片效果的好坏主要依赖光线的品质。

- 在室内和户外为模特拍摄十张照片。
- 改变光线效果，阴天在户外拍摄，晴天依靠人造光与窗口光在室内拍摄。
- 以相似的构图方式拍摄每一张照片，这样被摄主体就能在画面中的区域大致相同。
- 使用不同滤镜拍摄人像并观察效果，通常使用绿色滤镜的照片最好看，而使用蓝色滤镜的照片不太好看。

黑白静物摄影

容易　　室内
1小时　　相关物体
相机+三脚架

拍摄静物，对于照片效果来说，不仅被摄主体，相机设置与光线照明都会起到关键作用。

- 将物品摆放在桌面上，并营造一个与物品协调的背景。杂乱的背景可能会让观者分心。
- 使用反光板反射光线照亮阴影，如果照片适合低反差表现，可以用台灯这样的点光源增加反差。
- 将相机安装在三脚架上构图、拍摄。
- 对焦在距离镜头最近的物体上，并调整好光圈确保图像清晰。
- 拍摄10~12张照片。用不同的方式安排被摄主体，选择不同的光圈和滤镜效果进行拍摄。

确保被拍摄的物品清洁，无灰尘或指纹。

背景尽量简单，避免分散观者的注意力。

器材：彩色滤镜

黑白摄影专用的彩色滤镜可以直接安装到镜头上使用，也可以安装在滤镜支架上使用。在日常拍摄时，黄色、橙色、红色和绿色滤镜最实用；蓝色滤镜通常单独出售。现在大多数数码相机可以直接模仿滤镜效果。你也可以在后期处理时，用软件模拟滤镜效果。如果你只使用JPEG 格式拍摄，或者相机没有滤镜效果风格可选，彩色滤镜还是很有用的。

新闻摄影

适中　　室内和户外
2小时　　一个你可以讲故事的环境
相机+变焦镜头

新闻摄影或纪实摄影是一种与黑白摄影密切相关的摄影形式。寻找拍摄地点并用照片讲述你的故事。

- 查看周围的环境，找出可能的拍摄地点。
- 将曝光模式设置为程序曝光，这样就可以专注于拍摄，而不用担心曝光的问题。
- 使用变焦镜头的各个焦距。使用变焦的广角端拍摄，交代环境；使用变焦镜头的长焦端拍摄人物特写，或者表现细节。
- 你觉得有必要拍多少张就拍多少张，拍得多，总比拍得少要好。
- 按时间顺序浏览照片，选择10~15张能讲述故事的最佳照片。

捕捉精彩的表情是用摄影的方式讲述故事的重要手段。

风光摄影

适中　　户外
2小时　　风景名胜区
相机+三脚架

在风光摄影中，黑白照片是展现戏剧效果的最佳选择。在雨天和暴风雨的环境中，黑白照片比彩色照片的效果更好。

- 拍摄8~10张风景照片，使用垂直和水平方向构图，以及各种不同的焦距拍摄照片。
- 使用三脚架。如果拍摄场景中有运动元素，如流水，那么就要使用不同的快门速度，观察快门速度是如何影响照片的运动效果的。
- 尝试使用滤镜，观察滤镜是如何改变天空和树叶的影调的。

在黑白照片中，使用较慢的快门速度，经常能获得非常好的效果。

你学到了什么？

- 在拍摄静物时，因为你需要仔细考虑如何安排对象，所以构图需要花费大量时间。
- 当进行纪实摄影时，尽量多拍照片，大量的照片为你的叙事提供了更多的选择。

检查学习成果

评估拍摄的照片

一旦你完成了这些练习，选择10张你比较满意的照片。参考以下8条建议来判断哪些照片拍摄得成功，哪些照片能对未来的拍摄提供改进意见。

黑白风景照片有意思吗?

阴影有助于表现风景主体的形状和形式。如果你在中午或阴天拍摄照片，表现风景中的立体效果就不容易。这张照片的效果很好，因为侧光形成的阴影有助于表现建筑物的形状与质感。

照片的高光是否溢出?

与彩色照片相比，黑白照片需要摄影师进行更多的个性化诠释。这张照片曝光过度了，颜色看起来也很奇怪，但这种黑白风格的照片的效果却很好。

彩色照片是最佳形式吗?

有些被摄主体并不适合拍摄黑白照片。这张彩色照片充满活力，但转换成黑白照片后，其表现力就差多了。

你需要使用滤镜吗?

你并不需要为每一张黑白照片的拍摄都使用彩色滤镜。如果你直接逆光拍摄，就像这张照片一样，即使拍摄的是彩色照片，最终的效果看起来也是黑白的。

色彩很棒，很精彩、很鲜艳，但是黑白更胜一筹。

劳斯多米·尼克

你拍摄的肖像照片吸引人吗？
柔和的光线下拍摄反差较低的照片，比强光下的高反差照片更讨人喜欢。这幅高反差的肖像照片非常成功。

你的照片看起来平淡吗？
照片中什么样的反差合适，要看具体情况了。
低反差适合用于拍摄例如照片中的兰花这样柔和、有质感的主体，因为低反差有助于传达兰花的精致与细腻。如果要表现高反差，那么需要使用硬光源，或者选择不同效果的滤镜。

你的纪实摄影照片能讲述故事吗？
人们常说“一图胜千言”，因此对摄影而言要拒绝拍摄会干扰被摄主体的照片。这张照片的视觉冲击力很强，汽车充满了整个画面。

黑白照片的反差不是太大了？
抽象照片，例如这张逆光照射下的岩石照片，拍摄出的高反差的效果很好。对于肖像摄影来说，照片的反差如此之大，效果可能不好。

优化照片

彩色转黑白

虽然你可以选择黑白模式拍摄照片，但采用后期转换黑白的做法让你可以有更多的选择。Photoshop的黑白调整工具可以让你根据自己的色彩喜好，精细地将彩色照片转换成黑白照片。首先评估一张照片是否适合转换为黑白照片，这样能为你节省后期处理的时间并减少挫败感。

互补色和对比色在转为黑白照片后很容易分辨。

1 评估照片

仔细观察，决定哪些颜色应该调亮，哪些颜色应该保持相同的亮度，哪些颜色应该压暗。

如果不调整，亮度相近的不同颜色转化为黑白色，会以相同的色调呈现在黑白照片中。

5 尝试预设

Photoshop软件中已经内置了一组常用的彩色照片转黑白照片的预设，例如模仿红色滤镜的效果。如果你发现自定义的彩色照片转黑白照片的效果最好，那就创建自己的预设。

单击该按钮，保存或加载自己的预设。

6 移动滑块

拖曳滑块到0%时，表示纯色，如红色将被转换为黑色。数值越大，转换后的颜色越接近白色。调整滑块直到你对彩色照片转黑白照片的效果满意。

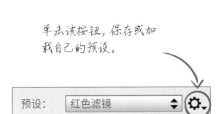

有轨电车的蓝色不是纯蓝色，所以需要将转换的数值调成负值，使其显得更暗。

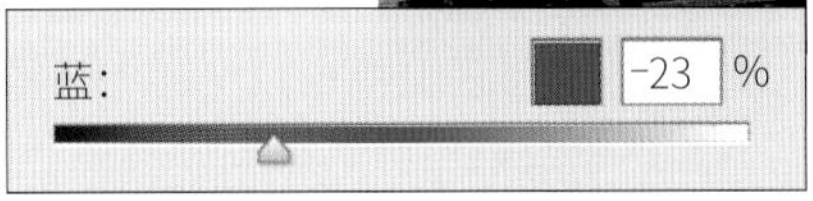

7 如果你喜欢，给照片增加一些色调

拖曳“色相”滑块以选择色调的整体颜色。拖曳“饱和度”滑块改变浓度：数值为0%时，照片为黑白色；数值为100%时，会达到最大的饱和度。

淡淡的橙色/黄色色调，可以模仿老旧照片的效果。

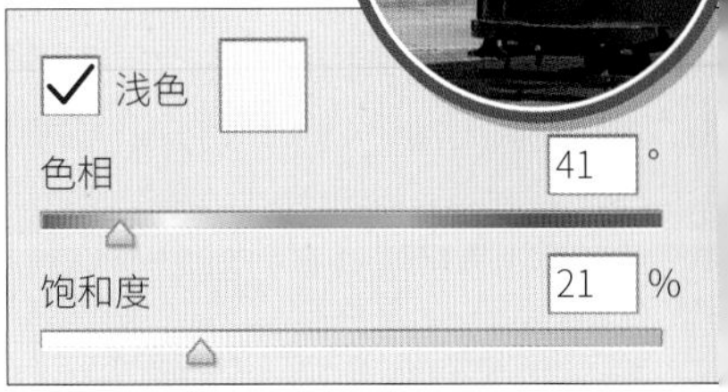

专业提示：从一张白平衡准确的照片开始调整。如果照片的白平衡偏向红色或蓝色，那么照片在转换过程中将很难分离色调。

专业提示：在完成彩色照片转换黑白照片的操作后单击“确定”按钮，此时你可以执行“编辑”→“渐隐”命令，在弹出的对话框中改变渐隐数值，仅给照片添加淡淡的颜色。

2 将照片放大到100%

在工具箱中，双击“放大镜工具”按钮，将照片的放大倍数设置为100%。这样将更容易看到照片中的细节是如何转换为黑白色的。

3 选择黑白模式

执行“图像”→“调整”→“黑白”命令，主要的调整操作作用于6个颜色调整滑块上，这些滑块控制每种颜色是变暗、保持相同的亮度，还是在转换为黑白照片时变亮。

4 选择自动转黑白模式

单击“自动”按钮，Photoshop就会分析照片并将滑块设置为它认为的最佳位置。这是一个很好的起点，但可能不会达到最令你满意的彩色照片转黑白照片的效果。

如果照片不适合在屏幕上以100%放大浏览，你还可以按住空格键并拖动照片查看特定的区域。

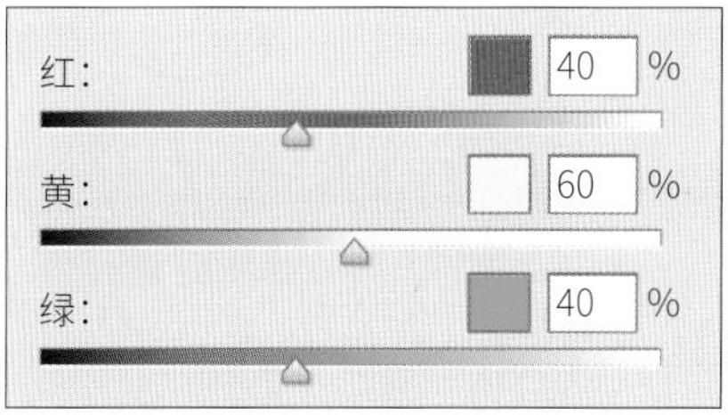

各种不同颜色已经被转换为统一色调。

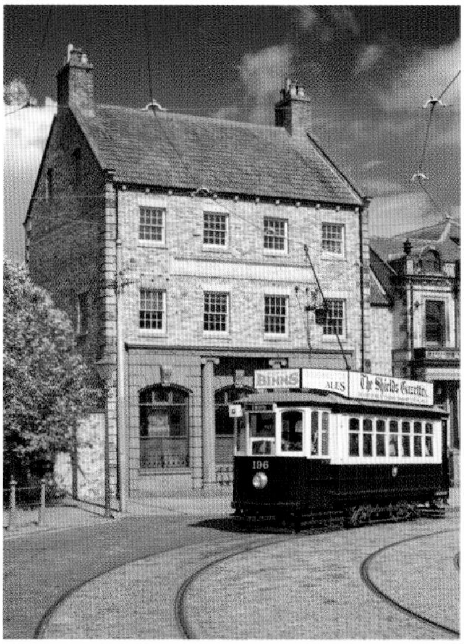

红色变亮，蓝色变暗，图像的对比度合适。

特效：胶片颗粒感

老照片通常都有颗粒感。使用Photoshop的“添加杂色”滤镜可以添加这种效果，但是应用的效果也不要太明显。将数值设置为一个小的百分比值，控制照片的杂色效果，在“均衡”和“高斯”效果之间切换也非常有必要。高斯分布会让噪点产生一种不太规则的效果，因此照片更接近胶片自然的颗粒感。最后选中“单色”复选框，这样“添加杂色”滤镜就会让照片失去颜色而呈现单色效果。

后期修饰过程中添加的噪点越多，越容易丢失细节。

学习测试

你学会了什么？

黑白照片无疑是一种比彩色照片更有表现力的表现方式，然而如果照片没有色彩来增加冲击力，你需要更多地考虑光影的明暗，以及如何利用这些因素创造这种效果。通过回答下面问题，看看你学到了多少。

1 用什么照片风格来拍摄黑白照片？

A 风景
B 标准
C 单色

2 拍摄黑白照片时，什么附件最有用？

A 闪光灯
B 一套彩色滤镜
C 热靴水平仪

3 老黑白照片通常是什么颜色的？

A 蓝色
B 品红色 C 深褐色

4 拍摄黑白照片的时候，什么颜色的滤镜最容易使蓝色变深？

A 蓝色
B 红色
C 绿色

5 你会用什么滤镜，使红色物体的黑白效果变亮？

A 红色 B 绿色 C 蓝色

6 表面平滑的中灰色物体的反射率是多少？

A 18% B 25% C 50%

7 什么方向的光线有助于展示被摄主体的细节与表面纹理质感？

A 顶光
B 背景光
C 侧光

8 老照片有什么特点？

A 失焦
B 曝光不足
C 颗粒明显

9 拍摄黑白照片时，蓝色滤镜对无云的天空有什么影响？

A 天空变得更亮
B 天空变得更暗
C 无效果

10 下列哪一项不能成为一个好的黑白照片的被摄主体？

A 有质感的场景
B 高对比度的场景
C 相似颜色的场景

11 在色轮上如何找到互补色？

A 紧挨着
B 彼此相对
C 在另一种颜色的两边

12 用什么滤镜可以减少斑点？

A 蓝色
B 绿色
C 橙色

13 在Photoshop的“黑白”对话框中，拖曳什么滑块会增加色调？

A 饱和度 B 品红色 C 色相

14 绿色滤镜对黑白照片中的被摄者的肤色有什么影响？

A 使肤色更亮
B 使肤色更暗
C 没有影响

15 在风光摄影中，用哪种滤镜可以使树叶变亮？

A 蓝色 B 红色 C 绿色

16 在拍摄场景中，哪种色调反射的光线最少？

A 白色调
B 中间调
C 黑色调

17 使用什么滤镜可以增加照片的薄雾效果？

A 红色 B 蓝色 C 绿色

18 相机的什么功能可以让你预览黑白效果？

A 实时预览
B 曝光补偿
C 景深效果预览

19 滤镜对拍摄场景中与滤镜颜色相同的物体有什么作用？

A 使它们变暗
B 对它们没有影响
C 使它们变亮

答案：1/C，2/B，3/C，4/B，5/A，6/A，7/C，8/C，9/A，10/C，11/B，12/C，13/A，14/B，15/C，16/C，17/B，18/A，19/C。

20 第二十周

完成摄影项目

为了完成主题明确、连贯的摄影项目，你需要对拍摄项目的主题有一个清晰的认识，以及真正理解如何满怀激情、精练地讲述故事。

本周你将学到：

- 什么是摄影项目，以及如何通过摄影项目发展自己的摄影生涯。
- 通过学习拍摄、编辑婚礼摄影项目的方法，掌握拍摄充满故事情节的照片的方法。
- 通过编辑、排序照片激发你的摄影天赋。
- 通过一年四季拍摄同一主体、尝试自拍，以及拍摄嘉年华等狂欢活动，进行摄影项目的实践与探索。
- 回顾拍摄的作品，了解有什么地方需要改进，并为已经完成的项目寻找出路。
- 通过使用关键词来提升管理照片的能力。
- 回顾你在计划、执行和完成摄影项目方面所学到的知识。

让我们开始吧！

知识测试

哪个项目适合你？

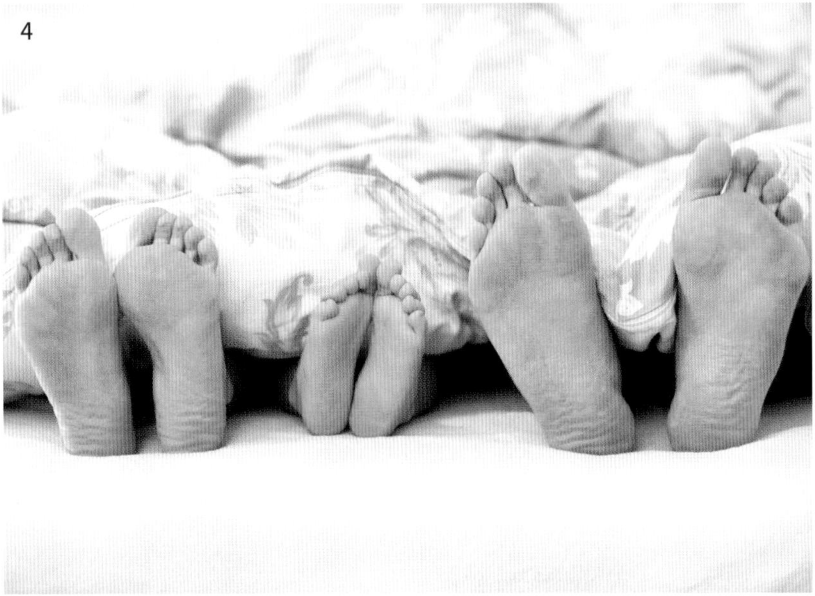

完成一个摄影项目可以让你更加深入地探索一个主题，也有助于提升你作为摄影师的专业摄影技能，并形成自己的摄影风格。看看你能否让创作理念与这些照片相匹配。

A **自然形状：** 选择一个几何形状，寻找自然界中具有这种形状的景物。

B **时间流逝：** 呈现数周，甚至数年间对象的变化。

C **掌握新的影像语言：** 在都市环境中寻找文字影像，并用它们拼写成句子。

D **非同寻常的全家福：** 通过关注细节，用一种全新的方式拍摄家庭成员。

E **幽默：** 寻找意外和有趣的表情。

F **弱光：** 等待夜幕降临，拍摄被灯光照亮的建筑物或物体。

G **别样视角：** 从一个新的角度拍摄建筑物。

H **仰望天空：** 从高到低，以新的视角对传统风景进行全新诠释。

I **俯视：** 用无人机寻找拍摄角度。

J **坐等观察：** 在公共场所抓拍行人，寻找一些即兴拍照的机会。

答案

A/7：蓝色海水中的红色海星
B/2：生锈的汽车
C/6：画在墙上的字母 P
D/4：从羽绒被中伸出来的脚
E/10：马的鬼脸
F/3：美国亚特兰大的夜晚城市天际线
G/1：美国芝加哥的摩天大楼
H/8：蓝天上"毛茸茸"的云朵
I/9：澳大利亚的海滩
J/5：坐在公园长凳上的人

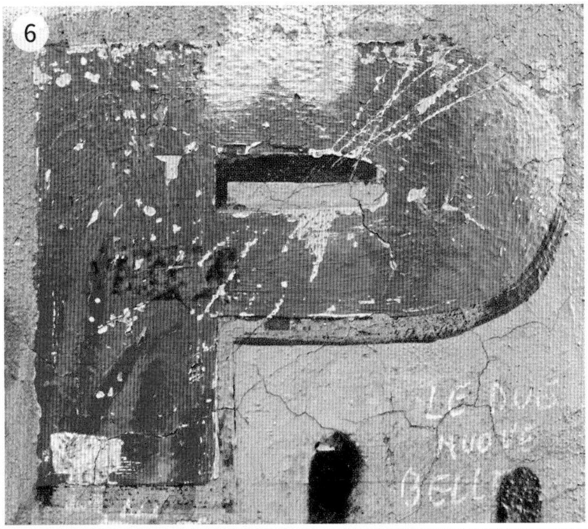

拍摄须知

- 要完成摄影项目需要自律，每天花30分钟的时间思考项目，可以充分利用乘车或排队的时间。
- 思想要灵活调整，如果你的项目有了新的转折，那就一定要坚持，结果肯定会很有趣。
- 要做好前期准备，你需要考虑准备投入的时间和费用。
- 设定可实现的项目目标，每完成一步就划掉一步。要制定摄影项目的短期、中期和长期目标。
- 与朋友分享你的摄影项目，会让摄影项目完成的可能性提高，因此与人交流的机会越多，潜在的成功率就越高。

回顾这些要点，看看它们是如何与这里展示的照片相对应的。

理论知识

完美的图片故事

如果你认为每段好的故事都有开头、发展和结尾，那么通过一系列照片来传达信息似乎会更容易。以一个特殊的场合为例，你可以看到计划、结构、镜头的多样性和编辑，这些因素都对你的摄影项目的成功起着至关重要的作用。

研究被摄主体

重要的是，在摄影项目开始前，你要清楚地知道想通过照片讲述什么样的故事、实现什么目标，无论是拍摄事件、动物、人物，还是一段旅程。如果你事先花些时间来想象，例如被摄对象在不同的光照和天气条件下的状态，项目开始后，这样的准备会为你节省很多时间。

对于婚礼摄影来说，和新人谈谈他们对拍摄的期望，并在婚礼前一天观察婚礼场地，提前计划好拍摄用的背景和现场灯光如何布置，这些非常重要。

计划

开头

发展

多角度拍摄

电影导演会使用各种不同的拍摄角度来讲述故事，如固定镜头（定场镜头）、中景镜头（两个角色互动）和特写镜头（吸引人们注意细节）。通过改变视点和焦距，你也可以让照片实现同样的效果。

你可以尝试拍摄新郎佩戴在胸前的花和新娘的饰品这样的特定镜头，和混合在一起的中景照片。

谨慎编辑

多准备几张相机存储卡，把编辑后的照片保存到存储卡中。然后当你坐在计算机前编辑时，确保每一张照片不仅都能独立存在，也可以作为一个整体展示出来，为整个拍摄项目增色。

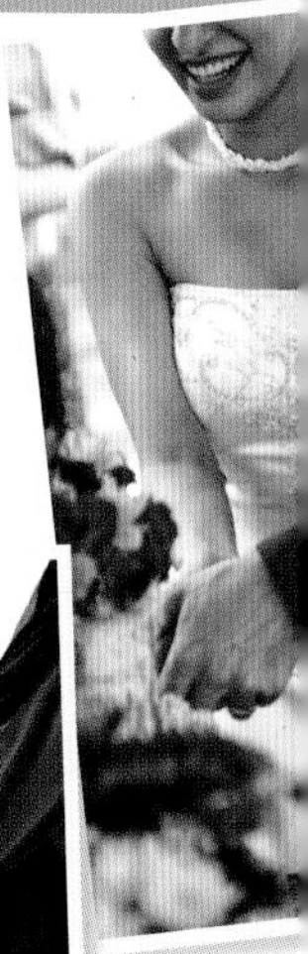

不要拍摄包含太多同样内容的照片，因为这样会阻碍信息的传递。

专业提示：对摄影来说，“系列”指的是一组展示内容相关的照片（这些照片都是围绕一个主题拍摄的），而“序列”指的是一组连续拍摄的照片（这些照片都是同一个故事的一部分）。

专业提示：一组照片不一定要按时间顺序排列展示，除非有令人信服的理由需要这样做。编辑照片时，要考虑照片的意义，而且整组照片的视觉变化也要足够吸引人。

故事的结构

所有的故事都需要一个结构，无论是童话故事、小说，还是系列摄影作品。故事结构可以帮助我们完成一个故事板——情节的开头、发展和结束。

一个经典的婚礼的拍摄内容包括：从新娘的准备工作开始（作为系列照片的开头），婚礼的仪式过程（发展），一直持续到新婚夫妇去度蜜月（结尾）。

技能要求

当你为婚礼项目编写故事脚本时，发现自己并不具备必要的技能来实现这个故事的拍摄，可能会感到沮丧，但反过来想，这也是你学习新技术的好机会。可以通过上网研究不同的摄影技巧，听播客，或者参加摄影网络学习班来学习。

如果你想捕捉新婚夫妇离开的瞬间，可能需要熟练掌握追拍的技巧。

结尾

作品展示

既然你已经拍摄了一组令人着迷的作品，那么就要确保照片能够被人看到，例如制作照片拼贴集、在线幻灯片、摄影作品集。通过这些媒介展示照片，可以展现你的眼界和艺术意图同时也能展示出你对这份工作的热情。

相册或摄影作品集

在制作作品集或相册时，照片的呈现形式至关重要。要考虑一张照片会如何影响另外一张照片，并通过特写照片，或者在一系列展示快速变化的动作的照片后，插入空白页来改变照片之间的节奏。一定要记住整个系列照片要包括开头、发展和结尾。

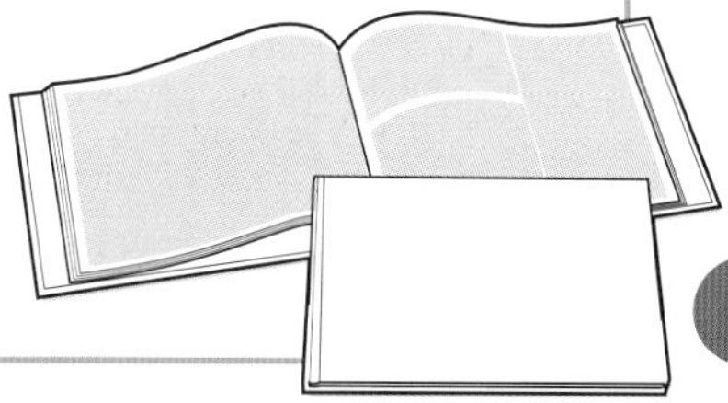

技能学习

编辑照片

编辑照片是摄影师最艰难的工作之一。当你与一个主体建立了情感上的联系后，或者你克服了某些技术上的挑战拍摄出照片后，往往会很难客观地看待自己的照片。然而，此时你需要退一步，结合个人判断使用计算机软件来编辑你的作品。

1 让照片暂时保存一段时间

把照片复制到计算机中后，过几天再浏览这些照片。在拍完照片后直接浏览你的照片从来都不是一个好主意。

2 浏览照片

打开计算机上的照片，使用图像编辑软件进行编辑，这样你可以任意调整照片，而不丢失任何原始数据。

6 向值得信赖的人寻求建议

把照片拿给家人、朋友看，如果可能也让其他摄影师看看，尽量不要被他们的意见与评论所激怒。建设性的批评可能会让你成为一名更好的摄影师。

7 打印照片

打印照片可以帮助你做最后的筛选。把这些打印出来的照片贴在墙上，让照片与你一起生活一段时间，看看你对于照片的观点是否会发生改变。

开始: 将你最近拍摄的照片导入图像编辑软件,确保显示器经过校准,使用显示器的房间通常是由自然光(或者日光灯)照亮的。

你将会学到: 如何检查照片中的缺陷与不足,如何根据喜好对照片进行排序,如何寻求朋友和同事的建议,以及如何将你的照片以令人满意的顺序和形式展示。

3 寻找不足和缺陷

使用图像编辑软件检查照片的不足与缺陷,例如照片的清晰度不够、构图不佳,或者噪点过多。标记那些值得以后进行修饰的照片,以备使用。

4 并排查看相似的照片

如果你拍摄了一些内容差不多的照片,可以通过软件并排观看照片。有些编辑软件可以让你同时放大查看两张照片的相同位置。

5 添加旗标和星级并排序

用旗标或星级之类的符号标记照片并进行排序,这样可以快速整理照片。

放大照片检查细节。

为照片标星级并排序。

8 重新排列照片,调整合适的顺序

在你给作品排序时,请记住大多数好的故事都要有开头、发展和结尾。请注意你的照片的排序节奏,明智地插入留白作为照片序列设计的一部分,这将让观者的眼睛有一个休息的机会。

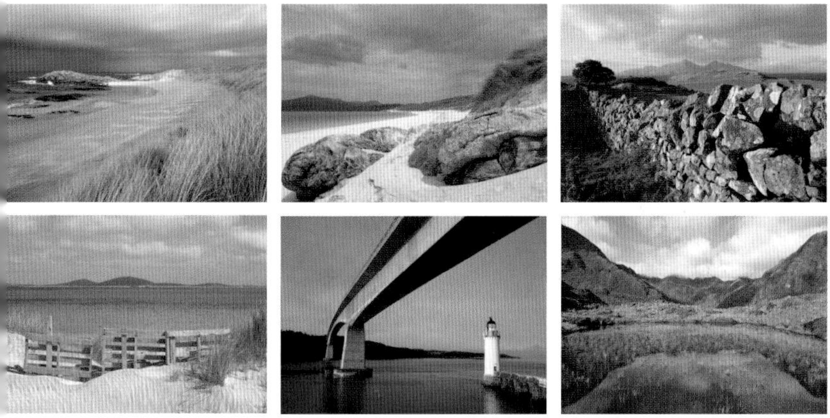

一组用来展示苏格兰乡村之旅的照片。

你学到了什么?

- 客观地看待自己的作品很难,因此把你的照片展示给你信任的人观看,以便让他们能作出客观的评价。
- 按优劣为照片标星,这样能够让你快速整理和检索照片。
- 将照片打印出来,看着打印的照片可以提高排序的速度。

练习与实践

完成一个摄影项目

为自己设定一个可实现的目标，将会增强你的摄影技能、信心和创造力。下面设计的六个练习，让你在一年内拍摄同一主题，包括自拍、拍摄街头字母、情绪、街头狂欢节，以及一个以颜色为主题的摄影项目。试着完成其中一个主题，或者六个主题都拍摄。

四季观察

难
1年
相机+三脚架
户外
一年中不会移动或改变的户外对象

在一年四季拍摄同一主题的照片，会展现出非同寻常的情绪。

- 选择一个对象，如一棵树，这样全年都不太可能移动的对象。
- 使用日出/日落应用软件计算太阳的轨迹，感受它是如何影响拍摄项目的效果的。
- 用智能手机上的GPS软件，或者在地图上标记拍摄的确切地点。一旦第一张照片拍摄完成，注意记录下所使用镜头的焦距和三脚架的高度。

不同季节拍摄的相同对象的照片会令人惊讶。

器材：防雨用具

当你一年四季都外出时，你可能会遇到零星的阵雨，所以为你的摄影设备购置一些保护附件是值得的。相机的防雨衣、防风罩和防风衣都是保持相机和镜头干燥的好工具，而且它们既轻便又便宜。

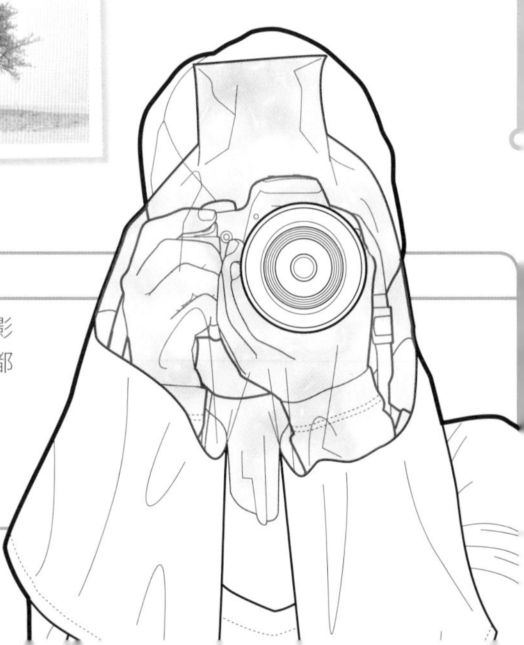

专业提示: 可以通过以下方式创作一幅非常规的自拍照片。在镜子前或者池塘边拍摄自己的影像或者倒影，将注意力集中在身体的某些部位而不是面部，或者从一个不同寻常的角度捕捉面部画面。

专业提示: 摄影项目通常会耗费相当多的时间。思考一个项目是否会一直吸引你的兴趣与视觉注意力，直到项目拍摄活动结束为止。

拍摄街头字母

适中　户外
2小时　带有标志和字母的场景
相机

在现实中，我们被字母包围着，但很少有人会注意到隐藏在建筑物细节和街上的日常物品中的“秘密”语言，即字母。

- 把三脚架留在家里，因为有时携带它并不方便。当你看到一个你喜欢的“字母”时，手持相机快速拍摄。
- 使用与镜头焦距的倒数大致相同的快门速度，例如50 mm镜头，拍摄时的快门速度为1/60s。
- 试着捕捉抽象的字母画面，如用桥的双拱表示字母M，或者用墙上的裂缝表示字母Z。

自拍照

适中　室内或户外
1小时　一个“替代物”
相机+三脚架+无线快门或者定时器

有耐心和计划性地去创作有意义的系列自拍照。

- 找个“替代物”，如用一把椅子来练习。将相机的对焦模式切换到手动对焦模式，因为自动对焦会聚焦到背景上，而让被摄主体模糊，让镜头对准“替代物”对焦。
- 设置拍摄模式为自拍和连续模式（或使用无线快门），然后拍摄一系列照片。
- 尝试各种姿势和道具。

在不同的光线下拍摄一系列照片。

你学会了什么?

- 当你想在不同的季节回到同一个地点拍摄时，你需要标记三脚架摆放的精确位置。
- 自拍照让你有机会讲述一个关于自己的故事，因此，可以随意使用道具和各种姿势来传达你的信息。
- 一旦你开始寻找被摄主体，你会发现字母表中的字母在日常生活中到处都是。

展示情感

适中　　户外或室内
1小时　　模特
相机+三脚架

拍摄具有情感的照片可能会有一定的难度，你可以让朋友作为模特，拍摄出吸引人的肖像。

- 提前做好一切准备，这样你就不会在拍摄过程中显得笨手笨脚。
- 将相机调到光圈优先模式，选择一个让背景虚化的光圈大小，让被摄者的面部对焦清晰。
- 选择的自动对焦点要覆盖模特面部最重要的部分，通常是他们的眼睛。设置拍摄模式为连续模式。
- 让你的被摄者回想一下他们特别生气、害怕，或者不高兴时的表情状态，对准焦点，按下快门按钮拍摄。尝试用连续对焦模式捕捉他们的情绪变化。

模特尝试做出极端表情。

工具：适合街头抓拍的摄影包

街头抓拍需要一款小巧、轻便，不会让人觉得你是摄影师的摄影包。街头抓拍不需要携带多台单反相机与镜头，因此，一个类似邮差包的摄影包就可以了。选择一个有大量衬垫、内部有可移动的分隔板的摄影包，宽的肩带可以分担肩上的负担，如果这种包具有防雨功能就太好了。

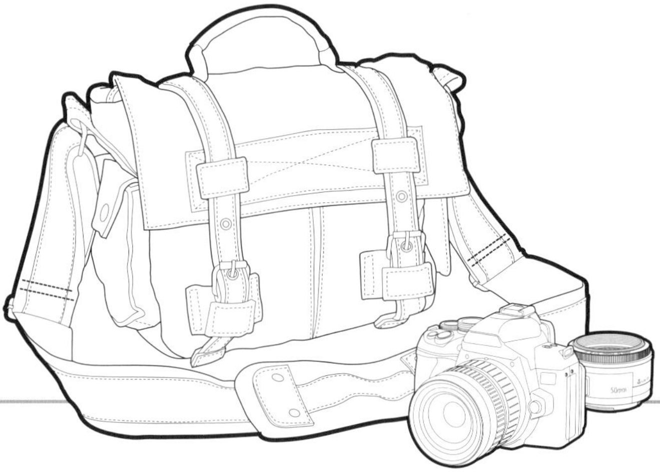

记录街头活动

适中　户外
2小时　街头派对或狂欢节
相机

街头活动或狂欢节是人们期待的活动，人们往往喜欢被拍照，这种拍摄活动会帮助你消除街头摄影带来的恐惧感。

- 仔细计划。拿一张地图，早些到达拍摄地点，以确保找到最佳的拍摄位置。
- 把三脚架留在家里，它会减慢你的拍摄速度，随身携带也可能是一种危险，必要时可以利用附近的墙壁或长凳来稳定相机。
- 如果人群移动的速度很快，要选择较快的快门速度，如果你拍摄肖像，就要考虑使用大光圈，将单调的背景排除在焦距之外，让其虚化。

狂欢节上戴面具的狂欢者是很好的肖像题材。

选择一个颜色

容易　室内或户外
45分钟　与颜色相关的物体或者主题
相机+三脚架

围绕一种醒目的颜色（如红色）拍摄系列照片，如果你换个角度思考，可以拍出无数张与众不同的照片。

- 横向思考。拍摄红色物体很容易，但如何捕捉并拍摄到非常愤怒的人看到红色或者负债累累的人看到红色的状态呢？
- 尝试使用相同的画幅，如全景、接片或用添加效果的方式拍摄，以强调每张照片的关联性。

这张照片的边角增加了晕影效果。

你学到了什么？

- 拍摄人像时，在被摄者到达之前做好一切准备。
- 街头活动或狂欢节为拍摄快速、运动的摄影题材提供了完美的练习机会，但这种主题并不适合使用三脚架拍摄。
- 如果你选择了一个基于颜色的摄影项目，你拍摄的画面不必太保守。

检查学习成果

审视摄影项目

在了解了一个摄影项目是如何帮助你提高摄影技术与形成个人拍摄创作风格之后，现在是时候选择一些你最喜欢的照片完成下面清单的测试了。

你有充足的闲暇时间吗?

从事个人摄影项目可能会让你有一种自我放纵的感觉，但有一些方法可以让你在不忽视朋友、家庭或工作的情况下，腾出时间进行摄影项目的拍摄。为了拍摄这张黎明的照片，你要在别人还在睡觉时就起床。

参数设置是否被局限?

不要太保守。当新的机会出现时，一定要抓住它。如果拍摄时只关注树叶和一些小细节，你可能会错过捕捉美丽的苔藓树干的好机会。

你缺乏灵感吗?

如果你正在犹豫是否需要拍摄一个摄影项目时，那么就在规定的时间内，每天在家给家人拍一张照片。

你想到一个合适的展示方式了吗?

你可以把你的摄影项目变成一本摄影书或者在网络上展示。如果你拍摄了一系列美食的照片，可以为朋友和家人制作一本美食摄影集。

摄影项目可以短到一个下午，也可以长到一生。

乔治·巴尔

你掌握了需要的摄影技能了吗？

如果你不具备项目所需的技术，也不要担心，可以把项目的拍摄当作一次学习机会。对于这样的照片，你需要掌握高动态范围控制技术（HDR）。

这个主题值得做一个摄影项目吗？

是否可以成为一张独立的作品？例如，如果你正在拍摄纸杯蛋糕，你可能还喜欢展示制作和吃蛋糕的照片。

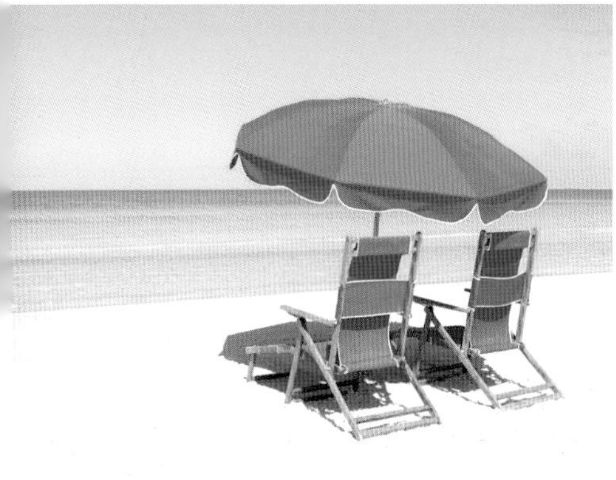

你的照片管理有效吗？

使用关键词来组织你的照片。这张照片被贴上了“海滩”、“佛罗里达”、“雨伞”和“椅子”的标签，你还能使用什么词汇标记这些照片呢？

你是否在为编辑照片而纠结？

提高编辑技巧，观看尽可能多的别人的作品，直到你拍摄的照片能够拥有像这张埃塞俄比亚部落妇女照片一样的高品质。

添加关键词

如果你的照片文件很少，就很容易忽略添加关键词，因为照片总是很容易找到。但经过一段时间后，当存满一块硬盘的相似或风格相近的照片时，要找到需要的照片就很不容易了。因此，在导入文件时应立即输入关键词，这样可以使照片易于定位并容易被找到，从而可以不会增加以后花很长时间寻找照片的挫败感。

花几个月时间拍摄的一组鸟的照片。

4 增加更多关于细节的关键词

要添加关键词，右键单击（或按Control键单击）其中一个关键词集，在弹出的快捷菜单中选择“新建子关键词”选项并添加关键词。根据需要重复这个操作。在这个练习中，选择“猫头鹰”，然后选择“猎鹰”。

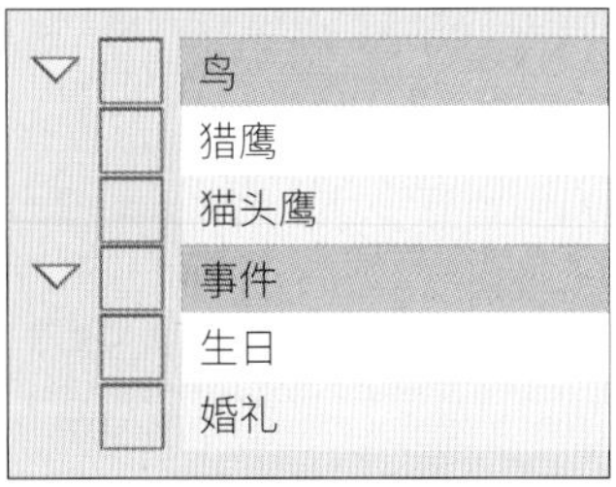

5 删除不相关的关键词

许多预设的关键词可能与照片文件夹是不相关的，所以可以放心地删除它们。要删除关键词，将鼠标指针悬停在其上面，单击右键（或按Control键单击），在弹出的快捷菜单中选择“删除”选项。

删除列表中不需要的关键词。

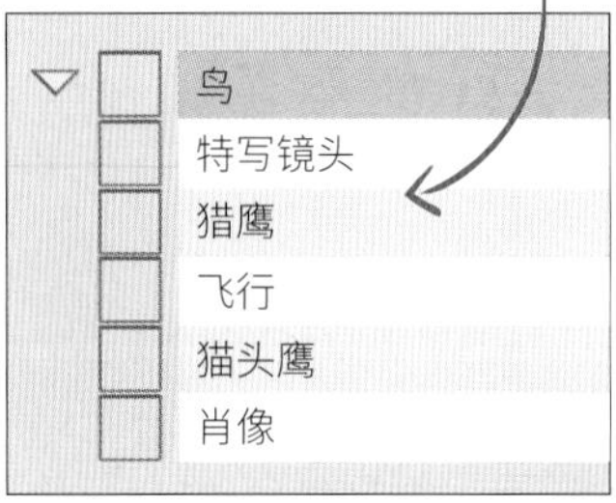

6 使用关键词搜索

一旦确定了关键词，就可以通过“查找”工具来查找照片，在弹出的对话框中，检查搜索条件是否显示文件名以及希望搜索的关键词（在这个例子中是“猫头鹰”）。你可以通过单击+按钮添加额外的检索条件。

专业提示：当你使用“查找”对话框查找文件时，可以在“查找条件”下拉列表中选择关键词，并单击 + 按钮添加一系列关键词并进行搜索，你也可以按照标注的星级进行搜索。

1 关键词选项

打开Photoshop，然后打开关联软件Bridge。在Bridge软件中，选择一个要添加关键词的图像文件夹，然后选择“关键词”选项卡。

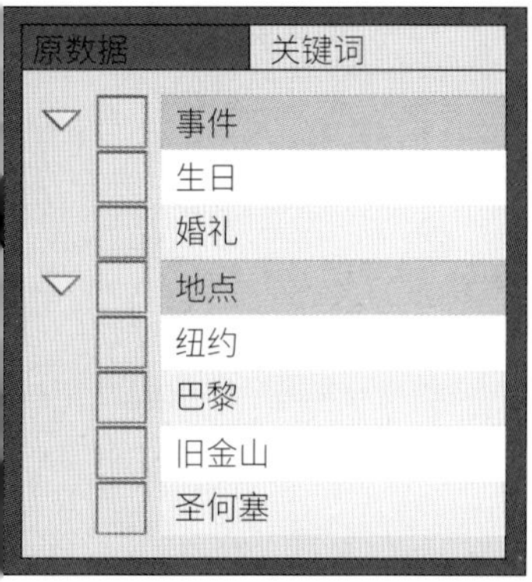

2 应用预设关键词

向下查看预置的关键词列表，它们是成组排列的。要添加一个关键词，只需单击一个缩略图，并选中关键词旁边的选框即可。

3 创建新关键词集

要创建新的关键词集，单击面板底部的“新关键词（+）”按钮。重命名文件夹，保持关键词术语的通俗性，这个练习中我们的关键词为“飞鸟”。

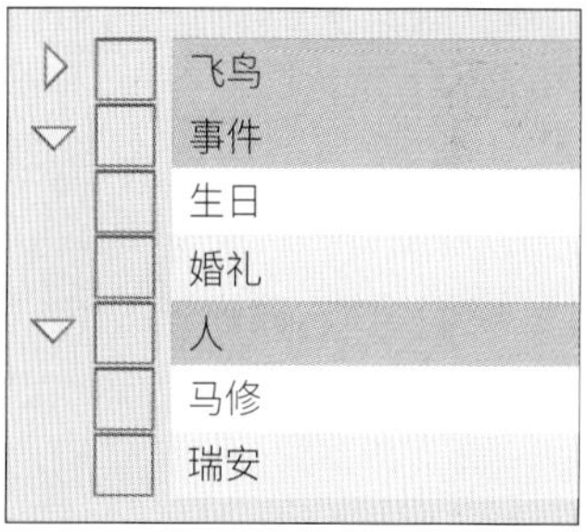

这张照片使用了“猫头鹰”、“肖像”和“栖息”作为关键词。

元数据面板

Bridge软件中的“元数据”选项卡包含每张照片非常有用的信息，这些信息列在三个标题下——文件属性、相机数据（Exif）和国际出版电信委员会标准数据（IPTC）。文件属性描述与文件相关的信息，例如分辨率、文件类型和大小等；相机数据（Exif）部分涵盖了图像的技术信息，如使用的镜头的精确焦距，快门速度和感光度等；国际出版电信委员会标准数据（IPTC）部分包含用户生成的信息，例如版权细节等。

照片的元数据显示的照片的技术信息。

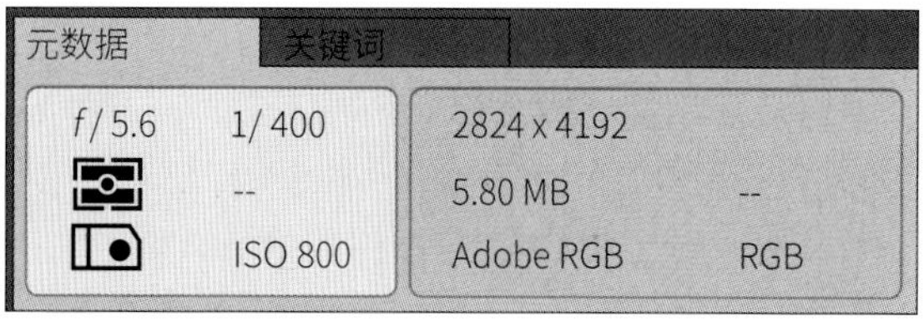

学习测试
你学到了什么？

本周，你已经学习了如何研究、拍摄和编辑项目，了解保持开放的观念与心态的重要性，为自己设定的摄影目标而努力，以及为作品找到一个展示的窗口。通过回答下面的问题，看看你究竟掌握了多少知识。

1 当你计划完成一项摄影项目时，应该确保项目的目标是什么？

A 可实现的目标
B 长期的目标
C 短期的目标

2 你在哪里可以找到这张照片的焦距数据细节？

A 在相机的使用手册中
B 在镜头上面
C 在元数据选项卡中

3 如果手持相机拍摄，你应该使用的快门速度是多少？

A 你为镜头选择的光圈
B 你能屏住呼吸的时间
C 使用的镜头焦距的倒数

4 摄影项目需要多长时间才能完成？

A 就几分钟
B 你喜欢多久就多久
C 只要你的注意力持续

5 自拍时应该使用哪种对焦模式？

A 手动对焦
B 自动对焦
C 无所谓哪种模式

6 可以在你拍摄的系列照片中插入什么来帮助打破照片的构图节奏？

A 留白
B 运动空间
C 文本空间

7 如果你遇到阵雨，你应该如何保护你的相机？

A 马上把相机带回家
B 用雨衣或防风夹克来保护相机
C 取出相机的电池

8 如果你正在拍摄一个摄影项目，下面哪个选项可以帮助你完成该项目？

A 故事情节
B 故事书
C 故事板

9 “系列”照片是什么？

A 一组连续、快速拍摄的照片
B 同一个主题的一组照片
C 一组有开头、发展和结尾的照片

10 如果你要拍一张人像照片，焦点通常应该在哪里？

A 眼睛上 B 鼻子上 C 嘴唇上

11 当你拍摄狂欢节活动时，你应该如何使用三脚架？

A 完全撑开三脚架的腿
B 充分使用全部高度
C 把三脚架留在家里

12 一组照片故事中，帮助你设定场景的镜头叫什么？

A 特定镜头
B 低速镜头
C 定场镜头

13 你什么时候为照片添加关键词？

A 当你拍摄了100张照片时
B 在你把照片导入计算机之后
C 当你有10000张照片时

14 为什么要用星级分类或旗标符号来给照片添加标记？

A 帮助你分类和检索
B 帮你把它们删掉
C 以上两种都可以实现

答案：1/A，2/C，3/C，4/B，5/A，6/A，7/B，8/C，9/B，10/A，11/C，12/C，13/B，14/C。

下一步做什么？

祝贺你完成了本书长达20周的摄影技术的学习。在过去的这段时间里你可能学到很多，但仍需要去练习与实践。事实上，只要有耐心并认真练习是一定可以掌握这些摄影技能的，关键是不要因为偶尔的失败而感到沮丧，因为即使是专业人士也会犯错。重要的是你要从错误中不断总结经验，利用这些实践的经验来丰富摄影知识，并不断进步。

准备展示好照片并讲故事

我们经常对把自己拍摄的照片展示出来持谨慎态度。事实上，照片就应该被分享、被批评，只要评价是公平的，就应该持欢迎的态度。

分享照片最简单的两种方式就是打印出来或发布到网络平台。第一个是与个人或小众群体分享你的作品的方法；后者意味着与整个网络世界的受众分享你的作品。

最后，你将会学到：

- 了解打印机、打印的方法和现有打印纸张的类型。
- 研究在社交媒体和网络上推广摄影作品的方式。

下一步该做什么？
打印照片

在屏幕上浏览照片效果固然很好，但能打印出具有同样效果的照片就更好了，因为印刷品的触感是无与伦比的。冲印曾经被视作“黑暗艺术”，其结果往往带有很多偶然性。先进的桌面打印机让我们能够非常容易地打印出令人满意的照片。

打印机

喷墨打印机是照片打印的默认选择（彩色激光打印机无法提供相同品质的照片打印效果）。喷墨打印机的工作原理是，在纸张进入打印机时，从墨头中喷出微小的墨滴。这种墨滴非常小，几乎无法用眼睛看到，所以它们被打印出来后看起来是彩色块。

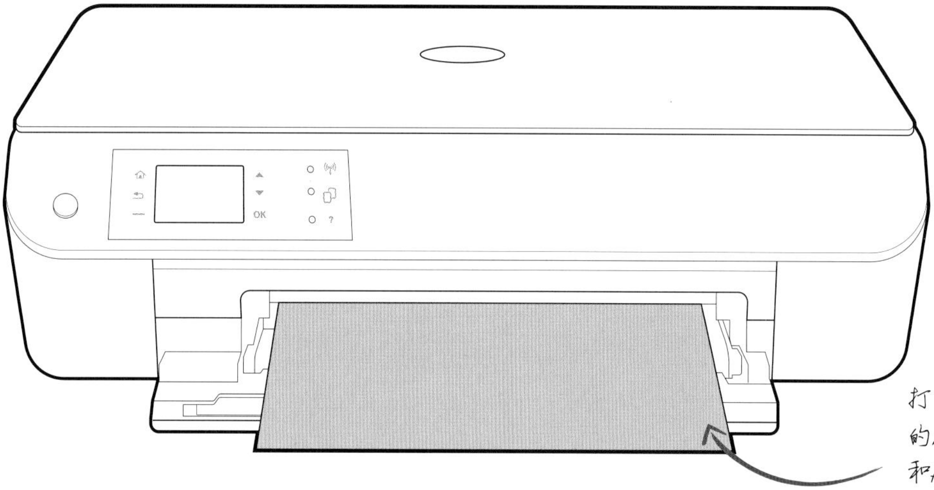

打印照片最常见的两种照片纸的尺寸是A4（21cm X 29.7cm）和A3（29.7cm X 42cm）。

CMYK四色

喷墨打印机使用四种基本墨水颜色——青色、品红、黄色和黑色（CMYK）。通过改变它们的比例，喷墨打印机可以打印出各种各样的颜色。

打印照片时，照片中的RGB颜色模式由打印机驱动程序（计算机上安装的控制打印机的软件）转换为CMYK颜色模式。尽管我们可以在Photoshop中将图像转换为CMYK颜色模式，但在实际操作中，我们经常以RGB颜色模式打印照片。

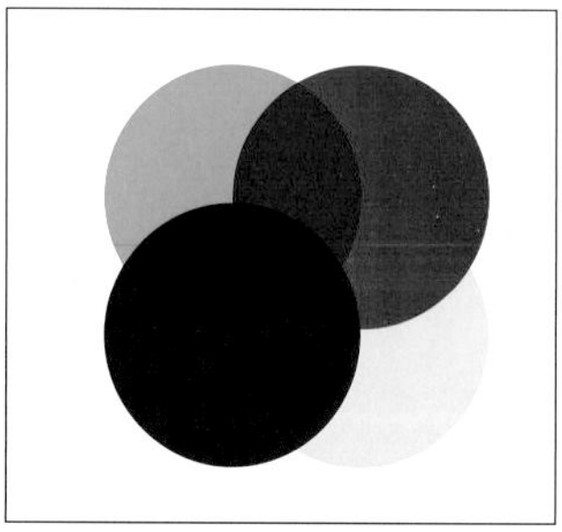

照片较暗的地方需要使用大量墨水，如果照片的某一区域是纯白色的，就不需要用墨水。

专业提示: 另一个选择是到当地的照片冲洗店冲洗（打印）照片，或者使用在线打印服务。JPEG 或 TIFF 两种格式的照片一般是打印时的首选格式。相机拍摄的 RAW 格式文件一般不能直接打印。

专业提示: 网络打印服务通常提供多种选择，包括打印尺寸和使用纸张。如果你有大量的照片，还可以制作看起来非常专业的相册或书籍。

墨水类型

光具有不可思议的破坏性，随着时间的推移，光会导致打印的照片褪色。目前有两种类型的喷墨打印机——颜料墨水打印机和染料墨水打印机。以这两种墨水打印的照片来说，用颜料墨水制作的印刷品比用染料墨水制作的印刷品更不易褪色。因此，颜料墨水被认为更适合存档。使用颜料墨水的打印机的缺点是，打印机和墨盒往往比染料墨水打印机更贵。然而如果你打算展示，甚至出售你的摄影作品，这样的花费是必不可少的。

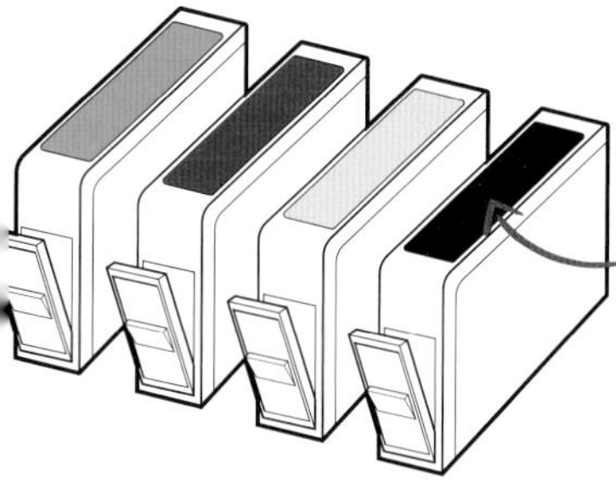

颜料墨水是由悬浮在液体中的颜料颗粒制成的一种液体墨水。

相纸

打印照片的纸张应该基于最适合照片展示内容的需要进行选择。

- **光面相纸**非常适合打印光亮颜色和高反差的照片，而对有些照片来说，展现微妙的颜色和反差变化也非常不错。
- **半亚光相纸**或**珍珠面相纸**的反射率低于光面纸，这类纸张适合在光线充足的环境展示。
- **亚光相纸**是所有纸张类型中质感最细腻的纸张，它的色彩饱和度和反差对比度要比光面相纸和半亚光相纸低很多（特别是打印出来的照片中黑色部分永远不会那么深），使用亚光相纸打印黑白照片的效果也非常不错。

色彩配置文件

每种数字设备处理颜色的方式都不同，这可能会导致在显示器上显示的照片颜色与打印设备打印出来的照片颜色不同。解决方案是同时为显示器和打印机（更确切地说，为你计划使用的特定纸张类型）制作色彩配置文件。

- 配置文件是描述特定设备之间，如何复制并传递颜色信息的文件。计算机可以使用色彩配置文件将颜色从一个设备转换到另一个设备，并且能保持色彩一致。
- 创建配置文件要使用硬件设备，该设备称为“校色仪”。显示器校准设备已经普及并且价格也不是很贵。相对来说，打印机校色仪更专业，因此更昂贵。
- 对于打印照片来说，你需要为你使用的每一种纸张创建一个色彩配置文件。不同类型的纸张会以不同的方式吸收墨水，因此，会改变颜色的再现方式。

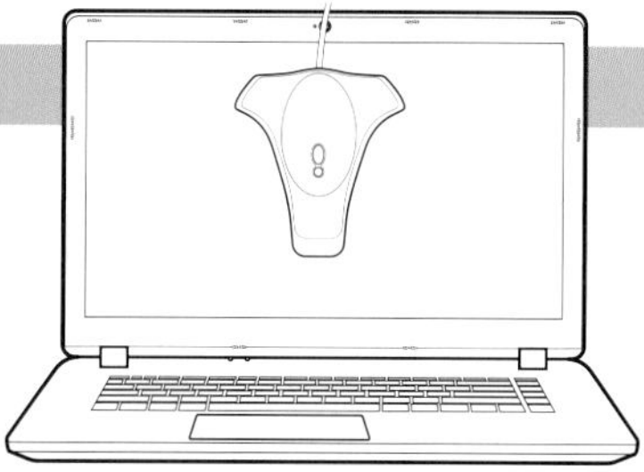

校色仪会通过软件读取显示器上的颜色。

- 幸运的是，纸张厂商经常为当前常用或流行的打印机型号提供现成的纸张色彩配置文件。这些配置文件通常可以从纸张制造商的网站上下载，你在使用的时候按照其提供的说明安装即可。

下一步做什么？

分享照片

制作和展示作品，本质上是一种消遣活动。在社交媒体平台发布你的照片，有机会向更多的人展示你的作品。你在发布第一张照片时可能会胆怯，然而这是一个很好的方式，可以收到有价值的反馈，并从别人的摄影作品中得到启发。

社交媒体网站会自动缩放你的照片，以适应不同设备的屏幕大小。

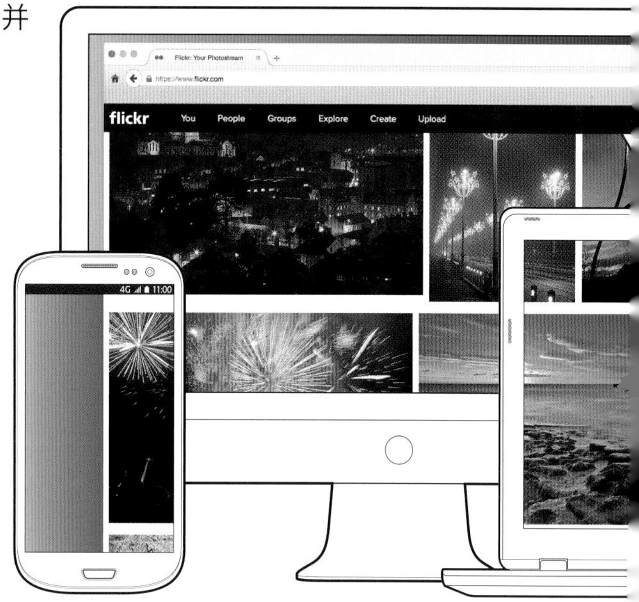

选择社交媒体

有很多社交媒体网站可以上传你的照片，但有些不是摄影专业的网站或平台，你可能会发现，在这些网站或平台上，你的观者仅限于家人和朋友。目前最流行的摄影社交媒体网站包括Instagram、500px和Flickr。

培养粉丝群

你的粉丝越多，作品就越有可能被更多人看到，尤其是当你的粉丝与粉丝群相互之间分享你的作品时。为了吸引粉丝，找到你欣赏的摄影师，公正评论他们的作品，如果网站允许，将他们最吸引人的照片添加到你的最爱作品的列表中。为了帮助人们找到你的作品，可以使用网络主题标签。网络主题标签是一个以#开头的描述性单词或短语，例如“#风景”和“#肖像”。

加入一些群组

加入摄影网站的好处是这些网站具有统一的风格，如果没有找到一个覆盖你的兴趣的群组，可以创建一个群组。加入一个相关的群组是吸引粉丝的好方法，可以“遇见”志同道合的摄影师，并向他们展示你的作品。团体或组织机构往往有规则，这些规则通常包括可以添加到群组的照片类型，以及每天可以添加多少张照片。严格遵守这些规则，这样你就不会被任何人疏远，也不会有被剔出群组的风险。

发布作品之前的准备

- “掉粉”的一种方法是一次发布数百张类似的照片。上传照片是要进行选择的，只发布你认为最好的照片，或者发布你想要得到评论的作品，希望观者提供积极的评论，或者提供建设性的意见。
- 不要上传全分辨率的照片。上传大文件会耗费大量时间，你的照片可能会有未经允许就使用照片的风险。以长边为1000像素为标准是一个很好的折中方法。
- 不要调整原始照片的尺寸，另保存一份副本到计算机桌面上，以这个版本为基础上传，一旦调整并上传后，可以删除计算机桌面上的照片副本。
- 将照片保存为中等质量的JPEG格式，从而减少上传到网络平台的时间。

> 摄影是一种对生活的热爱。
>
> 尤兹利·伯克

智能手机、平板电脑和应用软件

对很多人来说，智能手机已经取代了袖珍相机。用智能手机拍摄的照片的分辨率一般足够打印A4尺寸的照片。

智能手机和平板电脑主要有两种操作系统，即iOS操作系统和安卓操作系统。这两种系统都有与摄影相关的应用软件，可以用来修饰你的照片，或者让你知道该如何拍摄照片。

现代相机通常可以通过蓝牙无线连接智能手机和平板电脑，首先你需要安装相机制造商提供的应用软件，一旦安装完毕，你就可以使用智能手机远程控制你的相机，或者将照片或视频资料复制到手机或上传到社交媒体。

版权

别人未经允许使用你的照片，你可能会非常高兴（你可以说这是一种赞美）。即便如此，你拥有你的照片的版权，而且应该被保护。

- 在每张照片上添加水印（你的名字是一个明智的选择）会降低未经许可使用照片的可能性。影像编辑软件通常有文本输入工具，从而使这项工作变得很容易。
- 在实际操作中，为照片添加的水印需要在太明显和太隐秘之间达到一种微妙的平衡。要获得理想的效果就要不断尝试，直到得到自己满意的效果。

即使照片加上了淡淡的水印，只要照片效果不错，人们仍然喜欢浏览这些照片。

译者简介

王彬

博士，毕业于北京电影学院视听传媒学院，现任北京印刷学院摄影专业副教授、硕士生导师，是国家高级摄影技师、中国摄影家协会会员、美国摄影教育协会会员，以及美国芝加哥哥伦比亚学院的居住艺术家。至今已翻译并出版了《跟我学摄影》《高品质摄影》《解封胶片：从摄影的起点开始》《时尚摄影圣经》《全摄影实战手册》《创意觉醒》等10余部著作。

孙宇龙

博士，从事影视与媒体影像工作，是中国文艺评论家协会会员和中国影视技术学会会员。至今已创作纪录片、电视剧、电影300多集（部），并著有《视听新媒体语言艺术》《互联网+，摄影的下一个机遇》《影视摄影》《智能媒体的创新应用与实践》等多部著作。此外，还翻译了《新视觉：影像与屏幕语言》《摄影通史》《艺术摄影》等著作。

朱婷婷

硕士，主要从事新媒体传播与数字化、国际传播以及中国媒体融合发展等方面的研究工作。已出版多部著作和译著，包括《世界一流企业全球传播话语体系案例研究》《平面设计与品牌战略：设计思维+品牌创意+项目案例》《时尚摄影圣经》等。